华中昆虫研究

（第十六卷）

魏洪义　曾菊平　夏　斌　主编

西北农林科技大学出版社

图书在版编目（CIP）数据

华中昆虫研究. 第十六卷 / 魏洪义，曾菊平，夏斌主编. —杨凌：西北农林科技大学出版社，2020.12

ISBN 978-7-5683-0914-1

Ⅰ.①华… Ⅱ.①魏… ②曾… ③夏… Ⅲ.①昆虫—中国—文集 Ⅳ.①Q968.22-53

中国版本图书馆CIP数据核字（2020）第261204号

华中昆虫研究. 第十六卷

魏洪义 曾菊平 夏 斌 主编

出版发行 西北农林科技大学出版社
地　　址 陕西杨凌杨武路3号　　**邮　编**：712100
电　　话 总编室：029-87093195　　发行部：029-87093302
电子邮箱 press0809@163.com
印　　刷 北京市兴怀印刷厂
版　　次 2022年1月第1版
印　　次 2022年1月第1次印刷
开　　本 889mm×1194mm　1/16
印　　张 24.5
字　　数 411千字

ISBN 978-7-5683-0914-1

定价：98.00 元

本书如有印装质量问题，请与本社联系

《华中昆虫研究（第十六卷）》

编 委 会

前　言

由江西省、河南省、湖北省和湖南省昆虫学会组织的区域性学术交流活动——“华中昆虫学术研讨会”，在推动华中地区昆虫学研究发展以及乃至我国昆虫学事业中发挥着重要的作用。为展示华中地区近年来昆虫学研究成果、追踪国内外昆虫学研究前沿、了解昆虫学各领域研究新动态、交流害虫生态防控新技术，华中四省（江西、河南、湖北、湖南）昆虫学会联合主办的本年度“华中昆虫学术研讨会”定在江西省南昌市召开，《华中昆虫研究（第十六卷）》即为本次学术研讨会交流的学术成果。

本次大会共收到研究综述、研究论文和研究摘要等共68篇，主要包括昆虫多样性、农林害虫综合治理、有益昆虫利用等内容，不仅反映了昆虫学研究前沿领域研究的进展，而且还有来自生产第一线科技人员防治各类害虫的新经验、方法和策略，充分展示出近年来华中四省昆虫学研究的重要成果，具有较高的理论水平和生产应用价值，对从事有害生物基础研究和防治研究的教学与科研工作者具有较高的参考价值，对推动我国昆虫学事业发展、推广害虫控制新技术具有重要作用。

本论文集的编纂出版由江西省、河南省、湖北省、湖南省四省昆虫学会合作完成，与此同时，也得到江西农业大学、南昌大学等单位的大力支持，在此一并表示衷心感谢。

本次大会由南昌大学生命科学学院承办，会议的筹备、举办得到承办单位的大力支持和帮助，在此一并表示衷心感谢。

由于时间仓促，编者水平有限，错误或遗漏在所难免，恳请读者、作者批评指正。

编　者

2020年10月18日

目　　录

研究综述

研究论文

研究摘要

研究综述

我国植物病毒病及其昆虫介体研究概况*

何海芳**，李静静，张泽龙，张蓓蓓，闫明辉，史保争，闫凤鸣***

（河南农业大学植物保护学院，郑州 450002）

摘　要：植物病毒病素有“植物癌症”之称，给各国的农业生产造成了严重经济损失，成为世界范围内农业生产上最难防控的植物病害之一。约80%植物病毒是由昆虫介体分别以非持久性、半持久性和持久性方式进行传播。蚜虫、粉虱、叶蝉、飞虱、蓟马和木虱等昆虫是植物病毒病的主要传播介体。本文较全面地介绍了我国主要农作物水稻、小麦、玉米、甘薯、烟草和蔬菜等病毒病发生概况及其昆虫介体，综述了我国植物病毒病及其介体研究进展，以期为植物-病毒-介体互作等基础研究、植物病毒及其介体的绿色防控提供基础资料。

关键词：植物病毒；昆虫介体；发生概况；研究进展

Research Survey of Plant Virus Diseases and Insect Vectors in China*

He Haifang**, Li Jingjing, Zhang Zelong, Zhang Beibei, Yan Minghui, Shi Baozheng, Yan Fengming***

（*College of Plant Protection, Henan Agricultural University, Zhengzhou 450002, China*）

Abstract: Plant viral diseases, known as “plant cancers”, have caused serious economic losses to agricultural production in various countries and become one of the most difficult plant diseases to prevent and control in agricultural production worldwide. About 80% of these plant viruses are transmitted by insect vectors in non-persistent, semi-persistent and persistent manners. Aphids, whiteflies, leafhoppers, planthoppers, thrips and psyllids are the main vectors of plant virus diseases. In

* 基金项目：国家自然科学基金（31871973，31471776，31901886）

** 第一作者：何海芳；E-mail：hehaifang55@163.com

*** 通讯作者：闫凤鸣；E-mail：fmyan@henau.edu.cn

this paper, the occurrence of major crop virus diseases, such as rice, wheat, corn, sweet potato, tobacco and vegetables and their insect vectors in China were introduced comprehensively, so as to provide basic information for the basic research of plant-virus-vector interaction and the green prevention and control of plant viruses and their vectors.

Key words: Plant virus; Insect vector; Occurrence survey; Research advance

1 概述

根据国际病毒分类委员会（The International Committee on Taxonomy of Viruses，ICTV）2020年发布的数据，目前全世界共发现大约1300种植物病毒，分属于24个科，112个属（http://www.ictvonline.org/）（表1）。大约80%植物病毒是由昆虫介体分别以非持久性、半持久性和持久性方式进行传播（Hohn，2007；施艳等，2013）。由昆虫传播的植物病毒病每年造成的作物损失达几十亿美元，其中蚜虫、粉虱、叶蝉、飞虱、蓟马和木虱等昆虫是植物病毒病的主要传播介体，因此，切断昆虫介体传播途径，是控制植物病毒病最行之有效的方法。加强植物病毒及其传播介体的研究，可以为防治植物病毒病奠定理论基础，同时可以为防控新技术的研发提供思路。

表1　不同病毒介体传播病毒种类统计表

				Noncirculation		Circulative persistent	
Vector	Family	Genus	Species	Nonpersistent	Semipersistent	Nonpropagative	Propagative
Aphids	10	18	364	248	40	55	21
Whiteflies	5	6	502	59	34	409	-
Leafhoppers	7	11	156	-	61	43	52
Planthoppers	3	5	39	-	-	-	39
Thrips	2	2	19	1	-	-	18
Psyllids	2	2	18	-	-	9	9
Nematodes	3	3	5	-	5	-	-
Fungi	5	7	45	28		17	

注：“–”表示没有或尚未报道。

从人类认识植物病毒到现在，已有100多年的历史。我国植物病毒研究先驱俞大绂先生早在20世纪30年代曾在美国植物病理学杂志（Phytopathology）上首次发表了关于中国存在的40余种植物病毒的调查报告（Yu，1939）。20世纪70年代末，裘维蕃先生曾经在《植物病理学报》上发表了《我国植物病毒及病毒病研究三十年》一文，对新中国成立后到1979年间的相关工作做了全面的总结（裘维蕃，1980）。进入21世纪，陈晓英研究员和方荣祥院士发表的“中国植物病毒研究40年”，综述我国自20世纪70年代以来在植物病毒学领域的研究概况，较全面地介绍了各个时间段具有代表性的研究成果（陈晓英等，2013）。植物病毒-介体昆虫-寄主植物三者之间的互作等交叉学科的研究也取得了突破性进展。

我国植物种质资源丰富，作物类型繁多，病毒种类多。因缺少有效防治药剂和措施，因此，植物病毒病一旦流行，就会造成惨重损失。20世纪70~80年代北方地区因麦类黄矮病、丛矮病、土传花叶病流行，一般使作物减产20%~30%，严重的达60%，甚至绝产。南方水稻病毒病的流行一般减产20%~30%。随着生态条件的改变和植物种质的引进，病毒种类增多，危害加重。近几年番茄黄化曲叶病毒（tomato yellow leaf curl virus，TYLCV）、黄瓜花叶病毒（cucumber mosaic virus，CMV）、烟草花叶病毒（tobacco mosaic virus，TMV）、瓜类褪绿黄化病毒（cucurbit chlorotic yellows virus，CCYV）、番茄斑驳病毒（tomato spotted wilt orthotospovirus，TSWV）等造成许多蔬菜品种减产甚至绝产；玉米矮花叶病毒（Maize dwarf mosaic virus，MDMV）、玉米粗缩病毒（maize rough dwarf virus，MRDV）的流行，使当前推广的某些玉米品种被淘汰。对植物病毒病及其介体的研究刻不容缓。

目前植物病毒及其防控研究仍然是我国农业科技工作者的艰巨任务。本文全面概述了我国昆虫介体传播的作物病毒的发生情况及研究概况，以水稻、小麦、玉米、甘薯、烟草和蔬菜等作物类别介绍，期望本文能为植物-介体-病毒互作等基础研究及作物病毒有效防控提供系统的资料。

2 我国常见的水稻病毒病

2.1 水稻草矮病

病原为水稻草状矮化病毒（rice grassy stunt disease，RGSV），纤细病毒属成员之一，该病于1963年在菲律宾首次被发现，之后在南亚和东南亚地区大面积爆发，严重影响当地水稻的生产（Rivera et al.，1966）。该病由介体昆虫褐飞虱（*Nilaparvata lugens*）以持久、增殖型方式进行传播，但不能通过卵、种子、土壤、花粉和机械等方式传播（谢联辉等，1984；Hibino et al.，1995；Miranda et al.，2000）。2005年以来，该病在泰国、越南、印度尼西亚、菲律宾等地连续多年大面积流行。由于褐飞虱的远距离迁飞，由其携带的RGSV也随之传播到中国。水稻植株受RGSV侵染后的典型症状为：水稻植株矮化、分蘖增多、叶片褪绿且叶片细小，窄而刚、并出现明显的条纹，叶片颜色从淡绿色到淡黄色甚至橙黄色，还有可能出现大量不规则形状的褐色或锈色的斑点，感染RGSV的水稻一般不抽穗，一旦感病很难治愈（Hibino，1986）。

2.2 南方水稻黑条矮缩病

病原为南方水稻黑条矮缩病毒（southern rice black-streaked dwarf virus，SRBSDV），呼肠孤病毒科斐济病毒属成员之一。该病于2001年于广东省阳江市被首次发现，2008年经周国辉教授鉴定后，被正式命名为南方水稻黑条矮缩病，其传播介体主要为白背飞虱，不经种传播，植株之间也不会互相传播（周国辉等，2008；Zhang et al.，2008；Zhou et al.，2008）。这种病毒由于爆发性强而难以控制，如2009年在我国南部9个省（自治区）发病，灾害总面积达40万km^2；2010年，在越南中部和北方29个省发病，面积超过6万hm^2；而同年也在我国南方13个省发病，面积超过130万hm^2，水稻受害严重。2011年3月上旬，海南省约5万hm^2水稻受害。感病植株明显矮缩；病株茎秆表面有蜡点状、纵向排列成条形的瘤状突起，早期乳白色，后期褐黑色；病株节部有倒生须根及高节位分支；根系不发达，须根少而短，严重时根系呈黄褐色。水稻各生育期均可感病，发病症状因染病时期不同而略有差异。苗期侵染可导致稻苗严重矮缩（不及正常株高1/3），不能拔节，重病株早枯死亡；大田初期感病的稻株明显矮缩（约为正常株高1/2），不抽穗或仅抽包颈穗；拔节期感病的稻株矮缩不明显，能抽穗，但穗型小、实粒少、粒重轻，严重影响水稻产量（周国辉等，2010）。

2.3 水稻锯齿叶矮缩病

病原为水稻锯齿叶矮缩病毒（rice ragged streaked virus，RRSV），属呼肠孤病毒科（Reoviridae）水稻病毒属（Oryzavirus）。该病最初于1976年在印度尼西亚首次发现，现在在印度、日本、斯里兰卡及东南亚各国均有分布。我国于1978年由谢联辉院士在福建省首次发现（谢联辉等，1980），之后在台湾、广东、江西、湖南和浙江等地发现此病，多零星发生，但个别年份少数田块发病率可达90%。该病毒主要由昆虫介体褐飞虱以持久增殖型方式进行传播，不经卵传毒。水稻感染病毒后经13~15 d潜育期后才显症状。病株主要表现出矮化、叶尖旋转、叶缘有锯齿状缺刻等症状。病毒寄主除水稻外，尚有麦类、玉米、甘蔗、稗草等18种禾本科植物（Jia et al.，2012；Wu et al.，2014）。

2.4 水稻条纹叶枯病

病原为水稻条纹叶枯病毒（rice stripe virus，RSV），属纤细病毒属（Tenuivirus），其传播介体为灰飞虱，最短获毒时间为10 min，循回期一般为10~15 d。病毒可在虫体内进行增殖，还可经卵传递。该病在我国长江中下游地区广泛发生，造成危害。例如，江苏地区2004年因水稻条纹叶枯病损失约达100亿元。病毒可侵染水稻、小麦、大麦、燕麦、玉米、粟、黍、看麦娘、狗尾草等50多种禾本科植物。病株常枯孕穗或穗小畸形不实，拔节后发病在剑叶下部出现黄绿色条纹，各类型稻均不枯心，但抽穗畸形，结实少（谢联辉等，2001；Xiong et al.，2008）。

2.5 水稻黑条矮缩病

病原为水稻黑条矮缩病毒（rice black streaked dwarf virus，RBSDV），属呼肠孤病毒科（Reoviridae）斐济病毒属（Fijivirus）成员（Zhang et al.，2001），病毒粒体球状，直径70~75 nm，位于寄主植物韧皮部筛管及伴胞内，造成寄主植物矮化、叶片僵硬直立，叶色墨绿，根系短而少，高位分蘖、茎节倒生有不定根、沿叶脉瘤肿等症状，为我国南方稻区广泛发生流行的水稻病毒性病害之一。其传播介体主要为灰飞虱（*Laodelphax striatellus*），介体一经染毒，终身带毒，但不经卵传毒。白脊飞虱（*Unkanodes sapporonus*）和白条飞虱（*Chilodephax albifacia*）虽也能传毒，但传毒效率较低。褐飞虱（*Nilaparvata lugens*）不能传毒。我国水稻黑条矮缩病最早于1963年在浙江余姚县的早稻上被发现，1964~1966年该病在浙江省发病范围达全省80%县市，在浙中玉米产区发病面积达1.47万hm^2，损失粮食1700万t。1991-2002年该病在浙江杂交稻区再次爆发，发病面积11.79万hm^2，严重威胁当地水稻生产。水稻黑条矮缩病在水稻生长期内均可能发生，而发病越早，危害越大（陈声祥等，2005）。水稻黑条矮缩病毒除危害水稻外，还可危害小麦、玉米、高粱、马唐、稗草等禾本科植物。

2.6 水稻矮缩病

病原为水稻矮缩病毒（rice dwarf virus，RDV），隶属于呼肠孤病毒科（Reoviridae），呼肠孤病毒属（Phytoreovirus），能够侵染某些禾本科植物的一种双链RNA病毒。其传播介体为黑尾叶蝉（*Nephotettixcincticeps*）、电光叶蝉（*Recilia dorsalis*）和二条黑尾叶蝉（*N.nigropictus*）。在水稻上引起的症状包括幼叶上的黄斑或者条斑，萎缩及形成很多呈丛簇状的小分粟，通常存在内含体。该病曾于20世纪60年代在我国华北、华东地区流行，目前主要分布在我国南方稻区（Xie et al.，1981；Zhu et al.，2005；Zhou et al.，2007）。

2.7 水稻黄矮病

水稻黄矮病也称黄叶病，病原为水稻黄矮病毒（rice yellow stunt virus，RYSV）。传播介体为黑尾叶蝉、二点黑尾叶蝉和二条黑尾叶蝉。它们能连续传毒、终身保毒，但不经卵传毒。该病主要危害水稻，也可为害大黍、李氏禾等。感病植株矮缩、花叶、黄枯，多从顶叶下1~2叶开始发病，病斑从叶尖向基部发展，叶肉鲜黄色，叶脉绿色，病叶与茎秆夹角增大，叶鞘仍为绿色，株形松散，不分蘖，多不能抽穗（Huang et al.，2003；2005）。

2.8 水稻瘤矮病

病原为水稻瘤矮病毒（rice gall dwarf virus，RGDV），属呼肠孤病毒科（Reoviridae）植物呼肠孤病毒属（Phytoreovirus），由介体电光叶蝉（*Recilia dorsalis*）以持久增殖型方式传播。该病最早在泰国中部发现，1976年该病在广东省高州市零星发生，到目前为止，已在广东和广西局部地区造成7次大流行，重病地块颗粒无收，损失极为惨重。发病株显著矮缩，分蘖和抽穗显著减少，抽穗迟，有效穗数少，稻穗短，每穗总粒数少。病叶短而窄，叶色深绿，相邻叶片的叶枕距离变短甚至相互重叠。孕穗期前，叶背及叶鞘可见淡白色小瘤突，孕穗期后这些小瘤突转变成绿色或黄褐色，这是识别该病的重要标志之一。有些病叶叶尖扭曲，个别新出病叶的一边叶缘灰白色坏死，形成缺刻。病株根短而纤弱，新根少（Zhang et al.，2008）。

2.9 水稻条纹花叶病

病原为水稻条纹花叶病毒（rice stripe mosaic virus，RSMV）属于弹状病毒科，质型弹状病毒属的一个新种，是近年在广东省发现的一种新型水稻病。也是目前已知唯一可以侵染水稻，且由电光叶蝉以持久增殖型方式传播的细胞质弹状病毒，被感染幼苗发育迟缓，叶片有黄色花叶（Yang et al.，2016；2017）。

3 我国常见的小麦病毒病

3.1 小麦黄矮病

病原为大麦黄矮病毒（barley yellow dwarf virus，BYDV）。病毒只能经由麦二叉蚜（*Schizaphis graminum*）、禾谷缢管蚜（*Rhopalosiphum padi*），麦长管蚜（*Sitobion avenae*）、麦无网长管蚜（*Metopolophium dirhodum*）及玉米缢管蚜（*R.maidis*）等进行持久性传毒。不能由种子、土壤、汁液传播。寄主一般为小麦、大麦、莜麦、粟、糜子、玉米、谷子、燕麦和禾本科杂草，在我国各麦区均有分布，冬前感病小麦是翌年发病中心。麦二叉蚜在病叶上吸食30 min即可获毒，在健苗上吸食5~10 min即可传毒。获毒后3~8 d带毒蚜虫传毒率最高，约可传20 d左右，之后传毒力减弱，非终生传毒。黄矮病是小麦病毒病中分布最广，为害最重的。病株新生叶片尖端出现鲜明的黄色，逐渐向下扩展，呈现与叶脉平行但不受叶脉限制的黄绿相间条纹，病株表现出不同程度矮化，矮化程度与感病时间早晚有关；苗期植株感病后明显矮化、不抽穗或仅抽少量秕穗；中期发病的植株较矮，新叶以下第1或第2叶变黄，能抽穗但穗小，结实率低；后期感病植株仅剑叶变黄、无明显矮化，且能正常抽穗，但穗粒少而秕粒多（周广和等，1987；张文斌等，2009）。

3.2 小麦红矮病

病原为小麦红矮病毒（wheat red dwarf virus，WRDV），病毒粒体线状，大小为（100~1900）nm×15 nm，由稻叶蝉（*Deltocephalus orgzae*）、条沙叶蝉（*Psammotellix striatus*）、四点叶蝉（*Macrosteles masatonis*）进行持久性传毒，种子、汁液摩擦均不能传毒（裘维蕃，1980）。叶蝉一次获毒，便可终身带毒，并可经卵传播。寄主为小麦、燕麦、水稻、黑麦、糜子、高粱、画眉草、狗尾草、雀麦、白草、赖草、稗子和旱芦苇等。主要发生在我国西北麦区，其中甘肃的陇东、陇南以及冬春麦交界地区的寒旱丘陵山塬地发生最重。麦苗发病以后，先在叶尖和基部出现紫褐色的斑点或短条纹。第2年小麦返青拔节阶段，叶色深绿，色调深浅不匀，接着从叶尖叶缘逐渐褪色，整个叶片变成紫红色，显得僵硬宽厚，表面光滑，病株生育迟缓停滞，重病株的心叶蜷缩成黄白色针状，因不能抽出而枯死；发病稍轻者虽能拔节，但节间缩短，叶鞘松弛，上下叶鞘重叠在一起，叶片聚拢成丛生状，逐渐枯死；发病更轻的虽能抽穗，但不形成花器或花器残缺不全，不能结实，有能结实者亦籽实秕瘦（丁会玲等，1999）。

3.3　小麦丛矮病

病原为北方禾谷花叶病毒（wheat rosette stunt virus，WRSV）属弹状病毒组。主要由灰飞虱传毒，不经汁液、种子和土壤传播。小麦、大麦等是病毒主要越冬寄主，并可随带毒若虫且在其体内越冬。灰飞虱吸食后，需要经一段循回期才能传毒。1~2龄若虫易得毒，而成虫传毒能力最强。获毒率及传毒率随吸食时间延长而提高。一旦获毒可终生带毒，但不经卵传递。感病植株表现为矮化、分蘖增多，叶脉间严重褪绿或黄化。发病初期，心叶出现黄白色相间断续的虚线条，后发展为不均匀黄绿条纹，分蘖明显增多。植株矮缩，呈丛矮状。冬小麦播后20 d即可显症。冬前染病株大部分不能越冬而死亡。轻病株返青后分蘖继续增多，生长细弱、矮化，一般不能拔节和抽穗。冬前未显症和早春感病的植株在返青期和拔节期陆续显症，叶色浓绿、茎秆稍粗壮（段西飞等，2010；赵立尚等，2011）。

3.4　小麦矮缩病

病原为小麦矮缩病毒（wheat dwarf virus，WDV），属联体病毒科，玉米线条病毒属的成员，属于第I亚组联体病毒。通过介体异沙叶蝉（*Psammotettix striatus L.*）以持久循回性方式传播。寄主包括小麦，大麦，燕麦和多种杂草，引起植株的严重矮缩，黄化，条斑和分蘖增多等症状。该病于2007年在我国陕西韩城大面积爆发，目前已在我国小麦产区造成严重危害（王江飞，2008；王亚琴，2013）。

3.5　大麦黄矮病

病原为大麦黄矮病毒（Barley yellow dwarf virus，BYDV），黄症病毒属（Luteovirus）的代表成员，该病通过介体麦长管蚜（*Sitobion avenae*）、麦二叉蚜（*Schizphis graminum*）、禾谷缢管蚜（*Rhopalosiphum padi*）和玉米蚜（*R.maidis*）以持久、非增殖型方式传播。BYDV是重要的禾谷类作物病毒病害，可危害小麦、大麦、燕麦和玉米等作物。1987年，仅陕西和甘肃两省就因黄矮病损失小麦5亿多千克，1988年，在我国北方小麦种植区再次大面积爆发（王锡锋等，2003）。

4 我国常见的玉米病毒病

4.1 玉米粗缩病

导致玉米粗缩病的病毒主要有4种，包括（maize rough dwarf virus，MRDV）、（mal de rio cuarto virus，MRCV）、（rice black streaked dwarf virus，RBSDV）和（south rice black streaked dwarf virus，SRBSDV），均属于呼肠孤病毒科（Reoviridae），斐济病毒属（Fijivirus）。该病毒主要由灰飞虱以持久性方式传播。粗缩病是一种世界性玉米病害，1949年在意大利首次发现（Biraghi，1949）。此后在阿根廷、法国、西班牙、伊朗等国相继发生。1954年，在我国新疆和甘肃地区发现玉米粗缩病。目前，粗缩病已经成为我国主要玉米病害之一，对玉米生产构成严重威胁。玉米粗缩病病毒宿主范围较广，还可侵染小麦（引起兰矮病）、燕麦、谷子、高粱、稗草等。玉米整个生育期均可感染发病，以苗期受害最重。典型症状是在叶背出现白色蜡泪状脉突，手感粗糙，叶色浓绿，叶片僵直，宽短而厚；植株矮化，上部节间短缩粗肿，顶部叶片簇生，病株高度小于健康植株高度的1/2；根少，不发次生根，且有根纵裂；多数不能抽穗或雌穗极小、变形、雄花少或无花粉（陶永富等，2003）。

4.2 玉米矮花叶病

病原为玉米矮花叶病毒（maize dwarf mosaic virus，MDMV），属马铃薯Y病毒组（Potyvirus）。我国于1966年在河南辉县首次发现玉米矮花叶病毒，该病毒由蚜虫以非持久性方式进行传播。主要传毒蚜虫有：玉米蚜，缢管蚜、麦二叉蚜、麦长管蚜、棉蚜、桃蚜、苜蓿蚜、粟蚜、豌豆蚜等，以麦二叉蚜和缢管蚜占优势。蚜虫一次取食获毒后，可持续传毒4~5 d。寄主范围广，除玉米外，还可侵染高粱、谷子、糜子、稷、雀麦、苏丹草及其他禾本科杂草。玉米整个生育期均可发病，受害植株表现褪色、矮化、不育，有时提早枯死（朱福成等，1986；周广和等，1996）。

4.3 玉米条矮病

病原为玉米条纹矮缩病毒（maize streak dwarf virus，MSDV），以灰飞虱为传播介体，灰飞虱最短获毒时间为8 h，体内循回期最短5 d。病毒不经卵传播。主要危害玉米、小麦、大麦、谷子、糜子、狗尾草、野燕麦等多种植物。病株节间缩短，植株矮缩，沿叶脉产生褪绿条纹，后条纹上产生坏死褐斑（杜秉乾等，1963）。

4.4 玉米红叶病

病原为大麦黄矮病毒（barley yellow dwarf virus，BYDV）。该病毒由蚜虫以持久非增殖型方式传播，传毒蚜虫主要有禾谷缢管蚜、麦二叉蚜、麦长管蚜、麦无网蚜和玉米蚜等。蚜虫不能终生传毒，也不能通过卵或胎生若蚜传至后代。主要危害麦类作物，也侵染玉米、谷子、糜子、高粱及多种禾本科杂草。感病植株叶片多由叶尖沿叶缘向基部变紫红色（个别品种变金黄色），病叶光亮，硬而挺直。发病早的植株矮小，茎秆细瘦，叶片狭小（周广和等，1985；王锡锋等，2003）。

5 我国常见的薯类病毒病

5.1 甘薯病毒病

目前已报道侵染甘薯的病毒有30余种（张盼，2012），常见的甘薯病毒病害包括马铃薯Y病毒属的甘薯羽状斑驳病毒（sweet potato feathery mottle virus，SPFMV）、甘薯病毒G（sweet potato virus G，SPVG）、甘薯潜隐病毒（sweet potato latent virus，SPLV）、甘薯脉花叶病毒（sweet potato vein mosaic virus，SPVMV）、甘薯轻斑点病毒（sweet potato mild speckling virus，SPMSV）；甘薯病毒属的甘薯轻斑驳病毒（sweet potato mild mottle virus，SPMMV）；毛形病毒属的甘薯退绿矮化病毒（sweet potato chlorotic stunt virus，SPCSV）；麝香石竹潜隐病毒属的甘薯退绿斑病毒（sweet potato chlorotic fleck virus，SPCFV）；菜豆金色黄花叶病毒属的甘薯卷叶病毒（sweet potato leaf curl virus，SPLCY）以及黄瓜花叶病毒属的黄瓜花叶病毒（cucumber mosaic virus，CMV）等（乔奇等，2012）。我国甘薯上发生的病毒病主要为SPFMV、SPLV和SPCSV，烟草花叶病毒（tobacco mosaic virus，TMV）也普遍存在，花椰菜花叶病毒（sweet potato caulimo-like virus，SPCLV）也有发现，但出现概率较小（张振臣等，2000）。

5.1.1 甘薯羽状斑驳病

病原为甘薯羽状斑驳病毒（tweet potato feathery mottle virus，SPFMV）。属于马铃薯Y病毒科（*Potyviridae*）马铃薯Y病毒属（*Potyvirus*），通过蚜虫进行非持久性传播，如棉蚜（*Aphis gossypii*）、扁豆蚜（*A. craccivora*）、芥菜脂蚜（*Lipaphis erysimi*）和桃蚜（*Myzus persicae*）等。病毒也能靠机械接种传播和嫁接传播，植物之间的相互接触不能传播，种子、花粉等也不能传播。病毒粒体为线条状，无包被，通常呈波浪状，长830~850 nm，轴向导管模糊，基本的螺旋不明显，基因组为单链正义RNA，分子质量约为10.6 kb，在寄主细胞内可见风轮状内含体。主要侵染旋花科（Convolvulaceae）甘薯属（*Ipomoea*）植物，一般造成褪绿斑或具紫边的不明显或明显的褪绿斑（紫环斑），也可沿叶脉形成紫色羽状斑纹（Rannali et al.，2009；Dolores et al.，2012）。

5.1.2 甘薯潜隐病毒病

病原为甘薯潜隐病毒（sweet potato latent virus，SPLV）。病毒粒子为弯曲丝状，长约700~750 nm。可侵染旋花科（Convolvulaceae）、藜科（Chenopodiaceae）和茄科（Solanaceae）植物，如苋色藜（*Chenopodium amaranticolor*）、甘薯（*Ipomoea batatas*）、日本牵牛（*I. nil*）、普通牵牛（*I. purpurea*）、巴西牵牛（*I. setosa*）或烟草

（*Nicotiana benthamiana*）。常见的有局部褪绿斑驳（黄绿相间、深绿与浅绿相间的花叶）；叶片小，叶面皱缩不平。严重的在叶片上有疱斑。田间蚜虫、烟粉虱发生较多时易发病。主要分布在江苏、四川、山东、北京、安徽、河南等省份（Wang et al.，2013）。

5.1.3 甘薯退绿矮化病

病原为甘薯退绿矮化病毒（sweet potato chlorotic stunt virus，SPCSV）属于长线形病毒科（Closteroviridae）毛形病毒属（Crinivirus），主要由烟粉虱（*Bemisia tabaci*）以半持久方式传播（Valverde et al.，2004）。病毒粒体为长丝线状，螺旋对称，颗粒长度为850-950 nm，直径为12 nm。基因组为双组分单链正义RNA，基因组大小为17.6 kb左右。寄主范围较窄，主要为旋花科（Convolvulaceae）植物，如甘薯（*Ipomoea batatas Lam*），巴西牵牛（*I. setosa*）。感病植株叶片扭曲、畸形、叶片褪绿、明脉以及植株矮化等症状（张振臣等，2012）。目前主要分布在非洲和南美洲，在我国主要分布于广东、江苏、四川和安徽等地（Qin et al.，2013）。

5.2 马铃薯病毒病

据报道，感染马铃薯的病毒达30种以上，在中国危害比较严重的主要有马铃薯X病毒（potato virus X，PVX）、马铃薯Y病毒（potato virus Y，PVY）、马铃薯S病毒（potato virus S，PVS）、马铃薯A病毒（potato virus A，PVA）、马铃薯M病毒（potato virus M，PVM），马铃薯卷叶病毒（potato leaf-roll virus，PLRV）以及马铃薯纺锤块茎类病毒（potato spindle tuber viroid，PSTVd）（吴兴泉等，2011；2013）。

5.2.1 马铃薯A病毒（PVA）

马铃薯A病毒（potato virus A，PVA）。异名：马铃薯轻花叶病毒。马铃薯Y病毒科（Potyviridae）马铃薯Y病毒属（Potyvirus）成员。在自然条件下，PVA主要通过蚜虫以非持久性方式传播。传播介体蚜虫至少有7种以上，如鼠李蚜、大戟长管蚜和桃蚜等。此外，还可通过汁液传播（郝艾芸等，2007）。毒粒体弯曲线形，螺旋对称，长约730 nm，直径约11~15 nm。病毒基因组为单分体正单链RNA，核酸序列全长9565nt。自然寄主为马铃薯（*Solanum tuberosum*），也可侵染茄科（Solanaceae）的少数植物。主要分布于日本、美国及欧洲各国，在我国主要分布于黑龙江、河北、浙江、湖北、湖南、贵州、四川、福建、广西、青海等省份（Brandes et al.，1957）。

5.2.2 马铃薯M病毒（PVM）

马铃薯M病毒（potato virus M，PVM）。病毒粒体呈弯曲线状，大小约650 nm×12 nm。病毒基因组为线状单链正义RNA，大小约8.5 kb。在自然条件下，主要通过蚜虫以非持久性方式传播，如桃蚜、鼠李蚜、大戟长管蚜、马铃薯蚜等，该病毒也可以通过汁液摩擦和嫁接进行传播（郝艾芸等，2007）。主要侵染茄科（Solanaceae）的马铃薯（*Solanum tuberosum*）和番茄（*Lycopersicon esculentum*）等，人参果（*Solanum muricatum*）也有侵染报道（郑红英等，2003）。

5.2.3 马铃薯S病毒（PVS）

马铃薯S病毒（potato virus S，PVS）。异名：马铃薯潜隐花叶病毒（Potato latent mosaic viurs，PLMV）。线形病毒科（Flexiviridae），香石竹潜隐病毒属（Carlavirus）成员，PVS在块茎里长期存在，主要是通过汁液摩擦传毒，昆虫介体如桃蚜、鼠李蚜可以传播PVS。病毒粒体呈直或弯曲的线条状，螺旋对称，大小为650 nm×12 nm。其基因组为线状正单链RNA，共包含6个开放阅读框（ORF）。其中复制酶（RdRp）由基因组的ORF1编码获得，而外壳蛋白（Coat Protein，CP）基因位于病毒基因组的ORF5，由885个核苷酸组成，编码33KDa的多肽。自然寄主为马铃薯（*Solanum tuberosum*）和人参果（*Solanum muricatum*）。也可侵染茄科（Solanaceae）和藜科（Chenopodiaceae）植物（吴兴泉等，2013）。

5.2.4 马铃薯X病毒（PVX）

马铃薯X病毒（potato virus X）。异名：马铃薯普通花叶病毒、马铃薯潜隐病毒（potato latent virus，PoLV）（曲静等，2003）和圆形红皮马铃薯病毒（red lasoda virus，RLaSV）。病毒粒子为易弯曲的杆状颗粒，呈螺旋结构，大小为515 nm×13 nm。基因组为6.4 kb的正链RNA，约占病毒粒子重量的6%（Knight，1963）。其寄主范围广，系统侵染的植物主要是茄科（Solanaceae），如马铃薯（*Solanum tuberosum*）和油菜（*Brassica campestris ssp. Rapa*）。也可侵染曼陀罗（*Datura stramonium*）和普通烟（*Nicotiana tabacum*）。国内马铃薯产区的大部分省份均有分布。病株叶片中的病毒深度很高，病毒主要是机械传毒，但种子带毒或传病的很少。在自然条件下，切刀、农机具、衣物和动物的皮毛均可以成为传播中的介体，昆虫中蚜虫无传毒能力，而有的咀嚼式口器，如蝗虫等，可以通过口器带毒机械传染，菟丝子也可以传毒（郝艾芸等，2007）。

5.2.5 马铃薯Y病毒（PVY）

马铃薯Y病毒（potato virus Y，PVY）。异名：马铃薯重花叶病毒（potato severe mosaic virus，PSMV）、茄花叶病毒（brinjal mosaic virus，BMV）、曼陀罗437病毒（datura 437 virus，DV-437）、马铃薯斑纹病毒（potato acropetal necrosis virus，PANV）、烟草脉带花叶病毒（tobacco vein-banding virus，TVBMV）。通过介体昆虫蚜虫以非持久性方式进行传播，至少有20种蚜虫可以传播PVY，以桃蚜为主，又可通过汁液机械传播。病毒粒体为弯曲丝状，长约730~740 nm，直径为11~12 nm，螺旋状对称，病毒粒体组成中核酸占6%，蛋白质占94%。每个病毒粒体都含有一套完全基因组，其基因组是由大约10 000个核苷酸组成的单链正义RNA分子，属于类细小核糖核酸病毒超群。自然寄主为马铃薯（*Solanum tuberosum*）、辣椒（*Capsicum ssp.*）、烟草

（*Nicotiana ssp.*）、普通番茄（*Lycopersicon esculentum*）（胡新喜等，2009）。

5.2.6 马铃薯卷叶病毒（PLRV）

马铃薯卷叶病毒（potato leaf-roll virus，PLRV）。异名：马铃薯韧皮部坏死病毒。马铃薯卷叶病毒属（Polerovirus）成员（Murphy et al，1995）。病毒粒体球状，等轴对称，直径24 nm。基因组为正链RNA，基因组全长5882 bp。可侵染马铃薯（*Solanum tuberosum*）、本氏烟（*Nicotiana benthamiana*）、普通烟（*Nicotiana tabacum*）、田野水苏（*Stachys aruensis*）。汁液接触不能传播卷叶病毒，自然条件下主要由蚜虫传播，传毒介体主要有桃蚜，棉蚜、马铃薯蚜也可传毒，但侵染率不高。病毒在昆虫体内可以繁殖，并可以持久传毒，甚至可以终身传毒，但不能经卵传毒（王琦等，2009）。

6 我国常见的烟草病毒病

据调查显示，目前世界烟草病毒种类总共约有40种。由于我国烟区跨度大，南北方气候、耕作制度和农业生态条件均有较大差异，因此烟草病毒种类复杂，目前我国发生的烟草病毒种类主要包括（表2）：烟草曲叶病毒（tobacco leaf curl virus，TLCV）、甜菜曲顶病毒（beet curly top virus，BCTV）、番茄斑萎病毒（tomato spot wilt virus，TSWV）、烟草环斑病毒（tobacco ring spot virus，TRSV）、马铃薯X病毒（potato virus X，PVX）、马铃薯Y病毒（potato virus Y，PVY）、烟草蚀纹病毒（tobacco etch virus，TEV）、烟草脉带花叶病毒（tobacco vein banding mosaic virus，TVBMV）、烟草坏死病毒（tobacco necrosis virus，TNV）、烟草线条病毒（tobacco st reak virus，TSV）、黄瓜花叶病毒（cucumber mosaic virus，CMV）、番茄不孕病毒（tomato aspermy virus，ToAV）、苜蓿花叶病毒（alfalfa mosaic virus，AMV）、烟草花叶病毒（tobacco mosaic virus，TMV）、烟草脆裂病毒（tobacco rattle virus，TRV）、烟草褪绿斑驳病毒（tobacco chlorosis mottle virus，TCMV）、番茄黑环病毒（tomato black ring virus，ToBRV）共17种（陈瑞泰等，1997；马国胜等，2006）。

表2 我国烟草病毒病种类

病害名称（Disease）	病毒种名（Species）	属（Genus）	科（Family）	介体（Vector）	方式（mode）
烟草曲叶病毒病	tobacco leaf curl virus，TLCV	菜豆金黄色花叶病毒属（Begomovirus）	双生病毒科（Geminiviridae）	烟粉虱	非持久
甜菜曲顶病毒病	beet curly top virus，BCTV	甜菜曲顶病毒属（Curtovirus）	双生病毒科（Geminiviridae）	叶蝉	持久 非增殖
番茄斑萎病毒病	tomato spot wilt virus，TSWV	番茄斑萎病毒属（Tospovirus）	布尼安病毒科（Bunyaviridae）	蓟马	持久性

续表

病害名称（Disease）	病毒种名（Species）	属（Genus）	科（Family）	介体（Vector）	方式（mode）
烟草环斑病毒病	tobacco ring spot virus，TRSV	线虫传多面体病毒属（Nepovirus）	豇豆花叶病毒科（Comoviridae）	烟蚜、线虫、蓟马	持久非增殖
马铃薯X病毒病	potato virus X，PVX	马铃薯X病毒属（Potexvirus）	——	机械传毒	——
马铃薯Y病毒病	potato virus Y，PVY	马铃薯Y病毒属（Potyvirus）	马铃薯Y病毒科（Potyviridae）	蚜虫	非持久性
烟草蚀纹病毒病	tobacco etch virus，TEV	马铃薯Y病毒属（Potyvirus）	马铃薯Y病毒科（Potyviridae）	烟蚜、桃蚜	——
烟草脉带花叶病	tobacco vein banding mosaic virus，TVBMV	马铃薯Y病毒属（Potyvirus）	马铃薯Y病毒科（Potyviridae）	——	机械传毒
烟草坏死病毒病	tobacco necrosis virus，TNV	——	番茄丛矮病毒科（Tombusviridae）	芸薹油壶菌	——
烟草线条病毒病	tobacco streak virus，TSV	等轴不稳环斑病毒属（Ilarvirus）	番茄丛矮病毒科（Tombusviridae）	种传	——
黄瓜花叶病毒病	cucumber mosaic virus，CMV	黄瓜花叶病毒属（Cucumovirus）	雀麦花叶病毒科（Bromoviridae）	桃蚜、棉蚜	非持久性
番茄不孕病毒病	tomato aspery virus，ToAV	黄瓜花叶病毒属（Cucumovirus）	雀麦花叶病毒科（Bromoviridae）	蚜虫	非持久性
苜蓿花叶病毒病	alfalfa mosaic virus，AMV	苜蓿花叶病毒属（Alfamovirus）	雀麦花叶病毒科（Bromoviridae）	蚜虫	非持久性
烟草花叶病毒病	tobacco mosaic virus，TMV	烟草花叶病毒属（Tobamovirus）	——	——	汁液传播
烟草脆裂病毒病	tobacco rattle virus，TRV	烟草脆裂病毒属（Tobravirus）	——	线虫	——
烟草褪绿斑驳病毒病	tobacco chlorosis mottle virus，TCMV	——	——	蚜虫	非持久性
番茄黑环病毒病	tomato black ring virus，TBRV	线虫传多面体病毒属（Nepovirus）	豇豆病毒花叶科（Comoviridae）	线虫	——

注：“——”表示没有或尚未报道。

7　我国常见的蔬菜病毒病

几乎所有蔬菜都会发生病毒病害，尤其以十字花科、茄科、豆科和葫芦科等蔬菜发病较重。蔬菜感染病毒种类也较多，如十字花科蔬菜的芜菁花叶病毒（turnip moaic virus，TuMV）、黄瓜花叶病毒（cucumber mosaic virus，CMV）、萝卜花叶病毒（radish mosaic virus，RMV）；茄科蔬菜的番茄黄化曲叶病毒（tomato yellow leaf curl virus，TYLCV）、番茄褪绿病毒（tomato chlorosis virus，ToCV）、番茄斑驳病毒（tomato spotted wilt orthotospovirus，TSWV）、烟草花叶病毒（tobacco mosaic virus，TMV）、马铃薯Y病毒（potato virus Y，PVY）；豆科蔬菜的菜豆普通花叶病毒（bean common mosaic virus，BCMV）、菜豆黄花叶病毒（bean yellow mosaic virus，BYMV）；葫芦科蔬菜的黄瓜花叶病毒（cucumber mosaic virus，CMV），黄瓜绿斑驳花叶病毒（CGMMV）；甜瓜花叶病毒（melon mosaic virus，MMV）；瓜类褪绿黄化病毒（cucurbit chlorotic yellows virus，CCYV）等。

7.1 番茄黄化曲叶病毒（TYLCV）

番茄黄化曲叶病毒（tomato yellow leaf curl virus，TYLCV）属于双生病毒科（Geminiviridae）菜豆金色花叶病毒属（Begomovirus），因该属病毒在自然条件下只能由烟粉虱以持久方式传播，又被称为粉虱传双生病毒。该病毒是一类具有孪生颗粒形态的植物DNA病毒，广泛分布于热带和亚热带地区，在烟草、番茄、南瓜、木薯、棉花等重要经济作物上造成毁灭性危害。染病番茄植株矮化，生长缓慢或停滞，顶部叶片常稍褪绿发黄、变小，叶片边缘上卷，叶片增厚，叶质变硬，叶背面叶脉常显紫色（Wang et al.，2015）。

7.2 中国番茄黄化曲叶病毒（TYLCCNV）

中国番茄黄化曲叶病毒（tomato yellow leaf curl China virus，TYLCCNV），属于双生病毒科菜豆金色花叶病毒属，由烟粉虱以持久方式传播，首次被报道于广西，在多种农作物上造成严重危害，如：番茄、烟草和木瓜。在我国南方，TYLCCNV主要侵染烟草和番茄，分别引起黄化曲叶病和叶卷曲病。番茄和烟草在接种TYLCCNV后，会出现典型的叶片卷曲和黄化等症状（刘玉乐等，1998；Zhou et al.，2001；Xu et al.，2006）。

7.3 黄瓜花叶病毒（CMV）

黄瓜花叶病毒（cucumber mosaic virus，CMV），是雀麦花叶病毒科（Bromoviridae）黄瓜花叶病毒属（Cucumovirus）的成员，是三分体的单链正义RNA病毒。CMV主要借助蚜虫以非持久性的方式传播，也通过种子或者汁液摩擦等传播，是目前已知的寄主范围最广泛的病毒之一。CMV可侵染36科双子叶植物和4科单子叶植物共约124种植物。全世界所有烟草种植区均有该病毒的分布和危害，有60多种蚜虫可传播该病毒，以烟蚜、棉蚜为主。发病叶片出现不同程度的皱缩、畸形，植株明显矮缩；病株根系发育不良，严重时可致萎缩枯死（程英等，2018）。

7.4 甜瓜花叶病毒（MMV）

甜瓜花叶病毒（musk melon mosaic virus，MMV），由棉蚜、桃蚜及汁液接触传染。该病毒寄主范围较窄，只侵染葫芦科植物，不侵染烟草或曼陀罗。是西北瓜类病毒病的重要毒源。发病初期叶片出现黄绿与浓绿镶嵌的花斑，叶片变小，叶面皱缩，凹凸不平、卷曲。主蔓扭曲萎缩，植株矮化，瓜小，果面有浓淡相间斑驳，或轻微鼓突状凸起（徐锡琳等，1963）。

7.5 瓜类褪绿黄化病毒（CCYV）

瓜类褪绿黄化病毒（cucurbit chlorotic yellows virus，CCYV）是近年报道的一种新病毒，在瓜类上发生严重，严重影响瓜类的产量和品质（Gyoutoku et al.，2009；Okuda et al.，2010；Peng et al.，2011）。CCYV病毒属于长线形病毒科（Closteroviridae）毛形病毒属（Crinivirus），由两条正义单链RNA组成，RNA1编码病毒复制所需蛋白，RNA2包含与侵染植物、病毒组装、介体传播有关的开放阅读框（ORFs）（Shi et al.，2016），该病毒由烟粉虱以半持久性方式进行传播（Okuda et al.，2010；Li et al.，2016）。CCYV寄主范围广泛，能够系统侵染西瓜、丝瓜、南瓜等瓜类植物以及甜菜、昆诺藜、曼陀罗、本生烟等非瓜类植物。CCYV在黄瓜和甜瓜叶片上引起典型的褪绿黄化症状，但叶脉仍为绿色（Lu et al.，2017；2019）。

7.6 番茄斑驳病毒（TSWV）

番茄斑驳病毒（tomato Spotted wilt orthotospovirus，TSWV）属于布尼亚病毒目（Bunyavirales）番茄斑萎病毒科（Tospoviridae）番茄斑萎病毒属（Orthotospovirus），该病主要由西花蓟马（*Frankliniella occidentalis*）以持久增殖型方式传播（Rotenberg et al.，2015）。TSWV可侵染84个科1090种植物，如辣椒、茄子、番茄等作物，严重威胁农业生产。感病植株叶片皱缩、出现圆环状斑点，严重者叶片坏死脱落；根部和茎秆坏死；植株矮小等。2003年在云南爆发，之后很快蔓延到全国各地，成为继番茄黄化曲叶病毒病（TYLCV）之后，番茄上又一种具有毁灭性危害的病害（Turina et al.，2016；Wan et al.，2020）。

8 展望

在长期的自然进化过程中，植物病毒与昆虫介体之间建立了非常特异的关系。昆虫是传播植物病毒效率最高的介体类别之一，约80%的植物病毒需要依赖于昆虫介体进行传播（Hohn，2007）。根据病毒在介体体内的结合位点、滞留时间、转运途径等不同，分为非持久、半持久和持久性传播病毒（Shi et al.，2013）。近年来，病毒-昆虫-植物之间的互作，特别是病毒与昆虫之间的相互作用越来越受到人们的关注。很多研究结果证明植物病毒可以对介体昆虫进行调控，影响其生长发育、交配、免疫、取食等行为，进而对病毒的传播产生影响。对植物病毒与介体昆虫关系研究有助于找到防控介体传播病毒的关键环节，因此植物病毒与介体昆虫的相互关系是植物病毒传播机理研究中的核心问题。本文概括了我国主要农作物，如：水稻、小麦、玉米、甘薯、烟草和蔬菜等病毒病种类、传播介体及其传播方式，有助于我们深入了解我国植物病毒病发生概况，为我国植物病毒病的防治提供理论参考。

参考文献

[1] 陈瑞泰，朱贤朝. 1997. 全国16个主产烟省（区）烟草侵染性病害调研报告 [J]. 中国烟草科学（4）：1-7.

[2] 陈声祥，张巧艳. 2005. 我国水稻黑条矮缩病和玉米粗缩病研究进展 [J]. 植物保护学报，32（1）：97-103.

[3] 陈晓英，方荣祥. 2014. 中国植物病毒研究40年 [J]. 微生物学通报，41（3）：437-444.

[4] 程英，王莉爽，李凤良，等. 2018. 桃蚜对辣椒上黄瓜花叶病毒（CMV）的传毒特性 [J]. 贵州农业科学，46（1）：44-46.

[5] 丁会玲，李可夫，张彩霞，等. 1999. 华池县小麦红矮病发生情况及防治措施 [J]. 甘肃农业科技，（4）：42-43.

[6] 杜秉乾，刘丕贞. 1963. 新疆喀什地区玉米条纹病的调查研究初报 [J]. 植物保护学报，（3）：350-351.

[7] 段西飞，邸垫平，余庆波，等. 2010. 小麦丛矮病病原分子生物学鉴定 [J]. 植物病理学报，（4）：337-342.

[8] 郝艾云，张建军，申集平. 2007. 马铃薯病毒的种类及其防治方法 [J]. 内蒙古农业科技，2：62-63.

[9] 胡新喜，何长征，熊兴耀，等. 2009. 马铃薯Y病毒研究进展 [J]. 中国马铃薯，23：293-300.

[10] 刘玉乐，蔡健和，李冬玲，等. 1998. 中国番茄黄化曲叶病毒——双生病毒的一个新种 [J]. 中国科学，（2）：148-153.

[11] 马国胜，何博如. 2006. 烟草病毒研究现状与展望 [J]. 中国生态农业学报，14（2）：150-153.

[12] 裘维蕃. 1980. 我国植物病毒及病毒病研究三十年 [J]. 植物病理学报，doi：10.13926.

[13] 施艳，王英志，汤清波，等. 2013. 昆虫介体行为与植物病毒的传播 [J]. 应用昆虫学报，50（6）：1719-1725.

[14] 陶永富，刘庆彩，徐明良. 2013. 玉米粗缩病研究进展 [J]. 玉米科学，（1）：149-152.

[15] 王江飞. 2008. 小麦矮缩病毒群体的分子遗传变异 [D]. 中国农业科学院.

[16] 王锡锋，周广和. 2003. 大麦黄矮病毒介体麦二叉蚜和麦长管蚜体内传毒相关蛋白的确定 [J]. 科学通报，（15）：1671-1675.

[17] 王亚琴. 2013. 小麦矮缩病毒（WDV）的致病因子及RNA沉默抑制子的鉴定 [D]. 浙江大学.

[18] 王琦，杨宁树，刘媛. 2009. 马铃薯病虫害识别与防治 [M]. 宁夏人民出版社.

[19] 吴兴泉，时妍，杨庆东. 2011. 我国马铃薯病毒的种类及脱毒种薯生产过程中病毒的检测 [J]. 中国马铃薯，（6）：363-366.

[20] 吴兴泉，张慧聪，时妍，等. 2013. 我国部分马铃薯产区主要病毒病发生情况调查[J]. 河南农业科学，42（7）：84-87.

[21] 谢联辉，林奇英. 1980. 锯齿叶矮缩病毒在我国水稻上的发现 [J]. 植物病理学报，10（1）：59-64.

[22] 谢联辉，林奇英. 1984. 我国水稻病毒病研究的进展 [J]. 中国农业科学，6：58-64.

[23] 谢联辉，魏太云，林含新，等. 2001. 水稻条纹病毒的分子生物学 [J]. 福建农林大学学报（自然版），（3）：269-279.

[24] 徐锡琳，裘维蕃. 1963. 京郊葫芦科作物花叶病毒的类型初报 [J]. 植物保护学报，（2）：205-216.

[25] 赵立尚，潘正茂，陈宏. 2011. 小麦病毒病的研究 [J]. 农业灾害研究，（2）：1-6.

[26] 郑红英，陈炯，陈剑平. 2003. 侵染人参果的马铃薯M病毒基因组全序列分析 [J]. 微生物学报，43（3）：336-341.

[27] 周国辉，温锦君，蔡德江，等. 2008. 呼肠孤病毒科斐济病毒属一新种：南方水稻黑条矮缩病毒[J]. 科学通报，53（20）：2500 -2508.
[28] 周国辉，张曙光，邹寿发，等. 2010. 水稻新病害南方水稻黑条矮缩病发生特点及危害趋势分析[J]. 植物保护，36（2）：144-146.
[29] 周广和，王锡锋，杜志强. 1996. 我国玉米病毒病防治研究中有待解决的问题 [J]. 植物保护，22（1）：32-34.
[30] 周广和，张淑香，钱幼亭. 1987. 小麦黄矮病毒4种株系鉴定与应用 [J]. 中国农业科学，20（4）：7-12.
[31] 周广和，张淑香. 1985. 玉米红叶病的病源和传播途径 [J]. 中国农业科学，18（3）：92-93.
[32] 朱福成，陈雨天，蔡永宁，等. 1986. 玉米矮花叶病毒株系和相关病毒侵染玉米的分离鉴定[J]. 甘肃农业科技，（12）：24-27.
[33] 张文斌，安德荣，任向辉. 2009. 中国小麦黄矮病的发生及综合防控研究进展 [J]. 麦类作物学报，29（2）：361-364.
[34] 张盼. 2012. 甘薯病毒病害（SPVD）病原的检测方法和分子变异研究 [D]. 河南农业大学.
[35] 张振臣，马淮琴，张桂兰. 2000. 甘薯病毒病研究进展 [J]. 河南农业科学，（9）：19-22.
[36] 张振臣，乔奇，秦艳红，等. 2012. 我国发现由甘薯褪绿矮化病毒和甘薯羽状斑驳病毒协生共侵染引起的甘薯病毒病害 [J]. 植物病理学报，42（3）：328-333.
[37] Biraghi A. 1949. Histological observations on maize plants affected by dwarfing [J]. Notiz Malatt Plante，（7）：1-31.
[38] Brandes J，Paul H L. 1957. Das Elektronenmikroskop als hilfsmittel bei der diagnose pflanzlicher virosen [J]. Archiv Für Mikrobiologi，26（4）：358-368.
[39] Dolores L M，Yebron M G N，Laurena A C. 2012. Molecular and biological characterization of selected sweet potato feathery mottle virus（SPFMV）strains in the Philippines [J]. Crop Protection Newsletter，37（2）：29-37.
[40] Gyoutoku Y，Okazaki S，Furuta A，et al. 2009. Chlorotic yellows disease of melon caused by cucurbit chlorotic yellows virus，a new crinivirus [J]. Jpn. J. Phytopathol，75，109-111.
[41] Hibino，Hiroyuki. 1995. Biology and epidemiology of rice viruses [J]. Annual Review of Phytopathology，34（1）：249-274.
[42] Hibino.H. 1986. Rice grassy stunt virus [J]. Tropical Agriculture Research：165-171.
[43] Hohn，T. 2007. Plant virus transmission from the insect point of view [J]. Proceedings of the National Academy of Sciences of the United States of America，104（46）：17905-17906.
[44] Huang Y W，Zhao H，Luo Z L，et al. 2003. Novel structure of the genome of rice yellow stunt virus：identification of the gene 6-encoded virion protein [J]. Journal of General Virology， 84（8）：2259-2264.
[45] Huang Y W，Geng Y F，Ying X B，et al. 2005. Identification of a movement protein of rice yellow stunt rhabdovirus [J]. Journal of Virology，79（4）：2108-2114.
[46] Jia D S，Guo N M，Chen H Y，et al. 2012. Assembly of the viroplasm by viral non-structural protein Pns10 is essential for persistent infection of rice ragged stunt virus in its insect vector [J]. Journal of General Virology，93：2299-2309.
[47] Knight C A. 1963. Chemistry of viruses [J]. Protoplasmatologia，4：157-177
[48] Li J J，Liang X Z，Wang X L，et al. 2016. Direct evidence for the semipersistent transmission of

cucurbit chlorotic yellows virus by a whitefly vector [J]. Scientific Reports，6，36604.
[49] Lu S H，Li J J，Wang X L et al. 2017. A semipersistent plant virus differentially manipulates feeding behaviors of different sexes and biotypes of its whitefly vector [J]. Viruses，doi：10.3390/v9010004.
[50] Lu S H，Chen M S，Li J J，et al. 2019. Changes in *Bemisia tabaci* feeding behaviors caused directly and indirectly by cucurbit chlorotic yellows virus [J]. Virology Journal，16：1-14.
[51] Miranda G J，Azzam O，Shirako Y. 2000. Comparison of nucleotide sequences between northern and southern Philippine isolates of rice grassy stunt virus indicates occurrence of natural genetic reassortment [J]. Virology，266（1）：26-32.
[52] Murphy F A，Fauquet C M，Bishop D H L，et al. 1995. Virus taxonomy classification and nomenclature of viruses. Report of the international committee [J]. Arch. Virol，10：187-192.
[53] Okuda M，Okazaki S，Yamasaki S，et al. 2010. Host range and complete genome sequence cucurbit chlorotic yellows virus，a new member the genus Crinivirus [J]. Phytopathology， 100：560-566.
[54] Peng J，Huang Y. 2011. The occurrence of cucurbit chlorotic yellows virus disease in Taiwan and evaluation of the virus infected fruit quality and yield [J]. Phytopathology，101：S139-S140.
[55] Qin Y，Zhang Z，Qiao Q. 2013. Molecular variability of sweet potato chlorotic stunt virus （SPCSV） and five potyviruses infecting sweet potato in China [J]. Archives of Virology，158（2）：491-495.
[56] Rannali M，Czekaj V，Jones R A C，et al. 2009. Molecular characterization of sweet potato feathery mottle virus（SPFMV）isolates from easter island，french polynesia，new zealand，and southern africa [J]. Plant Disease，93（9）：933-939.
[57] Rivera C，Ou S，Iida T. 1966. Grassy stunt disease of rice and its transmission by the planthopper *Nilaparvata lugens* Stal [J]. Plant Disease Reporter，50（7）：453-456.
[58] Rotenberg D，Jacobson A L，Schneweis D J，et al. 2015. Thrips transmission of tospoviruses [J]. Current Opinion in Virology，15：80-89.
[59] Shi Y，Shi Y J，Gu Q S，et al. 2016. Infectious clones of the crinivirus cucurbit chlorotic yellows virus are competent for plant systemic infection and vector transmission [J]. Journal of General Virology，97，1458.
[60] Turina M，Kormelink R，Resende R O. 2016. Resistance to tospoviruses in vegetable crops：epidemiological and molecular aspects [J]. Annual Review of Phytopathology，54（1）：347-371.
[61] Valverde R A， Sim J，Lotrakul P. 2004. Whitefly transmission of sweet potato viruses [J]. Virus Research，100（1）：123-128.
[62] Wan Y R，Hussain S，Merchant A，et al. 2020. Tomato spotted wilt orthotospovirus influences the reproduction of its insect vector，western flower thrips，*Frankliniella occidentalis*，to facilitate transmission [J]. Pest Managenent Science，76，doi：10.1002/ps.5779.
[63] Wang L L，Wei X M，Ye X D，et al. 2015. Expression and functional characterisation of a soluble form of Tomato yellow leaf curl virus coat protein [J]. Pest Management Science，70（10）：1624-1631.
[64] Wang M，Abad J，Fuentes S. 2013. Complete genome sequence of the original Taiwanese isolate of sweet potato latent virus and its relationship to other potyviruses infecting sweet potato [J]. Archives of Virology，159（10）：2189-2192.
[65] Wu J X. 2014. Highly sensitive and specific monoclonal antibody-based serological methods for rice ragged stunt virus detection in rice plants and rice brown planthopper vectors [J]. Journal of Integrative

Agriculture，（9）：1943-1951.

[66] Xiong R Y，Wu J X，Zhou Y J，et al. 2008. Identification of a movement protein of the tenuivirus rice stripe virus [J]. Journal of Virology，82（24）：12304.

[67] Xie L H，Lin J Y，Guo J R. 1981. A new insect vector of rice dwarf virus [J]. International Rice Research Newsletter，6（5）：14.

[68] Xu Y P，Zhou X P. 2006. Genomic characterization of tomato yellow leaf curl China virus and its associated satellite DNA infecting tobacco in Guangxi [J]. Acta Microbiologica Sinica，46（3）：358.

[69] Yang X，Huang J L，Liu C H，et al. 2016. Rice stripe mosaic virus，a novel cytorhabdovirus infecting rice via leafhopper transmission [J]. Frontiers in Microbiology，7：2140.

[70] Yang X，Zhang T，Chen B，et al. 2017. Transmission biology of rice stripe mosaic virus by an efficient insect vector recilia dorsalis（Hemiptera：Cicadellidae）[J]. Frontiers in Microbiology，8：2457.

[71] Yu T F. 1939. A list of plant viruses observed in China [J]. Phytopathology，29：459-461.

[72] Zhang H M，Yang J，Chen J P，et al. 2008. A black-streaked dwarf disease on rice in China is caused by a novel fijivirus [J]. Arch Virol，153（10）：1893-1898.

[73] Zhang H M，Chen J P，Adams M J. 2001. Molecular characterisation of segments 1 to 6 of rice black-streaked dwarf virus from China provides the complete genome [J]. Archives of Virology，146（12）：2331-2339.

[74] Zhang H M，Xin X，Yang J，et al. 2008. Completion of the sequence of rice gall dwarf virus from Guangxi，China [J]. Archives of Virology，153（9）：1737-1741.

[75] Zhou F，Pu Y，Wei T，et al. 2007. The P2 capsid protein of the nonenveloped rice dwarf phytoreovirus induces membrane fusion in insect host cells [J]. Proceedings of the National Academy of Sciences of the United States America，104（49）：19547-19552.

[76] Zhou G H，Wen J J，Cai D J，et al. 2008. Southern rice black streaked dwarf virus：a new proposed Fijivirus species in the family Reoviridae [J]. Chinese ence Bulletin，53（23）：3677-3685.

[77] Zhou X P，Xie Y，Zhang Z K. 2001.Molecular characterization of a distinct begomovirus infecting tobacco in Yunnan，China [J]. Archives of Virology，146（8）：1599-1606.

[78] Zhu S，Gao F，Cao X，et al. 2005. The Rice dwarf virus P2 protein interacts with ent-kaurene oxidases in vivo，leading to reduced biosynthesis of gibberellins and rice dwarf symptoms [J]. Plant Physiology，139（4）：1935-1945.

烟粉虱传播双生病毒相关蛋白的研究进展[*]

闫明辉[**]，张泽龙，张蓓蓓，何海芳，闫凤鸣，李静静[***]

（河南农业大学植物保护学院，郑州 450002）

摘　要：植物病毒具有促进介体昆虫获取、保留和接种的适应性。大部分的适应性依赖于蛋白介导的植物病毒、介体昆虫和寄主植物三者之间的互作，这些蛋白使病毒粒子与昆虫口器结合或者侵入其内部组织。另外，病毒还可以操纵寄主植物的表型和介体昆虫的行为，以加强自己的传播。烟粉虱是入侵型且对农业生产造成巨大损失的害虫之一，烟粉虱的爆发总伴随着植物病毒病的大规模发生。菜豆金黄花叶病毒属是双生病毒科中种类最多、危害最大的一个属，由烟粉虱以持久型方式传播。在我国，危害最严重的双生病毒是番茄黄化曲叶病毒（Tomato yellow leaf curl virus，TYLCV）。本文从双生科病毒、介体昆虫烟粉虱以及寄主植物三者之间蛋白的相互作用出发，综述了烟粉虱传毒相关蛋白的研究进展。

关键词：烟粉虱；植物病毒；番茄黄化曲叶病毒；蛋白互作

Research progress of proteins involved in the plant virus transmission by *Bemisia tabaci*

Yan Minghui，Zhang Zelong，Zhang Beibei，He Haifang，Yan Fengming，Li Jingjing

（*College of Plant Protection*，*Henan Agricultural University*，*Zhengzhou 450002*）

Abstract: Plant viruses have the adaptability to promote the acquisition, retention and inoculation of vector insects. Most of the adaptations depend on the interaction between plant viruses, vector insects and host plants mediated by proteins, which bind virus particles to insect mouth parts or invade their internal tissues. In addition, the virus can manipulate the host plant phenotype and the behavior of the

---

*　基金项目：国家自然科学基金项目（30900353，30500704）；河南农业大学创新基金（30500704）

**　第一作者：闫明辉；E-mail：ymhmxy027@163.com

***　通讯作者：李静静；E-mail：lijingjing_319@163.com

vector insects to enhance their own transmission. *Bemisia tabaci* is one of the invasive pests that cause great losses to agricultural production. The outbreak of *Bemisia tabaci* is always accompanied by the occurrence of plant virus diseases. *Begomovirus* is the most most harmful genus in *Geminiviridae, which* is transmitted by *Bemisia tabaci* in a persistent manner. *Tomato yellow leaf curl virus* （TYLCV） is one of the most serious *geminiviruses* in China. Based on the interaction among geminidae viruses, vector insects *Bemisia tabaci* and host plants. This paper reviewed the research progress of proteins related to *Bemisia tabaci* transmission.

Key words: *Bemisia tabaci*; Plant virus; TYLCV; Protein-protein interaction

烟粉虱 *Bemisia tabaci*（Gennadius）是重要的刺吸式害虫，被视为对农业生产危害较大的害虫之一，对多种粮食作物、经济作物和园艺花卉等生产造成威胁。烟粉虱主要是通过刺吸植物汁液、分泌蜜露以及携带并传播多种植物病毒等进行危害（De Barro et al.，2011）。研究发现，其传播的病毒对寄主植物带来的间接危害远大于直接取食所造成的损伤。烟粉虱不仅可以特异性传播单个病毒，还可以复合传播多种病毒。对寄主植物而言，与单病毒感染相比，混合病毒在寄主植物中可显著改变植物的表型，影响介体昆虫的适应度以及其获得和接种病毒，从而影响病毒的传播和流行（Gautam et al.，2020）。烟粉虱传播的病毒涵盖5个属400多个种（Navas-Castillo et al.，2011），包括双生病毒科（*Geminiviridae*）菜豆金黄花叶病毒属（*Begomovirus*）、长线型病毒科（*Closteroviridae*）毛形病毒属、马铃薯Y病毒科（*Potyviride*）甘薯病毒属（*Ipomovirius*）、半生豇豆病毒科（*Secoviridae*）番茄灼烧病毒属（*Torradovirus*）以及乙型线性病毒科（*Betaflexiviridae*）麝香石竹潜隐病毒属。

研究发现，近80%的植物病毒都是由介体昆虫传播的，虫媒病害的发生与流行和介体昆虫的活动密不可分，依赖于“病毒-昆虫-植物”三者互作关系。在长期进化过程中三者之间的互作决定了病虫害的流行发生和严重程度（马永焕，2017）。植物病毒病一直以来是难以防治的病害，由介体昆虫传播的植物病毒病可以通过防治介体昆虫来阻断病毒的传播，也可以通过改变寄主的一些相关成分来防治病毒病。因此，了解介体昆虫的传毒特性，探究参与病毒传播的关键病毒和介体昆虫以及寄主植物的互作蛋白，有助于研发新的思路和方法来控制病毒病的发生和扩散。

1 烟粉虱传播双生科病毒的特性

根据烟粉虱获取病毒的时间、病毒在烟粉虱体内存留的时间以及传播到寄主植物上所需要的时间，将烟粉虱传播的植物病毒分为三类：非持久性病毒（non-persistent transmission）、半持久性病毒（semi-persistent transmission）和持久性病毒（persistent transmission）（Hogenhout et al.，2008）。持久性病毒在介体昆虫体内可以长时间存留，但其获毒和传毒的时间也比较长，需要几个小时甚至几天。非持久性病毒在带毒植物上取食几分钟甚至几秒便可获取病毒并传播给寄主植物，但病毒在其体内存留时间也仅有几分钟。半持久病毒介于两者之间。烟粉虱可以传播多种植物病毒，其中以持久性方式传播菜豆金黄花叶病毒属病毒，其他病毒多半以半持久方式传播（Verbeek et al.，2014；Polston et al.，2014）。

双生病毒是一类具有孪生颗粒形态的单链环状DNA病毒（Jeske，2009），由烟粉虱通过持久性方式传播，种类多、危害大（Rosen et al.，2015；Walker et al.，2019）。在我国，双生病毒科危害最严重的的是番茄黄化曲叶病毒（Tomato yellow leaf curl virus，TYLCV）。该病毒不仅在我国给农业生产带来巨大经济损失，在世界其他地区也同样危害十分严重（Scholthof et al.，2011）。在研究烟粉虱获毒、持毒和传毒等一系列过程中发现，烟粉虱首先在带毒植株韧皮部取食，病毒随汁液进入烟粉虱体内，随后穿过中肠进入血淋巴，一部分病毒会侵染烟粉虱唾液腺，最终随唾液重新传给寄主植物，另有一部分病毒可以侵染烟粉虱的卵巢，由卵传给后代（Wei et al.,2017）。在传毒过程中，病毒要克服并跨越烟粉虱的四道屏障：分别是病毒进入烟粉虱体内后中肠入侵屏障、中肠逃逸屏障、唾液腺入侵屏障以及唾液腺逃逸屏障（Hogenhout et al.，2008）。病毒能否被介体昆虫传播取决于能否顺利通过中肠和唾液腺两个器官的免疫反应以及寄主植物的防御反应。这都需要病毒、烟粉虱和寄主植物三者蛋白相互识别、相互作用来完成这一过程。但是三者蛋白之间的互作对病毒传播可能有利，但也可能有害。

2 烟粉虱获毒以及持毒过程中的蛋白互作

病毒须借助活细胞来完成一系列生命活动，传播依赖于介体昆虫，因而与介体昆虫的相互作用对于病毒在不同植物间的传播非常重要（Li et al.，2014）。研究发现病毒编码的蛋白，如外壳蛋白（Coat protein，CP）、次要外壳蛋白（Secondary coat protein，CPm）等对病毒与介体昆虫的互作以及病毒的有效传播有重要的作用。烟粉虱传播的TYLCV的外壳蛋白CP已被证明是参与病毒传播的必需蛋白（Harrison et al.，2002）。另外烟粉虱体内都伴随有不同种类的共生菌，共生菌分泌的蛋白也有助于病毒的传播。MEAM1烟粉虱体内的次生共生菌Hamiltonella分泌一种分子伴侣蛋白GroEL，该蛋白可以和TYLCV-CP互作，这种互作可能会帮助TYLCV成功穿越血淋巴而免遭烟粉虱免疫系统的清除。实验发现干扰这种互作，烟粉虱的传毒能力显著下降（Gottlieb et al.，2010）。在烟粉虱传播的双生病毒中，TYLCV有水平传播和垂直传播机制，其中TYLCV-CP与烟粉虱的卵黄原蛋白（Vitellogenin，Vg）产生互作是烟粉虱垂直传播TYLCV的关键（Wei et al.，2017）。

植物病毒侵入烟粉虱体内的同时，烟粉虱对外来异物会作出一定的应答反应。烟粉虱体内的泛素-蛋白酶体系对烟粉虱体内的TYLCV起负调控作用，该系统可能直接降解或通过激活烟粉虱免疫反应等方式抑制病毒含量，进而帮助烟粉虱缓解TYLCV带来的不利影响（夏文强等，2017）。Ohnesorge等人用酵母双杂交技术验证了烟粉虱的热休克蛋白BtHSP16参与TYLCV的循环和传播，另外BtHSP16也可能参与烟粉虱细胞膜的调控，以此来协助病毒穿越虫体屏障（Ohnesorge et al.，2010）。同样的，烟粉虱热休克蛋白HSP70也参与到TYLCV的传播过程，通过干扰烟粉虱的HSP70蛋白表达，发现TYLCV的传播效率有所增加，说明HSP70对烟粉虱体内的病毒传播有一定的抑制作用（Gtz et al.，2012）。在对烟粉虱体内TYLCV转运途径的研究发现，烟粉虱网格蛋白所介导的胞吞作用（Clathrin-dependent endocytosis，CME）对TYLCV进入虫体中肠扮演着重要角色（Pan et al.，2017）。还有研究表明烟粉虱抗菌肽蛋白也参与到传播病毒的过程。对MEAM1烟粉虱携带TYLCCNV后其基因表达水平进行分析，受病毒侵染的烟粉虱会激活自身体内抗菌肽的形成以及自噬反应的发生，这两种机制都不利于病毒在烟粉虱体内的生存。但是病毒进入烟粉虱体内后可以调控抑制烟粉虱的部分免疫应答，如丝裂原活化蛋白激酶（mitogen-activated protein kinase，MAPK）信号通路和Toll受体（toll-like receptor）信号通路，从而保证病毒在一定程度上不会被烟粉虱免疫系统清除（Luan et al.，2011；Kanakala et al.，2016；Hariton et al.，2016；Wang et al.，2017）。Kanakala研究报道，烟粉虱亲环素B（CypB）和热休克70蛋白（hsp70）在病毒传播途径上与TYLCV在烟粉虱中肠内相互作用并共位点定位，这两种蛋白在病毒传播过程中都有重要作用（Kanakala et al.，2019）。当使用抑制剂抑制CypB，会影响病毒在烟粉虱中肠的稳定性，并影响其传播（Kanakala et al.，2016）。但Hsp70与CypB不同，对烟粉虱饲喂含有Hsp70特异性抗体时，会导致TYLCV的高传播效率，这一结果表明，Hsp70对病毒具有一定的保护作用（Ghanim，2014）。

双生病毒是否可以在介体昆虫烟粉虱体内复制，一直以来受到学者的高度关注，但是却存在较大争议。大家都认可的观点是该病毒以持久性方式通过烟粉虱传播，但不能在其体内复制（Hogenhout et al.，2008）。最新研究表明，TVLCY在介体烟粉虱体内存在着复制现象。TYLCV是一种持久性传播的病毒，在烟粉虱体内存留的时间较长，甚至可以终生带毒。发现TVLCV可以诱导DNA合成机制，增殖细胞核抗原（PCNA）和DNA聚合酶（Pol），从而在烟粉虱体内建立一个具有复制能力的微环境，TYLCV复制相关蛋白（Rep）与烟粉虱的PCNA相互作用，诱导DNA Pol蛋白用于病毒复制（He et al.，2020），在一定程度上增加了烟粉虱体内的病毒含量，有利于TYLCV的水平传播和垂直传播。

3 烟粉虱传毒与寄主植物的蛋白互作

植物病毒可以通过寄主植物来影响和改变介体昆虫的行为，一方面病毒通过改变植物的营养成分，从而影响介体昆虫的取食行为；另外一方面病毒通过调控植物的防御反应来增加对介体昆虫的吸引力，这些都是通过驱动介体昆虫的行为来间接增加病毒的传播和流行（Casteel et al.，2014；Luan et al.，2014；Li et al.，2014）。而病毒对寄主植物的调控，大部分需要通过蛋白参与完成。

植物病毒通过干扰或者诱导寄主植物相关蛋白发挥作用，从而有利于病毒传播。中国番茄黄化曲叶病毒（Tomato yellow leaf curl china virus，TYLCCNV）的伴随卫星编码的βC1蛋白能够通过与寄主植物互作，抑制寄主的茉莉酸信号途径，来吸引烟粉虱取食，在长期的进化过程中形成了依赖于植物的间接互惠共生关系（马永焕，2017）。该病毒编码的βC1蛋白也能和植物的转录因子MYC2互作，从而阻止MYC2二聚体的形成，进而抑制下游帖烯类化合物相关TPS基因的激活表达，达到抑制植物对昆虫的趋避作用，植物激素茉莉酸JA介导的帖烯类化合物的生物合成在病毒感染的植物中被抑制，从而降低了对烟粉虱的抗性，使烟粉虱更偏好选择被病毒感染过的植株，并且发现定殖在病毒感染或过表达βC1蛋白植株上烟粉虱产卵量增加。因此，βC1和MYC2的互作间接使介体昆虫烟粉虱更好地在寄主植物上生存，进一步加大了病毒的传播范围和危害程度（Li et al.，2014）。有研究报道，乙烯信号途径也参与植物体内病程相关蛋白（Pathogenesis related protein，PR）基因的表达，并且与植物体内茉莉酸信号途径在调控植物对病虫害的防御反应中起协同或拮抗作用，从而推导这些蛋白可能与植物病毒的相关蛋白互作，介导病毒的侵入和流行（Wang et al.，2017）。在抑制水杨酸累积的NahG转基因烟草实验中发现，病害反应仅发生在番茄黄化曲叶撒丁岛病毒（Tomato yellow leaf curl Sardinia virus，TYLCSV）编码的C2致病蛋白侵染的部位，这说明TYLCSV-C2能够抑制SA途径来诱导植物的防御反应（Matić et al.，2016）。

病毒通过相关蛋白调控寄主植物的防御反应，使得介体昆虫烟粉虱更好地取食。TYLCV编码中有两种重要的致病因子V2和C4蛋白，这两种蛋白具有吸引烟粉虱取食的能力，在感病的寄主植物中发现V2蛋白的过表达，对烟粉虱种群密度有增加现象。此外，V2蛋白还可以和调控寄主植物茉莉酸途径的关键因子JAZs蛋白互作，影响了植物的茉莉酸途径，使得烟粉虱的传毒效率增高（马永焕，2017）。在对感染TYLCV的烟粉虱进行转录组测序时发现，与对照相比，找到28个受TYLCV诱导的唾液蛋白，发现唾液蛋白中的Bep1可以有效抑制植物的抗虫反应，提高了烟粉虱的适应能力和繁殖能力，间接提高了烟粉虱传播病毒的能力（王宁，2018）。在对烟粉虱唾液进行研究发现，烟粉虱的初级唾液腺会分泌一种低分子量的唾液蛋白Bt56,在取食过程中被传递到寄主植物中，寄主植物Bt56的过表达促进了寄主植物对烟粉虱的易感性，并诱发水杨酸（SA）信号通路，提高了烟粉虱在寄主植物上的性能，间接提高烟粉虱的传毒能力（Xu et al.，2019）。

4 展望

近年来，植物病毒、介体昆虫以及寄主植物的互作越来越成为人们关注的热点。病毒进入昆虫，在昆虫体内运动以及从虫体释放到寄主植物的多个过程，要受到介体昆虫、病毒和寄主植物等之间的互作影响。病毒编码的外壳蛋白CP是病毒在介体昆虫中转运和传播的必要蛋白，也是介体昆虫特异性的决因素。当然，也有病毒的非结构辅助蛋白参与到与介体昆虫以及寄主植物的互作，进而影响病毒的传播。很明显，植物病毒从这些互作中获益，将病毒传播到新的寄主上确保了病毒的生存。但是，这种互作并不是单向的，不仅仅是病毒获得了传播到新寄主的能力，在许多情况下，这种互作也可以使介体昆虫受益。正是这种互作间的互惠互利，使得植物病毒病的防治举步维艰。研究植物病毒、介体昆虫、寄主植物之间的蛋白互作，可以更好地揭示病毒的传播和流行的分子机制，但对三者深层次的互作机理和如何干预这些蛋白互作途径，从而阻断病毒传播等诸多方面仍需进一步研究。

参考文献

[1] 马永焕.新型双生病毒-烟粉虱-植物三者互作关系的鉴定与机制研究[D].北京：中国科学院大学,2017.

[2] 王宁. TYLCV诱导的烟粉虱效应子Bep1调控植物免疫的分子机理[D].山东农业大学,2018.

[3] 夏文强, 梁燕, 刘银泉等. 2017. 泛素-蛋白酶体系统对烟粉虱体内番茄黄曲叶病毒的影响[J]. 昆虫学报 60(12)：1411-1419.

[4] Casteel CL, Yang C, Nanduri AC, et al. 2014. The NIa-Pro protein of Turnip mosaic virus improves growth and reproduction of the aphid vector, Myzus persicae (green peach aphid) [J]. *Plant* J. 77(4): 653-663.

[5] De Barro PJ, Liu SS, Boykin LM, et al. . 2011. Bemisia tabaci: a statement of species status [J]. *Annu Rev Entomol*56:1-19.

[6] Gautam S, Gadhave KR, Buck JW, et al. 2020.Virus-virus interactions in a plant host and in a hemipteran vector: Implications for vector fitness and virus epidemics[J]. *Virus Res*. 286: 198069.

[7] Ghanim M. 2014. A review of the mechanisms and components that determine the transmission efficiency of Tomato yellow leaf curl virus (Geminiviridae; Begomovirus) by its whitefly vector[J]. *Virus Res*. 186: 47-54.

[8] Gottlieb Y, Zchori-Fein E, Mozes-Daube N, et al. 2010. The transmission efficiency of tomato yellow leaf curl virus by the whitefly Bemisia tabaci is correlated with the presence of a specific symbiotic bacterium species[J]. J *Virol*. 84(18): 9310-9317.

[9] Gtz M, Popovski S, Kollenberg M, et al. 2012. Implication of Bemisia tabaci Heat Shock Protein 70 in Begomovirus-Whitefly Interactions[J]. *Journal of Virology*. 86(24): 13241-52.

[10] Hariton Shalev A, Sobol I, Ghanim M, et al. 2016. The Whitefly Bemisia tabaci Knottin-1 Gene Is Implicated in Regulating the Quantity of Tomato Yellow Leaf Curl Virus Ingested and Transmitted by the Insect[J]. *Viruses* 8(7): 205.

[11] Harrison BD , Swanson MM , Fargette D. 2002. Begomovirus coat protein: serology, variation and functions[J]. *Physiological & Molecular Plant Pathology.* 60(5): 257-271.

[12] He YZ, Wang YM, Yin TY, et al. 2020. A plant DNA virus replicates in the salivary glands of its insect vector via recruitment of host DNA synthesis machinery[J] . *Proc Natl Acad Sci U S A*. 201820132.

[13] Hogenhout SA, Ammar el-D, Whitfield AE, et al. 2008. Insect vector interactions with persistently transmitted viruses[J]. *Annu Rev Phytopathol*. 46: 327-359.

[14] Jeske H. Geminiviruses[J]. *Curr Top Microbiol Immunol.* 2009, 331: 185-226.

[15] Kanakala S, Ghanim M. 2016. Implication of the Whitefly Bemisia tabaci Cyclophilin B Protein in the Transmission of Tomato yellow leaf curl virus[J]. *Front Plant Sci* 7: 1702.

[16] Kanakala S, Kontsedalov S, Lebedev G, et al. 2019. Plant-Mediated Silencing of the Whitefly Bemisia tabaci Cyclophilin B and Heat Shock Protein 70 Impairs Insect Development and Virus Transmission[J]. *Front Physiol*10: 557.

[17] Li R, Weldegergis BT, Li J, et al. 2014. Virulence factors of geminivirus interact with MYC2 to subvert plant resistance and promote vector performance[J]. *Plant Cell.* 26(12): 4991-5008.

[18] Luan JB, Li JM, Varela N, et al. 2011. Global analysis of the transcriptional response of whitefly to tomato yellow leaf curl China virus reveals the relationship of coevolved adaptations[J]. J *Virol.* 85(7): 3330-3340.

[19] Luan JB, Wang XW, Colvin J, et al. 2014. Plant-mediated whitefly-begomovirus interactions: research progress and future prospects[J]. *Bull Entomol Res.* 104(3): 267-276.

[20] Matić S, Pegoraro M, Noris E. 2016. The C2 protein of tomato yellow leaf curl Sardinia virus acts as a pathogenicity determinant and a 16-amino acid domain is responsible for inducing a hypersensitive response in plants [J]. *Virus Res.* 215: 12-19.

[21] Morin S , Ghanim M , Sobol I , et al. 2000. The GroEL protein of the whitefly Bemisia tabaci interacts with the coat protein of transmissible and nontransmissible begomoviruses in the yeast two-hybrid system[J]. *Virology.* 276(2): 404-416.

[22] Navas-Castillo, Jesús, Fiallo-Olivé, et al. 2011. Emerging virus diseases transmitted by whiteflies [J]. *Annual Review of Phytopathology.* 49(1): 219.

[23] Ohnesorge S , Bejarano ER. 2010. Begomovirus coat protein interacts with a small heat-shock protein of its transmission vector (Bemisia tabaci)[J]. *Insect Molecular Biology.* 18(6): 693-703.

[24] Pan LL , Chen QF , Zhao JJ , et al. 2017. Clathrin-mediated endocytosis is involved in Tomato yellow leaf curl virus transport across the midgut barrier of its whitefly vector[J]. *Virology.* 502: 152-159.

[25] Polston JE, De Barro P, Boykin LM. 2014. Transmission specificities of plant viruses with the newly identified species of the Bemisia tabaci species complex [J]. *Pest Manag Sci.* 70(10): 1547-1552.

[26] Rosen R, Kanakala S, Kliot A, et al. 2015. Persistent circulative transmission of begomoviruses by whitefly vectors [J]. *Curr Opin Virol.* 15: 1-8.

[27] Scholthof KB, Adkins S, Czosnek H, et al. 2011. Top 10 plant viruses in molecular plant pathology[J]. *Mol Plant Pathol.* 12(9): 938-954.

[28] Verbeek M, Bekkum PJ, Dullemans AM, et al. 2014. Torradoviruses are transmitted in a semi-persistent

and stylet-borne manner by three whitefly vectors[J]. *Virus Res*. 186: 55-60.

[29] Walker PJ , Siddell SG , Lefkowitz EJ , et al. Changes to virus taxonomy and the International Code of Virus Classification and Nomenclature ratified by the International Committee on Taxonomy of Viruses (2019)[J]. *Archives of Virology*. 2019, 164.

[30] Wang ZZ, Bing XL, Liu SS, et al. 2017. RNA interference of an antimicrobial peptide, Btdef, reduces Tomato yellow leaf curl China virus accumulation in the whitefly Bemisia tabaci[J]. *Pest Manag Sci*. 73(7): 1421-1427.

[31] Wei J, He YZ, Guo Q, et al. 2017. Vector development and vitellogenin determine the transovarial transmission of begomoviruses[J]. *Proc Natl Acad Sci U S A*. 114(26): 6746-6751.

[32] Whitfield AE , Falk BW , Rotenberg D . 2015. Insect vector-mediated transmission of plant viruses[J]. *Virology*. 479-480: 278-289.

[33] Xu HX, Qian LX, Wang XW, et al. 2019. A salivary effector enables whitefly to feed on host plants by eliciting salicylic acid-signaling pathway[J]. *Proc Natl Acad Sci U S A*. 116(2): 490-495.

[34] Yang JY, Iwasaki M, Machida C, et al. 2008. BetaC1 the pathogenicity factor of TYLCCNV interacts with AS1 to alter leaf development and suppress selective jasmonic acid responses [J]. *Genes Dev*. 22(18): 2564-2577.

昆虫抗菌肽研究进展*

李　晗**，袁星星，董少奇，王鑫辉，郭线茹，赵　曼***

（河南农业大学植物保护学院，郑州 450002）

摘　要：昆虫抗菌肽属于活性多肽类物质，具有强碱性、热稳定性以及广谱抗菌性等特点，其水溶性极强，不仅能够抵抗细菌和真菌的侵染，还能作用于病毒、原虫和癌细胞，应用前景广阔。本文对昆虫抗菌肽的生物学特性、类型、分子设计以及其应用现状等方面进行综述，系统了解该研究领域，并展望后续应深入的内容、方向。

关键词：昆虫抗菌肽；广谱抗菌性；α-螺旋结构；活性

Research Progress on the Antimicrobial Peptides of Insect*

Li Han**, Yuan Xingxing, Dong Shaoqi, Wang Xinhui, Guo Xianru, Zhao Man***

（*College of Plant Protection*, *Henan Agricultural University*, *Zhengzhou 450002*, China）

Abstract: Insect antimicrobial peptide is a kind of active polypeptide. It has many characteristics such as strong alkalinity, thermal stability and broad-spectrum antibacterial properties. It can dissolve easily in water and can be used for resisting bacteria, fungi infection, viruses, protozoa and cancer cells. In this paper, the biological characteristics, types, molecular design and application of insect antimicrobial peptides were reviewed to deepen people's understanding of this research field.

Key words: Insect antimicrobial peptides; Broad-spectrum antibacterial property; Alpha-spiral structure; Activity

昆虫是地球上数量最多的动物群体，人类在21世纪初已经发现了100余万种，尽管

* 基金项目：国家重点研发计划项目（2017YFD0201700）

** 第一作者：李晗，E-mai：lihan9824@163.com

*** 通讯作者：赵曼，E-mail：zhaoman821@126.com

如此仍有许多种类尚待发现。庞大的种群基数证明了昆虫具有极强的防御能力，能够很好地适应不同条件下的生存环境。但研究人员发现，昆虫体内并不具备能够产生抗体的B和T淋巴细胞，更找不到免疫球蛋白和补体的踪迹（徐敏等，2013）。前人经过大量研究发现，昆虫在被病菌侵染或是有极大可能被侵染的情况下，体内会迅速合成大量抗菌肽，把已侵入体内的病菌迅速消灭，阻止其进一步侵染（柳峰松等，2009）。

抗菌肽是1980年瑞典科学家G.Boman等人通过注射阴沟通杆菌及大肠杆菌诱导惜古比天蚕蛹*Hyatophora cecropia*的方式发现的，它是一种活性多肽物质，具有强碱性、热稳定性以及广谱抗菌性等特点。其分子质量很小，一般在2000~7000左右，由20~60个氨基酸残基组成且水溶性极强，不仅能够抵抗细菌和真菌的侵染，还能作用于病毒、原虫和癌细胞，应用前景广阔（苗璐等，2014）。

1 昆虫抗菌肽的生物学特性

昆虫抗菌肽经由昆虫细胞中的核糖体合成，完全变态类昆虫的抗菌肽合成场所主要集中在细胞体，不完全变态类昆虫则在血细胞，还有少部分会在再生组织、表皮细胞等其他组织中进行合成。而后将其分泌到血淋巴中，通过昆虫的血液循环使其遍布各个部位，从而抵抗病菌入侵。昆虫抗菌肽通常为阳离子多肽，具有两亲性，呈线性或环状结构（马宝林等，2007）。在对抗菌肽研究的初期，研究人员一度以为使用任何一种诱导源都能够使昆虫细胞中的抗菌肽基因在不经过前体加工的情况下直接合成抗菌肽。后来，随着研究的不断深入发现，只有被不同微生物特异性诱导，其对应的特定抗菌肽才能实现基因表达（刘建涛等，2005）。这说明，抗菌肽的诱导源具有一定的专一性，不同抗菌肽是由不同的诱导源诱导所形成的，并且基因的表达需要进行前体加工，这也从侧面证明了昆虫体内有抗菌肽前体的存在（程廷才等，2004）。

2 昆虫抗菌肽的类型

若按照来源对昆虫抗菌肽进行分类，则可分为两类：天然抗菌肽和人工合成抗菌肽。昆虫抗菌肽属于前者。苗璐等人在对昆虫抗菌肽生物信息学预测及分析中指出，昆虫抗菌肽主要来源于鳞翅目、双翅目、鞘翅目、膜翅目、半翅目、蜻蜓目和等翅目昆虫（苗璐等，2014）。昆虫抗菌肽的类型通常是按其结构特点进行界定的，按照其结构可以分为四大类：天蚕素类（cecropins）、富含半胱氨酸的抗菌肽（cysteine-rich peptides）、富含脯氨酸的抗菌肽（proline-richpeptides）、富含甘氨酸的抗菌肽（glycine -rich peptides）（刘建涛等，2005）。

2.1 天蚕素类抗菌肽

天蚕素类抗菌肽大部分存在于家蚕*Bombyx mori*、柞蚕*Antherea pernyi*等鳞翅目昆虫和双翅目昆虫中，少部分可出现在膜翅目昆虫中，例如意大利蜂*Apis mellifera*等。这类抗菌肽虽然对霉菌和真菌不显示毒性，但却可以大量消杀革兰氏阳性菌、革兰氏阴性菌、各种大肠杆菌以及沙门氏菌等且杀伤力极强。这类抗菌肽富含保守性氨基酸残基但不含半胱氨酸和二硫桥，在其肽链N-端和C-端都具备两性分子的α-螺旋结构，不容易被胰蛋白酶和胃蛋白酶降解。由于它既能抵抗革兰氏阳性菌，又能抵抗革兰氏阴性菌，所以也常常被叫作无特殊氨基酸结构的抗菌肽（刘建涛等，2005）。关于天蚕素类抗菌肽的抗菌机理，有学者认为它是通过凝集膜蛋白，改变细胞膜的性质，使膜上产生离子通道，内容物外泄，进而导致细胞失活（Clague et al., 1989）。Janeways则持不同观点，他认为微生物细胞膜渗透并不是离子通道形成所致，真正的原因应该是细胞膜的分解（Janeways，1992）。综合上述观点，可推测不同天蚕素类抗菌肽存在一定的差异性，膜结构的细微差别可能都会导致抗菌机制出现差异。

2.2 富含半胱氨酸的抗菌肽

富含半胱氨酸的抗菌肽通常出现在半翅目或双翅目昆虫的血淋巴中，是分布最广泛的一类抗菌肽。与天蚕素类抗菌肽不同，这类抗菌肽富含半胱氨酸和二硫桥，二硫桥的数量一般为1~4对，可形成两亲的α-螺旋、发夹β-折叠片以及α-螺旋和发夹β-折叠片的混合二级结构，昆虫防御素就属于此类。该类抗菌肽与天蚕素类最大的不同在于，这类抗菌肽一般只对革兰氏阳性菌表现出活性，革兰氏阴性菌却不会受其影响。除了昆虫防御素，富含半胱氨酸抗菌肽类中还有一些其他抗菌肽，这种抗菌肽的结构与昆虫防御素存在差异，因此在功能方面也呈现出明显不同，它不仅能抵抗革兰氏阳性菌，还能抵抗革兰氏阴性菌以及部分真菌。此外，这种区别于昆虫防御素的抗菌肽与昆虫防御素的抗菌机理也大不相同，它的抗菌机理是抑制细胞呼吸链，而昆虫防御素则是在细菌的细胞膜上形成离子通道，改变膜的通透性，进而消灭细菌（Hancock, 1997；Fehlbaum, 1996）。

2.3 富含脯氨酸的抗菌肽

在双翅目、半翅目、鞘翅目、膜翅目等昆虫中还发现大量富含脯氨酸的抗菌肽，这类抗菌肽一般由15~34个氨基酸残基组成，脯氨酸以并联或三联形式与碱性残基相结合，含量占25%以上，特别是存在于蜜蜂血淋巴中的抗菌肽，其脯氨酸含量高达33%。这类氨基酸可以根据其结构分成两类，一类是无取代基，另一类是存在O-糖基化（裘婷婷等，2015）。二者区别在于后者含有苏氨酸的抗菌肽会在羟基上发生糖基化。科学家推测不含取代基的抗菌肽可能是由于突变造成取代基缺失，取代基能够影响抗菌肽的活性，失去取代基，其抗菌活性会下降（翁宏飚，2003）。由于革兰氏阳性菌胞外存在蛋白酶可以降解抗菌肽，所以富含脯氨酸的抗菌肽对革兰氏阳性菌作用不大，但对阴性菌有活性。糖基化的抗菌肽具有更好的稳定性、水溶性和广谱抗菌性。它可以通过影响肽链骨架的构象，改变抗菌肽和细菌靶位点的亲和性或者导致多肽的物理化学特性发生改变（翁宏飚，2003）。根据Mcmanus对糖肽构象的研究，可以得出，糖肽可以诱导抗菌肽肽链骨架形成β-折叠构象。

2.4 富含甘氨酸的抗菌肽

此类抗菌肽的一级结构中富含甘氨酸，有些全序列中都含有甘氨酸，有些甘氨酸只存在于某一结构域中，可发生O-糖基化（Bulet et al., 1995）。从天蚕中分离出的此类抗菌肽和从肉蝇中分离的肉蝇毒（此类）相对分子量较大，二者都仅能抑制部分革兰氏阴性菌的活性，对革兰氏阳性菌没有作用。前者的抗菌肽可以阻碍细菌肽聚糖和外膜蛋白结合，干扰外膜蛋白基因转录，使细胞膜的通透性增加，抑制细胞生长。后者通过抑制细胞壁的形成，使细菌生长受阻，无法维持正常形态。从天蚕中分离出的抗菌肽只对生长中的细菌起作用，肉蝇毒素则只对细胞壁还未完全形成的细菌作用明显（Carlesson , 1991）。

3 昆虫抗菌肽的分子设计

抗菌肽基因的表达调控机理可以为人们利用基因工程以及化学手段合成新型抗菌物质提供更加新颖的研究思路和方式。由于抗菌肽的抗菌性并未优于抗生素，所以为了使其成为更好的抗生素替代物，需要对其进行分子改造，以提高它的活性（Otvos, 2000）。

蛋白质的功能通常与其结构息息相关。研究表明，来自同一目的昆虫，即便不同种，其抗菌肽结构也会极其相似，氨基酸序列更是高度同源，不同抗菌肽氨基酸序列上保守性的氨基酸残基都在特定的位置上（Yamano, 1994）。这表明不同昆虫的抗菌肽可能具备相同的结构和活性。但若要明确抗菌肽结构与功能的具体关系，还需要对更高级结构进行研究。

由于目前昆虫抗菌肽分子改造大部分都以天蚕素和昆虫防御素这两种阳离子肽为材料，所以人工改造其分子结构的方法可以总结为两类：一是提取结构已知并含有α-螺旋的天然抗菌肽序列作为模型，通过分子设计增强其螺旋度，进而增大两亲极性，合成抗菌活性更高、适用范围更广的抗菌肽（庞英明等，2001）。二是合理结合化学库，依靠天然抗菌肽结构与功能之间的联系尝试合成抗菌肽类似物。这种合成产物之所以被称为类似物是因为其氨基酸序列经过分子设计，某些位置上的氨基酸残基发生变化，肽链端部发生酰胺化或O-糖基化，肽链长度变短。有些类似物变成了由两种天然抗菌肽合成的杂合肽。这种结构上的改变能使类似物的活性强于分子改造之前的天然抗菌肽（肖业臣等，2004）。

4 昆虫抗菌肽的应用

近年来，关于昆虫抗菌肽的研究一直是动植物学、药理学以及生理学领域关注的热点。在食品领域，昆虫抗菌肽早已作为一种既安全又环保的新型食品添加剂投入使用；在医药领域，抗菌肽对疾病影响的研究正处于临床阶段；在农业领域，科学家通过在番茄、樱桃等作物中导入抗菌肽基因获取抗病品种，提高作物抗性。值得一提的是，作为畜禽添加剂，昆虫抗菌肽已经成功实现产业化发展（裘婷婷等，2015）。

4.1 食品工业领域

目前，工业中依旧比较习惯用盐类等化学物质制备食品防腐剂，但由于化学合成剂会对人体造成一定的危害，利用昆虫抗菌肽制备食品防腐剂成了食品工业领域的一个热点，昆虫抗菌肽最大的特点就是对人体没有副作用，符合现如今人们对绿色食品的要求。但现如今，抗菌肽作为防腐剂还处于研发起步阶段，并没有实现大规模的产业化发展（裘婷婷等，2015）。罗富英等人以天然蚕蛹抗菌肽作为研究对象，发现鲜猪肉在被天然蚕蛹抗菌肽防腐液处理后，可以在常温条件下保存7d（罗富英等，2010）。由此得出，天然蚕蛹抗菌肽防腐液能够抑制乳酸菌、微球菌和葡萄球菌的生长，减缓食品腐败的速度，是一种安全高效的食品防腐剂（高兆建等，2013）。不仅仅是肉类，许多罐装食品也能使用抗菌肽作为防腐剂，用以保持罐装食品的新鲜度并改善口感（裘婷婷等，2015）。但目前抗菌肽在食品领域的应用还存在杀菌效果不够、比化学防腐剂造价高等缺陷，研究人员在未来如果能在这些方面取得突破，抗菌肽便有可能逐步取代化学防腐剂，成为食品工业领域的新宠（林碧敏等，2013）。

4.2 医药领域

在治疗肿瘤或癌症时，抗生素不仅能杀死癌细胞，正常细胞也不能幸免，而且长时间使用抗生素会提高病原体的耐药性，使疾病的防控难度加大。研究表明，昆虫抗菌肽对已经产生耐药性的病原菌有极好的消杀作用，并且在这个过程中不易使致病菌产生抗药性，不会伤害人体的正常细胞，具有非常广阔的应用前景。目前，昆虫抗菌肽已经应用于对糖尿病和脑膜炎的治疗（侯国宾等，2012）。

4.3 农业领域

在农业方面，昆虫抗菌肽作为一种新型的抗菌药物开始被广泛应用于植物抗病、农药替代抗生素和牲畜饲料添加剂等各个方面，具有良好的应用潜力（刘思源等，2013）。昆虫抗菌肽能够提高作物的抗性，李乃坚团队在辣椒中成功导入了人工构建的双价天蚕抗菌肽B基因和柞蚕抗菌肽D基因，培育出了能够有效抵抗青枯病的T_0代转基因工程辣椒株系（李乃坚等，2000）。此外，蜂毒肽可以巩固并加强植物细胞自身的防御功能。王关林等将不同浓度的蜂毒肽稀释液喷施在植物的幼苗上，结果表明低浓度稀释液能够促进幼苗的叶绿素含量，高浓度稀释液对幼苗叶绿素有稍许抑制作用。在对种子进行蜂毒肽稀释液浸泡后，随着蜂毒肽浓度的提高，种子的呼吸强度逐渐增强，由此得出蜂毒肽能够加快种子的代谢速率，有效提高发芽率，使种子更容易萌发等结果（王关林等，2006）。Osusky等将天蚕素和蜂毒肽基因结合在一起，制成嵌合体并导入马铃薯幼苗中，培育出了可以抵抗马铃薯疫病和软腐病的抗病品种（Osusky M et al., 2000）。由于昆虫抗菌肽具有极好的热稳定性，它能代替抗生素成为新型的牲畜饲料添加剂。黄永彤等研究得出，利用抗菌肽作为饲料添加剂比抗生素更能够有效地促进牲畜免疫力的提高，使牲畜的成活率大大提高（黄永彤等，2004）。

5 展望

现如今，抗菌肽已经在医药、食品和农业领域被广泛应用，其原因在于抗菌肽抗菌谱宽，有良好的耐热性，与抗菌素相比，既不伤害正常细胞，又不使细菌产生抗性。如果能够对昆虫抗菌肽进行更加深入的研究，在有效提高其生物活性的同时降低生产成本，便能实现抗菌肽大规模的商品化生产，推进昆虫抗菌肽的研发和利用（宋旗等，2014）。

但昆虫抗菌肽在研究中也存在许多问题，比如抗菌肽的有限来源是使它无法大规模生产的最大阻碍；昆虫抗菌肽的应用需要一个完善的理论基础，目前的理论基础还不够严谨，因为抗菌肽的结构稍不一致，它的活性就会出现很大差异，不能排除它会对寄生生物产生毒性；抗菌肽极易被蛋白酶降解导致失活，需要进一步对它进行分子设计使其稳定性增强（高琳琳等，2010）。

参考文献

[1] 程廷才，王根洪，李娟等. 2004. 昆虫抗菌肽基因表达调控机理[J]. 蚕学通讯,2 (3)：20 - 26.

[2] 高琳琳，李卫东. 2010. 昆虫抗菌肽及其应用研究进展[J]. 中国病原生物学杂志,5(09)：710-713.

[3] 高兆建，樊陈，鞠民友，等. 2013. 枯草芽孢杆菌在食品防腐剂中的应用[J]. 徐州工程学院报,28(2)：67-72.

[4] 侯国宾，孟庆雄，宋玉竹. 2012. 抗菌肽临床应用前景分析[J]. 生命科学,24(4)：390-397.

[5] 黄永彤, 黄自然，黄建清，等. 2004. 抗菌肽与抗生素饲喂肉鸡的效果比较[J]. 广东饲料, 13(2)：24-25.

[6] 李乃坚，余小林，李颖，等. 2000. 双价抗菌肽基因转化辣椒[J]. 热带作物学报,21(4)：45-41.

[7] 林碧敏，曹庸. 2013. 抗菌肽在农业和食品工业的应用[J]. 广东蚕业,47(3)：47-51.

[8] 刘建涛，苏志坚，王方海，李广宏，宋少云，等. 2006. 昆虫抗菌肽的研究进展[J]. 昆虫天敌,1001-6155(2006)01-036-08.

[9] 刘思源，王宏亮，那杰. 2013. 昆虫抗菌肽在农业上的应用潜力[J]. 天津农业科学,19(3)：50-53.

[10] 柳峰松，王丽娜，唐婷，等. 2009. 家蝇抗菌肽Diptericin基因的克隆与分析[J]. 昆虫报,(10)：1078-1082.

[11] 罗富英，宁学林，吴桂枝，等. 2010. 天然蚕蛹抗菌肽对鲜猪肉的防腐抑菌效果研究[J]. 食品工业科技,31(03)：117-118.

[12] 马宝林，宋宝珍. 2007. 昆虫抗菌肽研究和应用现状[J]. 生物技术通讯,118(6) ：1043-1045.

[13] 苗璐，武慧，王晶，杨伟新，郝锡联，周晓馥. 2014. 昆虫抗菌肽的生物信息学预测及分析[J]. 广东农业科学,41(08)：181-184.

[14] 庞英明, 段金廒, 屈贤铭. 2001. 昆虫抗菌肽的结构与功能关系及其在分子设计中的应用[J]. 生命科学,13 (5)：209-213.

[15] 裘婷婷，谢辛慈，施莹，等. 2015. 昆虫抗菌肽的研究与开发进展[J].药物生物技术,22(06)：545-548.

[16] 宋旗，郑龙玉，喻子牛，张吉斌，等. 2014. 昆虫抗菌肽的作用机制与应用研究进展[J]. 化学与生物工程,31(03)：1-4.

[17] 王关林，邢卓，潘凌子，等. 2006. 蜂毒肽对农作物生理指标及防御系统酶影响的研究[J]. 作物学报,32(4)：593-596.

[18] 翁宏飚. 2003. 昆虫抗菌肽Cecropin B和Thanatin的杂合基因设计与表达研究[D]. 浙江大学.

[19] 肖业臣, 温硕洋, 黄亚东等. 2004. 昆虫抗菌肽和抗真菌肽结构与功能的关系及分子设计[J]. 昆虫学报, 47 (5)659 -669 .

[20] 徐敏，余娟，贺会利，等. 2013. 动物抗菌肽基因工程表达研究进展 [J]. 中国兽医杂志,49(9) ：59-62.

[21] Bulet P, Hegy G, Lambert J, et al. 1995. The inducible antibacterial peptide diptericin carries two O-gly cans necessary for biological activity[J]. Biochem ,34:7394-7400.

[22] Carlesson A and Bennich H.Attacin. 1991. An antibacterial protein from Hyalophora Cecropia inhibit synthesis of outer membrane proteins in Escherichia coil by interfering with Omp gene transcription[J]. Infect and Immunity, 69, 3040-3044.

[23] Clague M J, Cherry R J. 1989. A comparative study of band 3 aggregation in erythrocyte membranes by melittin and other cationic agents [J]. Biochim Biophys Acta, 980 -993 .

[24] Fehlbaum, P.Bulet, P.Chernydsh, S.Briand , J.P. 1996. Structure-activity analy sis of thanatin , a 21 -residue Inducible insect defence peptide with sequence homology to frog skin antimicrobial prptides proc[J]. Natl .Acad .Sci .USA,93:1221 -1225.

[25] Hancock R.E.W. 1997. Peptide antibiotics[J]. The lancel ,349, 418-422.

[26] Janeways CA. 1992. The immune system evolved to discriminable infectious nonself from nonimfectious self[J]. Immunology Today,13 :11-16.

[27] Osusky M,Zhou G, Osuska L, et al. 2000. Transgenic plants expressing cationic peptide chimeras exhibit broad spectrum resistance to phytopathogens [J]. Nat Biotech,,18 (11): 1162-1166.

[28] Otvos L Jr, O I, Rogers ME, Consolvo PJ, Condie BA, Lovas S, Bulet P, Blaszczyk-Thurin M. 2000. Interaction between heat shock proteins and antimicrobial peptides[J]. Biochemistry, 39(46): 14150-14159.

[29] Yamano Y, Matsumoto M , Inoue K, Kawabata T, Morishima . 1994. Cloning of cDNAs for cecropins A and B, and expression of the genes in the silkworm, Bombyx mori[J]. Biotci Biotech , Biochem,58 (2): 1476-1478 .

昆虫解毒酶在其寄主适应性与抗药性进化中的作用*

袁星星**，董少奇，王鑫辉，郭线茹，赵　曼***

（河南农业大学植物保护学院，郑州 450002）

摘　要：昆虫解毒酶是昆虫为应对寄主植物的防御反应和化学杀虫剂的毒杀，所产生的能够代谢植物次生物质和农药的一类酶，在昆虫对寄主植物的适应性和抗药性方面发挥着重要作用。本文针对昆虫解毒酶系的分类，以及其在寄主适应性和抗药性方面的作用等进行了简要综述，以期加深人们对昆虫解毒酶的认识，以及解毒酶未来研究方向的了解。

关键词：昆虫解毒酶；寄主适应性；植物次生物质；抗药性

The Role of Insect Detoxifying Enzyme in the Host Adaptability and Evolution of Insecticide Resistance*

Yuan Xingxing**, Dong Shaoqi, Wang Xinhui, Guo Xianru, Zhao Man***

（*College of Plant Protection*, *Henan Agricultural University*, *Zhengzhou 450002*, China）

Abstract: Insect detoxifying enzymes are a class of enzymes that can metabolize plant secondary substances and pesticides in response to the defense response of host plants and the poisoning of chemical insecticides. They play an important role in the adaptability and resistance of insects to host plants. This article briefly reviews the classification of insect detoxification enzymes and their role in host adaptability and insecticide resistance to deepen people's understanding of insect detoxifying enzymes and the future research direction of detoxifying enzymes.

Key words: Insect detoxifying enzyme; Host adaptability; Plant secondary substances; Insecticide resistance

* 基金项目：国家自然科学基金（31801735）

** 第一作者：袁星星，E-mai：xingxingyuan09@126.com

*** 通讯作者：赵曼，E-mail：zhaoman821@126.com

在植物与植食性昆虫长期协同进化过程中，寄主植物与昆虫之间形成了形式多样的相互适应关系（刘蓬等，2016）。一方面寄主植物可利用自身产生的次生代谢物质（萜类、生物碱和棉酚等）抵御昆虫侵害（Piskorski et al., 2011），另一方面这些有毒的植物次生物质也会诱导昆虫体内的解毒酶活性发生变化，并促使昆虫利用自身的解毒代谢机制来增强其对寄主植物或外界环境条件的适应性（任娜娜等，2015）。因此，昆虫体内的解毒酶如细胞色素P450单加氧酶系（Cytochrome P450 monooxygenases，P450s）、谷胱甘肽S-转移酶（Glutathione S-transferases，GSTs）和羧酸酯酶（carboxylesterase，CarE）等在昆虫生长发育及抗逆过程中发挥着不可替代的作用（Qin et al., 2011）。目前，关于植食性昆虫对寄主植物适应性以及抗药性进化方面的研究已经深入到分子水平。本文在简单介绍昆虫解毒酶分类的基础上，综述了昆虫解毒酶在昆虫对寄主植物适应性和抗药性进化方面的作用，以期深入了解植食性昆虫的适应性进化分子机理。

1　昆虫解毒酶的分类

1.1　细胞色素P450单加氧酶系

细胞色素P450介导的多功能氧化酶是昆虫中重要的解毒酶，涉及对内源性和外源性物质的解毒代谢以及对杀虫剂的抗性（张红英等，2002）。其最早发现于哺乳动物肝微粒体内（Omura & Sato, 1964），后来研究发现，细胞色素P450广泛分布于动物界、植物界和微生物界。细胞色素P450的命名法则为：以CYP代表细胞色素P450，其后的数字（例如1，2，3）代表一个基因家族，紧接着的大写英文字母（例如A，B，C）代表一个亚族，最后一个数字代表单个基因。细胞色素P450的书写用正体表示基因产物mRNA或蛋白质，用斜体表示细胞色素P450基因或cDNA（Nelson et al., 1996）。

细胞色素P450是多功能氧化酶系的末端氧化酶。随着分子生物学技术的发展，目前已在昆虫中鉴定出300多种细胞色素P450。昆虫P450s主要分布在48个CYP家族中，包括CYP4，CYP6， CYP9，CYP12，CYP18，CYP28和CYP49 等，其中CYP4家族的一些基因据报道与昆虫的抗性相关（Piskorski et al., 2011）。例如张雅男研究发现黏虫 *Mythimna separate CYP4G200*基因与杀虫剂的解毒代谢相关（张雅男，2019）。细胞色素P450在生物体的各个组织中均有分布（Omura, 1999）。在昆虫中，其主要分布在中肠、脂肪体以及头部中，其中以中肠含量最高（Scott & Liu, 2008）。研究表明，黏虫 *CYP9A113*基因在中肠和脂肪体中的相对表达量最高，而在前后肠和马氏管中的表达量较少（刘月庆，2017）。

1.2　谷胱甘肽S-转移酶

谷胱甘肽S-转移酶属于酶的超基因家族，在昆虫抵抗杀虫剂（主要是有机磷酸酯，有机氯和环二烯）方面起着重要作用（Erika et al., 2004）。GSTs广泛分布于动物界、植物界和细菌等生物体内，其最早发现于大鼠肝脏中（Booth et al., 1961）。随着生物信息学、分子生物学和基因组学的发展，科学家已经发现并鉴定了大量的GST。目前，昆虫谷胱甘肽S-转移酶的分类，遵循哺乳动物系统中的分类方法：Ⅰ类GSTs基因被归类为Delta且具有昆虫特异性。II类GSTs基因被包括在Sigma类中，该类也包括来自其他门的GSTs基因（Enayati et al., 2005年）。谷胱甘肽S-转移酶在昆虫的脂肪体、中肠、马氏管以及头部中均有所分布，中肠和脂肪体是分解内源和外源化合物的重要组织部位，因此GSTs通常在这两个部位的相对表达量较高（张常忠等，2001）。同时，在昆虫的不同发育阶段，谷胱甘肽S-转移酶的相对表达量也有所不同，例如：西方蜜蜂*Apis mellifera*成虫期GSTs表达量最高，卵期最低（Papadopoulos et al., 2004）。

1.3 羧酸酯酶

羧酸酯酶是水解短链脂肪酸酯的一大类酶（Ollis et al., 1992），具有广泛的功能，例如：动物神经的传递、苍蝇的生殖适应性以及昆虫对杀虫剂的抗性等（Hemingway, 2000）。大多数羧酸酯酶基因序列可分为8个亚家族：α-酯酶、保幼激素酯酶、β-酯酶、乙酰胆碱酯酶、胶质接触蛋白、神经连接蛋白、neurotactins和glutactin（Montella et al., 2012）。其中，神经连接蛋白、胶质接触蛋白和neurotactins是细胞表面蛋白，其细胞外区域与乙酰胆碱酯酶具有相同的序列同源性（Ranson et al., 2002）。羧酸酯酶在自然界中分布十分广泛，在动物、植物、昆虫和微生物内都普遍存在（Yu et al., 2009）。研究表明，羧酸酯酶基因在昆虫不同组织以及不同发育阶段表达量不同。例如：东亚飞蝗*Locusta migratoria*的羧酸酯酶基因*LmCesA2*在胃盲囊中表达量较高，在其他组织器官中的表达量较低。同时，该基因在飞蝗1龄和2龄若虫期表达量较高，在其他发育时期表达量则相对较低（张建琴，2014）。

2 昆虫解毒酶系在其寄主适应性方面的作用

植食性昆虫在取食寄主植物时，寄主植物会产生化学防御反应，其分泌合成的化学防御性物质根据功能可以归类为毒素或可降低消化率的物质。毒素通常被视为小分子化合物，可与植食性昆虫一起参与代谢过程，包括：萜烯，生物碱等。减少消化率的物质通常是大分子量物质，能够与蛋白质和多糖结合，形成复杂的复合物，可能难以消化。这两类不是绝对不同的，而是代表一个连续体，在某些情况下，化合物既可以作为毒素起作用，也可以作为蛋白络合物质起作用（Cates et al., 1983）。昆虫为了应对寄主植物的防御反应，必须将一部分同化的能量和营养物质投入到抵抗寄主植物的防御反应中（Feeny, 1976），昆虫体内解毒酶系的变化就是昆虫针对植物次生代谢产物最重要的防御手段之一，解毒酶活性的改变有利于昆虫对寄主植物产生适应性。

其中，细胞色素P450单加氧酶（P450s）催化NADPH相关的氧化还原裂解，产生功能化的产物和水，某些昆虫基因组可以包含多达100个P450基因，这些基因在植物次生物质的代谢过程中发挥着重要作用（Strode et al., 2008）。研究表明，草地夜蛾*Spodoptera frugiperda*体内的P450s可以对吲哚、槲皮素、黄嘌呤毒素等多种植物次生物质产生代谢作用（Giraudo et al., 2015）。家蝇*Musca domestica*中的*CYP6A1*可以环氧化多种植物萜类化合物，蜜蜂 *Apis mellifera*体内的*CYP6AS*可以代谢黄酮类槲皮素（Andersen et al., 1997；Mao et al., 2009）。

谷胱甘肽S-转移酶能够催化具有还原性谷胱甘肽（GSH）亲电分子的结合，GST的活性可以通过寄主植物中次生物质的产生来诱导，并且可以赋予对这些有毒物质的抗性（Frédéric et al., 2005）。高希武等将0.01%的槲皮素和0.01%的芸香苷分别加入人工饲料中饲喂棉铃虫*Helicoverpa armigera*，结果发现，和取食人工饲料种群相比，取食槲皮素的棉铃虫种群体内的GSTs活性提高近17倍，取食芸香苷的棉铃虫种群体内的GSTs活性提高3~4倍（高希武等，1997）。由此说明，植物次生物质可诱导棉铃虫体内的GSTs表达。

羧酸酯酶在催化植物次生物质的水解过程中发挥着重要作用。有研究报道，小麦品种的吲哚生物碱水平与蚜虫羧酸酯酶活性呈正相关，抗蚜虫的小麦品种中吲哚生物碱含量通常高于易感品种。不同小麦品种中吲哚生物碱水平与蚜虫的羧酸酯酶活性显著相关，该品种的蚜虫的羧酸酯酶活性越高，该品种对蚜虫的抵抗力就越强（Cai et al., 2004）。安志兰等研究发现，B型烟粉虱*Bemisia tabaci*取食不同寄主植物（番茄、一品红、茄子、棉花）后，其体内的羧酸酯酶活性不同，取食番茄的烟粉虱种群CarE活性最高，取食棉花的烟粉虱种群CarE活性最低（安志兰等，2008）。

3 昆虫解毒酶系在其抗药性方面的作用

长期以来，为了防治病虫害，大量化学杀虫剂被应用于农田，不仅造成了严重的环境污染，同时也使有害生物对杀虫剂的抗药性日益增强（Denholm et al., 2002）。昆虫对杀虫剂的抗药性主要有以下三方面原因：①靶标部位对杀虫剂敏感性降低。②昆虫体内解毒酶活性的升高。③杀虫剂对昆虫表皮穿透率降低。研究表明，昆虫对杀虫剂的抗药进化与昆虫解毒酶的作用密不可分（Konanz, 2009）。

细胞色素P450单加氧酶系主要通过脂肪族、杂环的羟基化，N-、S-的氧化作用，O-脱甲基、脱乙基、烷基等来代谢外源化合物。P450s介导的昆虫抗性主要调控机制包括：P450的过量表达和氨基酸残基的改变（Abbott et al., 2008）。Bautista等研究发现，小菜蛾*Plutella xylostella*在对氯菊酯产生抗性的过程中，其细胞色素P450基因*CYP6BG1*在4龄时过表达，并通过RNAi证明了过表达的*CYP6BG1*参与了氯菊酯的新陈代谢，从而增加了抗药性（Bautista et al., 2008）。Berge等研究表明，在果蝇*Drosophila* *melanogaster* P450基因*CYP6A2*中检测到几种导致氨基酸变化的突变位点，这些突变位点在*CYP6A2*蛋白质3D结构模型中的位置表明，其中一些对于该分子的酶活性可能很重要（Berge et al., 1998），从而证明昆虫抗药性的产生也可能是由细胞色素P450氨基酸残基的改变造成的。

谷胱甘肽S-转移酶是II期解毒系统的一部分，参与缀合反应，还可以通过充当非催化的细胞内结合蛋白来解毒许多有毒的配体（Litwack et al., 1971）。GSTs可通过将还原型谷胱甘肽（GSH）与杀虫剂或其主要有毒代谢产物结合来产生对多种杀虫剂的抗性（Hemingway, 2000）。研究表明，冈比亚按蚊*Anopheles dirus* I类GST酶将拟除虫菊酯识别为底物或抑制剂，它们直接参与冈比亚按蚊对拟除虫菊酯的抗性（Prapantathadara et al., 1998）。

羧酸酯酶属于α/β折叠水解酶的一种，能快速有效的阻隔或降解昆虫体内的杀虫剂（冷春蒙，2019），羧酸酯酶在昆虫抗药性形成的过程中具有非常重要的作用。有研究报道，抗吡虫啉棉蚜*Aphis gossypii*品系的羧酸酯酶活性明显高于敏感品系，其Km值也显著高于敏感品系（潘文亮等，2003），由此说明，羧酸酯酶活性增强在棉蚜对吡虫啉的抗性中发挥了重要作用。Rauch等研究发现，以乙酸-α-萘酯和丁酸-α-萘酯作为底物测定烟粉虱不同品系的羧酸酯酶活性时，抗吡虫啉的B型品系羧酸酯酶的活性要高于敏感品系（Rauch & Nauen，2003）。

4 结语

昆虫通过增强解毒酶系的活性和上调解毒酶基因的表达来抵御不同植物次生物质和杀虫剂的毒害，从而提高其对寄主植物的适应性和对杀虫剂的抗性。随着分子生物学和组学技术的发展，科学家对昆虫解毒酶基因的研究越来越深入，同时也发现了解毒酶基因在诸多方面的实际应用。例如：① 转基因昆虫，实现生态治虫。② 解毒酶对污染粮食的治理。③ 解毒酶对污染水源及土壤的治理。④ 解毒酶用于人、畜解毒（黄菁和乔传令，2002）。研究昆虫解毒酶系对其寄主植物产生次生物质的解毒代谢机制，以及昆虫抗药性的机制，对于农业生产具有重要的理论和实际指导意义。

参考文献

[1] 安志兰, 褚栋, 郭笃发, 等. 2008. 寄主植物对B型烟粉虱(*Bemisia tabaci*)几种主要解毒酶活性的影响[J]. 生态学报, (04)：1536 - 1543.

[2] 高希武, 董向丽, 郑炳宗, 等. 1997. 棉铃虫的谷胱甘肽S-转移酶(GSTs): 杀虫药剂和植物次生性物质的诱导与GSTs对杀虫药剂的代谢 [J]. 昆虫学报, (02)：122 - 127.

[3] 黄菁, 乔传令. 2002. 昆虫解毒酶解毒机理及其在农药污染治理中的应用 [J]. 农业环境保护, (03)：285 - 287.

[4] 冷春蒙. 2019. 梨小食心虫幼虫中肠消化酶和解毒酶相关基因挖掘 [D]. 西北农林科技大学.

[5] 刘蓬, 马惠, 朱其松, 等. 2016. 昆虫对寄主植物适应性研究进展 [J]. 生物灾害科学, 39(04)：250 - 254.
[6] 刘月庆. 2017. 黏虫细胞色素P450的克隆和特性分析 [D]. 东北农业大学.
[7] 潘文亮, 党志红, 高占林. 2003. 棉蚜抗吡虫啉品系和敏感品系主要解毒酶活性比较[J]. 昆虫学报, (06)：793 - 796.
[8] 任娜娜, 谢苗, 尤燕春, 等. 2015. 羧酸酯酶介导的小菜蛾对氟虫腈的抗性 [J]. 昆虫学报, 58(3)：288 - 296.
[9] 张常忠, 高希武, 郑炳宗. 2001. 棉铃虫谷胱甘肽S-转移酶的活性分布和发育期变化及植物次生物质的诱导作用 [J]. 农药学学报, (01)：30 - 35.
[10] 张红英, 赤国彤, 张金林. 2002. 昆虫解毒酶系与抗药性研究进展 [J]. 河北农业大学学报, (S1)：193 - 195.
[11] 张建琴. 2014. 飞蝗羧酸酯酶基因转录组分析及杀虫剂解毒功能研究 [D]. 山西大学.
[12] 张雅男. 2019. 黏虫*CYP4G200*基因的克隆、分子特性和功能研究 [D]. 东北农业大学.
[13] Abbott V A, Nadeau J L, Higo H A, *et al.* 2008. Lethal and sublethal effects of imidacloprid on *Osmia lignaria* and clothianidin on *Megachile rotundata* (Hymenoptera: Megachilidae) [J]. Journal of Economic Entomology, 101(3): 784 - 796.
[14] Andersen J F, Walding J K, Evans P H, *et al.* 1997. Substrate specificity for the epoxidation of terpenoids and active site topology of house fly cytochrome P450 6A1 [J]. Chemical Research in Toxicology, 10(2): 156 - 164.
[15] Bautista M A, Miyata T, Miura K, *et al.* 2008. RNA interference-mediated knockdown of a cytochrome P450, *CYP6BG1*, from the diamondback moth, *Plutella xylostella*, reduces larval resistance to permethrin [J]. Insect Biochemistry and Molecular Biology, 39(1): 38 - 46.
[16] Berge J, Feyereisen R, Amichot M, *et al.* 1998. Cytochrome P450 monooxygenases and insecticide resistance in insects [J]. Philosophical Transactions of the Royal Society B, 353(1376): 1701 - 1705.
[17] Booth J, Boyland E, Sims P. 1961. An enzyme from rat liver catalysing conjugations with glutathione [J]. Biochemical Journal, 79(3): 516 - 524.
[18] Cai Q N, Zhang Q W, Cheo M. 2004. Contribution of indole alkaloids to *Sitobion avenae* (F.) resistance in wheat [J]. Journal of Applied Entomology, 128(8): 517 - 521.
[19] Cates R G, Redak R A, Henderson C B. 1983. Patterns in defensive natural product chemistry: douglas fir and western spruce budworm interactions [J]. Plant Resistance to Insects, (1): 3 – 19.
[20] Denholm I, Devine G J, Williamson M S. 2002. Evolutionary genetics-insecticide resistance on the move [J]. Science, 297(5590): 2222 - 2223.
[21] Enayati A A, Ranson H, Hemingway J, *et al.* 2005. Insect glutathione transferases and insecticide resistance [J]. Insect Molecular Biology, 14(1): 3 - 8.
[22] Erika L A, Theo K B, David L E. 2004. Biotransformation of methy1 parathion by glutathione S-transferases [J]. Toxicological Sciences, 79(2): 224 - 232.
[23] Feeny P. 1976. Plant apparency and chemical defense [J]. Recent advances in phytochemistry, 10: 1 - 40.
[24] Frédéric F, Nicolas V, Eric H. 2005. Glutathione S-transferases in the adaptation to plant secondary metabolites in the *Myzus persicae Aphid* [J]. Archives of Insect Biochemistry and Physiology, 58(3): 166 - 174.
[25] Giraudo M, Hilliou F, Fricaux T, *et al.* 2015. Cytochrome P450s from the fall armyworm (*Spodoptera frugiperda*): responses to plant allelochemicals and pesticides [J]. Insect Molecular Biology, 24(1): 115 - 128.
[26] Hemingway J. 2000. The molecular basis of two contrasting metabolic mechanisms of insecticide resistance [J]. Insect Biochemistry and Molecular Biology, 30(11): 1009 - 1015.
[27] Konanz S. 2009. Characterization of mechanisms of resistance to common insecticides in noctuid pest

species and resistance risk assessment for the new lepidopteran specific compound flubendiamide. [Universität Hohenheim]. Stuttgart: Universität Hohenheim.

[28] Litwack G, Ketterer B, Arias I M. 1971. Ligandin: a hepatic protein which binds steroids, bilirubin, carcinogens and a number of exogenous organic anions. [J]. Nature, 234(5330): 466 - 467.

[29] Mao W, Rupasinghe S G, Johnson R M, *et al.* 2009. Quercetin-metabolizing *CYP6AS* enzymes of the pollinator *Apis mellifera* (Hymenoptera: Apidae) [J]. Comparative Biochemistry and Physiology B, 154(4): 427 - 434.

[30] Montella I R, Schama R, Valle D. 2012. The classification of esterases: an important gene family involved in insecticide resistance-a review. [J]. Memorias Do Instituto Oswaldo Cruz, 107(4): 437 - 449.

[31] Nelson D R, Koymans L, Kamataki T, *et al.* 1996. P450 superfamily: update on new sequences, gene mapping, accession numbers and nomenclature [J]. Pharmacogenetics, 6(1): 1 - 42.

[32] Ollis D L, Cheah E, Cygler M, *et al.* 1992. The alpha / beta hydrolase fold. [J]. Protein Engineering, 5(3): 197 - 211.

[33] Omura T，Sato R. 1964. The carbon monoxide-binding pigment of liver microsomes [J]. Journal of Biological Chemistry, 239(7): 2370 - 2378.

[34] Omura T. 1999. Forty years of cytochrome P450 [J]. Biochemical and Biophysical Research Communications, 266(3): 690 - 698.

[35] Papadopoulos A I, polemitou I, Laifi P, *et al.* 2004. Glutathione S-transferase in the developmental stages of the insect *Apis mellifera macedonica* [J]. Comparative Biochemistry and Physiology - Part C: Toxicology & Pharmacology, 139(3): 87 - 92.

[36] Piskorski R, Ineichen S, Dorn S, *et al.* 2011. Ability of the oriental fruit moth *grapholita molesta* (Lepidoptera: Tortricidae) to detoxify juglone, the main secondary metabolite of the non-host plant walnut [J]. Journal of Chemical Ecology, 37(10): 1110 - 1116.

[37] Prapanthadara L A, Ranson H, Somboon P, *et al.* 1998. Cloning, expression and characterization of an insect class I glutathione S-transferase from *Anopheles dirus* species B [J]. Insect Biochemistry and Molecular Biology, 28(5): 321 - 329.

[38] Qin G H, Jia M, Liu T, *et al.* 2011. Identification and characterisation of ten glutathione S - transferase genes from oriental migratory locust, *Locusta migratoria manilensis* (Meyen) [J]. Pest Management Science, 67(6): 697 - 704.

[39] Ranson H, Claudianos C, Ortelli F, *et al.* 2002. Evolution of supergene families associated with insecticide resistance [J]. Science, 298(5591): 179 - 181.

[40] Rauch N, Nauen R. 2003. Identification of biochemical markers linked to neonicotinoid cross resistance in *Bemisia tabaci* (Hemiptera: Aleyrodidae) [J]. Archives of Insect Biochemistry and Physiology, 54(4): 165 - 176.

[41] Scott J G, Liu N. 2008. Insect cytochrome P450s: thinking beyond detoxification [J]. Research Signpost, 117 - 124.

[42] Strode C, Wondji C S, David J, *et al.* 2008. Genomic analysis of detoxification genes in the mosquito *Aedes aegypti* [J]. Insect Biochemistry and Molecular Biology, 38(1): 113 - 123.

[43] Yu Q, Lu C, Li W, *et al.* 2009. Annotation and expression of carboxylesterases in the silkworm, *Bombyx mori* [J]. BMC Genomics, 10(1): 553 - 553.

寄生蜂卵黄原蛋白及其受体研究进展*

杨赛赛**，田良恒，李　欣，白素芬***

（河南农业大学植物保护学院，郑州 450002）

摘　要：昆虫卵黄原蛋白(Vitellogenin, Vg)及其受体(Vitellogenin Receptor, VgR)的分子特性、生理功能和调控机理一直是昆虫生殖领域的研究热点。Vg和VgR是昆虫卵黄发生和卵子成熟的基础，对卵巢发育起关键作用，成为害虫控制的重要靶标，与提升益虫（如寄生蜂）生殖力的关键因子。相比其他昆虫类群，有关膜翅目寄生蜂Vg和VgR研究仍显不足，为引起更多关注，本文就寄生蜂卵黄原蛋白及其受体的分子结构与特性、合成和表达模式、调控及其他生理功能研究进行综述，为后续天敌寄生蜂生殖机理研究提供参考。

关键词：寄生蜂；卵黄原蛋白；卵黄原蛋白受体；卵黄发生；生殖

Advances in Parasitic Wasp Vitellogenins and Vitellogenin Receptors

Yang Saisai**, Tian Liangheng, Li Xin, Bai Sufen***

（*College of Plant Protection, Henan Agricultural University, Zhengzhou 450002, China*）

Abstract: The molecular characteristics, physiological functions and regulatory mechanisms of vitellogenins （Vgs） and vitellogenin receptors （VgRs） are the hot topic of insect reproduction research. Vgs and VgRs have been considered as the basis of insect vitellogenesis and egg maturation, and play key roles in regulating the ovarian development of female insects. They are not only important potential targets for pest control, but also critical factors in improving the fecundity of beneficial

---

*　基金项目：河南省自然科学基金项目（编号：182300410089）

**　第一作者：杨赛赛，硕士，研究方向为昆虫生理生化与分子生物学.

***　通讯作者：白素芬，教授，博士，主要从事昆虫生理生化与害虫生物防治研究；Email: sfbai68@henau.edu.cn.

insects, such as parasitic wasps. Compared with other insect groups, the research in Vgs and VgRs of hymenopteran parasitic wasp is obviously insufficient. In the present paper, the molecular structures and characteristics, syntheses and expressional patterns, regulatory mechanisms and other physiological functions of vitellogenins and vitellogenin receptors in the parasitoid wasps are reviewed in order to attract more researchers' attention. We hope that new progress in reproductive mechanism of parasitoids will be achieved in the future.

Key words: Parasitoid; Vitellogenin; Vitellogenin receptor; Vitellogenesis; Reproduction

昆虫生殖发育包括雌雄生殖系统的发育、精子与卵子的发生、交配受精、产卵等一系列生物学过程，而原始生殖细胞的发育、成熟则是两性生殖或孤雌生殖成功的重要前提。雌性昆虫的卵黄发生、卵子发生和卵巢成熟常同步进行（彭晨星等，2017；奚耕思等，2010）。在此过程中，母体的DNA与线粒体DNA传递给子代保证了两代之间基因的相对稳定性。其中，卵子的细胞质中为胚胎发育储存了丰富的蛋白质、RNA、保护性化学物质等。卵黄原蛋白（Vitellogenin, Vg）是昆虫卵中供给胚胎发育营养的主要蛋白质—卵黄磷蛋白（Vitellin, Vn）的前体。卵黄原蛋白是昆虫卵黄发生的关键蛋白，而卵黄发生对昆虫生殖力产生直接影响。而新近研究表明卵黄原蛋白也具有其他生物学功能，如参与气候适应、免疫调控、生殖竞争、劳动力分化和行为调节等多种功能，是一种重要的多效型蛋白（严盈等，2010; Amdam et al., 2003; Tufail and Takeda, 2008）。卵黄原蛋白受体（Vitellogenin Receptor, VgR）具有卵巢特异性，是位于卵巢细胞膜上专一性介导卵黄原蛋白胞吞作用的受体（Tufail and Takeda, 2009）。Vg和VgR是昆虫卵黄发生和卵子成熟的基础，对于雌性昆虫的卵巢发育起着至关重要的作用，是潜在的害虫控制重要靶标（Lin et al., 2013）。同时，也是益虫生殖力提高的关键因子。

目前，鳞翅目Lepidoptera、蜚蠊目Blattaria、直翅目Orthoptera、半翅目Hemiptera、鞘翅目Coleoptera、双翅目Diptera、膜翅目Hymenoptera等昆虫已深入开展有关Vg和VgR的序列信息、系统进化、发育表达模式、激素的调控机理、营养功能及非营养功能等研究（Tufail et al., 2014; 王加伟等，2016）。但相关研究在寄生蜂类群上仍鲜有涉足，如当前NCBI报道寄生蜂卵黄原蛋白基因序列仅11种，卵黄原蛋白受体的基因序列也仅5种。卵黄原蛋白及其受体都具有保守性，卵黄原蛋白是一类大分子的糖脂复合蛋白，而卵黄原蛋白受体属于低密度脂蛋白受体家族，拥有该蛋白家族的分子结构和特征，但在不同昆虫物种中的转运机理和表达模式并不相同。寄生蜂作为田间控害的重要天敌，提高其生殖能力是人工繁育的关键（原建强等，2008）。鉴于当前寄生蜂两种蛋白的研究现状，开展相关研究将为更好地发挥天敌控害作用提供理论依据。

1 寄生蜂卵黄原蛋白

因卵黄原蛋白Vg的生殖重要性，它在包括昆虫在内的无脊椎动物和脊椎动物中得到了广泛研究。在脂肪体中，Vg分子通过蛋白水解、翻译修饰来促使碳水化合物、脂质和其他营养物质向卵巢运输（Hagedorn et al., 1998; Giorgi et al., 1999）。进入卵母细胞后，Vg以晶体形式存储为Vn，作为未来胚胎发育的营养物质储备。最初的研究表明，雌性脂肪体是Vg生物合成的主要位点，随后发现Vg不是雌性特异，雄性也可以少量合成（Wyatt and Davey, 1996; Piulachs et al., 2003）。寄生蜂Vg的组织特异性、性别特异性、时空动态表达的研究很匮乏，现就相关蜜蜂及为数极少的几种寄生蜂Vg主要分子结构特性及其生物合成、转录调控等方面的研究进展进行综述。

1.1 寄生蜂卵黄原蛋白的分子结构与特性

1997年，经Nose等人对日本瘤姬蜂*Pimpla nipponica*的研究，首个寄生蜂卵黄原蛋白基因序列被克隆，该*Vg*基因编码1807个氨基酸，N-端的前16个氨基酸为信号肽，C端保守位点有10个半胱氨酸（Nose *et al*., 1997）。迄今为止，NCBI上共有99条寄生蜂卵黄原蛋白基因序列，涉及11种寄生蜂，具体信息如下：阿里山潜蝇茧蜂*Fopius arisanus*（31）、丽蝇蛹集金小蜂*Nasonia vitripennis*（14）、潜蝇茧蜂*Diachasma alloeum*（13）、多胚跳小蜂*Copidosoma floridanum*（10）、毁侧沟茧蜂*Microplitis demolitor*（10）、短管赤眼蜂*Trichogramma pretiosum*（9）、麻蝇金小蜂*Trichomalopsis sarcophagae*（8）、吉氏金小蜂*Nasonia giraulti*（1）、蝶蛹金小蜂*Pteromalus puparum*（1）、丽蚜小蜂*Encarsia formosa*（1）、日本瘤姬蜂*Pimpla nipponica*（1）。

昆虫卵黄原蛋白氨基酸序列有多聚丝氨酸区（polyserine domains）、GL/ICG、RXXR和C-端的半胱氨酸等保守的结构域或氨基酸基序（Sappington and Raikhel, 1998）。其中，Vg氨基酸序列多聚丝氨酸区的个数具有种类差异，但是寄生蜂缺乏广泛的多聚丝氨酸区（Nose et al., 1997; Dong et al., 2007）。已有的研究中，膜翅目细腰亚目昆虫Vg同Vg前体仅有一个大亚基，日本瘤姬蜂、蝶蛹金小蜂和丽蚜小蜂等属于此类（Nose et al., 1997; Dong et al., 2007; Donnell，2004）。蜜蜂Vg分子量约为180 kDa，也只有一个亚基（Wheeler and Kawooya, 1990）。

尽管Vg在卵生昆虫中普遍存在，但对于寄生蜂而言却不能一概而论。丽蚜小蜂*Vg*基因有7个外显子，编码1814个氨基酸，含有大量的11.3%的丝氨酸，赖氨酸含量高达9.5%，苯丙氨酸和酪氨酸最低，分别为2.6%和2.3%，含有12个保守的半胱氨酸；该氨基酸序列与日本瘤姬蜂有38%的相似性，6个内含子的位置与西方蜜蜂*Apis mellifera*相一致；加工后Vg在卵中以非裂解态存在，分子量约200 kDa（Donnell，2004）。但同为恩蚜小蜂属*Encarsia*的丽蚜小蜂、浅黄恩蚜小蜂*E. sophia*和匀鞭蚜小蜂*E. luteola*均含有Vg，伯恩蚜小蜂*E. pergandiella*卵中却不存在，表明该蜂胚胎发育的营养供给不同与其他种类（Donnell，2004）。同时，也表明寄生蜂除Vg蛋白外可能还有其他的贮藏蛋白。如某些小蜂和姬蜂的卵内含有与大部分昆虫相同的卵黄原蛋白，分子量约200 kDa，如蝶蛹金小蜂*Vg*基因的cDNA全长为5634 bp，有一个完整的开放阅读框，编码1803个氨基酸，N-端有17个氨基酸的信号肽。但是检测的4种茧蜂科寄生蜂均不含有卵黄原蛋白，却均存在一个分子量约为62 kDa的亚基，是否存在另一种卵黄原蛋白还没有明显证据（董胜张等，2009；Ye et al., 2008）。研究还发现，许多内寄生蜂仅产少卵黄卵，胚胎发育的营养来源是通过吸收寄主血淋巴中的氨基酸等营养物质来供给（Quicke, 1997）。

1.2 寄生蜂卵黄原蛋白的合成

昆虫主要在脂肪体中合成约200 kDa的卵黄原蛋白大分子，在其分泌运输到卵巢之前，会进行结构修饰，涵盖糖基化、脂化、磷酸化、蛋白水解裂解等过程（Tufail and Takeda, 2009）。Vg沿着位于粗面内质网上的核糖体合成，随后转移到高尔基体，最终包装成分泌囊泡（Mazzini et al., 1989; Snigirevskaya et al., 1997）。在此过程中，新合成的Vg分子通过蛋白酶裂解修饰（Sappington and Raikhel, 1998）。对昆虫Vg的研究表明，Vg前体是一个或多个大分子蛋白质，并被蛋白酶分解成两个或多个较小的亚基，亚基大小和物种有关。在不完全变态昆虫中，Vg前体被裂解成多个亚基，每个亚基的大小从50 kDa到180 kDa不等。例如美洲大蠊*Periplaneta americana*的两个Vg前体会裂解成3个大小分别为170 kDa、100 kDa的主要亚基和一个50 kDa的次要亚基（Tufail et al.,2000）。这些亚基以二聚体组装和分泌（Della-Cioppa and Engelmann, 1987）。在全变态昆虫中，Vg前体被切割成两个亚基，如埃及伊蚊*Aedes aegypti* Vg蛋白的主体分子量为337 kDa，由分子量为200 kDa和66 kDa两个亚基组成（Dhadialla and Raikhel, 1990）。寄生蜂作为昆虫中最先进化的完全变态类群，其卵黄原蛋白合成的分子生物学过程有待深入研究。

昆虫中Vg的合成具有组织、性别及发育特异性，通常认为主要由雌性成虫的脂肪体合成（Tufail and Takeda, 2008; 2009; Sappington and Raikhel, 1998；Bai et al., 2015）。西方蜜蜂Vg的合成主要是在腹部、胸部、头部的脂肪体中，羽化3 d，在血淋巴中就可以达到蛋白含量的高峰（Barchuk et al., 2002）；但有研究表明，在蜜蜂蜂王的卵巢也可以少量合成（张卫星和胥保华，2014）。膜翅目卵黄原蛋白的研究比较特殊，西方蜜蜂Vg不仅在雌性中合成，在4~11 d 的雄蜂血淋巴中也可以检测到（Raikhel and Dhadialla, 1992）。在雄性蜜蜂中存在卵黄原蛋白，可能与其社会性有关（Amsalem et al., 2014；Piulachs *et al.*, 2003）。同为膜翅目的寄生蜂，其雄蜂是否具有卵黄原蛋白，具何种功能有待揭示。寄生蜂中，有研究表明菜蛾盘绒茧蜂*Cotesia vestalis*与螟长距茧蜂*Macrocentrus linears*不合成Vg（Sun et al., 2001）；也有研究表明4种蚜小蜂和2种金小蜂中均能合成Vg，其中2种金小蜂的卵巢中也检测出Vg，这是寄生蜂卵巢合成Vg的证据（Dong et al., 2007; 2008; Donnell, 2004）。由此证明，Vg不仅不是雌性特异蛋白，脂肪体也不是唯一的合成部位。蝶蛹金小蜂*Vg*基因的转录表达模式为初羽化0 h达最大表达量，之后逐渐降低；羽化24 h和48 h后，血淋巴Vg达到0.58 mg的最高水平，Vg的合成和摄取都与卵巢发育同步（Dong et al., 2007; Ye et al., 2008）。

1.3 寄生蜂卵黄原蛋白的调控

昆虫中Vg合成的调控方式主要发生在转录水平。参与*Vg*基因调控的激素包括保幼激素（juvenile hormone, JH）、蜕皮激素（ecdysone）和几种神经肽（Wyatt and Davey, 1996）。相关学者已经研究了JH或JH类似物调控*Vg*基因的转录，*Vg*和其他JH诱导基因的转录依赖于激素反应元件（HREs）上激素复合体的结合，该复合体通常位于基因的启动子区域（Edwards et al., 1993; Wyatt and Davey, 1996）。

Vg与激素之间的相互影响是一个复杂过程，研究发现大部分昆虫的JH对*Vg*起促进作用。寄生蜂领域尚缺乏相关研究，但在膜翅目模式昆虫蜜蜂中研究较多，可以作为参考。用RNAi沉默的方式干涉掉蜜蜂*Vg*基因，会导致蜜蜂血淋巴中JH的上升。*Vg*基因表达量的下降会增强工蜂对营养物质的气味反应，并且工蜂体内JH含量增加；在对工蜂使用JH类似物后，也会增强工蜂对营养物质的气味反应，并伴随Vg蛋白表达量的上升（Guidugli et al., 2005; Amdam and Omholt, 2003; Amdam et al., 2006; Sullivan, 2003; Pinto et al., 2000）。使用保幼激素类似物对蜜蜂幼虫进行处理后，新生蜂王体重显著上升，其发育、交配和产卵数量都有明显的增强，推测和Vg含量的上升有关（周冰峰等，1995；2002）。此外，在多种膜翅目昆虫中，蜕皮激素启动Vg的合成（Wegener et al., 2009）。

影响卵黄发生的因素很多，除保幼激素和蜕皮激素是最主要的因素外，成虫期营养也被认为是影响卵黄发生的一个重要因子。为明确不同因子对蝶蛹金小蜂雌蜂生殖生理的影响，采用ELISA法测定血淋巴中卵黄原蛋白和卵巢内卵黄磷蛋白的含量，研究成虫取食蔗糖和蜂蜜水及提供雄蜂交配对该蜂卵巢发育和卵黄发生的影响。结果表明，取食蜂蜜水，不仅能延长雌蜂寿命，还对卵黄发生和卵巢发育起显著促进作用，尤其在卵黄发生的后期；成虫喂食显著提高了蝶蛹金小蜂的卵室总数，表明喂食加快了生殖细胞的分化速率和卵子形成的速度，但交配未能显著促进该蜂的卵黄发生（董胜张等，2008）。

2 寄生蜂卵黄原蛋白受体

卵黄原蛋白主要在脂肪体中合成，通过血淋巴转运到卵巢中，是母体为胚胎发育储存的主要营养物质。在这个过程中，通过位于细胞膜上卵黄原蛋白受体VgR介导的内吞作用，运输到生长中的卵母细胞。对于绝大多数的卵生动物而言，这一过程对其卵巢的成熟起着至关重要的作用。所以VgR的研究将会为经济昆虫、天敌昆虫的人工繁育或田间控害提供理论依据（Sappington and Raikhel, 1998）。

在昆虫和脊椎动物的卵母细胞中，卵黄原蛋白受体VgR属于低密度脂蛋白受体（low-density lipoprotein receptor, LDLR），以介导卵黄原蛋白内吞作用，在卵母细胞发育过程中发挥重要作用（Sappington and Raikhel, 1998; Izumi et al., 1994; Rajaratnam,1996）。已有的研究表明VgR是卵巢特异性蛋白，是Vg的专一性胞吞作用受体，是昆虫生殖过程不可或缺的参与者（Tufaila and Takeda, 2009）。此胞吞作用是一个复杂的动态过程，VgR与Vg在卵巢卵母细胞膜上结合形成VgR-Vg复合物，引发细胞膜局部向内凹陷，最后形成一个与细胞膜脱离的膜小泡，经过一次或多次运输到达卵母细胞内，膜小泡渐渐分解或融合至高尔基体，受体-配体复合体在细胞内部分开，Vg经过一系列反应转化为卵黄蛋白，以晶体的形式储存，VgR则重新回到细胞膜上进行下一个Vg蛋白的运输（Sappington and Raikhel,1998; Tufail and Takeda, 2008）。由此可见，VgR不仅是卵黄发生的基础蛋白，而且在昆虫乃至卵生动物的卵巢成熟过程中发挥关键的功能，是潜在可开发的控害靶标（Lin et al.,2013）。而对寄生蜂VgR分子结构、生物合成和调控方式的研究，可以更深入地了解寄生蜂的生殖机理，为提高寄生蜂的生殖潜力，加强人工繁育的效率，最终发挥寄生蜂的田间控害效果具有重要的理论价值和实践意义。

2.1 寄生蜂卵黄原蛋白受体的分子结构与特性

首次被鉴定的昆虫卵黄原蛋白受体VgR来自飞蝗*Locusta migratoria*的卵母细胞。随后发展迅速，在NCBI蛋白序列中，共有318条142个物种的VgR氨基酸序列或预测序列，有成为昆虫生殖发育和生殖调控研究热点的趋势。但在寄生蜂领域，目前NCBI上可查到的VgR序列仅涉及5种寄生蜂，即阿里山潜蝇茧蜂*F. arisanus*、丽蝇蛹集金小蜂*N. vitripennis*、潜蝇茧蜂*D. alloeum*、多胚跳小蜂*C. floridanum*和短管赤眼蜂*T. pretiosum*。而有关寄生蜂VgR分子结构与特性的详细研究尚属空白。

昆虫VgR是一种180~214 kDa的膜结合蛋白，大小约为脊椎动物VgRs（95~115 kDa）的两倍（Sappington and Raikhel, 1998）。昆虫VgR的蛋白分子特性在众多昆虫中均有报道，埃及伊蚊VgR是分子量为205 kDa蛋白，为非同源二聚体，免疫细胞化学实验表明该蛋白仅存在于卵母细胞中，不存在于卵泡细胞或滋养细胞中。对家蚕*Bymbox mori*卵黄原蛋白受体的信息分析显示，*BmVgR*位于家蚕第20号染色体上的nscaf481上，*BmVgR*编码的蛋白含1809个氨基酸残基，预测蛋白分子量为202.5 kDa。烟粉虱*Bemisia tabaci* MEAM1隐种的*VgR*基因cDNA全长5774 bp，编码1919个氨基酸，推测分子量约201 kDa，N-端前31个氨基酸为信号肽，其蛋白质三维结构预测分析表明，该受体具有

LDLR家族基因典型的保守功能结构域。小菜蛾*Plutella xylostella* VgR开放阅读框全长4338 bp，预计编码1446个氨基酸，理论分子质量为161 kDa，VgR信号肽结构位于N-端的前20个氨基酸位置（王加伟，2016）。以上昆虫VgR蛋白均包含5个典型的保守结构域：配体结合域（ligand-binding domain, LBD），表皮生长因子前体同源域（epidermal growth factor precursor homology domain, EGFD），跨膜域（transmembrane domain, TMD），O-联糖功能域（O-linked sugar domain, OLSD），以及胞质尾域（cytoplasmic domain, CPD）。其次在昆虫中，果蝇的卵黄蛋白受体YPR（SchonbaumandMahowald, 1995）在结构上与其他昆虫的VgR非常相似（Chen et al., 2004; Ciudad et al., 2006; Schonbaum and Mahowald, 1995），但两者识别的配体完全不相关，这表明昆虫的VgR可能也能识别多个配体。

2.2 寄生蜂卵黄原蛋白受体的表达模式

昆虫种类不同，其*VgR*基因表达的时空动态也不同。但是，已有的研究中大多数昆虫*VgR*在转录水平上的表达是在成虫初羽化之后进行。斜纹夜蛾*Spodoptera litura*成虫中*VgR*在转录水平上的表达是在初羽化36 h后拥有一个显著峰值，之后逐渐下降（Shu et al., 2011）。而半翅目昆虫的*VgR*表达有所不同，褐飞虱*Nilaparvata lugens*和烟粉虱*VgR*在转录水平上的表达均有延时性，两者在成虫羽化6~7 d拥有最高转录水平（Lu et al., 2015; Cheng et al., 2013）。不同昆虫之间*VgR*的表达模式差异可能与其生活环境、交配策略、生殖发育等不同有关。

关于膜翅目卵黄原蛋白受体的表达模式，相关研究主要集中在红火蚁*Solenopsis invicta*和西方蜜蜂两种。红火蚁*VgR*的表达与交配行为有很大程度的关联，仅在婚飞交配后24 h有表达峰值，之后逐渐下降；而没有交配受精行为的无翼红火蚁在整个生命周期都没有*VgR*的表达（Bryant and Raikhel, 2011）。在*VgR*表达的组织特异性方面，红火蚁VgR虽然是卵巢特异，但不仅卵母细胞中有VgR蛋白，在其滋养细胞上也存在（Tufail and Takeda, 2007）。西方蜜蜂*VgR*的表达更为特殊，不仅在卵巢中有高量表达，在脂肪体、头部、中肠和咽下腺也有很少量的表达；对西方蜜蜂的工蜂卵巢以及产后0~6 h的卵进行*VgR*基因表达的检测，同样发现了高水平的表达量（Guidugli-Lazzarini et al., 2008）。有关寄生蜂卵黄原蛋白受体表达模式的研究十分欠缺，特别是寄生蜂特殊的繁殖模式或有与其他物种不同的表达模式，对此进行研究或能对昆虫生殖发育以及VgR表达机理的理论得以补充和完善。

3 寄生蜂卵黄原蛋白及其受体的非营养功能

卵黄原蛋白及其受体最重要的功能是经过一系列复杂生理过程为胚胎发育提供营养物质。卵黄发育期间，在保幼激素、蜕皮激素等激素的调控下，在昆虫脂肪体中合成Vg，经过血淋巴运输到卵巢，再经由卵巢组织细胞膜上VgR特异性识别，通过胞吞作用进入卵中。但是，卵黄原蛋白及其受体还有许多非营养功能，这些功能二者或独自或协同参与。

3.1 微生物垂直传播的介导功能

某些进化高级的幼虫内寄生蜂，利用毒液（venom）、多分DNA病毒（polydnavirus, PDV）、畸形细胞（teratocyte）等寄生因子发挥对寄主的调控作用（白素芬等, 2009; Bai et al., 2009; 2011; Krell et al., 1982）。如棉铃虫齿唇姬蜂*Campoletis chlorideae*寄生后，可以在寄主棉铃虫的血淋巴检测到多分DNA病毒，抑制寄主的免疫反应（Yin et al., 2003）。但是，随蜂卵携带进入寄主体内的PDV病毒是如何实现在棉铃虫齿唇姬蜂卵巢中的转运，尚无直接证据。

昆虫中Vg蛋白携带微生物进入卵中完成垂直传播的研究例证越来越多。植物病毒也可以经过Vg-VgR过程进行垂直传播，水稻条纹病毒（rice stripe virus, RSV）在卵巢中的传播路径和灰飞虱Vg在卵巢中的转运过程同步，RSV的结构蛋白能与灰飞虱Vg分子相结合，经过在灰飞虱体内一系列的运输过程，RSV和Vg的复合体经由Vg-VgR的胞吞作用，进入卵巢中，使下一代卵成为RSV的携带者（Huo et al., 2014; 2018）。以上昆虫中微生物垂直传播的例证，或许可以为寄生蜂多分DNA病毒的垂直传播提供研究思路。在微生物传播过程中，Vg-VgR均起到至关重要的作用。深入开展寄生蜂Vg及其受体的研究可能会阐明多分DNA病毒进入卵中的机理，为充分发挥天敌寄生蜂的控害作用提供理论依据。

3.2 免疫功能

目前，有关Vg及其受体具有免疫功能最典型的例证是社会性昆虫蜜蜂的研究。通过Vg及VgR的保守性推测，寄生蜂的Vg和VgR具有免疫功能的可能性很大。蜜蜂受伤后，伤口坏死细胞会诱导蜜蜂体内的Vg与其细胞膜结合，激活溶酶体的消化功能，加速细胞的清除过程，这一过程VgR有没有参与还需要进一步研究（Havukainen et al., 2013; Salmela et al., 2016）。锌是蜜蜂生长发育和循环系统所需要的至关重要的微量元素，Vg在血淋巴运输过程中会和血细胞互作，为良好的血细胞以离子的形式提供微量元素锌，帮助血细胞的发育，间接参与到免疫过程中（Amdam et al., 2004）。

3.3 行为调节功能

对社会型昆虫的研究中发现，Vg和VgR对社会型甚至亚社会昆虫具有行为调节的功能。推测Vg和VgR也可能一定程度上对寄生蜂种群的行为产生影响。比如，Vg会调节昆虫的觅食行为（Nelson et al., 2007）。蜜蜂的*VgR*在卵巢、脂肪体、头部、中肠等部位都有一定程度的表达，可以推测VgR除了参与生殖发育过程，与Vg相互协同还有其他功能。西方蜜蜂工蜂的卵巢在产后0~6 h在转录水平上*VgR*高表达的过程，推测可能与后代发育、繁育行为、工蜂的激素表达等行为相关联，但具体的功能及Vg-VgR协同调控的机理还需要进一步研究（Guidugli-Lazzarini et al., 2008）。

4 展望

寄生蜂作为重要的天敌资源，在害虫绿色防控中的地位愈发突出。为了更好地发挥寄生蜂的控害作用，提高其生殖潜力是关键。Vg作为卵黄蛋白的前体，经由脂肪体合成。Vg的mRNA翻译成Vg前体，通过糖基化、磷酸化、酯化等修饰及酶切形成亚基，分泌至血淋巴，并运输到卵巢，与VgR结合，通过内吞作用运输到卵细胞中，为胚胎发育提供营养。此外，还介导病毒的垂直传播等非营养功能（霍岩等，2018）。目前，寄生蜂Vg和VgR的研究依然薄弱，二者的组织特异性、时空表达模式、调控因子等还需要进一步研究。但是，我们相信随着愈来愈多学者的重视和参与，必将有更多寄生蜂种类的卵黄原蛋白及其受体的合成、积累、转运以及调控被揭示，在此基础上探讨分子进化规律。Vg和VgR作为卵黄发生、卵巢发育和卵子成熟的关键蛋白，深入探讨激素、成虫营养和交配对寄生蜂Vg和VgR的影响，也将为提高寄生蜂的生殖潜力奠定理论基础。

参考文献

[1] 白素芬, 李 欣, 唐柳青，等. 菜蛾盘绒茧蜂卵携带的免疫抑制因子[J]. 昆虫学报, 2009, 52(2)：487-494.

[2] 董胜张, 叶恭银, 胡萃. 不同类群寄生蜂卵黄蛋白的检测和免疫相关性分析[J]. 昆虫学报, 2009, 52(9)：1024-1027.

[3] 霍岩，陈晓英，方荣祥，等. 卵黄蛋白原的产生及其非营养功能的研究现状[J]. 生物技术通报, 2018, 34(2)：66-73.

[4] 彭晨星, 吴松原, 童晓玲, 等. 昆虫卵子发生及其研究进展[J]. 蚕学通讯, 2017, (2):18-26.

[5] 王加伟, 彭露, 邹明民, 等. 昆虫卵黄原蛋白受体(VgRs)及其主要功能综述[J]. 环境昆虫学报, 2016, 38(4)：831-842.

[6] 奚耕思, 梁开丹, 范东芬, 等. 昆虫卵子发生调控因素的研究进展[J]. 应用昆虫学报, 2010, 47(5)：848-855.

[7] 原建强, 白素芬, 李欣. 菜蛾盘绒茧蜂和半闭弯尾姬蜂的胚胎发育[J]. 河南农业大学学报, 2008, 42(6)：638-642.

[8] 张卫星, 胥保华. 蜜蜂卵黄原蛋白的研究进展[J]. 蜜蜂杂志, 2014, 34(5)：5-7.

[9] 周冰峰, 鲍秀良, 龚蜜, 等. 保幼激素类似物ZR-512对蜜蜂蜂王初生重的影响[J]. 福建农业大学学报, 1995, (1):109-112.

[10] 周冰峰, 周碧青, 王育敏, 等 保幼激素类似物ZR-512对蜜蜂蜂王发育、交配和蜂群繁殖的影响[J]. 福建农林大学学报(自然科学版), 2002, 31(1)：94-97.

[11] 严盈，彭露，万方浩. 昆虫卵黄原蛋白功能多效性：以蜜蜂为例[J]. 昆虫学报, 2010, 53(3)：335-348.

[12] Amdam G V, Norberg K, Hagen A, *et al.* Social exploitation of vitellogenin[J]. Proceedings of the National Academy of Sciences of the United States of America, 2003, 100(4): 1799-1802.

[13] Amdam G V, Norberg K , Page R E, *et al.* Downregulation of vitellogenin gene activity increases the gustatory responsiveness of honey bee workers (*Apis mellifera*)[J]. Behavioural Brain Research, 2006, 169(2):201-205.

[14] Amdam G V, Omholt S W. The hive bee to forager transition in honeybee colonies: the double repressor hypothesis[J]. Journal of Theoretical Biology, 2003, 223(4):451-464.

[15] Amdam G V, Simões Z L P, Hagen A, *et al.* Hormonal control of the yolk precursor vitellogenin regulates immune function and longevity in honeybees[J]. Experimental Gerontology, 2004, 39(5):767-773.

[16] Amdam G V, Simões Z L P, Guidugli K R, *et al.* Disruption of vitellogenin gene function in adult honeybees by intra-abdominal injection of double-stranded RNA[J]. BMC Biotechnology, 2003, 3:1-8.

[17] Amsalem E, Malka O, Grozinger C, *et al.* Exploring the role of juvenile hormone and vitellogenin in reproduction and social behavior in bumble bees[J]. BMC Evolutionary Biology, 2014, 14(1):45.

[18] Bai S F, Cai D Z, Li X, Chen X X. Parasitic castration of *Plutella xylostella* larvae induced by polydnavirus and venom of *Cotesia plutellae* and *Diadegma semiclausum.* Archives of Insect Biochemistry and Physiology, 2009, 70: 30-43.

[19] Bai S F, Li X, Chen X X, *et al.* Interspecific competition between two endoparasitoids *Cotesia vestalis* and *Oomyzus sokolowskii*. Archives of Insect Biochemistry and Physiology, 2011, 76: 156-167.

[20] Bai H K, Qiao H, Li F J, *et al.* Molecular characterization and developmental expression of vitellogenin in the oriental river prawn *Macrobrachium nipponense* and the effects of RNA interference and eyestalk ablation on ovarian maturation[J]. Gene, 2015, 562(1):22-31.

[21] Barchuk A R, Bitondi M M, Simões Z L. Effects of juvenile hormone and ecdysone on the timing of vitellogenin appearance in hemolymph of queen and worker pupae of *Apis mellifera*[J]. Journal of Insect Science, 2002, 2(1):1-8.

[22] Bryant B, Raikhel A S. Programmed autophagy in the fat body of *Aedes aegypti* is required to maintain egg maturation cycles[J]. PLoS One, 2011, 6(11):e25502.

[23] Ciudad L, Piulachs M D, Belles X. Systemic RNAi of the cockroach vitellogenin receptor results in a phenotype similar to that of the *Drosophila* yolkless mutant[J]. FEBS Journal, 2006, 273(2):325-335.

[24] Chen M E, Lewis D K, Keeley L L, *et al.* cDNA cloning and transcriptional regulation of the vitellogenin receptor from the fire ant, *Solenopsis invicta* Buren (Hymenoptera: Formicidae)[J]. Insect Molecular Biology, 2004, 13: 195-204.

[25] Cheng L, Guo J Y, Liu S S, *et al.* Molecular cloning, sequence analysis and developmental expression profile of vitellogenin receptor gene in the whitefly *Bemisia tabaci* Middle East-Asia Minor 1 (Hemiptera: Aleyrodidae)[J]. Acta Entomologica Sinica, 2013, 56(6):584-593.

[26] Della-Cioppa G, Engelmann F. The vitellogenin of *Leucophaea maderae*: Synthesis as a large phosphorylated precursor[J]. Insect Biochemistry, 1987, 17(3): 401-415.

[27] Dhadialla T S, Raikhel A S. Biosynthesis of mosquito vitellogenin[J]. Journal of Biological Chemistry, 1990, 265(17):9924-9924.

[28] Dong S Z, Ye G Y, Zhu J Y, *et al.* Vitellin of *Pteromalus puparum* (Hymenoptera: Pteromalidae), a pupal endoparasitoid of *Pieris rapae* (Lepidoptera: Pieridae): Biochemical characterization, temporal patterns of production and degradation[J]. Journal of Insect Physiology, 2007, 53(5): 468-477.

[29] Dong S Z, Ye G Y, Yao P C, *et al.* Effects of starvation on the vitellogenesis, ovarian development and fecundity in the ectoparasitoid, *Nasonia vitripennis*（Hymenoptera： Pteromalidae）[J]. Insect Science, 2008, 15(5): 429-440.

[30] Donnell D M . Vitellogenin of the parasitoid wasp, *Encarsia formosa* (Hymenoptera: Aphelinidae): gene organization and differential use by members of the genus[J]. Insect Biochemistry and Molecular

Biology, 2004, 34(9): 951-961.

[31] Edwards G C, Braun R P, Wyatt G R. Induction of vitellogenin synthesis in *Locusta migratoria* by the juvenile hormone analog, pyriproxyfen[J]. Journal of Insect Physiology, 1993, 39(7):609-614.

[32] Giorgi F, Bradley J T, Nordin J H. Differential vitellin polypeptide processing in insect embryos[J]. Micron, 1999, 30(6): 579-596.

[33] Guidugli K R, Nascimento A M, Amdam G V, *et al.* Vitellogenin regulates hormonal dynamics in the worker caste of a eusocial insect[J]. FEBS Letters, 2005, 579(22): 4961-4965.

[34] Guidugli-Lazzarini K R , Nascimento A M, Tanaka É D, *et al.* Expression analysis of putative vitellogenin and lipophorin receptors in honey bee (*Apis mellifera* L.) queens and workers[J]. Journal of Insect Physiology, 2008, 54(7): 1138-1147.

[35] Hagedorn H H, Maddison D R, Tu Z J. The evolution of vitellogenins, cyclorrhaphan yolk proteins and related molecules[J]. Advances in Insect Physiology, 1998, 27(2): 335-384.

[36] Havukainen H, Munch D, Baumann A, *et al.* Vitellogenin recognizes cell damage through membrane binding and shields living cells from reactive oxygen species[J]. Journal of Biological Chemistry, 2013, 288(39): 28369-28381.

[37] Huo Y, Liu W W, Zhang F J, *et al.* Transovarial transmission of a plant virus is mediated by vitellogenin of its insect vector[J]. PLoS Pathogens, 2014, 10(3): e1003949.

[38] Huo Y, Yu Y L, Chen L Y, *et al.* Insect tissue-specific vitellogenin facilitates transmission of plant virus[J]. PLoS Pathogens, 2018, 14(2):e1006909.

[39] Izumi S, Yano K, Yamamoto Y, *et al.*, Yolk proteins from insect eggs : Structure, biosynthesis and programmed degradation during embryogenesis[J]. Journal of Insect Physiology, 1994, 40(9): 735-746.

[40] Krell P J, Summers M D, Vinson S B. Virus with a multipartite superhelical DNA genome from the ichneumonid parasitoid *Campoletis sonorensis*[J]. Journal of Virology, 1982, 43(3):859.

[41] Lin Y, Meng Y, Wang Y X, *et al.* Vitellogenin receptor mutation leads to the oogenesis mutant phenotype "scanty vitellin" of the Silkworm, *Bombyx mori*[J]. Journal of Biological Chemistry, 2013, 288(19): 13345-13355.

[42] Lu K, Shu Y H, Zhou J L, *et al.* Molecular characterization and RNA interference analysis of vitellogenin receptor from *Nilaparvata lugens* (Stål)[J]. Journal of Insect Physiology, 2015, 73:20-29.

[43] Mazzini M, Burrini A, Giorgi F. The secretory pathway of vitellogenin in the fat body of the stick insect *Bacillus rossius*: An ultrastructural and immunocytochemical study[J]. Tissue and Cell, 1989, 21(4):589-604.

[44] Nelson C M, Ihle K E, Fondrk M K, *et al.* The gene vitellogenin has multiple coordinating effects on social organization[J]. Plos Biology, 2007, 5(3):e62.

[45] Nose Y, Lee J M, Ueno T, *et al.* Cloning of cDNA for vitellogenin of the parasitoid wasp, *Pimpla nipponica* (Hymenoptera: Apocrita: Ichneumonidae): vitellogenin primary structure and evolutionary considerations[J]. Insect Biochemistry and Molecular Biology, 1997, 27(12): 1047-1056.

[46] Pinto L Z, Bitondi M M, GsimoesZ L. Inhibition of vitellogenin synthesis in *Apis mellifera* workers by a juvenile hormone analogue, pyriproxyfen[J]. Journal of Insect Physiology, 2000, 46(2):153-160.

[47] Piulachs M D, Guidugli K R, Barchuk A R, *et al.* The vitellogenin of the honey bee, *Apis mellifera*: structural analysis of the cDNA and expression studies[J]. Insect Biochemistry and Molecular Biology, 2003, 33(4): 459-465.

[48] Quicke D L J. Parasitic Wasps[M]. Cambridge University Press, London.1997.

[49] Rajaratnam V S. Isolation, characterization and complete nucleotide sequence of a *Galleria mellonella*

cDNA coding for the follicle cell-specific yolk protein, YP4[J]. Insect Biochemistry and Molecular Biology, 1996, 26(6): 545-555.

[50] Raikhel A S, Dhadialla T S. Accumulation of yolk proteins in insect oocytes[J]. Annual Review of Entomology, 1992, 37(1):217-251.

[51] Salmela H, Stark T, Stucki D, *et al.* Ancient duplications have led to functional divergence of vitellogenin-like genes potentially involved in inflammation and oxidative stress in honey bees[J]. Genome Biology and Evolution, 2016, 8(3): 495-506.

[52] Sappington T W, Raikhel A S. Molecular characteristics of insect vitellogenins and vitellogenin receptors[J]. Insect Biochemistry and Molecular Biology, 1998, 28(5-6):277-300.

[53] Schonbaum C P, Mahowald L A. The Drosophila yolkless gene encodes a vitellogenin receptor belonging to the low density lipoprotein receptor superfamily[J]. Proceedings of the National Academy of Sciences of the United States of America, 1995, 92(5): 1485-1489.

[54] Shu Y H, Wang J W, Lu K, *et al.* The first vitellogenin receptor from a Lepidopteran insect: molecular characterization, expression patterns and RNA interference analysis[J]. Insect Molecular Biology, 2011, 20: 61-73.

[55] Snigirevskaya E S, Hays A R, Raikhel A S. Secretory and internalization pathways of mosquito yolk protein precursors[J]. Cell & Tissue Research, 1997, 290(1): 129-142.

[56] Sullivan J P. Juvenile hormone and division of labor in honey bee colonies: Effects of allatectomy on flight behavior and metabolism[J]. Journal of Experimental Biology, 2003, 206(13): 2287-2296.

[57] Sun M, Ye G, Hu C. Analysis of the soluble proteins in three species of parasitiods and molecular characteristics of yolk protein in *Pteromalus puparum*[J]. Entomologia Sinica, 2001, 8(4): 298-308.

[58] Tufail M, Lee J M, Hatakeyama M, *et al.* Cloning of vitellogenin cDNA of the American cockroach, *Periplaneta americana* (Dictyoptera), and its structural and expression analyses[J]. Archives of Insect Biochemistry and Physiology, 2000, 45(1): 37-46.

[59] Tufail M, Takeda M. Molecular cloning and developmental expression pattern of the vitellogenin receptor from the cockroach, *Leucophaea maderae*[J]. Insect Biochemistry and Molecular Biology, 2007, 37(3): 235-245.

[60] Tufail M, Takeda M. Molecular characteristics of insect vitellogenins[J]. Journal of Insect Physiology, 2008, 54(12): 1447-1458.

[61] Tufail M, Takeda M. Insect vitellogenin/lipophorin receptors: Molecular structures, role in oogenesis, and regulatory mechanisms[J]. Journal of Insect Physiology, 2009, 55(2): 88-104.

[62] Wegener J, Huang Z Y, Lorenz M W, *et al.* Regulation of hypopharyngeal gland activity and oogenesis in honey bee (*Apis mellifera*) workers. Journal of Insect Physiology, 2009, 55: 716-725.

[63] Wheeler D E, Kawooya J K. Purification and characterization of honey bee vitellogenin[J]. Archives of Insect Biochemistry and Physiology, 1990, 14(4): 253-67.

[64] Wyatt G R, Davey K G. Cellular and molecular actions of juvenile hormone. II. Roles of juvenile hormone in adult insects[J]. Advances in Insect Physiology, 1996, 26(08): 1-155.

[65] Ye G Y, Dong S Z, Song Q S, *et al.* Molecular cloning and developmental expression of the vitellogenin gene in the endoparasitoid, *Pteromalus puparum*[J]. Insect Molecular Biology, 2008, 17(3): 227-233.

[66] Yin L, Zhang C, Qin J, *et al.* Polydnavirus of *Campoletis chlorideae*: Characterization and temporal effect on host *Helicoverpa armigera* cellular immune response[J]. Archives of Insect Biochemistry and Physiology, 2003, 52(2): 104-113.

捕食性昆虫生物活体农药对水稻害虫的防治应用与保护策略*

阳　菲**，赵文华，谢美琦，刘雨芳***

（湖南科技大学生命科学学院，湘潭 411100）

摘　要：捕食性昆虫是生物活体农药的重要组成部分，在当前水稻害虫综合防治中发挥着重要作用。本文概述了稻田捕食性昆虫的多样性、重要种类、生物防治应用及其种群发生影响因素与保护策略。建议合理利用稻田捕食性昆虫这一生物活体农药资源，实现水稻害虫的综合防治与稻田生态系统中生物活体农药的可持续发展。

关键词：捕食性昆虫；生物活体农药；稻田；生态保护策略

Application and Protection Strategy of Predatory Insects as Living Biological Pesticides in Rice Pest Control

Yang Fei, Zhao Wenhua, Xie Meiqi, Liu Yufang*

（*College of Life Sciences, Hunan University of Science and Technology*, Xiangtan 411100）

Abstract: Predatory insects in rice field are an important component of living biological pesticides. They are rich in resources and play an important role in the integrated control of rice insect pests. This article reviewed the researches of predatory insects such as the resources, key species, application of biological control agents, influencing factors of predatory insect population and their protection strategies. It is suggested to make use of predatory insects in rice field as a living pesticide resource to realize the comprehensive control of rice pests and the sustainable development of living pesticides in rice field ecosystem.

Key words: Predatory insects; Living biological pesticides; Rice fields; Ecological protection strategy

---

* 基金项目：国家重点研发计划（2017YFD0200400）

** 第一作者：阳菲，女，硕士生，从事生物多样性与农业昆虫学研究。E-mail：yangf96@qq.com

*** 通讯作者：刘雨芳，E-mail：yfliu2011@126.com

生物农药是借助生物活体（益虫、真菌等）或其代谢产物（信息素、生长素等），对害虫、病菌等起到消灭和抑制作用的新型农药。具有安全、绿色、环保、高效等优点，符合市场绿色消费的理念，具有广阔的市场前景（张寿英，2020）。捕食性昆虫作为生物活体农药的重要组成部分，在水稻害虫综合防治中发挥着重要作用。在稻田生态系统中，存在着丰富的捕食性昆虫资源（陈常铭等，1980；杨艳，2018；刘雨芳，2019；刘雨芳等，2020），为利用生物活体农药控制水稻害虫的技术应用提供了物质条件（阳菲等，2020）。捕食性昆虫作为水稻害虫的天敌，对水稻害虫发挥了生物防治或自然控制因子的作用（Rajendran and Singh，2016），利用稻田生态系统的天敌—害虫捕食关系，可以减轻害虫对水稻的危害，减少水稻产量损失，充分体现捕食性昆虫生物控害的生态服务价值（欧阳芳等，2015），捕食性昆虫也常被作为评估生态系统物种多样性与安全性的指示生物（Zhang et al.，2013; Yang et al.，2016;）。

对稻田捕食性昆虫的研究，主要体现在捕食性昆虫种类和优势种（周霞等，2020）、资源及其保护利用、稻田捕食者对猎物的捕食作用（刘雨芳，2000）及食物网关系（刘文海，2009；刘雨芳，2017）、增强稻田天敌作用的途径（娄永根等，1999；阳菲等，2020）、捕食性天敌昆虫资源描述（宋慧英，1985）等方面。本文通过概述稻田捕食性昆虫资源多样性、重要种类、生物防治功能应用、影响因子及其保护策略研究，以期为合理利用稻田捕食性昆虫这一生物活体农药资源，实现水稻害虫的生物防治与稻田生态系统中生物活体农药的可持续利用提供参考。

1　稻田捕食性昆虫资源多样性及生态调控功能

1.1　资源多样性

稻田中天敌种类丰富，中国稻田中有水稻害虫的捕食性天敌889种，占所有天敌的64.74%，其中462种为捕食性昆虫（Lou *et al.*, 2014），对水稻害虫防控具有很大的潜力（刘雨芳，2017；2019）。在广东四会稻田生态系统中采集到捕食性昆虫35种，隶属于11个科28属，捕食性天敌物种丰富度占稻田节肢动物群落物种丰富度的29.87%，而捕食性与寄生性昆虫物种丰富度所占比例高达73.25%，青翅蚁形隐翅虫*Paederus fuscipes*、黑肩绿盲蝽*Cyrtorhinus lividipennis*、稻红瓢虫*Micraspis discolor* 等是稻田优势种捕食性昆虫，狭臀瓢虫*Coccinella transversalis*是稻田常见种捕食性昆虫（刘雨芳，2000）。通过直接观察结合解剖的方法，得到捕食性天敌的猎物情况，以确定天敌的食性与控制的害虫对象，以深入研究湖南稻田捕食性天敌昆虫资源状况，结果获得稻田捕食性天敌昆虫53种，其中龟纹瓢虫还有6个变形种，红肩瓢虫*Leis dimidiata*有2个变形种，异色瓢虫*Harmonia axyridis*有5个变形种，它们隶属于5 目18科45属（陈常铭等，1980）。在通辽地区稻田生态系统中，调查获得32 种捕食性昆虫，其中黑肩绿盲蝽、青翅蚁形隐翅虫、龟纹瓢虫为该地区稻田中捕食性天敌优势种（安瑞军等，

2012）。在龙吉晚稻稻田中共采集捕食性天敌89种，其中捕食性昆虫17种，天敌（包括捕食性天敌和寄生性天敌）的种类数所占比例为63.19%（李意成，2015）。在江西省万载县有机水稻生产区采集得到91种捕食性昆虫（梁朝巍，2011）。在云南水稻田中共采集到捕食性昆虫83种（吴海波，2009）。

1.2 生态调控功能

捕食性昆虫在生态系统中调节植物和植食性生物的种群数量，让各种生物得以共存、防止任何一种生物数量过度丰富，从而使地球上的物种呈现多样化（丁建清和付卫东，1996）。捕食性昆虫多样性的研究，是生物多样性研究的一个重要组成部分，对于丰富全球生物多样性的信息库、发挥天敌的生物防治功能的可持续发展，具有重大意义（任炳忠等，2001）。

据统计，昆虫中大约有28%的种类捕食其他昆虫，有2.4%的种类寄生其他昆虫，它们在农田害虫调控中发挥50%以上作用，全世界每年仅自然天敌就为农业带来高达1000亿美元的生物控害价值（戈峰等，2014）。由此可见，捕食性昆虫在水稻害虫防治中的生态功能作用不容小觑。如湖南稻田中有10种食蚜蝇及16种其他昆虫捕食蚜虫，有11种昆虫捕食飞虱、有9种昆虫捕食叶蝉，有16种昆虫捕食鳞翅目害虫，包括稻纵卷叶螟*Cnaphalocrocis medinalis*、二化螟*Chilo suppressalis*、三化螟*Scirpophaga incertulas*及黏虫*Mythimna separata*等为害水稻的重要害虫，还有多种昆虫能捕食各种害虫（陈常铭等，1980）。

不同种类的植物吸引着不同种类的昆虫，其中植食性昆虫为一级消费者，肉食性昆虫（包括捕食性天敌和寄生性天敌）为二级消费者，而猎食昆虫的其他动物则为三级消费者，如此类推。在自然生态系统中，植物—植食性昆虫—肉食性昆虫—其他肉食性动物构成了一条食物链，许多食物链纵横交错形成十分复杂的食物链网络。捕食性昆虫在食物网中扮演着至关重要的角色，通过对其生态功能进行研究，对害虫测报及害虫综合治理有指导意义（尤其儆，1986）。

2 几种重要的稻田捕食性昆虫

稻田中捕食性天敌资源丰富，主要隶属于双翅目、鞘翅目、半翅目、脉翅目、拈翅目、蜻蜓目、螳螂目等的捕食性种类，但被重点研究的稻田捕食性天敌昆虫主要有青翅蚁形隐翅虫、黑肩绿盲蝽、稻红瓢虫等（刘雨芳，2019）。

2.1 青翅蚁形隐翅虫

青翅蚁形隐翅虫是世界性分布的捕食性昆虫之一，是可保护利用的天敌种类。在我国主要分布于甘肃、河南、湖北、安徽、江西、浙江、福建、台湾,广东、香港、广西、贵州、四川等地（Hua，2002），在湖南稻田中也是一种优势性捕食性昆虫。青翅蚁形隐翅虫 1 年发生的世代数随地区的不同而存在差异，在安徽每年发生2~3代（刘昌利等，2004），在福州 1 年发生 5 代，世代重叠严重（罗肖南等，1990），在日本1年发生1~3代（黒佐和義，1958）。青翅蚁形隐翅虫在各地均以成虫越冬，越冬期间无明显的休眠现象（刘昌利等，2004），活动和取食情况随温度的变化而发生改变。青翅蚁形隐翅虫成虫寿命约 11 个月，活动能力强，搜索面积大（古德祥等，1985），成虫趋光性强（罗肖南等，1990），成虫取食猎物迅速，几秒内即可完成，具有自相残杀习性（Devi et al., 2003; 张建民等，2008）。

青翅蚁形隐翅虫是农作物害虫的重要天敌之一，成虫和幼虫均为捕食性，主要以昆虫、螨和线虫等为食（张建民等，2008），还捕食菜粉蝶卵，且成虫对菜粉蝶卵的捕食能力显著高于其低龄幼虫；寻找效应随着猎物密度的增加而减少；温度为25~30℃时捕食量最高（张建民等，2006）。通过稻纵卷叶螟和白背飞虱的捕食选择实验，结果表明青翅蚁形隐翅虫对白背飞虱表现出更强的取食选择性（沈斌斌等，2005）。饲养观察结果表明，青翅蚁形隐翅虫能捕食稻飞虱、稻叶蝉、三化螟蚁螟、稻纵卷叶螟幼虫、稻螟蛉幼虫、负泥虫幼虫和稻蓟马等主要稻虫；喜捕食稻飞虱、稻叶蝉等小型虫类；成虫的捕食量大于幼虫，对猎物低龄虫态的捕食量大于高龄虫态（罗肖南等，1990）。因此，青翅蚁形隐翅虫常被用作指示生物，用于开展Bt水稻的对非靶标生物的影响及生态安全评价研究（程正新等，2014；吴启佳等，2016）。

但稻田中施用杀虫剂，对青翅蚁形隐翅虫的生存产生严重影响。广东四会县早稻田的调查发现：化学防治前隐翅虫密度为每10平方米有34头（换算每亩有2260头），施用农药甲基1605六六六粉（1.25kg /667m^2）后，10平方米的隐翅虫数为零（林一中和古德祥，1988）。选用高效低毒杀虫剂、少用杀虫剂、实施生态调控综合防治措施，隐翅虫种群数量明显增加。

同时，青翅蚁形隐翅虫卵、幼虫、蛹和成虫均含有隐翅虫毒素，接触到该毒素后，可使皮肤红肿发炎（郑发科, 1989），特别是夜晚受到灯光的诱集，常飞到室内，在农村和城市郊区常有青翅蚁形隐翅虫成虫叮咬人类产生皮炎的报道（倪洪波等，2008；蒋雪飞等，2008）。在卫生防疫上，常把青翅蚁形隐翅虫当作卫生害虫加以防治（张建民，2008），这不利于农田青翅蚁形隐翅虫种群的保护与利用。

2.2 黑肩绿盲蝽

黑肩绿盲蝽为我国稻区常见的捕食性盲蝽，主要取食半翅目的飞虱、叶蝉等，在稻飞虱种群控制中发挥着重要作用 （罗肖南和卓文禧，1986; Henry，2012），在我国主要分布于华北、华东、西南及东南等水稻种植地区（Lou et al.,2014），国外见于墨西哥半岛、印度半岛、菲律宾群岛、马利亚纳群岛以及南美亚马孙雨林等地区（陈建明等，1992；范靖宇等，2019）。范靖宇等（2019）对黑肩绿盲蝽的适宜生态空间和潜在分布分析，模型预测结果为：在我国中部及东南部有较大的生态空间和潜在分布区，包括河南、江苏、浙江、湖北、湖南、福建、广东、广西等省区，在我国华北和西北部亦有较高的适生性。黑肩绿盲蝽在各地发生代数不相同，湖南湘阴、长沙一带全年发生5~6代（陈常铭等，1985），福建沙县、贵州思南县发生7~8代（陈毓祥和周洑生，1981；傅子碧和卓文禧，1980）。黑肩绿盲蝽一般以成虫在热带和南亚热带稻区越冬，浙江稻区与湖南稻区不能越冬（何俊华等，1979；陈常铭等，1985）。其若虫一般5龄，少数4龄或6龄。趋光性强，具有一定的迁飞能力（朱明华，1989；陈建明等，1992）。

对多年生水稻田主要害虫、天敌消长规律及时间生态位研究分析，黑肩绿盲蝽是多年生水稻田中控制稻飞虱的主要天敌之一（羊绍武等，2019）。黑肩绿盲蝽对褐飞虱卵、1龄和2龄的捕食选择性和捕食能力较强，且对1龄捕食力最强，但对成虫几乎不选择捕食（唐耀华等，2014）。吴利勤（2012）研究不同温度和密度下黑肩绿盲蝽对褐飞虱的功能反应，发现在温度为24~30℃时，黑肩绿盲蝽的捕食量随温度的升高而增加，在30℃时捕食量达到最大值，30~35℃捕食量随温度的升高而降低，捕食量在一定范围内随着猎物密度的增加而增加，对若虫的捕食能力大于成虫，4龄若虫理论捕食量最大。周传波等（1981）发现黑肩绿盲蝽除了捕食稻叶蝉和稻飞虱卵，还捕食大螟卵。蒋显斌等（2016）利用黑肩绿盲蝽兼性取食特性评价转基因水稻生态风险，韩宇（2015）在转Bt基因抗虫水稻对褐飞虱主要天敌的潜在风险评价中，选用了黑肩绿盲蝽作为指标生物。

张傲雪（2019）研究表明，亚致死浓度吡蚜酮刺激黑肩绿盲蝽，产生的后代捕食能力提高、生殖能力无显著变化，陆炜炜（2017）的研究也表明亚致死浓度杀虫剂处理后黑肩绿盲蝽产卵量显著提高。刘陈（2017）推测亚致死浓度杀虫剂刺激黑肩绿盲蝽生殖是与药剂处理刺激卵黄原蛋白合成有关。作为亚洲水稻主要害虫稻飞虱的重要捕食性天敌，建立基于自然寄主的黑肩绿盲蝽大规模饲养技术（钟玉琪等，2020），也为其他捕食性天敌昆虫规模化饲养提供参考。

2.3 稻红瓢虫

稻红瓢虫是我国南方半山区丘陵地带稻田害虫天敌类群中优势种之一（章士美等，1982；江永成，1995），在亚热带和热带地区广泛分布，国外分布于南亚和东南亚，国内分布于淮河、秦岭以南等省区，发生数量随海拔增高而递减（Shanker et al.，2013；周霞等，2020）。江西南昌一年发生1~3代，井冈山茨坪（海拔825m）仅发生1代。均以成虫越冬，成虫寿命一般60天，长者128天，越冬代成虫可达350天。成虫耐饥力较强，饥饿状态下会残食自产的卵，趋光性较强，在稻田有明显的趋花性，多以抽穗扬花的稻田虫口密度最高。稻红瓢虫是稻田次生生物群落中的稳定成员，只要其生态环境不继续恶化，一般具备回升稳定能力（江永成，1995）。

稻红瓢虫可以捕食蚜虫、蓟马、飞虱、叶蝉等害虫（李绍石，1998），在水稻生态系统中对重要刺吸性害虫如稻飞虱和叶蝉可以起到生物控制作用（江永成和舒章明，1985；江永成，1995），还能捕食稻眼蝶*Mycalesis gotama*（曹有文，1982）。稻红瓢虫为三亚南繁区稻田捕食性天敌优势种，成虫种群数量在水稻各个时期较稳定，水稻开花后期和成熟期稻出现大量红瓢虫幼虫（周霞等，2020）。ELISA 研究表明，Bt 杀虫蛋白可以通过花粉和褐飞虱沿着食物链传递给稻红瓢虫（Rattanapun，2012），可以将稻红瓢虫作为转基因水稻监测的指示昆虫，从而对捕食性天敌进行长期的监测研究。

3　影响稻田捕食性天敌的因子研究

影响稻田捕食性天敌的因子复杂多样，除了如温度、降雨降雪降霜、风力、光照等气候条件及海拔高度、纬度、坡度、水域山地、公路、建筑等地理环境因子外，化学杀虫剂、除草剂、稻田生境异质性、天敌本身特征，如在稻田—非稻田生境之间的迁移活动等因素均是影响稻田捕食性天敌的重要因素。

3.1　杀虫剂的影响

在水稻生产过程中，大量使用具有广谱杀虫活性的杀虫剂，导致大部分无害的或有益的昆虫种群下降，对农药敏感的害虫天敌受农药影响较大，尤其是生物生理生化特性或形态构造与害虫接近的天敌或寄生性天敌受害最大。农药控制作物害虫时，对捕食性天敌的繁殖、捕食行为产生显著影响（Haynes，1988；王向阳等，2005）。施用不同杀虫剂均不同程度地降低单季稻田中捕食性天敌群落多样性和物种丰富度，合理使用杀虫剂对保护和充分利用天敌资源有着重要的意义（李永刚等，2005）。杀虫剂的施用降低了群落的多样性和丰富度，而群落多样性的降低又导致群落稳定性下降（万方浩等，1986；王智等，2002）。因此在施用杀虫剂防治水稻害虫时，应当选择高效低毒药剂品种，在控制害虫的同时减小对自然天敌的杀伤力，从而达到有效保护农作物的目的。

3.2　除草剂的影响

化学除草剂由于适合机械化作业，具有省劳力和高效率等特点，再加上抗除草剂作物的种植面积不断扩大，使除草剂的使用量不断增加（Davis et al, 2012; Young et al.，2013）。除草剂在改变物种多样性的同时，可能引发群落某些功能、作用的改变，群落的抗性和稳定性可能会受到影响，从而改变群落抵抗其他干扰的能力（齐月等，2016）。除草剂对稻田天敌的影响可能来自以下2个方面：一是直接的毒杀作用，像杀虫剂一样直接杀死天敌，使天敌种群数量降低；二是对生境的破坏带来的间接影响，如除草剂清除了生境中的杂草或非目标作物植被种类，使天敌失去了生境庇护所或适合的栖境减少、伴之而来的是生境中的其他替代猎物的消失或锐减，威胁到天敌的存活。从而影响到生态系统服务功能的完整实现。

3.3 生境异质性的影响

具高异质性边缘生境的稻田中采集到捕食性天敌40种，1667头；在低异质性边缘生境的稻田中采集到捕食性天敌30种，991头。即通过构建具有一定空间异质性与植物多样性的稻田边缘生境，能提高稻田生态系统对捕食性天敌物种的涵养潜力，有利于提高稻田捕食性天敌个体数量，具有更好的控制害虫的物质基础，促进捕食性天敌对水稻害虫的生态控制效能，不会引起水稻其他害虫种群发生的风险。非稻作物或非作物生境对保持与调节稻田生态系统中捕食性天敌，有效地防治水稻害虫具有积极意义。具高异质性生境能通过提供时间或空间上的庇护，以实现保护天敌物种的目的（刘雨芳等，2019，2019）。

对复合种植系统和单一种植系统的昆虫群落结构及动态进行系统调查结果表明，复合种植园中害虫总数显著减少，两种植物存在相互协调关系：两者具有较少的共同害虫，其害虫却存在多种共同天敌；非主栽作物冬季开花为天敌昆虫越冬提供庇护场所和替代食物，两者花期基本衔接，利于害虫天敌的生存及繁殖。在复合种植系统中，捕食和寄生性天敌对作物害虫数量的控制起重要作用。复合系统中作物上采集到的大多数天敌种类的数量均显著多于单一系统，且天敌种类也有所增加，捕食和寄生性昆虫类群的总数占整个昆虫群落的百分比是单一系统的2倍以上（欧阳革成等，2006）。对单一种植和复合种植两种模式（即有草模式和无草模式）进行了相关生态因子的对比调查，结果表明复合模式的昆虫种类、多样性、丰富度和均匀度明显高于单一模式，其中单一模式中的肉食性和寄生性昆虫种类低于复合模式，而植食性蚜虫数量则高于复合模式，表示单一模式中可能缺少天敌的栖境和资源（王进闯等，2005）。多样化的农田生态系统比单作系统具有更为丰富和多样的害虫天敌，害虫数量将减少（王向阳等，2005），单一种植不利于天敌控害。

4 展望

水稻作为世界上主要的粮食作物，其生产安全性应受到重视。目前水稻种植品种单一化严重，导致农业所依赖的生态功能与重要的生态服务不断弱化甚至丧失，为害虫的发生创造了条件。农民常采用多品种、超剂量混用与滥用杀虫剂的方法，对抗害虫，“有虫治理、无虫防虫”的落后的害虫防治思想依然存在，因此农田中自然控制害虫的链条常被切断，生态平衡常遭到破坏，削弱天敌对害虫的自然调控作用，也普遍出现了土壤、水体、非作物生境的农药残留现象，进而引发食品安全等问题。

稻田中存在的丰富的捕食性昆虫资源，作为生物活体农药，在水稻害虫综合防治中的作用不可忽视。建议充分挖掘资源、增强对害虫的预测与综合治理技术研究、给天敌提供多种食物资源与庇护所、加强天敌开发利用，并为设计完善生态功能、自然便利地利用稻田捕食性昆虫资源的生态对策、实现稻田生态系统中对害虫的可持续自然调控方案提供基本资料。

参考文献

[1] 安瑞军, 石凯, 李媛媛，等. 2012. 通辽地区稻田生态系统捕食性天敌种类的调查研究[J]. 农学学报, 2(2)：21-25.

[2] 曹有文，1982. 稻红瓢虫也能捕食稻眼蝶[J]. 江西植保，1：20.

[3] 陈常铭，宋慧英，肖铁光，1980. 湖南稻田天敌昆虫资源[J]. 湖南农学院学报，1：35-46.

[4] 陈常铭，肖铁光，胡淑恒，1985. 黑肩绿盲蝽的初步研究[J]. 植物保护学报，1：69-73.

[5] 陈建明，程家安，何俊华，1992. 黑肩绿盲蝽的国内外研究概况[J]. 昆虫知识，29(6)：370-373.

[6] 陈毓祥，周湫生，1981. 黑肩绿盲蝽形态特征及生物学特性观察初报[J]. 贵州农业科学，4：40-44.

[7] 程正新，黄建华，梁玉勇，等. 2014. Bt水稻对青翅蚁形隐翅虫存活及捕食功能的影响[J]. 应用昆虫学报，51(5)：1184-1189.

[8] 丁建清，付卫东，1996. 生物防治—利用生物多样性保护生物多样性[J]. 生物多样性，4(4)：222-227.

[9] 范靖宇，原雪姣，杨琢，等. 2019. 黑肩绿盲蝽和中华淡翅盲蝽的适宜生态空间和潜在分布分析[J]. 植物保护学报，46(1)：159-166.

[10] 傅子碧，卓文禧，1980. 黑肩绿盲蝽的特性及其保护与利用[J]. 福建农业科技，3：8-10+5.

[11] 戈峰，欧阳芳，赵紫华，2014. 基于服务功能的昆虫生态调控理论[J]. 应用昆虫学报，51(03)：597-605.

[12] 古德祥，林一中，周汉辉，1985. 青翅蚁形隐翅虫在稻田捕食性天敌中的地位与作用[J] . 中国生物防治，5(1)：13-15.

[13] 韩宇，2015. 转Bt基因抗虫水稻对褐飞虱主要天敌的潜在风险评价[D]. 华中农业大学.

[14] 黒佐和義，1958. アオバアリガタハネカクシの生活史に関する研究:有毒甲虫の研究，III[J] . 衛生動物，9(4)：245-276.

[15] 江永成，舒章明，1985. 稻红瓢虫的食性及其分类学地位[J]. 昆虫学报，28(1)：115-117.

[16] 江永成，1995. 稻红瓢虫的生物学特性及其保护利用[J]. 昆虫知识，2：114-115.

[17] 蒋显斌，黄芊，凌炎，等. 2016. 利用黑肩绿盲蝽兼性取食特性评价转基因水稻生态风险[J]. 中国生物防治学报，32(3)：311-317.

[18] 蒋雪飞，李琴，廖云贞，等. 2008. 重庆旱灾致一起隐翅虫皮炎暴发调查[J]. 现代预防医学，35(4)：619-620.

[19] 李意成，2015. 龙吉稻田节肢动物群落多样性[D]. 海南大学.

[20] 李永刚，周尚乾，何可佳，2005. 单季稻田捕食性天敌的群落组成及两种杀虫剂对其多样性的影响[J]. 湖南农业科学，4：43-45.

[21] 梁朝巍, 2011. 江西省有机稻米生产基地天敌昆虫资源调查. 山东农业科学, (9)：94-98.

[22] 林一中，古德祥，1988. 几种常用农药对青翅蚁形隐翅虫的影响[J]. 昆虫天敌，1：6-8.

[23] 刘昌利，余茂耘，赵群，等. 2004. 梭毒隐翅虫生物学特性与隐翅虫皮炎的观察研究[J]. 中国林副

特产，5(5)：24-26.

[24] 刘陈，2017. 食物和杀虫剂对黑肩绿盲蝽生长、发育和生殖的影响[D]. 扬州大学.

[25] 刘文海，2009. 稻田捕食性节肢动物食物网的构建[J]. 湘潭师范学院学报(自然科学版)，31(1)：56-59.

[26] 刘雨芳，2017. 基于WOS与CSCD文献计量的中国昆虫学研究透视(2011—2016) [J]. 应用昆虫学报，54(6)：898-908.

[27] 刘雨芳，杨荷，阳菲，等. 2019. 生境异质性与生物多样性关系研究态势分析[J]. 华中昆虫研究，15：260-268

[28] 刘雨芳，杨荷，阳菲，等. 2019a. 生境异质度对稻田捕食性天敌及水稻害虫的生态调节有效性[J]. 昆虫学报，62(7)：857-867.

[29] 刘雨芳，赵文华，阳菲，等. 2020. 基于CNKI分析的我国农田捕食性昆虫资源与应用[J]. 应用昆虫学报，57(1)：70-79.

[30] 刘雨芳，2019. 中国稻田昆虫群落多样性及生态调控功能研究进展[J]. 应用昆虫学报，56(2)：183-194.

[31] 刘雨芳，2000. 稻田节肢动物群落结构研究[D].中山大学.

[32] 娄永根，程家安，庞保平，等. 1999. 增强稻田天敌作用的途径探讨[J]. 浙江农业学报，6：3-5.

[33] 陆炜炜，2017. 亚致死浓度杀虫剂对黑肩绿盲蝽生殖的影响[D]. 扬州大学.

[34] 罗肖南，卓文禧，王逸民，1990. 青翅蚁形隐翅虫的研究[J]. 昆虫知识，2：77-79.

[35] 罗肖南，卓文禧，1986. 福建水稻白背飞虱生活史及在杂草寄主上的特性. 植物保护学报，13(1)：9-16

[36] 倪洪波，李爱兵，汪平安，等. 2008. 荆州职院毒隐翅虫皮炎 1106 例流行病学资料分析[J] . 中国皮肤性病学杂志，22(1)：28-29.

[37] 欧阳芳，吕飞，门兴元，等. 2015. 中国农业昆虫生态调节服务价值估算[J]. 生态学报，35(12)：4000-4006.

[38] 欧阳革成，杨悦屏，刘德广，等. 2006. 荔枝—旋扭山绿豆复合种植系统对荔枝害虫的生态调控作用[J]. 应用生态学报，1：151-154.

[39] 齐月，李俊生，闫冰，等. 2016. 化学除草剂对农田生态系统野生植物多样性的影响[J]. 生物多样性，24(2)：228-236.

[40] 任炳忠，李典忠，杨彦龙，等. 2001. 吉林省农林天敌昆虫区系及多样性的研究(Ⅰ)[J]. 吉林农业大学学报，23(4)：28-36.

[41] 沈斌斌，徐宇斌，邹一平，2005. 青翅蚁形隐翅虫对稻纵卷叶螟和白背飞虱的捕食作用[J]. 华东昆虫学报，4：320-324.

[42] 沈定荣，沈晓融，1995. 贵州毒隐翅虫皮炎流行的调查[J] . 中华皮肤科杂志，28 (2)：107-108.

[43] 宋慧英，1985. 稻田害虫捕食性天敌昆虫资源[J]. 湖南农学院学报，1：33-41.

[44] 唐耀华，陈洋，何佳春，等. 2014. 黑肩绿盲蝽对不同虫态褐飞虱的捕食量及捕食选择性[C]. 2014年中国植物保护学会学术年会论文集. 中国植物保护学会，480.

[45] 万方浩，陈常铭，1986. 综防区和化防区稻田害虫—天敌群落组成及多样性研究[J]. 生态学报，6(2)：159-170.

[46] 王进闯，潘开文，吴宁，等. 2005. 花椒农林复合生态系统的简化对某些相关因子的影响[J]. 应用与环境生物学报，1：36-39.

[47] 王向阳，邹运鼎，孟庆雷，等. 2005. 两种除草剂对棉田节肢动物群落多样性指数的影响[J]. 应用

生态学报，3：514-518.
[48] 王智，李文健，颜亨梅，等. 2002. 不同类型防治田蜘蛛群落物种组成及优势类群演替[J]. 中国农学通报，8(1)：10-41.
[49] 吴海波，2009. 水稻石榴邻作系统昆虫群落多样性及其季节性动态研究[D]. 云南农业大学.
[50] 吴利勤，2012. 不同温度和密度下黑肩绿盲蝽对褐飞虱的功能反应[J]. 现代农业科技，5：186-187.
[51] 吴启佳，崔旭红，张国安，等. 2016. Bt水稻对青翅蚁形隐翅虫和非靶标害虫种群动态的影响[J]. 湖北大学学报(自然科学版)，38(5)：445-448+460.
[52] 羊绍武，张晓明，郭海业，等. 2019. 多年生水稻田主要害虫、天敌消长规律及时间生态位分析[J]. 应用昆虫学报，56(6)：1370-1381.
[53] 阳菲，杨荷，赵文华，等. 2020. 有机肥对稻田节肢动物群落的影响及其Top-down 效应[J]. 应用昆虫学报，571：153-165.
[54] 杨艳，2018. 中国主要作物田节肢动物数据库的构建与试用[D]. 中国农业科学院.
[55] 尤其儆，1986. 略谈昆虫群落的生态结构及其功能[J]. 广西科学院学报，2：58-61.
[56] 张傲雪，2019. 绿色防控技术对稻飞虱和天敌的影响及亚致死剂量吡蚜酮对黑肩绿盲蝽的评价[D]. 扬州大学.
[57] 张建民，李传仁，朱小义，2008. 青翅蚁形隐翅虫研究进展[J]. 长江大学学报(自然科学版)农学卷，5(04)：10-13.
[58] 张建民，张长青，王辉，等. 2006. 青翅蚁形隐翅虫对菜粉蝶卵的捕食作用[J]. 长江大学学报(自科版)农学卷，3(1)：113-115+4.
[59] 张寿英，2020. 浅谈卓尼县生物农药的应用前景[J]. 农业开发与装备，7：93.
[60] 章士美，江永成，薛芳森，1982. 稻红瓢虫研究[J]. 昆虫天敌，4(3)：28-31.
[61] 郑发科，1989. 毒隐翅虫概论[M]. 成都:四川大学出版社，41-42.
[62] 钟玉琪，廖晓兰，侯茂林，2020. 基于自然寄主的黑肩绿盲蝽大规模饲养技术[J/OL]. 中国生物防治学报：1-9. [2020-08-08]. https://doi. org/10. 16409/j. cnki. 2095-039x. 2020. 06. 003.
[63] 周传波，陈安福，1981. 黑肩绿盲蝽捕食大螟卵[J]. 昆虫天敌，4：25.
[64] 周霞，谢翔，谭燕华，等. 2020. 三亚南繁区稻田捕食性天敌研究[J/OL]. 热带作物学报：1-7. [2020-08-08]. http://kns. cnki. net/kcms/detail/46. 1019. s. 20191213. 1011. 004. html.
[65] 朱明华，1989. 黑肩绿盲蝽的迁飞观察[J]. 昆虫知识，6：350-353.
[66] Davis A S, Hill J D, Chase C A, *et al*. 2012. Increasing cropping system diversity balances productivity, profitability and environmental health[J]. PLoS one, 7(10)：e47149.
[67] Devi P K, Yadav D N, Anand J H A, 2003. Predatory behaviour and feeding potential of *Paederus fuscipes*[J]. Indian Journal of Entomology, 65(3)：319-323.
[68] Haynes K F, 1988. Sublethal effects of neurotoxic insecticides on insect behavior. [J]. Annual review of entomology, 33：149-155.
[69] Henry T J, 2012. Revision of the plant bug genus tytthus (hemiptera, heteroptera, miridae, phylinae) [J]. ZooKeys, (220)：1-114.
[70] Hua L Z, 2002. List of Chinese Insects Vol. Ⅱ[M]. Guangzhou: Zhongshan (Sun Yat-zen) University Press, 57.
[71] Lou Y G, Zhang G R, Zhang W Q, *et al*. 2014. Biological control of rice insect pests in China. Biological Control, 68(1)：103-116.
[72] Rajendran T P, Singh D, 2016. Insects and Pests//Omkar(ed.). Ecofriendly Pest Management for Food

Security[M]. Elsevier:Academic Press. 1-24.

[73] Rattanapun W, 2012. Biology and potentiality in biological control of *Micraspis discolor* (Fabricius) (Coleoptera:Coccinellidae)[J]. Commun Agricurture Applied Biological Science, 77(4)：541-8.

[74] Shanker C, Mohan M, Sampath M, *et al.* 2013. Functional significance of *Micraspis discolor* (F.) (Coccinellidae:Coleoptera) in rice ecosystem[J]. Journal of Applied Entomology, 137(8)： 601–609.

[75] Yang Y J, Liu K, Han H L, *et al.* 2016. Impacts of nitrogen fertilizer on major insect pests and their predators in transgenic Bt rice lines T2A-1 and T1C-19[J]. Entomologia Experimentalis et Applicata, 160(3)：281-291.

[76] Young B G, Gibson D J, Gage K L, *et al.* 2013. Agricultural weeds in glyphosate-resistant cropping systems in the United States[J]. Weed Science, 61(1)：85–97.

[77] Zhang J, Zheng X, Jian H, *et al.* 2013. Arthropod biodiversity and community structures of organic rice ecosystems in Guangdong province, China[J]. Florida Entomologist, 96(1)：1-9.

介体昆虫黑尾叶蝉的发生与防治分析*

赵文华**，阳　菲，谢美琦，刘雨芳***

（湖南科技大学生命科学学院，湘潭 411100）

摘　要： 黑尾叶蝉（*Nephotettix cincticeps*）主要以刺吸植物汁液、传播植物病原物的方式造成危害，是农、林、牧业生产经济作物上的常见害虫。本文概述了黑尾叶蝉的生物学特性、作为介体昆虫传播病毒、种群大发生及其传毒力影响因素、防治方法与抗性基因研究，并对防治黑尾叶蝉提出防治对策。

关键词： 黑尾叶蝉；介体昆虫；发生；防治

Research progress on the occurrence and control of black-tailed leafhopper, *Nephotettix cincticeps*

Zhao Wenhua, Yang Fei, Xie Meiqi, Liu Yufang*

（College of Life Sciences，Hunan University of Science and Technology, Xiangtan, 411100）

Abstract: *Nephotettix cincticeps* mainly causes damage by sucking plant sap and spreading plant pathogens. It is a common pest in crops in agriculture, forestry and animal husbandry. This paper reviewed the researches of *N. cincticeps* such as the biological characteristics, the transmission of virus as an insect vector, the influencing factors of population occurrence and virulence, the control methods and its resistance genes. The control strategy of *N. cincticeps* was discussed.

Key words: *Nephotettix cincticeps*; insect vector; occurrence; control

---

*　基金项目：国家重点研发计划（2017YFD0200400）

**　第一作者：赵文华，女，硕士生从事农业昆虫学与生物安全评价研究。E-mail：1458099491@qq.com

***　通讯作者：刘雨芳，E-mail：yfliu2011@126.com

水稻（*Oryza sativa*）是我国主要粮食作物之一，种植面积约为4.45亿亩，约占国内粮食总产量的50%。由于种植面积大，水稻成为虫害最多的作物之一（朱英国，2011；蒋德春等，2012；朱克明等，2017），如飞虱、叶蝉、稻象甲（*Echinocnemus squameus*）等，威胁着水稻的正常生长、发育（Verma et al.，2016）。黑尾叶蝉（*Nephotettix cincticeps*）为水稻重要害虫之一，其危害威胁着整个水稻生长期，而黑尾叶蝉也传播水稻普通矮缩病（Rice dwarf virus，RDV）、黄萎病 （Rice yellow dwarf virus, RYDV）和黄矮病（Rice yellow Stunt virus, RYSV）的介体昆虫（刘芹轩和张桂芬，1983；林奇英等，1985；顾永林，2012），这些病毒目前仍无特效药剂可用。因此，控制田间介体昆虫成为控制植物病毒致害的关键措施（蒋德春等，2012；闫凤鸣，2020。）本文以介体昆虫黑尾叶蝉为对象，综述其生物学、发生特征、防治方法，为控制黑尾叶蝉爆发成灾、减少其传播水稻病毒病等提供参考。

1　黑尾叶蝉的生物学特性

黑尾叶蝉属半翅目叶蝉科（Hemiptera: Cicadellidae），在我国华东、西南、华中、华南、华北以及西北、东北部分省均有分布，其中以浙江、江西、湖南、安徽、江苏、上海、福建、湖北、四川、贵州等省发生较多。寄主植物主要有水稻、草坪禾草、大麦、小麦，也取食甘蔗、玉米、高粱、茭白、稗、游草、看麦娘、白茅、狼尾草等，通过取食和产卵时刺伤寄主茎叶，破坏输导组织，致植株发黄或枯死（王茂华，2014）。

黑尾叶蝉在江、浙一带一年可发生5~6代。卵长茄形，长约1~1.2mm，多产于叶鞘边缘内侧，少数产于叶片中肋内。卵粒单行排列成卵块，每卵块一般有卵11~20粒，最多可达30粒（陈增敏，1980；1980a；王茂华，2014）。若虫共5龄，体长3.5~4mm（戴仁怀等，2011；王茂华，2014）。性活泼，善跳，一般在早晨孵化，初孵若虫喜群集在寄主叶片上，随着龄期增长，逐渐分散为害植株。早晚潜伏，午间比较活跃（蔡平和何俊华，1999）。黑尾叶蝉主要以若虫和少量成虫在绿肥田、冬种作物地、休闲板田、田边、沟边、塘边等杂草上越冬（王茂华，2014）。越冬若虫多在4月羽化为成虫，迁入稻田或茭白田为害，少雨年份易大发生（罗绍怀等，1982；王茂华，2014）。成虫喜聚在矮生植物上，善跳。趋光性强，若虫喜栖息在植株下部或叶片背面取食，有群集性，3~4龄若虫尤其活跃。

2　黑尾叶蝉的传毒能力研究

黑尾叶蝉不仅是水稻普通矮缩病RDV、水稻黄萎病RYD和水稻黄矮病RYSV的介体生物，使得水稻生产、产量严重受损（林奇英等，1985；阮义理等，1985），而且也是水稻瘤矮病（Rice gall war vius, RGDV）、水稻簇矮病（Rice bunchy stunt virus, RBSV）与水稻类普矮病（Rice dwarf-like virus, RDLV）的主要传播介体昆虫（曹杨等，2010）。黑尾叶蝉对RDV的传毒方式为循回增殖型，该病毒在黑尾叶蝉体内复制，终生传毒，并可通过卵传毒给下一代（Zhu et al.，2005；Zhou et al.，2007）。黑尾叶蝉感染RDV的最短时间为1 min，可经卵传至第7代（曹杨等，2010）；或经过15天左右的循回期后，其最短传毒时间为3 min。其雌虫传毒能力较强且可遗传（林文华，2006；倪林等，2008）。水稻植株受水稻矮缩病毒侵染后，稻株矮缩、分蘖增多、叶色浓绿，幼叶和叶鞘上有透明黄白色虚线状条斑。苗期发病分蘖减少，且不能抽穗；孕穗后发病多出现包颈穗，穗小，空瘪粒多，结实率不高；后期发病，植株矮缩，变成“包颈穗”或“半包穗”，穗小瘪谷多（秦文胜等，1992；顾永林，2012）。

黑尾叶蝉传播的水稻黄矮病（RYSV），也被称为水稻黄叶病或水稻暂黄病（Rice transitory yellowing virus, RTYV）（高东明和秦文胜，1993），黑尾叶蝉获毒经过循回期后，可终身传毒，但不经卵传播（曹杨等，2010）。黑尾叶蝉若虫带RTYV毒越冬后为早稻的最初主要侵染源，晚稻的侵染源来自早稻上发生并获毒的第2、第3代虫，故一般7月中旬至8月初为该病传播高峰期（陈贵善，2007），应及时采取防控措施。水稻植株受RYSV侵染后，植株矮缩、株形变得松散、病叶平展或下垂，前期叶片黄色杂有碎绿斑块，后期全叶枯黄卷缩；病株根系老朽短少；苗期感病植株严重矮缩，不分蘖枯死；分蘖期感病分蘖减少，结实不良（秦文胜等，1992；顾永林，2012），严重影响水稻产量。

黑尾叶蝉获得RGDV后可卵传，因此雌虫传毒能力高于雄虫；携带RBSV病毒的黑尾叶蝉经循回期后可终身传毒，但不能经卵传播（谢联辉和林奇英, 1983; 谢联辉等, 1996）。黑尾叶蝉吸食水稻5 min即可获毒RDLV，吸汁12 h 以上可全部获毒，经获毒后则终身传毒，但不经卵传播（曹杨等，2010）。

3　黑尾叶蝉种群发生的影响因素

影响黑尾叶蝉种群大发生的因素有许多，如气候状况、耕作模式和种植品种等都可影响黑尾叶蝉的种群发生（秦文胜等，1992）。

3.1　气候条件的影响

黑尾叶蝉种群的发生及经该虫传播的水稻病害的发生与气候条件密切相关。当冬春长期寒冷、降雨量多时，黑尾叶蝉越冬死亡率高，同时寄生于叶蝉体内的矮缩病病原增殖慢，如连续低温，还会损失致病能力，可预期来年叶蝉的种群发生可能较轻。反之，冬季少严寒霜冻，春季气温偏高，降雨量较少，不仅有利黑尾叶蝉安全越冬、羽化，而且有利于寄生在黑尾叶蝉体内的矮缩病病源的增殖，则预期可能为黑尾叶蝉的大发生提供了条件基础。同时，如果夏秋高温干旱，也有利于黑尾叶蝉的大发生（陈增敏，1980；阮义理等，1985）。因此，应该根据气候条件，密切关注田间黑尾叶蝉的种群密度与动态，及时发现并控制病虫害的发生。

3.2 耕作模式、水肥管理、水稻种植品种的影响

目前，水稻耕作系统的耕种模式多种多样。既有早-晚稻双季连种模式，也有单季种植模式（含一季中稻模式或一季晚稻模式），在同一个生产片区，可能以上模式混合存在，可能还存在冬季作物套种模式。研究表明，麦稻两熟、单双季混栽农田，易导致黑尾叶蝉的大爆发；连作稻区也易引起黑尾叶蝉种群爆发；而单季种植稻区黑尾叶蝉种群发生最轻（阮义理等，1985；王茂华，2014；冯成玉和陆晓峰，2014）。因此在水稻种植区，应尽量避开单、双季混种耕作模式。

水稻早栽、密植、肥多，从而稻株生长嫩绿、稻叶繁茂郁闭，小气候湿度增大，有利于黑尾叶蝉的发育繁殖（王茂华，2014）。生产上建议合理控制株距与种植密度、适量施肥，减轻黑尾叶蝉的种群发生。

水稻品种特性也是影响黑尾叶蝉种群发生的重要因素。一般糯稻上黑尾叶蝉的发生，重于粳稻，粳稻又重于籼稻。同一品种，则晚稻比早稻易遭黑尾叶蝉为害，且晚稻的幼苗期至分蘖期极易感病。低抗黑尾叶蝉的品种比高抗品种容易引起黑尾叶蝉的在发生（刘芹轩和张桂芬，1983；阮义理等，1985）。因此在水稻生产上，建议尽量种植抗性品种，关注易引起黑尾叶蝉种群发生的耕作条件与特点，及时做好田间种群动态分析等预测预报工作。

4 黑尾叶蝉的综合防治

除20世纪80年代采用的滴油扫落、换水深灌、压低孵化率减轻黑尾叶蝉危害的传统防治方法（刘芹轩和张桂芬，1983）外，防治黑尾叶蝉的重要方法归纳起来主要有，化学防治、行为诱导防控法和利用有害生物综合治理策略（integrated pest management，IPM）等。

施用化学药剂防治黑尾叶蝉见效快且明显，对降低田间害虫密度有明显作用（刘芹轩和张桂芬，1983；陈增敏，1980），因此化学防治法依然是防治黑尾叶蝉种群及其引起的水稻病毒病的重要手段与方法。有大量在田间施用化学药剂防治黑尾叶蝉的研究报道。如若虫3龄前常用的药剂有50%叶蝉散乳油、90%晶体敌百虫、50%杀螟硫磷乳油、50%混灭威乳油、25%杀虫双水剂、10%氯噻啉可湿性粉剂等（蔡平和何俊华，1999；陆阿华和金建国，2012；曹雅芸和陶献国，2018）；在成虫盛发期常用25%噻嗪酮可湿性粉剂1000~1500倍液，2.5%三氟氯氰菊酯乳油5000倍液等喷雾防治（冯渊博等，2011；冯成玉和陆晓峰，2014）。也可利用生物代谢产物以及仿生合成的低毒高效农药制剂来控制病虫害（张进富和李正喜，2019）。

行为诱导防控法原理是利用黑尾叶蝉等害虫对光线、颜色等表现出较强趋向性的特点，以及对某类化学物质具有特殊趋性等特点，对害虫实施引诱后集中杀死的防控技术，如太阳能杀虫灯在水稻等多种作物的病虫害防治中均可推广，有效防控面积平

均为 667 m^2/台，但其缺点是同样可能会引诱天敌昆虫。利用性诱剂（指对成熟个体具有一定引诱作用的化学物质，常见的有性信息素以及作用类似的其他物质）制成生物诱捕器诱集害虫等的应用，则具有无污染、针对性强等优点。

IPM策略不但强调方法和技术的组合及协调，也致力于维护农业环境资源的可持续性和再生性。以达到降低防治成本、提高效益、保护并改善环境资源的目的（金道超，1997），是现代农业生产过程中可结合虫害情况、环境保护与生境调节，利用生物活体农药等多种防控方法共施的策略以达到最佳防治效果。稻田生态系统中存在着丰富的天敌资源（刘雨芳，2017; 刘雨芳等，2019；2020），为利用生物活体农药控制黑尾叶蝉等害虫的技术应用提供了物质条件（阳菲等，2020）。在田埂上种植大豆与花生等作物（刘雨芳等，2019a）或留草，创造利于天敌繁衍、栖息的生态环境；在田埂上种植显花植物，如波斯菊、芝麻、大豆等，以保护天敌寄生蜂、捕食性天敌黑肩绿盲蝽等，可提高天敌控制虫害的效果（陈增敏，1980）。

防治黑尾叶蝉种群的生物天敌主要有捕食性天敌与寄生性天敌。捕食性天敌主要有多种稻田蜘蛛、瓢虫、宽黾蝽、隐翅虫、步甲、猎蝽等（杨晓红，2010；刘雨芳等，2019a）。鸭子也可捕食叶蝉、飞虱及其他害虫，刺激水稻健壮生长，研究的稻鸭共育技术，可有效减轻水稻的病虫草害的危害（张进富和李正喜，2019；韦晖，2020）。稻田寄生性天敌资源也非常丰富，如卵寄生蜂有褐腰赤眼蜂（*Paracentrobia andoi*）、黑尾叶蝉缨小蜂（*Lymaenon sp.*）和黑尾叶蝉大角啮小蜂（*Ootetrastichus sp.*）等，其中以褐腰赤眼蜂为主，寄生率较高（张进富和李正喜，2019）。

5　抗黑尾叶蝉相关基因研究

水稻黑尾叶蝉抗性基因已发现13种，分别为Glh-l m、Glh- 2、Glh- 3、Glh-4、Glh-5、Glh- 6、a h -7、Grh-l、Grh- 2、Grh-3、G r h-4、Grh-5li1和Grh-6（Ram et al.，2010；Tong et al.，2012；朱克明，2017）。其中GRH2和GRH4可激活各种防御反应（Takayuki et al.，2015），若同时存在GRH2和GRH4，植物可以快速识别入侵并激活各种防御相关基因。最终，这些植物不仅显示出强大的抗性，而且还可阻止有毒生物型的出现（Tamura et al.，2014）。Grh-l 定位于水稻第5 号染色体上，Grh-2定位在第11号染色体上，但二者尚未被成功克隆，且均对日本的稻黑尾叶蝉生物型1、表现抗性，对生物型3 表现敏感（对其他生物型抗性未知）（周雪平等，2012）。Grh-3定位于第6号染色体，同样未被分离克隆。Grh-4同样拥有稻黑尾叶蝉抗性，与Grh-2互补定位在11号染色体上，这2个基因均具有高水平的抗性（Li et.al.，2004）。Fujita等发现抗水稻黑尾叶蝉的基因Grh-5，并将其定位在第8 染色体长臂上2 个标记 RM1615和 RM6845之间（刘志岩，2002）。而Grh-6、Gl-l、Gl-2也未被分离克隆（谭光轩，2003）。此外，Gl-3定位在第7 号染色体上，Gl-6则定位在第5号染色体上（Fujita et al.，2003;

2004；朱克明，2017）。

近几年研究发现，抗性（R）基因在植物抗病性中发挥重要作用。植物抗病性可以通过R蛋白识别特定的病原体效应子来触发。R基因在植物防御系统中起着核心作用。迄今为止，仅克隆出3个昆虫R基因，而从许多植物物种中克隆了许多赋予对病原体抗性的R基因（Tamura et al., 2014）。但是目前R基因介导的针对叶蝉的防御机制知之甚少，有待进一步的研究。

6 展望

黑尾叶蝉作为传毒媒介昆虫可以通过多种方式如交配传播、经卵传播或者是通过精子传播等方式将病毒在种之间进行传播。这些传播方式为病毒的大面积流行奠定了非常重要的基础，具有重大的现实意义。虽近年来黑尾叶蝉的发生规律和防治技术的研究有了很大进展，但是相对农业生产的需求而言，研究工作还是明显滞后。研究不足的主要问题表现在，目前对病毒引起的病并没有特效药剂可应用于大田防治；种群消长和危害损失研究尚不够全面系统；影响害虫种群消长各生物因子的作用尚无深入研究，尤其是在其天敌的控制作用方面目前尚无定量化的评价；黑尾叶蝉种群数量对栽培制度和气候变化的响应规律和机制有待明确；长期频繁使用化学农药、不合理用药导致其抗药性增强，但是抗药性监测工作开展不够。加强监测预警实现虫害爆发前及早发现和应急防治技术的研究是解决此类问题的关键。

参考文献

[1] 蔡平，何俊华, 1999. 中国叶蝉天敌种类及其应用概况(综述)[J].安徽农业大学学报1：3-5.

[2] 曹雅芸，陶献国,2018.水稻黑尾叶蝉防治药剂筛选试验初报[J].江西农业，4：26.

[3] 曹杨,高必达,李有志,2010.水稻病毒介体昆虫及其传毒能力研究进展[C].华中昆虫研究，6：14-22.

[4] 陈贵善,2007.水稻黄矮病、纹枯病的防治[J].农家顾问，4：34-35.

[5] 陈增敏,1980.大青叶蝉的初步研究(上)[J].河南农林科技，5：20-22.

[6] 陈增敏,1980.大青叶蝉的初步研究(下)[J].河南农林科技，6：18-19.

[7] 戴仁怀，倪林，张伟,2011.黑尾叶蝉几种感器的电镜扫描观察[J].西南农业学报，3：1163-1166.

[8] 冯成玉，陆晓峰, 2014.水稻穗期叶蝉发生情况与药剂防治试验[J].农业工程， 4(03)：145~146+166.

[9] 冯渊博，郭鹏飞，付小军，等. 2011.大青叶蝉发生特点与无公害防治[J].西北园艺(果树)，1：34.

[10] 高东明,秦文胜,1993.中国大陆水稻黄矮病与台湾省水稻暂黄病的血清学鉴定[J].中国病毒学, 2：177-180.

[11] 顾永林,2012.水稻矮缩病的研究[J].农业灾害研究，2(1)：1-5.

[12] 蒋德春，杨洪，金道超, 2012.水稻矮缩病媒介昆虫及其传毒机制的研究进展[J].贵州农业科学，40(5)：73-77.

[13] 金道超, 1997.农业害虫持续防治策略—IPM的现状与前景[J].贵州农业科学, S1：67-70.

[14] 林奇英，谢联辉，谢莉妍, 1985.水稻黄萎病的发生及其防治[J].福建农业科技，4：12-13.

[15] 林文华, 2006.水稻普矮病的发生与防治[J].福建农业, 5：24.
[16] 刘芹轩，张桂芬,1983.黑尾叶蝉的发生与防治[J].河南农林科技，5：13-15，19.
[17] 刘雨芳，2017. 基于WOS与CSCD文献计量的中国昆虫学研究透视(2011—2016) [J]. 应用昆虫学报, 54(6)：898-908.
[18] 刘雨芳，杨荷，阳菲，等. 2019. 生境异质性与生物多样性关系研究态势分析[J]. 华中昆虫研究，15：260-268
[19] 刘雨芳,杨荷,阳菲,等. 2019a.生境异质度对稻田捕食性天敌及水稻害虫的生态调节有效性[J].昆虫学报, 62(07)：857-867.
[20] 刘雨芳，赵文华，阳菲，等.2020. 基于CNKI分析的我国农田捕食性昆虫资源与应用[J]. 应用昆虫学报, 57(01)：70-79.
[21] 刘志岩，刘光杰，寒川一成，等.2002.水稻抗白背飞虱基因 Wbph2 的 初步定位［J］. 中国水稻科学，16(4)：311-314.
[22] 陆阿华,金建国,2012. 不同杀虫剂防治水稻黑尾叶蝉田间药效试验[J].上海农业科技, 1：118.
[23] 罗绍怀，秦廷奎，廖启荣，等. 1982.黑尾叶蝉生物学特性饲养观察初报[J].贵州农业科学，5：18-20.
[24] 倪林，戴仁怀，蒋晓红,2008.水稻病毒病及其传毒介体黑尾叶蝉的比较研究[C].植物保护科技创新与发展—中国植物保护学会2008年学术年会论文集，117-120.
[25] 秦文胜，高东明，李爱民，等. 1992.水稻黄矮病的研究概况及最新进展[J].植物保护， 4：33-34
[26] 阮义理,陈声祥,金登迪,1985.传播水稻病毒病的介体黑尾叶蝉发生动态及化学防治[J].昆虫知识, 2：54-57.
[27] 谭光轩, 2003.药用野生稻重要基因的转移与定位［D］.武汉：武汉大学，82－97
[28] 王茂华, 2014.水稻害虫黑尾叶蝉的识别与防治[J].农业灾害研究，4(04)：45-48.
[29] 韦晖,2020.水稻病虫害发生特点及绿色防控技术[J].乡村科技，10：90~91.
[30] 谢联辉,林奇英,1983.水稻簇矮病的研究Ⅲ.病毒的体外抗性及其在寄主体内的分布[J].植物病理学报,3：15-19.
[31] 谢联辉,林奇英,谢莉妍,等.1996.水稻簇矮病毒：植物呼肠孤病毒属的一个新成员[J].福建农业大学学报, 3：63-70.
[32] 闫凤鸣,2020.植物病原-媒介昆虫互作：研究进展与展望[J].昆虫学报, 63(2)：123-130.
[33] 阳菲，杨荷，赵文华，等.2020. 有机肥对稻田节肢动物群落的影响及其Top-down 效应[J]. 应用昆虫学报,571：153-165.
[34] 杨晓红,2010.水稻主要病虫害及其防治技术探讨[J].中国新技术新产品，16：226.
[35] 张进富，李正喜,2019.水稻病虫害发生特点及绿色防控技术[J].现代农业科技，13：101-102.
[36] 周雪平,张杰,黄昌军, 等. 2014. 植物抗病虫功能基因组学学科发展研究[C].2012-2013植物保护学学科发展报告，63-89+195.
[37] 朱克明，陶慧敏，徐硕,2017.水稻抗虫害相关基因的研究进展[J].江苏农业科学， 45(20)：1-5.
[38] 朱英国,2011.浅谈水稻事业与国家粮食安全［J］.中国乡镇企业7：41-43.
[39] Fujita D D K, Yoshimura A, *et al.* 2003. Molecular mapping of a novel gene, Grh5, conferring resistance to green rice leafhopper (*Nephotettix cincticeps* Uhler) in rice, *Oryza sativa* L.［J］. Rice Genetics Newsletter, 20:79-81.
[40] Fujita D D K, Yoshimura A, *et al.* 2004. Introgression of a resistance gene for green rice leafhopper from *Oryza nivara* into cultivated rice, *Oryza sativa* L.［J］. Rice Genetics Newsletter, 21:64-66.

[41] Li X M, Zhai H Q, Wan J M, *et al*. 2004. Mapping of a new gene Wbph6(t) resistant to the whitebacked planthopper, *Sogatella furcifera*, in rice[J]. Rice Science, 11(3): 86-90.

[42] Ram T D R, Gautam S K, Ramesh K, *et al*. 2010. Identification of new genes for brown planthopper resistance in rice introgressed from *O. glaberrima* and *O.* minuta[J]. Rice Genetics Newsletter, 25: 67-68.

[43] Takayuki Asano,Yasumori Tamura,Hiroe Yasui,Kouji Satoh,Makoto Hattori,Hideshi Yasui,Shoshi Kikuchi. The rice GRH2 and GRH4 activate various defense responses to the green rice leafhopper and confer strong insect resistance[J]. Takayuki Asano;Yasumori Tamura;Hiroe Yasui;Kouji Satoh;Makoto Hattori;Hideshi Yasui;Shoshi Kikuchi,2015,32(3).

[44] Tamura Y, Hattori M, Yoshioka H, et al. 2014. Map-based cloning and characterization of a brown planthopper resistance gene BPH26 from Oryza sativa L. ssp. indica cultivar ADR52. Science Report, 4: 58-72.

[45] Tong X, Qi J, Zhu X, *et al*. 2012. The rice hydroperoxide lyase OsHPL3 functions in defense responses by modulating the oxylipin pathway[J]. The Plant Journal, 71(5): 763-775.

[46] Verma V, Ravindran P, Kumar P P, 2016. Plant hormone-mediated regulation of stress responses[J]. BMC Plant Biology,2016,16(1)： 86.

[47] Zhou F, Wu G, Deng W, *et al*. 2007. Interaction of rice dwarf virus outer capsid P8 protein with rice glycolate oxidase mediates relocalization of P8[J]. FEBS letters, 581(1):34-40.

[48] Zhu S, Gao F, Cao X, *et al*. 2005. The rice dwarf virus P2 protein interacts with ent-kaurene oxidases in vivo, leading to reduced biosynthesis of gibberellins and rice dwarf symptoms[J]. Plant physiology, 139(4):1935-1945.

叩甲科雌性内生殖系统及其形态分类学研究现状*

丁佳慧[1**]　江世宏[2]　刘　珍[1***]

（湖南文理学院生命与环境科学学院，常德市 415000；
深圳职业技术学院应用化学与生物技术学院，广东省深圳市 518055）

摘　要：叩甲科是鞘翅目最大的科之一，其幼虫“金针虫”常作为重要的地下害虫，给农业生产带来重大损失。该类群的分类学研究近年来得到迅速发展，描述了大量种类，但仍存在族级阶元不明晰、种间变异不明显等问题，过去过度依赖外部形态特征及雄性外生殖器的研究不能充分阐明相关类群的系统发育关系，而雌性内生殖器官，特别是交配囊结构的研究，虽研究较少，但能给这个问题带来希望。该篇综述对该类群的分类历史、雌性内生殖系统的研究历史、重要作用、解剖方法以及形态结构进行了总结，以期为更好地利用雌性内生殖系统特征阐明该类群的系统发育关系。

关键词：叩甲科；雌性生殖系统；交配囊；

A Review on Taxonomic Study on Female Internal Reproductory System of Elateridae

Ding jiahui[1**], Jiang shihong[2], Liu zhen[1***]

1. College of life and environmental sciences, Hunan University of Arts and Science, Changde, 415000;

2. *School of Applied Chemistry and Biological Technology, Postdoctoral Innovation Practice Base, She nzhen Polytechnic, Shenzhen, 518055*）

Abstract: The family Elateridae is one of the most largest families in order Coleoptera. The larvae “wire worn” of many species bring great losses to agriculture as important soil pest. Recently, taxonomic study of this group increasing dramatically, however, ralationships among tribes remain obscure and variations between species are very limited. In the past, researchers paid two much

*　基金项目：湖南自然科学基金资助项目（2020JJ5392）；国家自然科学基金资助项目（31772511）

**　第一作者：丁佳慧；E-mail: 2640751029@qq.com

***　通讯作者：刘珍；E-mail: anglezhen@huas.edu.cn

attention on characters of the body and male genitalia, ignoring the characters of female internal reproductary system, especially bursa copulatrix, which probably could solve the problems above. Main research topics include the taxonomic history of the family Elateridae, main characters on taxonomy, the taxonomic history of female internal reproductary system, the importance of applying the characters of female internal reproductary system, the anatomy methods, and its structure.

Key words: Elateridae；Female internal reproductory system；Bursa copulatrix

叩甲科Elateridae隶属于昆虫纲Insecta鞘翅目Coleptera，因“叩头”行为而得名，其幼虫“金针虫”是农林系统重要地下害虫，部分种类为害可致严重经济损失（Thomas et al., 2009）。然而，有的类群则为捕食害虫、害螨的天敌昆虫（江世宏, 王书永, 1999; 蒙超衡, 1997）。另外，一些外表艳丽种类也成了狩猎对象（Hsieh et al., 2014），导致多样性下降。当前，已有10 000种叩甲被描述（Arnett, Thomas, 2000; Ohira, 2008; Leschen et al., 2010），因而，研究其种类分布与系统发育关系，可为害虫综合防治或珍稀昆虫保护提供基础信息。然而，该类群仍存在分类信息不明确（如族群关系），因其种间变异不明显、外部形态特征及雄性外生殖器研究均未能较好地展示其系统发育关系。为此本文围绕叩甲分类历史、与雌性生殖器官的交配囊结构研究进行综述，以进一步探讨可能的解决方案。

1 叩甲科分类历史回顾

林奈（Linnaeus, 1758）最早记述叩甲科，其后Drury（1773）、De Geer（1774）、Fabricius（1798~1801）、Herbst（1784~1806）、Gyllenhal（1817）、Eschscholtz（1822~1829）、Mannerh（1852）、Lacordaire（1857）、Candeze（1857~1900）、Motschulsky1（1858~1866）、Bates（1866）、Solsky（1871）、Fairmaire（1878~1888）、Heyden（1887）、Koenig（1887~1889），相继记录了许多中国种类，每种记述的标本数量有限，有不少新种为单模种类，其分布也较为狭窄，多集中在一些当时交通较为便利的地区，而且大多学者研究范围较广，多集中在整个鞘翅目的分类，只有德国的Eschscholtz和法国的Candeze二位学者是专门从事叩甲科分类的专家。进入20世纪后，先后有国外学者Reitter（1891~1913）、Schwarz（1900~1902）、Szombathy（1909~1910）、Matsamura（1911~1940）、Jagemann（1924~1946）、Fleutiaux（1926~1940）、Miwa（1927~1934）、Kishii（1952至今）、Ohira（1954至今）、Gurjeva（1954至今）、Cherepanov（1965）、Dolin（1968至今）、Suzuki（1979至今）、Schimmel（1991至今）、Platia（1991至今）等开展了中国叩甲科的种类记述，西南地区以法国专家Fleutiaux为代表，台湾地区以日本

专家Miwa、Ohira、Kishii、Suzuki为代表，中部地区以德国专家Reitter为代表，北方以俄国专家Gurjeva、Dolin为代表记述了大量中国种类，近些年意大利学者Platia和德国学者Schimmel也发表了不少中国种类。而国人起步较晚，专家主要有刘淦芝先生（1932~1933），周明章（1980）。近些年，我国叩甲科的分类研究有了较快的发展，江世宏（1988至今）、王书永（1986至今）、葛斯琴（1996至今）、丘鹭（2017至今）、阮用颖（2019至今）、刘珍（2019至今）等发表了部分新种和新记录种。自林奈（1758）开始记述我国叩甲科至今的220多年间，国内外学者共记述我国叩甲1490种（江世宏等，《中国叩甲名录》准备中），其中Melanotinae（299种）、Elaterinae（470种）、Denticollinae（356种）3个亚科占绝大部分，而其他大部分亚科如Lissominae、Physodactylinae、Pleonominae、Pityobiinae、Aplastinae、Cebrioninae等仅寥寥数种，相比全世界其他地方，中国这些类群的种类调查相当薄弱，而中国地大物博、物种丰富，许多地方，特别是东北、华北、蒙新、青藏等区系很多类群分布记录仍是空白，缺乏调查。

该类群近年来描述了大量种类，但仍存在族级阶元不明晰、种间变异不明显等问题。如尖鞘叩甲亚科Oxynopterinae族级系统一直存在较大的分歧，梳角叩甲族Pectocerini最初被Candeze（1857）以梳角叩甲属*Pectocera*放入此亚科，后来Gurjeva（1974）、Ohira（1967）、Suzuki（1999）、Schimmel（2003）、Cate（2007）、Platia et Han（2010）等都将其与丽叩甲族 Campsosternini和尖鞘叩甲族 Oxynopterini一起放入尖鞘叩甲亚科里，而也有很多分类学家（Stibick, 1979; Kishii, 1987; 江世宏等, 1993, 1999等）把该族放到异角叩甲亚科Pityobiinae里，使得尖鞘叩甲亚科仅剩2族。

2 雌性生殖系统的分类学价值

2.1 系统结构特征

昆虫雌性生殖系统包括内生殖器官和外生殖器官。据研究（Zacharuk, 1958），叩甲的雌性生殖系统的内生殖器官主要包括卵巢、输卵管、受精囊、副腺、交配囊、阴道等结构，外生殖器官主要指产卵管。雌性内生殖器官的卵巢在第III、IV腹板内，依据其成熟程度由8~106根卵小管组成。中输卵管0.97~4.89 mm长。受精囊开口无明显地管道，它的形状、大小和位置是整个系统中最多样化的部分。副腺从各个方面覆盖交配囊，腺体的管道部分通常由2~3个两侧覆盖有长刺的部分组成。交配囊内壁几乎总是有角质化结构，具密刺、齿或分离的板，用于阻止和打开（刺穿）精囊。交配囊多角质化的形状和结构是一个重要的分类学特征。阴道是一个进入产卵管的多角质化管道。它不对称地位于腹部，常常以一个直角弯曲向一边或形成一个环。而叩甲科昆虫雌性外生殖器官的产卵管，据Tanner（1927）总结具小的瓣突和产卵瓣，后者腹部分开且指向与负瓣片结合处，负瓣片长棒状。

2.2 雌性生殖系统的解剖方法

目前大部分人采用的都是基于Becker（1956）提出的解剖方法。其方法可简单归纳为四步：准备—清洗—解剖—贮藏，即先准备干制或新鲜的标本，取下腹部，然后把材料放在冷的10%的KOH里约1小时，再放入水中约2小时，接着用细针将腹板分开，然后用钝的手术刀将内部器官从腹部刮下来，使之与背板一起（多数情况可将内部器官和背片再放入KOH约1小时），解剖后腹板留在水中清洗一天后放入酸性酒精中，再粘到标本上，而内部生殖器官通过仔细解剖与气管、肠道和母体分开后用水中清洗，最后放入甘油管中保存。此过程可解剖得到交配囊、受精管和中输卵管的基部等，而卵巢及其他中胚层起源的结构被弱的KOH分解了。此方法简易、可操作且干湿标本都可以进行解剖。

同年，Zacharuk（1958）也提出了一种解剖方法。方法也可简单归纳为四步：准备—解剖—清洗—染色，即将准备的新鲜虫子在热的Bouin’s 液体（180°F）中杀死，冷却后去掉头和胸部，腹部放入冷的Bouin’s中24 h，接着将腹部固定，去除腹节硬骨片，然后将腹部组织和脂肪组织放入35%的酒精中清洗、70%酒精中储存，酒精脱水后再在柏油中过夜，接着用苯去掉柏油，最后就是用苏木精染剂染色然后用伊红复染。此方法效果较为明显，但需要试剂多且过程比较复杂，后来沿用的比较少。

近年来，部分学者在原来Becker（1956）的研究方法中略有创新，如日本的Armoto（2016）还会先将虫子放入热水中数分钟或数小时（依据虫体大小和体表坚硬程度），让热水充分软化虫体，使腹板能顺利分离，继而用10%KOH室温24 min浸泡，接着用99.5%乙醇脱水5 h，仅保留交配囊放入水中进行观察，此方法可有效获得交配囊，但因KOH降解时间太长，无法获得其他内生殖器官。另外Han（2012）在进行分子数据提取的时候，运用了分子实验材料将虫体整体放入ATL+proteinaseK里24 h，接着在10%KOH里室温浸泡12h，最后甘油管储存。该方法也能获得有效的内生殖器官，但试剂较贵、难获得。

3 叩甲科雌性生殖系统的分类价值

3.1 雌性生殖系统的分类特征

关于鞘翅目内部生殖系统的研究最初可能源于Dufour（1825）。Stein（1847）通过在处理鞘翅目超过100个种时，首次描述鞘翅目雌性内生殖系统。之后Dufour（1857）提出了雌性生殖器官在叩甲分类中的重要性，但当时未引起叩甲分类者的注意。Tanner（1927）在对鞘翅目66个科125个属雌性外生殖系统进行初步研究，认为生殖器的特征可用于种类识别。Williams（1945）也重复过Stein（1847）的研究，但研究的种较少。之后，Binaghi（1955）提出*Cardiophorus*属（Cardiophorinae亚科）基于雌性生殖器官（交配囊）特征的新的分类系统，证明其能阐明这个复杂属不同类群之间的系统关系。而真正开始意识并证明雌性内生殖器官对叩甲科系统发育研究的重要作用的是Becker（1956，1958），他检查了古北区的大部分叩甲，认为至少在*Agriotes*、*Limonius*和*Hypolithus*属里交配囊的骨化板和其上的管道的数量和位置对于重新将种类归类是很有力的一个基础。在他之前很少有人去检视雌性内生殖器官，或仅仅针对单个种类，而无系统发育相关研究。

随后人们开始渐渐意识到雌性内生殖器官在叩甲科分类和系统发育上的重要作用。但由于雄性外生殖器的广泛应用和高度评价（Levtshuk, 1930; Mardjanian, 1977; Vats, Vasu, 1993; Prosvirov, 2009; Patwardhan, Athalye, 2010a, b; Kabalak, Sert, 2011a, b）和雌性内生殖器官比较难获取，尝试用雌性内生殖器官进行叩甲科分类或系统发育研究的人并不多。其中的交配囊的解剖学比较在属级别分类单元的重要作用经常被严重低估（Hsieh et al., 2014）。全世界叩甲18个亚科中主要涉及雌性生殖器官研究的亚科也只有Agrypninae、Oxynopterinae、Dendrometrinae、Elaterinae、Cardiophorinae等，且部分只是个别属种。其中代表人物有Vats，他（1993a, b, c）比较了Conoderinae、Ampedinae和Cardiophorinae三个亚科的雌雄内生殖系统，提出其的变异可提供重要的分类依据。还有Prosvirov，他（2011）证明雌性生殖系统（交配囊）对Agrypninac的部分属有重要分类意义，并提出生殖系统特征和外部形态特征相结合的方式准确定义种属。

3.2 叩甲科雌性生殖器官的分类学应用

叩甲科用于外部形态分类的特征主要集中在头部的额脊、额槽、触角、复眼、下颚须等，胸部的前胸背板、前胸后角、基沟、小盾片、前胸腹侧缝、中胸腹窝、触角槽、跗节槽、前足基节窝、中胸前侧片和后侧片、中后胸缝等，鞘翅的刻条和刻点等，足的基节窝、胫节距等，腹部的节数、末节等（江世宏, 王书永, 1999; Kishii, 1987; Costa et al., 2010; Douglas, 2011 etc.）。

近年来，基于生殖器特征作为分类依据的研究越来越多。特别是雄性生殖器在叩甲分类上有很高的价值。其中叶和侧叶端部的形状和刺毛都是重要的分种的依据。但在鉴别形态多样的类群时，例如在丽叩甲属里，雄性外生殖器展现了极其简单且无信息的特征，这使得该类群难以鉴定（Hsieh et al., 2014）。刘艳玲（2004）曾对11亚科43属77种叩甲科标本的雄性外生殖器进行了系统地研究，其研究结果表明：中国叩甲科雄性外生殖器的变化比较复杂，某些近缘属、种的雄性外生殖器可存在较大差异，但不同的族，甚至不同亚科的雄性外生殖器可出现近似的情况，因此，在进行分类鉴定时，应将雄性外生殖器特征与其他外部形态特征结合起来。

而关于其雌性生殖器官特征研究较少，主要集中在交配囊上，交配囊具有许多骨片，其上着生许多骨刺和齿突。骨片的多少，骨刺排列的形式等都是分属种的依据。另外少数有涉及受精囊管、产卵管等的特征（Vats, Vasu, 1993a; Arimoto, 2016）。

交配囊是雌性生殖系统中的重要囊状结构。其内壁几乎总是有角质化结构，具密刺、齿或分离的板，用于阻止和打开（刺穿）精囊。交配囊多角质化的形状和结构是重要的分类学特征。很多学者（Binaghi, 1941; Becker, 1958; Dajoz, 1962, 1963; Mardjanian, 1977; Gurjeva, 1979, 1989; Calder, 1996 etc.）都认为交配囊特征可作为重要的属级特征。Han等（2012）证明在叩甲亚科中形态上难以区分的山盾叩甲属和大平叩甲属可依赖其明显不同的雌性生殖系统中交配囊结构进行划分。刘珍等（2019）在其他形态学特征都比较相近的情况下，通过解剖大平叩甲属雌性标本发现一新种，该交配囊结构特征明显区分于该单种属模式种，可作为重要的鉴别依据。Prosvirov（2011）也证明 *Agrypnus* 和*Compsolacon*属的种类交配囊特征比产卵管特征与外部特征和雄性生殖器特征存在更大相关，它相对于产卵管不很依靠环境条件而改变。

4 小结与展望

近年来叩甲科发表种类的快速增长说明此类群种类丰富、分布广泛，同时大量种类的发表造成该类群高级阶元一定程度的不稳定、叩甲各阶元分类界限的模糊或不确定，给后续的研究工作者造成很大的困惑。此前大量的研究集中于该科特定有限的体表特征和雄性外生殖器的研究，而关于其雌性内生殖器官的研究寥寥无几，特征选择的局限性使一些种类难以分辨。而雌性内生殖器官，特别是交配囊，被越来越多人认为和证明是属级阶元的重要划分依据。所以研究该科各个属的交配囊的结构特征有望能更好解决种属归属问题，阐明该科种类各级，特别是属级以上阶元间的系统发育关系。

参考文献

[1] 江世宏. 1993. 中国叩甲科昆虫名录 [M]. 北京：北京农业大学出版社：136 – 162.

[2] 江世宏，王书永. 1999. 中国经济叩甲图志 [M]. 北京：中国农业出版社：224 pp.

[3] 刘艳玲. 2004. 中国叩甲科雄性外生殖器及系统发育和区系研究 [D]. 武汉：华中农业大学：59 pp.

[4] Arimoto K. 2016. Taxonomic notes on three species of the genus *Agonischius* (Coleoptera, Elateridae, Elaterinae, Elaterini) with a new species from Taiwan [J]. Zootaxa，4114 (2)：149 – 161.

[5] Arnett R H，Thomas M C. 2000. American beetles [M]. Boca Raton：CRC Press：464 pp.

[6] Becker E C. 1956. Revision of the nearctic species of *Agriotes* (Coleoptera: Elateridae) [J]. The Memoirs of the Entomological Society of Canada，88 (S1)：5 – 101.

[7] Becker E C. 1958. The phyletic significance of the female internal organs of reproduction in the Elateridae [J]. Proceedings of the Tenth International Congress of Entomology，1：201 – 205.

[8] Binaghi G. 1941. Gli stadi preimaginali del Pullus auritus Thunb. e dello Scymnus rufipes Fabr. morfologia, notizie ecologiche ed apparati genitali (Col. Coccinellidae) [J]. Estratto delle Memorie della

Societa Entomologica Italiana，20：148 – 161.

[9] Binaghi G. l955. Risharche Zoologiche sul massiccio del pollino (Lucania calabria). XIl. Coieopters. 2. Elateridae, Melasidae Throcidae e Dascillidae [J]. Annuario dell' lnstituto e Museo di Zoologia dell' Universita di nepoli，7：1 – 19.

[10] Calder A. 1996. Click Beetles: Genera of the Australian Elateridae. In：Monographs on Invertebrate Taxonomy. Vol. 2 [M]. Melboume：CSIRO Publishing：401 pp.

[11] Candèze E C A. 1874. Revision de la monographie des Elaterides [M]. Bruxelles: M. Hayez, Imprimeur de l'Académie Royale: 1 – 218.

[12] Candèze E C A. 1891. Catalogue Méthodique des Élatérides connus en 1890 [M]. Liège：H Vaillant-Carmanne：1 – 246.

[13] Cate P C，Sánchez-Ruiz A，Löbl I，Smetana A. 2007. Elateridae. In：Löbl, I., Smetana, A. (Eds.)，Catalogue of Palaearctic Coleoptera. Vol. 4 [M]. Stenstrup：Apollo Books：89 – 209. https://doi. org/10.1163/9789004309142_003

[14] Costa C，Lawrence J F，Rosa S P. 2010. Elateridae Leach, 1815. In：Leschen RAB, Beutel RG，Lawrence JF (Eds) Handbook of Zoology – Arthropoda: Insecta. Coleoptera, Beetles (Vol. 2) – Morphology and Systematics (Elateroidea, Bostrichiformia, Cucujiformia partim) [M]. Berlin/New York：Walter de Gruyter Gmbh & Co. KG：75 – 103. https://doi. org/10.1515/9783110911213.75

[15] Dajoz R. 1962. Les espèces françaises du genre *Ampedus*, morphologie, biologie, systématique (Coleoptera, Elateridae)[J]. Revue française d'entomologie, 29 (1)：5–26.

[16] Dajoz R 1963. Note préliminaire sur la classification des Cardiophorinae d'Europe et de la region Méditerranéenne [J]. Revue française d'entomologie, 30 (3)：164 – 173.

[17] Douglas H. 2011. Phylogenetic relationships of Elateridae inferred from adult morphology, with special reference to the position of Cardiophorinae [J]. Zootaxa，2900：1 – 45. https://doi. org/10.11646/ zootaxa.2900.1.1

[18] Drury D. 1773. Illustrations of Natural History. Vol. 2 [M]. London：B. White：90 pp.

[19] Dufour L. 1825. Recherches anatomiques sur les organe de la generation de Carabiqucs et de plusieurs âuúes insectes Coleoptera [J]. Annales des Sciences Naturelles，6：150 – 206.

[20] Fairmaire L. 1887. Coléoptères nouveaux ou peü connus du Musêe de Leyde [J]. Notes Leyden Museum，9：145 – 162.

[21] Fleutiaux E. 1926. Descriptions de deux espèces nouvelles appartenant au genre *Campsosternus* Latr. (Col. Elateridae) [J]. Bulletin de la Société entomologique de France，58 – 60.

[22] Fleutiaux E. 1930. Description d'un Campsosternus nouveau de la collection du Muséum National d'Histoire Naturelle de Paris [J]. Bulletin du Muséum d'histoire naturelle，2：409.

[23] Gurjeva E L. 1974. Stroenie grudnogo otdela zhukov-shchelkunov (Coleoptera, Elateridae) I znachenie ego priznakov dlya sistemy semeistva [J]. Entomologicheskoe Obozrenie，53 (1)：96 – 113.

[24] Gurjeva E L. 1979. Click Beetles (Elateridae). Subfamily Elaterinae. Tribes Megapenthini, Physorhinini, Ampedini, Elaterini, Pomachiliini. In：Fauna of the USSR. Coleoptera. Vol. 12, Issue 4 [M]. Leningrad：Nauka：453 pp.

[25] Gurjeva E L. 1989. Click Beetles (Elateridae). Subfamily Athoinae. Tribe Ctenicerini. In：Fauna of the USSR. Coleoptera. Vol. 12，Issue 3 [M]. Leningrad：Nauka：295 pp.

[26] Han T，Lee Y B，Park S W，Lee S & Park H C. 2012. A new genus, *Ohirathous* (Coleoptera,

Elateridae, Dendrometrinae) from Taiwan [J]. Elytra, Tokyo, New Series，2 (1)：43 – 52.

[27] Hsieh J F，Jeng M L，Hsieh C H，Ko C C & Yang P S. 2014. Phylogenetic diversity and conservation of protected click beetles (*Campsosternus* spp.) in Taiwan: a molecular approach to clarifying species status [J]. Journal of insect conservation，18 (6)：1059 – 1071.

[28] Kabalak M，Sert O. 2011a. Systematic studies on the male genital organs of Central Anatolian Elateridae (Coleoptera) Species part I: the subfamilies Elaterinae and Melanotinae [J]. Hacettepe Journal of Biology and Chemistry，39：71 – 82.

[29] Kabalak M，Sert O. 2011b. Male genital structures of four click-beetles species from Turkey (Coleoptera: Elateridae) [J]. Türkiye Entomoloji Dergisi，35 (4)：597 – 601.

[30] Kishii T. 1987. A taxonomic study of the Japanese Elateridae (Coleoptera), with the keys to the subfamilies, tribes and genera. A taxonomic study of the Japanese Elateridae [M]. Kyôto：Privately Published：1 – 262.

[31] Kishii T. 1990. Elateridae from Taiwan, with descriptions of some new taxa (4) (Coleoptera). A study of the materials collected by Dr. Kintarô Baba from 1986 to 1989 [J]. Transactions of the American Entomological Society，70：9 – 39.

[32] Lacordaire J T. 1857. Histoire naturelle des insectes. Genera des Coleopteres, 4 [M]. Paris：Librairie encyclopédique de Roret：579 pp.

[33] Leschen R A B，Beutel R G，Lawrence J F. 2010. Coleoptera, beetles. Handbook of zoology Arthropoda insecta [M]. Berlin：Walter de Gruyter：786 pp.

[34] Levtshuk J. 1930. Contributions to the comparative anatomy of the genitalia of Elateridae [J]. Revue Russe d'Entomologie，24：135 – 155.

[35] Liu Z, Han T M, Jiang S H. 2019. A new species of *Ohirathous* Han & Park (Coleoptera: Elateridae: Dendrometrinae) from China, with a key to Chinese species [J]. Entomotaxonomia，41 (2)：89 – 95.

[36] Mardjanian M A. 1977. Variation of chitinized structures of genitalia in click beetles of genus *Cardiophorus* Eschz (Coleoptera, Elateridae) [J]. Zoologichesky Zhurnal，56 (11)：1629 – 1636.

[37] Miwa Y. 1929. A list of Coleoptera from the Pescadores (Hôkotô), collected by Mr. R. Takahashi in June, 1929 [J]. Transactions of the Natural History Society of Formosa，19 (104)：469 – 470.

[38] Miwa Y. 1934. The fauna of Elateridae in the Japanese Empire [J]. Report of the Department of Agriculture Government Research Institute of Formosa，65：1 – 289.

[39] Ohira H. 1962. Morphological and taxonomic study on the larvae of Elateridae in Japan (Coleoptera) [M]. Okazaki：Publication on Ôhira's own account：179 pp.

[40] Ohira H. 1967. Notes on some Elateridae-beetles from Formosa IV [J]. Kontyû，35 (1)：55 – 59.

[41] Ohira H. 2008. Diagram and key for the family Elateridae. In：Environmental assessment and animal research methods. Japanese society of environmental entomology and zoology [M]. Osaka：Kansai University：27 – 50.

[42] Patwardhan A，Athalye R P. 2010a. New records and two new species of Cardiophorine Elateridae from Maharashtra, India (Insecta: Coleoptera) [J]. Genus (Wroclaw)，21：505 – 511.

[43] Patwardhan A，Athalye R P. 2010b. Two new species of Dicrepidiini from Maharashtra, India with note on structure of hind wing and genitalia of some previously described species (Coleoptera: Elateridae) [J]. Genus，21 (1)：43 – 52.

[44] Platia G，Han T M. 2010. Contribution to the knowledge of the click beetles of Ullung Island (South

Korea) (Coleoptera, Elateridae) [J]. Boletin de la SEA，46：121 – 125.

[45] Platia G，Pedroni G. 2010. Descrizione di tre nuove specie di elateridi della fauna italiana e slovena [M]. Quaderno di Studi e Notizie di Storia Naturale della Romagna，29：137 – 147.

[46] Prosvirov A S. 2009. The use of characters of the male genitalia in the taxonomy of click beetles (Coleoptera, Elateridae) [J]. Proceedings of the Stavropol branch of the Russian Entomological Society，5：30 – 33.

[47] Prosvirov A S, Savitsky VY. 2011. On the Significance of Genital Characters in Supraspecific Systematics of the Elaterid Subfamily Agrypninae (Coleoptera, Elateridae) [J]. Entomological Review，91 (6)：755 – 772.

[48] Qiu L，Prosvirov A S. 2017. A new species of *Hypoganus* Kiesenwetter, 1858 (Coleoptera: Elateridae: Dendrometrinae) from China, with notes on the Palaearctic species of the genus [J]. Zootaxa，4324 (2)：348 – 362.

[49] Schimmel R. 2003. Neue Ampedini-, Physorhinini-, Pectocerini-, Elatterini- und Diminae-Arten aus Südostasien (Coleoptera: Elateridae) [J]. Mitteilungen der Pollichia，90：265 – 292.

[50] Schimmel R. 2006. Neue Elateriden-Arten aus der Ampedus- und der Pectocera-Gruppe aus Nepal (Insecta: Coleoptera, Elateriae) [J]. Veröff. Naturkundemus. Erfurt，25：235 – 239.

[51] Schimmel，R. 2013. Neue arten der Gattungen Oxynopterus Hope, 1842 und Campsosternus Latreille, 1834 aus China und aus der Indochinesischen Subregion (Insecta: Coleoptera: Elateridae) [J]. Vernate，32：403 – 407.

[52] Schimmel R，Platia G，Tarnawski D. 2008. A new genus Sinoaplastinus, with a new species S. kadeji from China, the first elaterid-beetle with bi-lamellate antennomeres from the Palaearctic Region (Insecta: Coleoptera: Elateridae) [J]. Genus，19 (4)：669 – 674.

[53] Schwarz O. 1902. Neue Elateriden [J]. Stettiner Entomologische Zeitung，63：194 – 316.

[54] Stein F. 1847. Vergleichende Anatomie und Physiologie der Insecten in Monographien bearbeitet. I. Monographie. Die weiblichen Geschlechts-Organe der Käfer. Mit 9 Kupfertaf [M]. Berlin：Duncker and Humblot：VIII，139 pp.

[55] Stibick J N L. 1979. Classification of the Elateridae (Coleoptera). Relationships and classification of the subfamilies and tribes. Pacific Insects，20 (2/3)：145 – 186.

[56] Suzuki W. 1976. A new elaterid beetle of the genus *Pectocera* from the Ryukyu Islands [J]. Kontyû，44 (3)：263 – 266.

[57] Suzuki W. 1999. Catalogue of the family Elateridae (Coleoptera) of Taiwan [J]. Miscellaneous Reports of the Hiwa Museum for Natural History，38：1 – 348.

[58] Tanner V M. 1927. A preliminary study of the genitalia of female Coleoptera [J]. Transactions of the American Entomological Society，53 (1)：5 – 50.

[59] Thomas S L，Wagner R G，Halteman W A. 2009. Influence of harvest gaps and coarse woody material on click beetles (Coleoptera: Elateridae) in Maine’s Acadian forest [J]. Biodivers Conserv，18 (9)：2405 – 2419. doi:10.1007/s10531-009-9597-3

[60] Vats L K，Vasu V. 1993a. Internal organs of reproduction in *Cardiophorus* Esch.(Coleoptera: Elateridae: Cardiophorinae) [J]. Journal of Entomological Research，17 (3)：159 – 162.

[61] Vats L K，Vasu V. 1993b. Comparative studies on the internal organs of reproduction in Conoderinae (Coleoptera: Elateridae) [J]. Journal of Entomological Research，17 (3)：163 – 168.

[62] Vats L K，Vasu V. 1993c. Studies of internal organs of reproduction in *Ampedus* Germar (Coleoptera: Elateridae: Ampedinae) [J]. Journal of Entomological Research，17 (2)：137 – 140.

[63] Williams J L. 1945. The anatomy of the internal genitalia of some Coleoptera [J]. Proceedings of the Entomological Society of Washington，47 (4)：73 – 87.

[64] Zacharuk R Y. 1958. Structures and functions of the reproductive systems of the prairie grain wireworm, *Ctenicera aeripennis* destructor (Brown)(Coleoptera: Elateridae) [J]. Canadian Journal of Zoology，36 (5)：725 – 751.

双翅目昆虫的发声和听觉通讯*

何　杰**，周　琼***

（湖南师范大学生命科学学院，长沙 410000）

摘　要：昆虫的听觉通讯在其生命活动过程发挥重要作用，如种内信息交流、寻找配偶、逃避天敌等。双翅目包含多种重要农林害虫与卫生检疫害虫，开展双翅目听觉通讯研究，弄清其听觉形成的神经机制，在仿生学与害虫防治上均有重要理论意义。为此，本文综述了双翅目昆虫声音的通讯作用、发音方式、听觉器官的结构和功能特点，以及声音信号的传导机制，为促使听觉通讯机制的深入研究与利用提供参考。

关键词：双翅目；听觉通讯；振翅；江氏器；鼓膜听器

Vocalization and auditory communication in Diptera*

He Jie**, Zhou Qiong***

（*College of life science*，*Hunan Normal University*，*Changsha* 410000，China）

Abstract：Insect vocalization communication exerts a crucial part in insect life activity, such as intraspecific information exchange, finding a spouse and escaping natural enemies. There are many essential agricultural and forestry pests or sanitary quarantine pests in Diptera. The study of their vocal communication is of great significance to reveal the neural mechanism of hearing, bionics, prevention and control of pests. This paper mainly introduces the auditory communication function, the phonation mode, the structure and function of hearing organ, and the transmission mechanism of sound signals in Diptera, so as to provide the basis for the utilization of its auditory communication.

Key words：Diptera；Auditory communication；Wing vibration；Johnston's organ；Tympanal organ

---

*　基金项目：国家自然科学基金项目（31672094）

**　第一作者：何杰，E-mail：1432375902@qq.com

***　通讯作者：周琼，E-mail：zhoujoan@hunnu.edu.cn

发声现象在昆虫中普遍存在，昆虫纲的34个目中有16个目的昆虫能发声（Virant-Doberlet and Cokl, 2004），有的不仅仅成虫能发声，甚至幼虫和蛹也能够发声。发声现象分为两种，一种是声音通讯，另一种是无生物意义的发声。声音通讯通常有以下特征来区别于无生物学意义的发声（隋艳晖等, 2003）：①有目的的主动发声，信号强度一般高于同种无生物学意义的发声；②声信号具有一定的声学特征，并具有种的专一性；③传递一定的信息，如兴奋、抑制、求偶、召唤、警戒等；④同种个体接收到信号后产生相应的生理和行为反应。鸣声通讯是昆虫通讯的主要方式之一，不同昆虫发声机制不同，同一类群内不同种间鸣声的时域和频域都具有明显的差异（常岩林等, 2001）。双翅目是昆虫纲的第 4大目，包括蚊、蝇、蚋、蠓等，物种丰富，分布广泛，作为与人类生活关系密切的昆虫类群，研究其声音通讯有重要意义。对双翅目昆虫发声的研究主要集中在蚊类和蝇类。

1　发声机制

昆虫产生鸣声的机制大体上分为两大类：一类是由专门的发声器官产生的；另一类没有专门的发声器，是其他行为的副产物（赵丽稳等, 2008）。由发声器产生的鸣声有摩擦发声、膜振动发声和气流振动发声。摩擦发声在昆虫中最为普遍，是指昆虫体表的不同部位相互摩擦而产生的声波，有11个目的昆虫能以摩擦的方式发声；膜振动发声是指膜状发声器通过肌肉的收缩与松弛作用振动发出的声波；气流振动发声与人的发声原理很相似（隋艳晖等，2003）。而由非专门发声器产生的鸣声，无特化的发音器和明显的发声动作，常伴随另一种动作而发声，是昆虫在飞行中因翅的拍打、胸部骨片的振动，或是在清洁、求偶、取食、筑巢等活动或虫体碰击其他物体产生的（彩万志，1988；张志涛等，1990；赵丽稳等，2008）。

不同类群昆虫的发声方式、声频、强度等特性明显不同，同种昆虫亦随性别、龄期、个体及其所处的环境不同而有所变化（Bennet-Clark, 1971）。昆虫发声机制的差异，主要表现在脉冲组的持续时间、脉冲组的间隔、每一脉冲组内所含脉冲的数量及主能峰所在位置的频率等（常岩林等, 2001）。

研究表明，双翅目昆虫的声音由翅振动产生，是其他行为的副产物。双翅目不同种类昆虫的翅振频率快慢差别很大，摇蚊为1000次/s，蚊虫约594次/s，家蝇为147~220次/s（彩万志，1988）。Belton（1979）求出了频率与翅长的线性关系方程，表明蚊虫的声频可能和虫体的大小成反比。蚊虫的鸣声主要由翅本身和一系列频波组成，可能取决于翅表面的性质、边缘和尖端的振动等（隋艳晖等，2003）。何忠（1984）对淡色库蚊（*Culex pipiens pallens*）雌雄两性飞翔声的频谱做了比较，发现雄性振翅频率明显高于雌性。

2 听器的类型与结构

声源定位能力是听觉系统最显著和重要的属性之一（Fullard et al., 2003）。一般认为昆虫的听觉器官有三种类型：听觉毛（trichoid sensilla，TS）、鼓膜听器（tympanal organ，TO）和江氏器（Johnston's organ，JO），它们从广义上说均属于弦音器（chordotonal organ，scolophoro-us organ）。弦音器亦称弦音感受器（chordotonal sensilla）或称剑梢感受器（scolopoid sensilla），是存在于两体壁之间主要感知昆虫体壁外和体内器官的压力、引力和张力变化的昆虫类特有的机械感受器（mechanoreceptor）（那杰等, 2011）。剑梢感受器（图 1）主要由感觉神经元（sensory neuron）、感橛细胞（scolopale cell）、冠细胞（cap cell）和围细胞（envelope cell）所构成的一个或多个机能单位所组成（Ishikawa et al., 2019；那杰等，2011）。

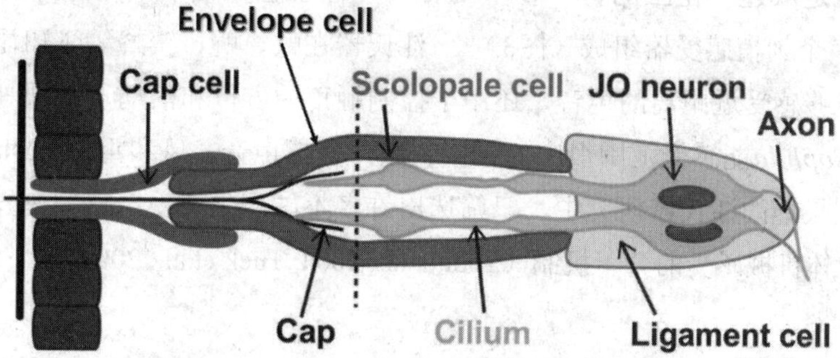

图1 果蝇（*Drosophila*）触角的剑鞘感受器(Ishikawa et al., 2019)

听觉毛的结构简单、特化程度较低，一般仅有一个神经细胞和毛囊窝连接，主要着生于体表，以触角、触须、尾须等处最为敏感，除了感受机械刺激外还能感受低频率的声波及气流给予的压力（王珊等，2010）。

鼓膜听器（图2）由三部分构成：鼓膜、支持鼓膜的气囊或气管、位于鼓膜内侧的剑梢感受器。双翅目的麻蝇科（Sarcophagidae）、寄蝇科（Tachinidae）和舌蝇科（Glossinidae）具有鼓膜听器，位于前胸腹板（Lakes-Harlan et al.，1999，Tuck et al., 2009），寄蝇的鼓膜听器为位于前胸腹板的一对鼓室窝（Tympanal pit，TP）（Yager, 1999）（图2）。

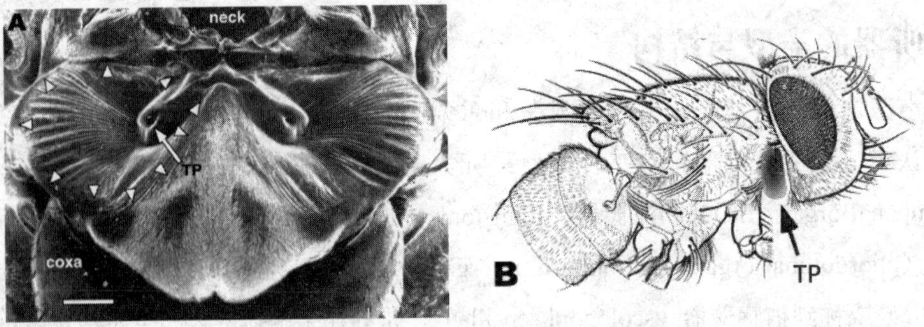

图2　寄蝇（*Ormia ochracea*）的鼓室窝及其所在部位 (Robert et al., 1994，Yager，1999)

A.寄蝇*Ormia ochracea*前胸腹侧鼓室窝的扫描电镜图像 Scanning electron micrograph of tympanal pit on theanteroventral thorax of the tachinid fly *Ormia ochracea*; B. 鼓室窝所在部位（去掉翅和足）The location of the tympanal pit （wings and distal legs removed）。TP：鼓室窝. Tympanal pit

江氏器是双翅目昆虫的另一种重要听器，位于触角梗节，是一种结构较复杂的弦音器,由多个剑梢感受器组成（图3）。江氏器在蚊、蝇、蜜蜂等飞翔昆虫的触角中很发达，能够感受近距离的声音，还用于控制触角的方位和活动（王珊等，2010），在果蝇*Drosophila*能感受范围很广的机械刺激，包括声音、风和重力（Ishikawa et al., 2019）。在果蝇的江氏器研究中，已筛选出许多不能产生感受电位的变异体，并阐明了这些变异体机械感受的分子机制（Todi et al., 2004, Tuck et al., 2009）。

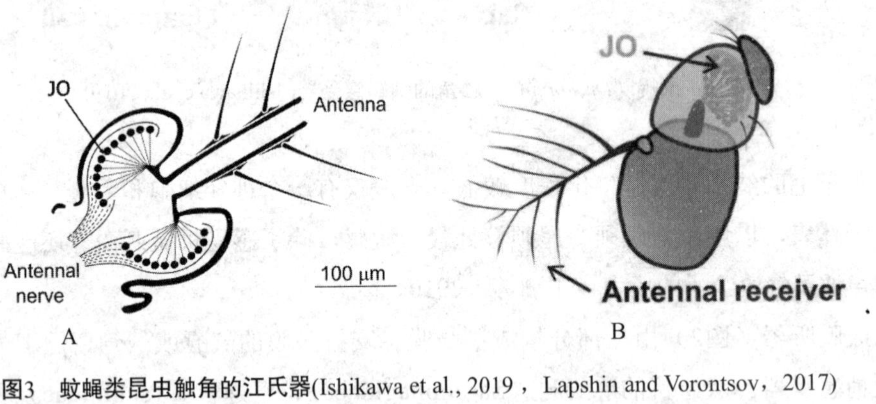

图3　蚊蝇类昆虫触角的江氏器(Ishikawa et al., 2019，Lapshin and Vorontsov，2017)

A.雄性淡色库蚊（male *Culex pipiens pipiens*）；B. 果蝇（*Drosophila*）；JO:江氏器.Johnston's organ

蚊科、幽蚊科、蠓科和摇蚊科雄性昆虫的触角对雌虫飞行的声音很敏感，即使一个触角断掉，还能保持这种能力，只要触角上的刚毛存在，雄性就能感受飞行中的雌性（王孟卿等，2010）。

3　声音通讯的生物学意义

翅振发声在大多数情况下，没有或很少有生物学意义，但对双翅目昆虫求偶和交尾的顺利完成具有重要作用。雄性蚊子根据声音探测和定位飞行中的雌蚊（Simões et al., 2017）。雌蚊飞行时翅振声可引起雄蚊的交配反应（何忠, 1984）。雄性果蝇在向雌性果蝇求爱过程中，伸展近雌性一侧的翅上下鞭动，产生翅振声，对于雌雄完成交尾有重要作用（李成林等, 1996）。蚊子还会通过听觉信息的分析，对捕食性昆虫会产生防御行为（Lapshin and Vorontsov,2018）。

昆虫利用它们运动产生的空气振动控制自己的行为和与异性进行通讯联系，在中枢神经系统中存在着与这些飞行和通讯相关的平行振动加工通路，空气振动的频率在感器水平和中枢神经系统的水平上被过滤，提取的振动信号与其他感器信号综合以执行快速的适应行为反应（Ai, 2013）。雄性尖音库蚊（*Culex pipiens*）至少有8组在频率音调上不同的听神经元，频率从85~470 Hz，大多数神经元反应于190~270 Hz，这些与雄蚊和雌蚊飞行音调之间的差异相对应（Lapshin and Vorontsov，2017）。

4　声音信号的传导机制

声波作用于听觉器官，使其感受细胞兴奋并引起听神经的冲动发放传入信息，经各级听觉中枢分析后引起感觉（王银元等，2012）。

瞬时受体电位（Transient Receptor Potential，TRP）通道蛋白是一种阳离子通道蛋白，可以对不同的刺激做出反应，在听觉、嗅觉、视觉、温湿度和机械等感觉信息处理中起重要作用（Voets et al., 2005）。埃及伊蚊（*Aedes aegypti*）的TRPV（vanilloid，辣椒素）通道蛋白可以作为声音感受器检测声音信号，并作为化学感受器参与环境化学信号的检测，使它们能够对远处捕食者的出现做出至关重要的反应（Na et al., 2016）。TRP通道的基本结构与电压门控的K+通道的基本结构相同（Yellen，2002）：四个相同或相似的亚单位具有六个跨膜结构域（TM1–TM6）和细胞质N-和C-末端尾四聚形成功能性通道（Hoenderop et al., 2003）。TM5、TM6和连接孔环形成中央阳离子传导孔（Voets et al., 2004），而TM1-TM4和细胞质N-和C-端部分被认为包含控制通道门控的调节域。图4为黑腹果蝇辣椒素瞬时受体电位通道蛋白6（TRPV6）的模拟结构（Voets et al., 2005），孔隙区域由TM5和TM6之间的环形成，形成与K+通道相似的孔螺旋和选择性过滤器。TM1–TM4的结构目前尚不清楚。

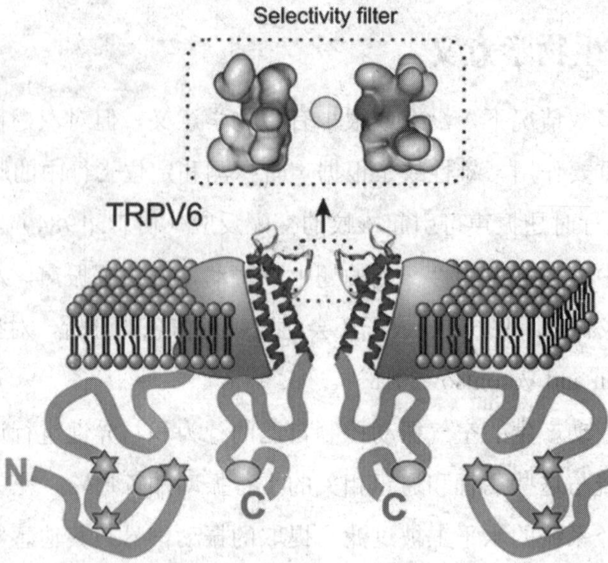

图4　黑腹果蝇辣椒素瞬时受体电位通道蛋白6（TRPV6）的模拟结构（Voets et al., 2005）

5　双翅目昆虫鸣声的利用

5.1　分类学

利用昆虫的鸣声进行分类属于行为分类学的范畴。其潜力很大，特别是在近缘种分类上更具有重要的意义。

不同种类昆虫的飞行翅振声不仅音频有差异，其波形图也不同，各种雄性鸣声的频率明显高于雌性。据文献记载，蚊虫翅振声的特征，各家所测结果有较大差异，可能与所用仪器、测定时的其他因素不同有关（常岩林等, 2001）。袁越（1992）等用时域和频域结合的方法，研究了12种果蝇的求爱歌，揭示了求爱歌频域和时域上的细微差别。邵红光（1997）等研究了果蝇*nasuta*亚群求爱歌在性选择与种识别上的作用。

5.2　仿生学及医学

昆虫为仿生学提供了材料与思路，雄蠓或雄蚊的触角对雌蠓和雌蚊的振翅声特别敏感，而对雄虫或其他昆虫的振翅声却无动于衷（尚玉昌, 1986），彻底弄清昆虫触角具有的这种高灵敏度的声波感受力、音调分辨力和高强度的抗干扰力,无疑对我们提高雷达的灵敏度和抗干扰性有很大的参考价值。人们根据雄蚊触角专门聆听雌蚊声音的特性，研制出一种被动式声学测向仪，可用来定位雾角信号，跟踪鱼群和帮助潜水员定向（王书荣, 1980）。果蝇的听觉神经元被证明可以发挥转换作用，如同脊椎动物耳蜗的毛细胞，说明听觉器官可能比以前认为的更古老，果蝇很可能是一个强大的模型系统，在这里可以获得关于人类耳聋失调的病因的深入了解（Boekhoff-Falk, 2010）。

5.3 害虫检疫与诱捕上的应用

20世纪90年代英美已报道了商品化的害虫声探测装置；国内程惊秋（1993）测定了寄主中天牛幼虫、桔大实蝇幼虫、蚕豆象和玉米象成虫的声波，并分析其频谱，证实害虫种类和发育阶段、寄主种类和质地等因素均能影响声信号频率结构。方旭君（2012）利用声音信号与振动信号得到了较高的害虫识别正确率。万永菁（2019）提出了一种基于三维卷积神经网络（3D CNN）的虫音检测方法以实现虫音特征的识别来进行进口木材蛀虫检疫。利用雌性飞行音调可捕获雄性埃及伊蚊（Johnson and Ritchie, 2016），还有人提出了提高埃及伊蚊声波诱捕效果的新途径（Pantoja-Sanchez et al., 2019）。根据载波频率为140~200 Hz音调的声信号对雄性蚊子（库蚊科）有驱避作用，可以改进声波诱捕器（Lapshin and Vorontsov, 2018）。根据声波机理制成的声音诱捕器或超声波驱逐器已应用于农业上的害虫防治（李孟楼, 2005）。

6 小结与展望

昆虫依靠各种感受器感知外界环境的各种信号，经神经传导综合协调做出各种应答反应，产生相应行为。双翅目研究得比较多的为蚊类和蝇类，通过翅振动发声，主要听器为触角梗节的江氏器，声音对其求偶以及交配的成功具有重要意义。研究听觉感受器的形态与结构是探索昆虫听觉行为和识别机制的重要前提，为进一步在微观水平上研究其作用机理，以及为害虫的物理防治提供重要的科学依据。本文综述了双翅目昆虫的发声、听器的结构和功能，以及声音信号的传导机制，旨在了解双翅目昆虫如何通过声音传递信息，进而在其分类、害虫防治及仿生学上加以利用。

参考文献

[1] 彩万志. 1988. 昆虫的发音及其在分类上的应用 [J]. 昆虫知识 (1)：43-46.

[2] 常岩林, 芦荣胜, 任高科,等. 2001. 中国昆虫鸣声与发声器研究进展 [J]. 山西师范大学学报（自然科学版），15(3)：60-63.

[3] 程惊秋. 1993. 桔褐天牛和桑粒肩天牛幼虫声行为的研究 [J]. 林业科学, 29(4)：307-312.

[4] 方旭君. 2012. 基于声音和振动的玉米储存中害虫检测方法研究 [D]. 吉林大学.

[5] 何忠. 1984. 淡色库蚊的飞翔声 [J]. 昆虫学报，(4)：472-475.

[6] 孔祥磊, 沈均贤, 杨星科. 2007. 昆虫的听觉 [C]// 中国昆虫学会全国会员代表大会暨学术年会.

[7] 李成林，刘江伟，邵红光，等. 1996. 果蝇求爱歌的声学分析 [J]. 声学技术，15(1)：29-30.

[8] 李孟楼. 2005. 资源昆虫学 [M]. 中国林业出版社.

[9] 那杰，车菲，王月婷，等. 2011. 昆虫弦音器及其声音感受分子机制 [J].现代生物医学进展, 11(5)：935-938.

[10] 那杰，于维熙，李玉萍，等. 2008. 昆虫触角感器的种类及其生理生态学意义 [J].沈阳师范大学学报(自然科学版), (2)：213-216.

[11] 尚玉昌. 1986. 昆虫的感觉和通讯 [J].生物学杂志，(3)：45-48.

[12] 邵红光，里敦，张咸宁，等. 1997. 果蝇*nasuta*亚群求爱歌的种间识别与进化遗传学研究 [J]. 遗传学报，24(4)：311-321.

[13] 隋艳晖, 徐洪富, 孙淑君，等. 2003. 昆虫发声行为的研究现状 [J]. 山东农业大学学报(自然科学版)，(3)：443-446.

[14] 万永菁, 王博玮, 娄定风. 2019. 基于三维卷积神经网络的虫音特征识别方法 [J]. 计算机应用，39(9)：2744-2748.

[15] 王孟卿, 陈红印, 杨定. 2010. 双翅目昆虫的婚飞 [J]. 昆虫知识，47(6)：1280-1286.

[16] 王珊, 那宇鹤, 冷雪,等. 2010. 昆虫的听觉器官 [J]. 应用昆虫学报, 47(4)：652-656.

[17] 王书荣. 1978. 自然的启示 [M]. 上海科学技术出版社.

[18] 王银元，杨翠娥. 2012. 昆虫对声音特异反应及其在害虫防治中应用 [J]. 上海农业科技，(1)：110-111.

[19] 袁越, 王隽奇, 钟忠，等. 1992. 时域-频域结合分析法——一种分析果蝇求爱歌的新方法 [J]. 遗传学报, (6)：497-509.

[20] 张志涛，张玉芬. 1990. 昆虫声通讯及其应用于害虫测报的可能性 [J]. 中国植保导刊，(2)：42-44.

[21] 赵丽稳, 王鸿斌，张真，等. 2008. 昆虫声音信号和应用研究进展 [J]. 植物保护，34(4)：5-12.

[22] Ai Hiroyuki. 2013. Sensors and sensory processing for airborne vibrations in silk moths and honeybees [J]. Sensors (Basel)，13(7):9344-9363.

[23] Belton P and Costello R A. 1979. Flight Sounds of the Females of Some Mosquitoes of Western Canada [J]. Entomologia Experimentalis et Applicata，26(1):105-114.

[24] Bennet-Clark H C. 1971. Acoustics of Insect Song [J]. Nature, 234(5327):255-259.

[25] Boekhoff-Falk G. 2010. Hearing in *Drosophila* : Development of Johnston's organ and emerging parallels to vertebrate ear development [J]. Developmental Dynamics，232(3):550-558.

[26] Cator L J, Arthur B J, Harrington L C, *et al*. 2009. Harmonic Convergence In The Love Songs Of The Dengue Vector Mosquito [J]. Science，323(5917):1077-1079.

[27] Fullard J H, Dawson J W, and Jacobs D S. 2003. Auditory encoding during the last moment of a moth's life [J]. The Journal of experimental biology，206(Pt 2):281-294.

[28] Hoenderop J G J , Voets T , Hoefs S , *et al.* 2003. Homo- and heterotetrameric architecture of the epithelial Ca^{2+} channels TRPV5 and TRPV6 [J]. The EMBO Journal, 22(4):776-785.

[29] Ishikawa Y，Fujiwara M，Wong J, *et al*. 2019. Stereotyped Combination of Hearing and Wind/Gravity-Sensing Neurons in the Johnston's Organ of *Drosophila* [J]. Frontiers in physiology，10:1552.

[30] Johnson B J and Ritchie S A. 2016. The Siren's Song: Exploitation of Female Flight Tones to Passively Capture Male *Aedes aegypti* (Diptera: Culicidae) [J]. Journal of Medical Entomology，53(1):245-248.

[31] Lakes-Harlan R，Stolting H，and Stumpner A. 1999. Convergent Evolution of Insect Hearing Organs from a Preadaptive Structure [J]. Proceedings Biological Sciences，266(1424):1161-1167.

[32] Lapshin D N and Vorontsov D D. 2017. Frequency organization of the Johnston's organ in male mosquitoes (Diptera, Culicidae) [J]. Journal of Experimental Biology，220(Pt 21):3927-3938.

[33] Lapshin D N and Vorontsov D D. 2018. Low-Frequency Sounds Repel Male Mosquitoes *Aedes diantaeus* N.D.K. (Diptera, Culicidae) [J]. Entomological Review，98(3):266-271.

[34] Na Y E, Jung J W, and Kwon H W. 2016. Identification and expression patterns of two TRPV channel genes in antennae and Johnston's organ of the dengue and Zika virus vector mosquito, *Aedes aegypti* [J].

Journal of Asia Pacific Entomology，19(3):563-569.

[35] Pantoja-Sanchez H，Vargas J F, Ruiz-Lopez F, *et al.* 2019. A new approach to improve acoustic trapping effectiveness for *Aedes aegypti* (Diptera: Culicidae) [J]. Journal of Vector Ecology，44(2):216-222.

[36] Robert D, Read M P, and Hoy R R. 1994. The tympanal hearing organ of the parasitoid fly *Ormia ochracea* (Diptera, Tachinidae, Ormiini). Cell & Tissue Research, 275(1):63-78.

[37] Simões P M V, Gibson G, and Russell I J. 2017. Pre-copula acoustic behaviour of males in the malarial mosquitoes *Anopheles coluzzii* and *Anopheles gambiae s.s.* does not contribute to reproductive isolation [J]. Journal of Experimental Biology，220(Pt 3):379-385

[38] Todi S V, Sharma Y, and Eberl D F. 2004. Anatomical and molecular design of the *Drosophila* antenna as a flagellar auditory organ [J]. Microscopy Research & Technique，(6):388-399.

[39] Tuck E J, Windmill J F C, and Robert D. 2009. Hearing in tsetse flies? Morphology and mechanics of a putative auditory organ [J]. Bulletin of Entomological Research，99(2):107-119.

[40] Virant-Doberlet M and Cokl A. 2004. Vibrational communication in insects [J]. Neotropical Entomology，33(2):121-134.

[41] Voets T，Talavera K，Owsianik G, *et al.* 2005. Sensing with TRP channels [J]. Nature Chemical Biology，1(2):85-92.

[42] Voets T , Janssens A , Droogmans G , *et al.* 2004. Outer Pore Architecture of a Ca^{2+}-selective TRP Channel [J]. Journal of Biological Chemistry, 279(15):15223.

[43] Yager D D. 1999. Structure, development, and evolution of insect auditory systems [J]. Microscopy Research and Technique, 47(6):380-400.

[44] Yellen，Gary. 2002. The voltage-gated potassium channels and their relatives [J]. Nature, 419(6902):35-42.

中国水稻重要害虫褐飞虱研究现状：基于WOS数据库分析*

刘雨芳**，赵文华，阳　菲，谢美琦

（湖南科技大学生命科学学院，园艺作物病虫害治理湖南省重点实验室 湘潭 411201）

摘　要：为了解中国学者研究水稻重要害虫褐飞虱关注的重点或热点问题，统计分析了中国学者研究褐飞虱且被Web of Science数据库收录的SCI论文。结果表明，在Web of Science™核心合集中共检索到中国褐飞虱研究者发表SCI论文859篇，被引频次11 682，论文来源于421个研究机构，来源出版物205种。其中有5篇高被引论文，占论文总量的0.58%，被引频次总计572，引用贡献率占4.9%。中国第一篇关于褐飞虱研究的SCI论文发表于1991年。这些论文分布在Web of Science分类的43个研究方向的58个类别中。所展示的研究内容集中在以下几方面：有杀虫剂及抗性生理与害虫化学防治，褐飞虱的生物化学与分子生物学，褐飞虱种群生态学及进化与营养关系，褐飞虱发育生理学与迁飞，水稻害虫生物防治因子等。近五年中国学者对褐飞虱研究的论文量增长迅速，研究趋势从对褐飞虱的发育、化学防治与抗性研究扩展成为广泛的多学科交叉、渗透融合、微观与宏观结合的整合研究。中国在WOS数据库平台展示的对褐飞虱研究主要内容，符合中国的研究实际。建议加强褐飞虱迁飞、空间监测及种群灾害性爆发机制研究，为褐飞虱绿色防控与水稻安全生产提供更丰富的理论指导。

关键词：中国，褐飞虱，水稻安全生产，Web of Science数据库

---

*　基金项目：国家重点研发计划（2017YFD0200400）

**　作者简介：刘雨芳，女，博士，教授，从事农业昆虫学与生物安全评价研究。E-mail：yfliu2011@126.com

A Study of An Important Pest *Nilaparvata lugens* On Rice in China: An Analysis Based On Web of Science Database

Liu yufang*，Zhao wenhua，Yang fei，Xie meiqi

（College of Life Science, Hunan University of Science and Technology, Hunan Province Key Laboratory for Integrated Management of the Pests and Diseases on Horticultural Crops, Xiangtan 411201, China）

Abstract: To understand the current state，key and hot issues of research on brown planthopper *Nilaparvata lugens*，an important pest on rice in China，SCI articles on *N. lugens* written by Chinese researchers in Web of Science database were retrieved and analyzed. The result showed that a total of 859 SCI articles were published in 205 journals by Chinese authors from 421 institutes. These articles had been cited 11682 times. Five highly cited papers account for 0.58% of the total number of papers, and had been cited 572 times, accounting for 4.9% of the total citation times. The first SCI paper on *N. lugens* by Chinese authors was published in 1991. These papers are distributed in 43 research directions and 58 categories of web of science classification. The research mainly focused on as follow: insecticides and their resistance physiology and chemical control of insect pests, biochemistry and molecular biology on *N. lugens*, population ecology, evolution and nutrition relationship of *N. lugens*, developmental physiology and migration of *N. lugens*, and the biological control agents of rice pests. In the last five years, the number of research paper on *N. lugens* by Chinese scholars has been growing rapidly. The research trend extends from development, chemical control and resistance to integrated research of *N. lugens*. It is represented by the wide range of interdisciplinary intersections, infiltration and fusion, and the combination of micro-macro methods and technologies. The main research content on *N. lugens* presented in the WOS database is in accordance with the study situation in China. We suggest that the study on the migration, the space monitoring and the mechanism of the disastrous outbreak of the population on *N. lugens* should be strengthened to provide richer theoretical guidance for the ecological control this pest.

Key words: Chnia；*Nilaparvata lugens*,；safe production of rice, Web of Science database（WOS）

褐飞虱 *Nilaparvata lugens*（Stål）是威胁水稻生产的重要害虫（Huang et al., 2001; Yuan et al., 2014; Wang et al.,2018），具有迁飞性，每年通过长距离迁飞进入中国、日本和韩国的水稻种植区，刺吸水稻汁液，传播植物病毒，严重发生时可引起水稻大面积死亡（Chen et al., 2010; Wang et al.,2018a）。20 世纪 70 年代初，褐飞虱在我国大暴发，严重危害水稻安全生产。2005年，褐飞虱又在我国大部分稻作区爆发成灾，使水稻生产蒙受巨大损失，其发生有越来越严重的趋势，引起我国昆虫学研究者对褐飞虱的广泛关注，开展了大量的相关研究，如种群生物学与发生规律（刘瑞莹等，2018）、致害性（李波等，2019）、爆发成灾机理、迁飞（程遐年等，1979；包云轩等，2018）、发育生物学（石保坤等，2014）、生物化学（Zhou et al., 2018）与分子生物学（Huang et al., 2001; Zhao et al., 2016; Xue et al., 2018 ）、杀虫剂敏感性（王彦华等，2009；何苾妍等，2019 ）、抗性进化（Wu et al., 2018 ）、抗性风险评估（Liu and Han, 2006）与抗性机制（Wen et al., 2009; Yang et al.,2018）、水稻抗褐飞虱机制（Wei et al., 2009；Zhao et al., 2016）、生态适应性、防治策略（Wang et al., 2018b）与害虫管理（Wang et al., 2018a；阳菲等2020）等，在国际国内留下了大量的研究文献。

对褐飞虱的研究蓬勃发展，但目前缺少对已积累的大量褐飞虱文献的系统分析。基于大量科技文献事实的分析方法最初仅用于定量分析学术出版物或科学文献（Niu et al., 2014; 刘雨芳，2016），或通过计数来评估某个特定主题文献增长情况。随着大数据的迅速发展，该方法已成为被公认的有效分析工具，全面系统地分析给定主题的研究现状、趋势与热点（刘雨芳等，2019；刘雨芳等，2020），有利于全面了解学科研究历史，并从宏观角度探讨不同研究主题之间的关系，彰显新兴研究领域与学科知识结构（刘雨芳，2016; Liu et al., 2017）。

本文通过检索，获得ISI Web of Science（简称WOS）数据库收录的中国研究者发表的褐飞虱主题研究SCI论文，并对其进行数据统计与共现分析，得到中国学者研究褐飞虱的总体概况、重点与热点问题，为全面了解中国对褐飞虱的研究、促进交流与相关领域的发展，促进水稻安全生产起到重要的理论与实践意义。

1 材料与方法

1.1 数据来源与时间

数据来源于Web of Science™核心合集。检索策略为："TS=*Nilaparvata lugens*"和"CU=CHINA"；"Language＝English"与"Document type=Article"；时间跨度=1900-2018，索引=SCI-EXPANDED, SSCI, A&HCI, CPCI-S，CPCI-SSH, BKCI-S, BKCI-SSH, ESCI, CCR-EXPANDED, IC.；通过高级检索途径完成检索。检索日期：2019年2月26 日。

1.2 分析方法

对检索获取的文献原数据进行信息数据转换、提取与同类项合并，对机构合作、关键词构建全列矩阵并进行共现分析（刘雨芳，2017; Liu et al., 2017; 刘雨芳等，2019），揭示中国学者对褐飞虱研究在国际国内合作情况与重点研究内容。

2 结果与分析

2.1 中国褐飞虱研究SCI论文量及影响力

WOS论文量是科研活动在国际上表现成果产出的现实反映，是评价某领域科学研究活跃程度的重要指标之一。尽管检索时间跨度为1900~2018年，但WOS核心合集中，最早的论文收录子库为SCI-EXPANDED，文献收录始于1986年，因此，实际发生数据的时间跨度可重新定义为1986~2018年。1986~2018年，在WOS数据库共检索到中国研究者关于褐飞虱研究的论文859篇，其中中国作者第1篇褐飞虱研究SCI论文发表于1991年。从1991年始至2018年，中国各年有关褐飞虱研究SCI论文量、年度论文贡献率及趋势见（图1）。根据WOS数据库中褐飞虱研究各年度发表论文数量，中国研究者在国际上展现对褐飞虱的研究可分为起步期、积累期、慢速增长期与快速增长期四个时期：1991~2000年为起步期，年发文量0~2篇；2001~2007年为积累期，年发文量低于20篇；2008~2013年为慢速增长期，年发文量由24篇增长到66篇；2014~2018年为快速增长期，年发文量由88篇增长到117篇。整体呈现显著增长趋势，对其数量发生趋势进行回归分析，符合多项式回归方程$y=0.3647x^2-3.2827x+8.1745$, $R^2=0.9753$，相关性很高。

在859篇SCI文献中，被引频次总计11 682次，篇均引用次数13.6，h-index=49。从引文分析可知，中国对褐飞虱研究，其SCI文献被引用量可以明显分为三个阶段，第一阶段为1991~2006年，领域影响力有限，年引用频次低于100，年度引文贡献率低于1%；第二阶段从2007~2013起，领域影响力逐渐增强，年引用频次均高于100但低于1000，年度引文贡献率高于1%但低于10%；第三阶段从2014~2018年，年度引用频次均高于1000，且从2014年被引用1015次迅速增加到2018年被引用2234次，较第二阶段起点增长15.96倍，呈显著增长趋势（图2）。

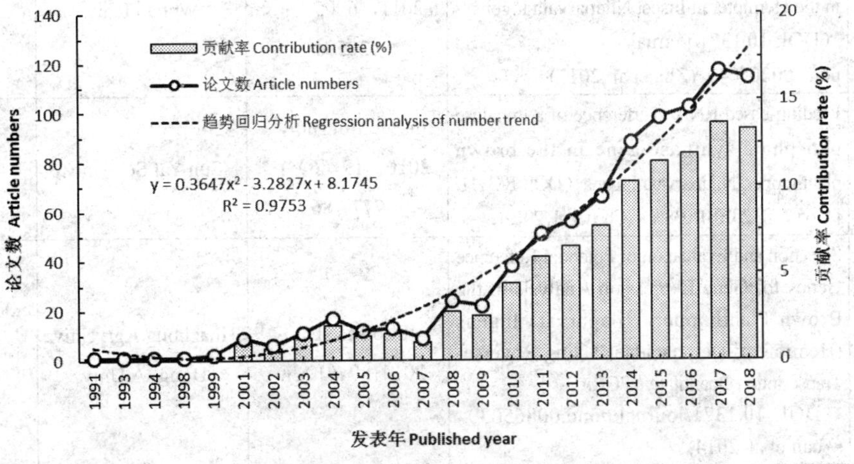

图1 中国褐飞虱研究SCI论文量

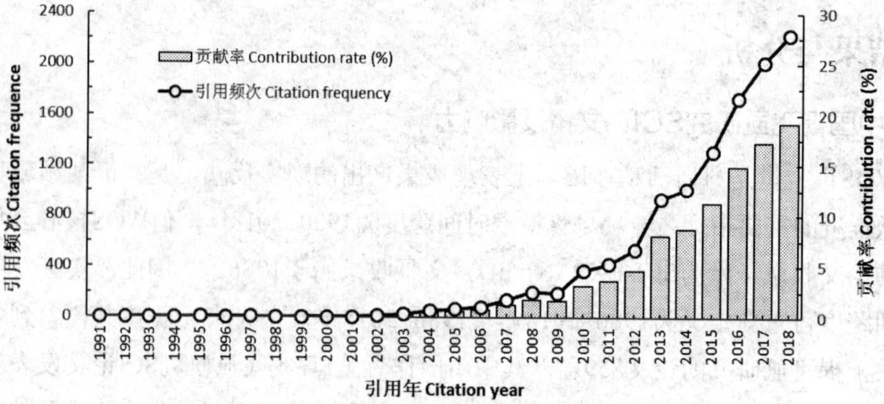

图2　中国褐飞虱研究SCI论文引用分析

859篇SCI文献中，有5篇高被引论文（highly cited papers），占论文总量的0.58%；被引频次总计572，引用贡献率占4.9%；篇均引用114.4次，为全部论文篇均引用的8.41倍；h-index=5。这些研究论文在学科里产生较大的影响。高被引论文的作者、题目、DOI、来源、机构、引用频次详见表1。

表1　高被引论文信息

作者	题目与DOI Title and DOI	来源 Source	机构 Institute	引用频次 Cited frequency
Du Bo et al.	Identification and characterization of Bph14, a gene conferring resistance to brown planthopper in rice （10.1073/pnas.0912139106）(Du et al.,2009)	Proc Natl Acad Sci USA，2009，106（52）：22163-22168	Wuhan Univ. Chinese Acad. Sci.	196
Zha Wenjun et al.	Knockdown of Midgut Genes by dsRNA-Transgenic Plant-Mediated RNA Interference in the Hemipteran Insect Nilaparvata lugens（DOI: 10.1371/journal.pone.0020504）(Zha et al.,2017)	PLoS ONE，2011，6（5）：e20504	Wuhan Univ.	147
Chen J et al.	Feeding-based RNA interference of a trehalose phosphate synthase gene in the brown planthopper, Nilaparvata lugens（DOI: 10.1111/j.1365-2583.2010.01038.x）(Chen et al., 2010)	Insect Mol Biol，2010，19（6）：777-786	Sun Yat Sen Univ.	132
Yuan Miao et al.	Selection and Evaluation of Potential Reference Genes for Gene Expression Analysis in the Brown Planthopper, Nilaparvata lugens (Hemiptera: Delphacidae) Using Reverse-Transcription Quantitative PCR.（DOI: 10.1371/journal.pone.0086503）(Yuan et al, 2014)	PLoS ONE，2014，9（1）：	Huazhong Agr. Univ. Dong- A Univ.	67

续表

作者	题目与DOI Title and DOI	来源 Source	机构 Institute	引用频次 Cited frequency
Zhao Yan et al.	Allelic diversity in an NLR gene BPH9 enables rice to combat planthopper variation. （DOI: 10.1073/pnas.1614862113）(Zhao et al., 2016)	Proc Natl Acad Sci USA，2016，113（45）：12850-12855	Wuhan Univ. Huazhong Agr. Univ. Michigan State Univ. Beijing Genom. Inst.	30

2.2 中国研究褐飞虱的机构与国际合作

859篇关于褐飞虱研究的SCI论文源自421个中国研究机构及与中国机构有合作的国际研究机构，位居前5位的机构依次为浙江大学、南京农业大学、中山大学、扬州大学与华中农业大学，其褐飞虱研究SCI论文量分别为210、188、103、82与76篇，占中国褐飞虱研究WOS 收录文献的76.72%。文献量≥44篇的机构进入中国褐飞虱研究SCI论文量Top10机构（图3）。

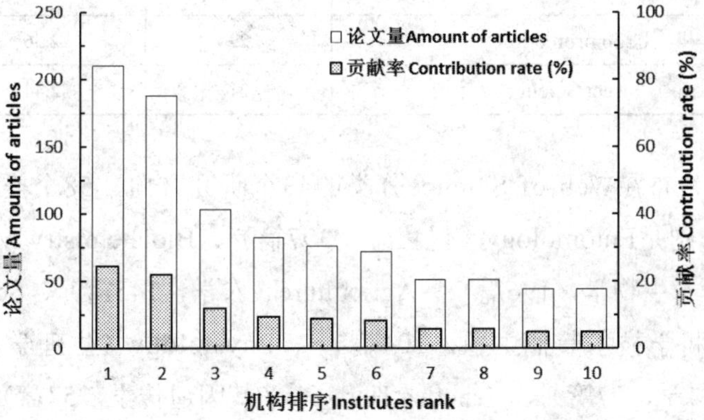

图3　中国研究褐飞虱SCI论文前10位机构*

*1.浙江大学Zhejiang University；2.南京农业大学Nanjing Agricultural University；3.中山大学Sun Yat Sen University；4.扬州大学Yangzhou University；5.华中农业大学Huazhong Agricultural University；6.中国农业科学院Chinese Academy Of Agricultural Sciences；7.中国水稻研究所China National Rice Research Insititute；8.武汉大学Wuhan University；9.中国科学院Chinese Academy Of Sciences；10.浙江农业科学院Zhejiang Academy Of Agricultural Sciences.

在前100个研究机构中，有USDA ARS（美国农业部农业研究服务中心）、Rothamsted Research（洛桑研究所，英国）、Texas A&M University（德州农工大学，美国）、Michigan State University（密西根州立大学, 美国）、Charles Sturt University（查尔斯特大学, 澳大利亚）等18个国外大学或研究所，与中国褐飞虱研究的机构与团队有广泛的合作。

2.3 中国褐飞虱研究SCI论文来源出版物与研究方向

859篇研究褐飞虱的SCI论文来源于205种期刊，贡献率≥1%的出版物23种，共509篇，占论文总量59.25%。被索引文献量≥21篇的出版物进入前10位，被收录论文347篇，占论文总量的40.4%（表2）。

表2 SCI文献量top 20的来源出版物

排名 Ranking	来源出版物 Source journals	文献量 Amount of papers	贡献率(%) Contribution rate (%)	最新影响因子 IF(2017–2018)
1	Pest Management Science	49	5.70	3.249
2	Pesticide Biochemistry and Physiology	48	5.59	3.440
3	Journal of Economic Entomology	46	5.36	1.936
4	Scientific Reports	46	5.36	4.122
5	PLoS ONE	41	4.77	2.766
6	Environmental Entomology	26	3.03	1.661
7	Insect Biochemistry and Molecular Biology	25	2.91	3.562
8	Journal of Asia-Pacific Entomology	23	2.68	0.875
9	Crop protection	22	2.56	1.920
10	Insect Science	21	2.44	2.091

859篇论文分布在Web of Science分类的43个研究方向、58个类别中。位于前10位的研究方向分别是Entomology（昆虫学，397篇）、Biochemistry Molecular Biology（生物化学与分子生物学，196篇）、Agriculture（农学，145篇）、Science Technology Other Topics（科学技术其他主题，104篇）、Physiology（生理学，95篇）、Plant Sciences（植物科学，77篇）、Genetics Heredity（基因遗传学，57篇）、Biotechnology Applied Microbiology（生物技术应用微生物学，48篇）、Chemistry（化学，46篇）、Environmental Sciences Ecology（环境科学生态学，32篇），表明中国褐飞虱研究与生物学及其相关学科方向、农学、科学技术其他学科方向和化学学科产生了广泛的交叉渗透融合研究。

2.4 中国对褐飞虱研究在国际上展示的研究内容分析

关键词是能够代表论文主题或研究重点的核心词组，通过分析某研究领域的论文集合中关键词的集合度可以揭示该学科领域研究内容与研究重点。

对研究褐飞虱的859篇SCI论文的关键词进行提取，共获得关键词2087个，人工清洗后得到有效关键词2054个。对出现频次前100位的关键词，合并实质等同调整后，得到关键词78个，构建78×78全列矩阵。出现频次≥10的核心关键词有29个，截取前29×29全列子矩阵，对其进行共现分析，得到共现图（图4）。再以关键词

"*Nilaparvata lugens*"（褐飞虱）为中心，构建与"*Nilaparvata lugens*"有共现关系的单列矩阵，对其进行共现分析，得到共现图（图5）。

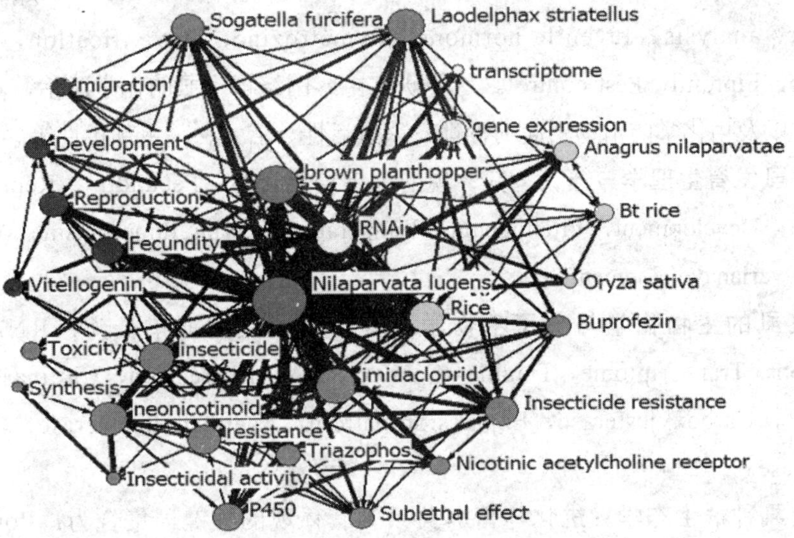

图4　出现频次≥10的29个核心关键词共现图

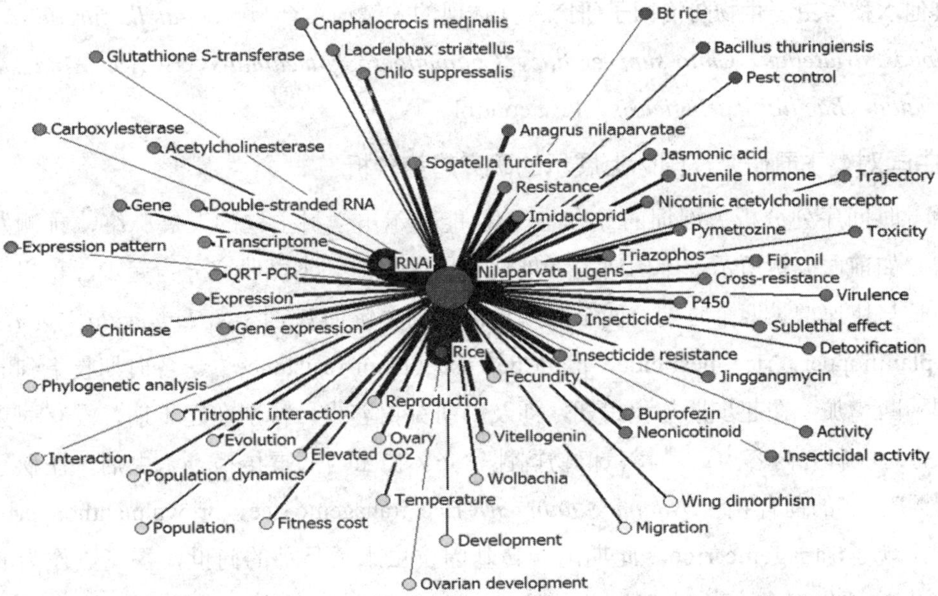

图5　*Nilaparvata lugens*与核心关键词共现图

综合归类分析图4与图5，可知中国学者对褐飞虱的研究通过SCI论文在国际上展示的重点或热点研究内容为以下几个方面：

褐飞虱的化学防治、杀虫剂及抗性生理研究　其体现的关键词集合为：

Insecticide，Imidacloprid，Resistance，Neonicotinoid，Insecticide resistance, P450，Sublethal effect，Nicotinic acetylcholine receptor，Triazophos，Toxicity，Buprofezin，Synthesis， Insecticidal activity，Jasmonic acid，Cross-resistance，Jinggangmycin，Trajectory analysis，Juvenile hormone，Pymetrozine，Detoxification，Activity，Virulence，Fipronil，Pest control。这一研究内容围绕褐飞虱的化学防治，重点研究杀虫剂种类以及由化学防治物引起的毒性、杀虫活性与活力、杀虫剂抗性等。

褐飞虱发育生理学与迁飞　其体现的关键词集合为：Fecundity，Reproduction，Migration，Development，Vitellogenin，Temperature， Wing dimorphism，Wolbachia，Ovary，Ovarian development。

褐飞虱的生物化学与分子生物学　其体现的关键词集合为：RNAi，Gene expression，Transcriptome，Double-stranded RNA，Expression，Chitinase，Gene，QRT-PCR，Carboxylesterase，Expression pattern，Acetylcholinesterase，Glutathione S-transferase。

褐飞虱种群生态学、进化与营养关系　其体现的关键词集合为：Population，Interaction，Phylogenetic analysis，Evolution，Population dynamics，Fitness cost，Elevated CO_2，Tritrophic interaction。

其他水稻害虫、生物防治因子研究　其体现的关键词集合为：*Sogatella furcifera*，*Laodelphax striatellus*，*Chilo suppressalis*，*Cnaphalocrocis medinalis*，Bt rice，*Anagrus nilaparvatae*，*Bacillus thuringiensis*，Pest control。

2.5　中国对褐飞虱研究在国际上展示的研究趋势分析

循着时间序列分析关键词的分布与变化 能揭示出学科主题的发展脉络，预测发展方向。如前面分析所示，中国研究者展现在国际上对褐飞虱研究分为起步、积累、慢速增长与快速增长四个时期。四个时期均出现的关键词有5个：*Nilaparvata lugen*，brown planthopper，rice, pesticide，plant defense（plant resistance）。各时期收集到的主题词不断增加，在起步期与积累期，涉及的研究内容少，特别在起步期，没有词频F ≥ 5的词，研究内容为：滞育、植物抗性、介体昆虫与病毒传播、杀虫剂。在积累期，调频F ≥ 5的词有4个：*Nilaparvata lugen*，rice, transgenic rice，brown planthopper，高频词出现了transgenic rice。此期随着转基因抗虫水稻品种的问世，褐飞虱作为非靶标害虫的评价对象、抗性产生及其抗性机制得到广泛研究，基因表达等分子生物学研究内容初现，生物防治因子稻虱缨小蜂（*Anagrus nilaparvatae*）及杀虫剂抗性（insecticide resistance）与昆虫抗性（insect resistance）也成为较高词频的词。在慢速增长期，调频F ≥ 10的词有8个：*Nilaparvata lugens*，brown planthopper，rice，imidacloprid，insecticides，fecundity，resistance，RNAi；调频F ≥ 5的词有21

个。该期里，化学杀虫剂在防治上的研究得到进一步发展，大量杀虫剂名如吡虫啉（imidacloprid）、新烟碱类（neonicotinoid）成为超高频或高频关键词，与此并行的研究有杀虫剂的毒性、活力与抗性等。在快速增长期，调频F ≥ 10的词16个：*Nilaparvata lugens*，RNAi，brown planthopper，Rice，*Sogatella furcifera*，*Laodelphax striatellus*，neonicotinoids，resistance，insecticide，P450，fecundity，insecticide resistance，reproduction，imidacloprid，sublethal effect，transcriptome；调频F ≥ 5的词多达51个。分析超高频词不难发现，杀虫剂、杀虫剂抗性与抗性机制、亚致死效应、对种群繁殖的影响及其他水稻害虫等，仍然是主要研究内容。分析高频词可知，其研究内容非常丰富而广泛，包含了生物化学、分子生物学、翅型分化发育与迁飞、生物防治、生态适合性等。研究趋势从褐飞虱的发育、化学防治与抗性研究向多学科广泛交叉、互相渗透、微观与宏观结合的整合研究发展。

3 结论与讨论

中国在WOS数据库平台展示的对褐飞虱研究的主要内容符合中国的研究实际，重点围绕杀虫剂及抗性生理与害虫化学防治、褐飞虱发育生理学与迁飞、褐飞虱种群生态学及进化与营养关系展开研究，近5年来对褐飞虱RNAi、基因表达等生物化学与分子生物学研究内容越来越重视。对褐飞虱基因数据、RNAi研究的积累将可能催生出全新的褐飞虱控制技术。中国在褐飞虱研究领域处于世界领先地位。同期发表褐飞虱研究SCI论文量占全球第2位与3位的分别是日本与美国，他们的论文数分别为214与197篇，远低于中国，且日本有13篇论文、美国有81篇论文是与中国作者合作完成。日本对褐飞虱研究主要关注其迁飞及与迁飞相关的生物型、发育等内容（Otuka et al., 2010），其次是杀虫剂及与之相关的杀虫剂毒性、敏感性、抗性、防治等研究（Matsumura et al., 2008；Babcock et al., 2011; Onozaki et al., 2017）。大数据分析能较容易发现重大的科学规律。采用关键词频率与共现分析法可以生动地展示某领域的研究重点与特点、规律及基本状况等，从而得出该研究领域的重点和趋势（Keiser & Utzinger, 2005; Raan, 2005; 刘雨芳等,2020），超高频与高频核心关键词更能客观反映该领域的研究热点。

褐飞虱是一种对水稻有明显专食性的长距离迁飞性害虫，没有真正的滞育越冬特性。终年繁殖区位于北纬19°以南的海南岛南端，我国广大稻区第二年春、夏季突然增长的长翅型成虫，是由南方终年繁殖区迁飞而来，且秋季又由北向南回迁越冬（程遐年等，1979）。尽管我国已有很多专家学者在开展褐飞虱的生物防治与生态调控研究（徐红星等，2017），但因为其田间研究的生态性与复杂性，特别是褐飞虱的迁飞性，让其能够在空间与时间上躲避不利于其生存与种群延续的环境，给褐飞虱的防治带来了困难。目前在生产实际中，仍主要依靠化学防治手段。以乡、镇或更大范围的虫情预报与化学防治指南针对性不强，与实际虫情发生所需有效的个案防治指导存在较大差距，普遍存在农民同时施用多种农药与超过推荐剂量喷施杀虫剂的现象。体现在研究中就是大量的研究杀虫剂品种、药效、抗性及围绕这些内容开展的生化与分子生物学研究论文与信息（顾中言等，2018；何佳春等，2019）。建议加强对褐飞虱的迁飞依赖气象与生态等条件的基础性研究与空间监测，及时掌握在不断变化条件下褐飞虱种群的迁飞规律以及种群灾害性爆发机制，同时，加强生境管理，发挥生态调控功能（刘雨芳等，2019a），为褐飞虱绿色防控与水稻安全生产提供更丰富的理论指导。

参考文献

[1] 包云轩,唐辟如,孙思思,等. 2018. 中南半岛前期异常气候条件对中国南方稻区褐飞虱灾变性迁入的影响及其预测模型[J]. 生态学报，38(08)：2934-2947.

[2] 程遐年, 陈若篪, 习学, 等. 1979. 稻褐飞虱迁飞规律的研究[J]. 昆虫学报, 22(1)：1-2.

[3] 顾中言，徐广春，徐德进. 2018.杀虫剂防治水稻褐飞虱的有效利用率分析[J].农药学学报，20(06)：704-714.

[4] 何苾妍，杨鹏，李文浩，等. 2019. 长翅型与短翅型褐飞虱对杀虫剂的敏感性比较[J].农药学学报，21(02):175-180

[5] 何佳春，李波，谢茂成，等. 2019. 新烟碱类及其他稻田杀虫剂对褐飞虱的室内药效评价[J].中国水稻科学，33(05)：467-478.

[6] 李波, 何佳春, 万品俊, 等. 2019. 我国褐飞虱若干地理种群致害性的研究[J]. 环境昆虫学报, 41(1)：9-16.

[7] 刘瑞莹, 肖子衿, 贺静澜, 等. 2018. 迁飞性害虫褐飞虱对地磁强度变化的种群适合度响应[J]. 昆虫学报, 61(8)：957-967.

[8] 刘雨芳，2016. 基于WOS文献计量的转Bt基因抗虫水稻研究国际动态分析[J]. 应用昆虫学报，53(3)：648-659.

[9] 刘雨芳，2017. 基于WOS与CSCD文献计量的中国昆虫学研究透视(2011—2016) [J] . 应用昆虫学报，54(6)：898-908.

[10] 刘雨芳，杨荷，阳菲，等. 2019. 生境异质性与生物多样性关系研究态势分析[J]. 华中昆虫研究，15：260-268

[11] 刘雨芳，杨荷，阳菲，等. 2019a. 生境异质度对稻田捕食性天敌及水稻害虫的生态调节有效性[J]. 昆虫学报,627：857-867

[12] 刘雨芳，赵文华，阳菲，等. 2020. 基于CNKI分析的我国农田捕食性昆虫资源与应用[J]. 应用昆虫学报, 57(01):70-79.

[13] 石保坤, 胡朝兴, 黄建利, 等. 2014. 温度对褐飞虱发育、存活和产卵影响的关系模型[J]. 生态学报，34(20)：5868-5874.

[14] 王彦华，苍涛，赵学平，等. 2009. 褐飞虱和白背飞虱对几类杀虫剂的敏感性[J]. 昆虫学报，52(10)：1090-1096.

[15] 徐红星，郑许松，田俊策，等. 2017. 我国水稻害虫绿色防控技术的研究进展与应用现状. 植物保护学报，44(06):925-939.

[16] 阳菲,杨荷,赵文华，等. 2020. 有机肥对稻田节肢动物群落的影响及其Top-down效应[J].应用昆虫学报, 57(01):153-165.

[17] Babcock J M, Gerwick C B, Huang J X, *et al.* 2011. Biological characterization of sulfoxaflor, a novel insecticide [J]. *Pest Management Science*, 67(3): 328-334.

[18] Chen J, Zhang D, Yao Q, *et al.* 2010. Feeding-based RNA interference of a trehalose phosphate synthase gene in the brown planthopper, *Nilaparvata lugens* [J]. *Insect Molecular Biology*, 19(6): 777-786.

[19] Du B, Zhang W, Liu B, *et al.* 2009. Identification and characterization of *Bph14*, a gene conferring resistance to brown planthopper in rice [J]. *Proceedings of the National Academy of Sciences,* 106(52): 22163-22168.

[20] Huang Z，He G，Shu L，*et al.* 2001. Identification and mapping of two brown planthopper resistance genes in rice [J]. *Theoretical and Applied Genetics*, 102(6): 929-934.

[21] Keiser J, Utzinger J. 2005.Trends in the core literature on tropical medicine: A bibliometric analysis from 1952–2002 [J]. *Scientometrics*, 62(3): 351-365.

[22] Liu Y F, Sun L C, Jiang Y L, 2017. Bibliometric review of research on phytoplankton in water quality assessment [J]. *Acta Ecologica Sinica*, 37(3):165-172.

[23] Liu Z W, Han Z J, 2006. Fitness costs of laboratory-selected imidacloprid resistance in the brown planthopper, *Nilaparvata lugens* Stål [J]. *Pest management science*, 62(3): 82-279.

[24] Matsumura M, Takeuchi H, Satoh M, *et al.* 2008. Species - specific insecticide resistance to imidacloprid and fipronil in the rice planthoppers Nilaparvata lugens and Sogatella furcifera in East and South-east Asia[J]. *Pest Management Science: formerly Pesticide Science*, 64(11), 1115-1121.

[25] Niu B, Hong S, Yuan J, *et al.* 2014. Global trends in sediment-related research in earth science during 1992–2011: a bibliometric analysis [J]. *Scientometrics*, 98(1): 511-529.

[26] Onozaki Y, Horikoshi R, Ohno I, *et al.* 2017. Flupyrimin: a novel insecticide acting at the nicotinic acetylcholine receptors [J]. *Journal of agricultural and food chemistry*, 65(36), 7865-7873.

[27] Otuka A, Matsumura M, Sanada-Morimura S, *et al.* 2010. The 2008 overseas mass migration of the small brown planthopper, Laodelphax striatellus, and subsequent outbreak of rice stripe disease in western Japan [J]. *Applied Entomology and Zoology*, 45(2), 259-266.

[28] Raan A F J V, 2005. For your citations only? Hot topics in bibliometric analysis [J]. *Measurement Interdisciplinary Research and Perspectives*, 3(1): 50-62.

[29] Riley J R, Cheng X N, Zhang X X, *et al.* 1991. The long-distance migration of *Nilaparvata lugens* (stal) (Delphacidae) in china: radar observations of mass return flight in the autumn [J]. *Ecological Entomology*, 16(4): 471-489.

[30] Wang W, Wan P, Lai F, Zhu T, Fu Q, 2018a. Double-stranded RNA targeting calmodulin reveals a potential target for pest management of *Nilaparvata lugens* [J]. *Pest Management Science*, 74(1): 1711-1719.

[31] Wang X, Liu Q, Meissle M, *et al.* 2018b. Bt rice could provide ecological resistance against nontarget planthoppers [J]. *Plant Biotechnology Journal*, 16(10): 1748-1755.

[32] Wei Z, Hu W, Lin Q S, *et al.* 2009. Understanding rice plant resistance to the brown planthopper (*Nilaparvata lugens*): a proteomic approach [J]. *Proteomics*, 9(10): 2798-2808.

[33] Wen Y, Liu Z, Bao H, Han Z, 2009. Imidacloprid resistance and its mechanisms in field populations of brown planthopper, *Nilaparvata lugens* Stål in China [J]. *Pesticide Biochemistry and Physiology*, 94(1):

36-42.
[34] Wu S F, Zeng B, Zheng C, *et al.* 2018. The evolution of insecticide resistance in the brown planthopper (*Nilaparvata lugens* Stål) of China in the period 2012-2016 [J]. *Scientific Reports*, 8(1): 4586.
[35] Xue W H, Xu N, Yuan X B, *et al.* 2018. CRISPR/Cas9-mediated knockout of two eye pigmentation genes in the brown planthopper, *Nilaparvata lugens* (Hemiptera: Delphacidae) [J]. *Insect Biochemistry and Molecular Biology*, 93: 19-26.
[36] Yang Y, Yu N, Zhang J, Zhang Y, Liu Z, 2018. Induction of P450 genes in *Nilaparvata lugens* and *Sogatella furcifera* by two neonicotinoid insecticides [J]. *Insect Science*, 25(3): 401-408.
[37] Yuan M, Lu Y H, Zhu X, *et al.* 2014. Selection and evaluation of potential reference genes for gene expression analysis in the brown planthopper, *Nilaparvata lugens* (Hemiptera: Delphacidae) using reverse-transcription quantitative PCR [J]. *PLos ONE*, 9(1): e86503. doi:10.1371/journal.pone.0086503.
[38] Zha W J, Peng X X, Chen R Z, *et al.* 2017. Knockdown of midgut genes by dsRNA-transgenic plant-mediated RNA interference in the Hemipteran insect *Nilaparvata lugens* [J]. *PLoS ONE,* 6(5): e20504.
[39] Zhao Y, Huang J, Wang Z, Jing S, *et al.* 2016. Allelic diversity in an NLR gene *BPH9* enables rice to combat planthopper variation [J]. *Proceedings of the National Academy of Sciences*, 113(45): 12850-12855.
[40] Zhou J, Yan J, You K, *et al.* 2018. Characterization of a *Nilaparvata lugens* (Stål) brummer gene and analysis of its role in lipid metabolism [J]. *Archives of Insect Biochemistry and Physiology*, 97(3): e21442.

天牛肠道细菌多样性及其降解纤维素研究进展*

盘碧琼[1**]，苏冉冉[1]，郑霞林[1]，陆　温[1]，王小云[1***]

（广西大学农学院，南宁 530004）

摘　要：纤维素是植株的重要组成成分，是丰富的可再生资源，其利用有助于缓解资源短缺的现状。纤维素降解酶是纤维素高效利用的关键。食木性昆虫以纤维素作为营养物质，能够高效降解纤维素。天牛是蛀木性昆虫，源于肠道微生物的及天牛自泌性的纤维素降解酶可能不同程度地共同参与其降解纤维素的过程。因此，天牛肠道细菌多样性对了解天牛的消化机制、利用其纤维素降解酶有重要的意义。本文重点介绍了天牛肠道细菌多样性及其在纤维素降解方面的进展，为后续天牛肠道细菌降解菌的筛选利用提供参考。

关键词：天牛；肠道细菌多样性；纤维素；纤维素降解菌

人类一直面临着资源短缺问题，尤其在资源消耗不断增长背景下。1970年我国物质消耗（Domestic Material Consumption，DMC）为21.3亿吨，占全球资源开采比重的7.9%，但发展至2017年，消耗达351.9亿吨，较1970年增长15.5倍，占全球资源比重也增加到38.2%（王红等，2019）。因此，开发和利用新型清洁能源，采用能源替代方案势在必行。纤维素是世界最丰富的可再生资源之一，常占植物干重35%~50%，在替代方案中潜能巨大（李宏伟等，2020），如作物秸秆、农作物残余物和废弃的木材等回收利用。但纤维素降解效率是限制其利用的关键，在实际运用和工业化生产中因效率低、成本高而受到限制。因此，需要研发高效的纤维素降解酶来解决问题。自然界中，纤维素可被天然降解利用。昆虫种类繁多，多种昆虫体内含有可降解纤维素的细

*　基金项目：广西大学高层次人才引进项目

**　第一作者：盘碧琼；E-mail: 2933516484@qq.com

***　通讯作者：王小云；E-mail: wxy8771@163.com

菌，昆虫肠道中的微生物因而成为多种工业所需新型降解酶的重要来源，在新害虫防治策略和降解纤维素方面具有重要意义（Ziganshina et al., 2018）。不同昆虫肠道细菌多样性及纤维素降解菌筛选研究不仅可以了解昆虫的消化机制，同时可作为候选纤维素降解酶提供宝贵来源（Ziganshina et al., 2018）。我国天牛种类多，多数食木，是木质纤维素降解菌的天然资源库。因此，本文综述了天牛肠道细菌多样性及其降解纤维素研究进展，以促进天牛肠道纤维素降解菌的开发利用。

1 肠道细菌多样性

1.1 昆虫肠道细菌多样性

昆虫的种类数量繁多。研究表明昆虫的种类多样性与其体内共生微生物密切相关，这些共生微生物直接或者间接的参与昆虫的生理生化活动，影响其生长发育。其中，昆虫肠道细菌作用尤为突出（杨云秋等，2018）。昆虫肠道细菌的分类鉴定可以通过传统的微生物学方法即对肠道微生物群进行分离分析表型特征来区别，也可以通过昆虫肠道的微生物群落进行测序，通过16SrDNA技术得到相应的序列与已知的细菌系列进行同源性比较得到不同的细菌种类，表示昆虫肠道细菌的多样性（车旭婷，2019）。不同种类的昆虫肠道细菌的类群也不一样，食物、生态环境和自身结构都会对体内肠道细菌的多样性有影响。肠道细菌中，营养协同作用是研究要点，例如，协助宿主消化、降解和合成营养物质等（车旭婷，2019）。很多木食性昆虫可以利用肠道体内的细菌来降解纤维素，比如天牛。

1.2 天牛肠道细菌的研究

目前，天牛肠道细菌多样性的研究多有报道。例如，光肩星天牛（*Anoplophora glabripennis*）、桑天牛（*Apriona germari*）、松墨天牛（*Monochamus alternatus* Hope）和星天牛（*Anoplophora chinensis*）等（表1）。表1中报道较多的桑天牛（*Ap. germari*）和光肩星天牛（*An. Glabripennis*）中比较发现，同种天牛的优势肠道细菌略有不同，可能因自身或外界因素条件的不同而表现不同的优势菌种，如食物。Broderick等（2012）在通过室内饲养研究黑腹果蝇（*Drosophila melanogaster*）证实昆虫肠道内的优势细菌菌种会受到食物来源的影响。Hu等（2017）研究发现不同龄期松墨天牛（*M. alternatus*）幼虫肠道细菌群落及优势菌群与食物种类有关。昆虫肠道细菌群落也受寄主发育阶段的影响，研究表明天牛幼虫和成虫阶段的摄食活动和肠道环境的不同，影响肠道细菌菌群（Kim et al., 2016）。

表1 近些年天牛科昆虫肠道细菌研究

天牛科 *Cerambycidae*	肠道细菌研究结果
光肩星天牛 *Anoplophora glabripennis*	蜜蜂球菌属（*Melissococcus Bailey* and *Collins*）为优势肠道细菌（Schloss *et al.,* 2006）。 幼虫肠道以中肠杆菌科（*Enterobacteriaceae*）为优势菌（Podgwaite *et al.,* 2013）。 幼虫肠道细菌丰富度以肠杆菌科中的变形杆菌（*Proteus*）为主，且不因寄主植物的不同有影响（Scully *et al.,* 2018）。
桑天牛 *Apriona germari*	利用纤维素-刚果红琼脂培养基分离培养从天牛幼虫中得到属兼性厌氧纤维素分解菌的纤维素单胞菌属（*Cellulomonas*）（曹月青等，2001）。 利用传统的方法研究天牛肠道微生物的多样性，共得到21种不同的细菌，发现葡萄菌属（*Stahylococcus*）为优势菌种（何正波等，2001）；利用16S rRNA序列分析法研究桑天牛同样得到优势菌种为葡萄球球菌属（冯霞，2005）。 通过DGGE方法分析，从天牛肠道中得到24种不同的细菌种类；使用RFLP方法分析天牛肠道微生物16S rDNA克隆文库，得到50种不同的细菌菌种（陈金华等，2008）。 研究该虫发现肠道内常驻细菌为短芽孢杆菌（*Bacillus brevis*）和苏云金芽孢杆菌（*B. thuringiensis*）（何伟，2008）。 成虫肠道内的优势菌为克雷伯氏菌属（*Klebsiella*）（袁秀洁等，2011；李会平等，2012）。
松墨天牛 *Monochamus alternatus* Hope	经羧甲基纤维素钠和刚果红筛选得到154株肠道纤维素降解菌，其中噬纤维细菌科细菌（*Siphhonobacter aquaeclarae*）为优势菌（胡霞等，2016）。 1、5龄期的幼虫肠道细菌以欧文氏菌属（*Erwinia*）为优势菌；3、4龄期以肠杆菌属最多；2龄幼虫以肠道细菌占优势（未分类）（胡霞，2017）。 以滤纸为唯一碳源分离出20株具有木质素降解功能的细菌，其中，黏质沙雷氏菌（*Serratia marcescens*）为优势菌种（傅慧静，2017）。 松墨天牛肠道细菌群落中以变形杆菌（*Proteobacteria*）（48.2%）为优势菌，其中，厚壁菌（*Firmicutes*）（45.5%）；其次是放线菌（*Actinobacteria*）（5.2%）（Kim et al., 2016）。 肠道细菌中变形杆菌门（Proteobacteria）和厚壁菌门（Firmicutes）占最多的，其中肠杆菌属（*Enterobacter*）、拉乌尔菌属（*Raoultella*）、沙雷氏菌属（*Serratia*）、乳球菌属（*Lactococcus*）和假单胞杆菌（*Pseudomonas*）占主导地位（Chen et al., 2020）。
星天牛 *Anoplophora chinensis*	内肠杆菌为优势肠道细菌（Rizzi A. et al., 2013）。
长角灰天牛 *Acanthocinus aedilis* 家茸天牛 *Trichoferus campestris* 红缘眼花天牛 *Acmaeops septentrionis* *Callidium coriaceum* *Chlorophorus herbstii*	变形杆菌是5种天牛中肠道的主要类群；放线菌在*Ac. septentrionis*、*T. campestris*中含量最高，厚壁菌主要存在于*Ac. aedilis*幼虫肠道（Mohammed et al., 2018）。

2 肠道细菌降解纤维素的机制

2.1 纤维素的结构

纤维素在自然界中是最丰富的可再生资源，它广泛存在于植物中，植物通过本身的光合作用来进行补充。地球上每一年光合作用合成的植物总量为1×10^{11}吨，而纤维素约占植物量的50%（白洪志，2008），所以纤维素在我们生活中是常见的物质，如果可以充分利用就可以节省非常多的能源。首先，纤维素是一种碳水化合物，分子量约50000~2500000，化学组的碳、氢、氧占值分别为44.44%、6.17%和49.39%，分子式为：（$C_6H_{10}O_5$）n，其中n是葡萄糖苷数目，一般称作聚合度，不同的纤维素分子中葡萄糖的残基数目有很大不同，其聚合度也不一样（白洪志，2008；徐伟佳，2010）。纤维素的结构比较稳定，存在氢键使得其在常温下不溶于水也不溶于有机溶剂，所以在降解上会有一定的难度。纤维素是一种链状高分子聚合物，由D-葡萄糖以β-1，4糖苷键结合起来的链状聚合体，多个纤维素分子平行排列成小束，纤维束里会有一些高度整齐排列的分子为结晶区，结晶区又被一些无定形区分隔开，后许多小束有组成小纤维，一条植物纤维素就是由许多小纤维组成的，具有不溶于稀酸和稀碱的刚性结构（白洪志，2008；陈洪章，2014）。只有通过纤维素降解酶才能将其水解。植株主要为纤维素、半纤维素和木质素，在自然界中大部分是以木质纤维素形式存在（杨登峰等，2014；杨艳，2016）。在木食性昆虫中木质纤维素是其主要的营养成分，尤其在昆虫幼虫时期，更是重要的营养来源，但木质纤维素结构复杂，分子量大，难以直接被肠道内细胞直接吸收利用，降解存在很大难度（傅慧静，2017）。另外，木质组织的固氮含量非常低，主要由木质纤维素形式的碳水化合物组成，有些还有植物化学物质严密保护。但是，食木昆虫进化了多种互补的机制来应对这些问题，并逐渐适应这些互补机制，这种适应性主要包括宿主的选择行为、与微生物共生体系的关系及内在消化和解毒能力，使其可以食用活的宿主植物（Mason et al., 2016）。同时食木性昆虫以纤维素作为营养来源，其体内有着可以降解纤维素的酶，可以将致密的纤维素结构降解，转化成自身的能源。

2.2 纤维素降解酶

1906年Seilliere从蜗牛的消化液中发现了纤维素酶后，纤维素降解酶的研究就备受关注（孙一博，2013）。至今，经历了三个发展阶段。第一阶段，纤维素酶分离及降解机理研究。在1912年首次分离获得纤维素酶后，研究学者运用生物化学的方法对纤维素酶进行分离纯化，但因为纤维素酶的活性低且结构复杂，不易转化，进程十分缓慢。在1950年的时候Cl-CX纤维素酶的作用机理假说被提出。第二阶段，纤维素酶改造。基因工程的发展，人们开始试着从改造或者克隆基因来纯化纤维素酶，在这一阶段已经初步成功克隆和测序部分纤维素酶的基因，纤维素酶的研究获得巨大进展。第三阶段，生物工程化阶段。是从蛋白质工程出发，研究纤维素酶的结构和功能（孙一博，2013）。纤维素酶又分成三种类型的水解酶，分别为内切葡聚糖酶（endi-1,4-β-D-glucanase，EC.3.2.1.4，简称EG）；外切葡聚糖酶（exo-1，4-β-D-glucanase，EC.3.2.1.91）；β-葡萄糖苷酶（β-glucosidase，EC.3.2.1.21，简称BG）（白洪志，2008）。这三种酶有各自的功能，内切葡聚糖酶可以将纤维素分子的β-1,4糖苷键断开，外切葡聚糖酶可以在纤维素分子的还原或非还原端切开糖苷键，形成纤维二糖，β-葡萄糖苷酶接着把纤维二糖降解成单个葡萄糖分子（白洪志，2008）。目前，昆虫肠道细菌纤维素降解菌鉴定主要通过以上三种类型的降解酶特性，运用平板分离的方法来验证筛选。天牛体内纤维素的酶解反应主要分成三个部分，一是纤维素与纤维素酶相互接触；二是纤维素酶被纤维素吸附，并且进行扩散；三是降解纤维素中纤维束的结晶区和无定形区，通过外切葡聚糖酶和β-葡萄糖酶的相互作用，纤维素降解酶的作用尤为关键（梅慧珍，2016）。

3 天牛纤维素降解酶

纤维素降解酶的来源非常广泛，昆虫、细菌、真菌、放线菌和原生动物等都可以产生纤维素降解酶。昆虫体内的纤维素降解酶有多种来源。第一种是来源于昆虫体内的微生物。肠道独特的理化性质和丰富的营养供应，使其成为微生物繁殖和发展的便利场所。据估计自然界大概有10%以上的昆虫体内含有共生的微生物（黄胜威，2012）。在1995年已有研究表明细菌可以有效地降解纤维素，构建复杂的纤维素酶解体系（Tomme et al.，1995）。研究发现，昆虫取食也可能是引入纤维素降解菌的方式（曹月等，2001），但食物摄入微生物降解菌的数量一般很少，对昆虫消化纤维素作用可能较小。研究表明木食性昆虫肠道内生长着许多微生物，而且数量可能超过昆虫自身细胞总数，同时正常的肠道微生物菌是其宿主的重要组成部分，参与宿主的生理功能（胡霞等，2018；陈金华，2008）。天牛体内的纤维素降解菌多有报道。

第二种是来源于昆虫自身肠道分泌的内源性酶，即昆虫可以依靠自身分泌纤维素酶来降解纤维素。人们在研究软体动物的纤维素酶的研究中在无菌的肝胰腺中发现了纤维素酶活性，证实了动物体内存在着内源性的纤维素酶（梅慧珍，2016）。研究发现，星天牛、桔褐天牛和桑粒肩天牛这三种常见的天牛体内的纤维素酶是自身分泌的内源性纤维素酶，而不是来源于其他的生物（蒋书楠等，1995；杨登峰，2011）。研究表明，星天牛幼虫星天牛利用自身中肠组织分泌的内源性纤维素木聚糖酶来消化食物（董亚敏，2001），进一步证实了星天牛体内存在内源性纤维素降解酶。现代测序技术的发展使得天牛的生理生化研究更加深入，相关基因的鉴定也是纤维素降解酶可能来自其自身的一个证据。

纤维素在昆虫体内的水解机制颇有争议。现有研究表明，天牛的有关纤维素降解酶主要分布在中肠，产生纤维素酶的主要场所（胡霞等，2018）。天牛降解纤维素可能是肠道微生物与自泌性纤维素降解酶的共同作用的结果。另外，不同类型的天牛降解纤维素的机制有差别，这可能跟栖息环境和食物等有一定的关系。因此，天牛体内的纤维素降解酶来源及作用机制还有待进一步研究。

4　天牛肠道纤维素降解菌

世界上的天牛种类有35000种之多，仅在我国已报道2000多种，绝大多数的天牛种类都以木本植物为食（金明霞等，2019）。天牛多在植物的韧皮部和木质部间取食，其体内有着可以降解纤维素的酶，不同的天牛种类有不同的降解纤维素机制，可作为我们降解纤维素的重要的资源库。不同天牛科昆虫的肠道细菌类群不同，并且同种天牛随环境和寄主的不同其肠道细菌群也有不同（傅慧静，2017）。目前，从天牛体内的肠道细菌中已分离出多种可以帮助降解的纤维素降解菌。胡霞等（2018）从松墨天牛（*M. alternatus*）幼虫肠道细菌中，分离出了154株肠道细菌纤维素降解菌，包括了8个菌属、10个菌种，其中噬纤维细菌科细菌占了31.8%作为优势菌，对纤维素的降解能力最强。Chen等（2020）采用16S rRNA测序方法，分析了松墨天牛的肠道菌群多样性，发现肠杆菌属（*Enterobacter*）、拉乌尔菌属（*Raoultella*）、沙雷氏菌属（*Serratia*）、乳球菌属（*Lactococcus*）和假单胞杆菌（*Pseudomonas*）占主导地位，有许多具有纤维素降解能力的菌群。周峻沛（2010）对云斑天牛*B. horsfieldi*幼虫肠道的研究中分离培养得到了100株细菌，经鉴定和筛选后有30%的细菌菌株是可以产生纤维素酶或者半纤维素酶，其中有26个纤维素酶编码基因片段（胡霞等，2018）。苏丽娟等（2015）发现黄星天牛*Psacothea hilaris*、桑天牛的幼虫肠道内存在可以降解纤维素的β-1,4-葡聚糖酶；而刘晨娟等（2010）从桑粒肩天牛肠道中筛选出一株同时具有纤维素酶活和木质素酶活的枯草芽孢杆菌菌株。已有研究为明确天牛体内纤维素降解机制提供了良好的基础，但关于天牛肠道细菌纤维素降解菌的研究相对不足，还需要继续探索如何更好地利用纤维素，避免资源浪费和减少化学能源消耗。

5　展望

目前多种天牛体内发现了变形菌、放线菌、厚壁菌和拟杆菌等具代表性的细菌，具有纤维素降解活性。随着高通量的测序发展，用于鉴定天牛肠道共生菌，为有益共生菌的鉴定和利用提供了便利条件。但是天牛种类繁多，其生物学、生理学和生态学等各个方面仍知之甚少（Ziganshina et al., 2018），对天牛肠道细菌多样性的研究仍然有很大的探索空间。天牛肠道降解纤维素酶的来源对明确其与微生物协同降解纤维素的机制尤为重要。同时，肠道细菌群落也是各种工业中酶的重要来源。天牛肠道细菌群研究，有助于明确肠道微生物在木质素、纤维素、半纤维素的降解过程中的作用，具有重要意义。天牛体内的食物降解机制，也可为新型防治天牛策略的制定提供理论基础。

参考文献

[1] 白洪志. 2008. 降解纤维素菌种筛选及纤维素降解研究 [D]. 哈尔滨工业大学.

[2] 曹月青，殷幼平，董亚敏，何正波. 2001. 桑粒肩天牛肠道纤维素分解细菌的分离和鉴定 [J].微生物学通报2001(01)：9-11

[3] 车旭婷. 2019. 优雅蝈螽肠道微生物多样性研究 [J].河北大学.

[4] 陈洪章. 2014. 纤维素生物技术——理论与实践 [J]. 生物技术通讯25(05)： 663.

[5] 陈金华，王中康，贺闽，殷幼平. 2008. DGGE和RFLP方法分析桑粒肩天牛幼虫肠道微生物多样性 [J]. 生物技术通报2008(06)：115-119.

[6] 陈金华. 2008. 桑粒肩天牛幼虫肠道微生物多样性的分子生物学方法研究 [D]. 重庆大学.

[7] 董亚敏. 2001. 星天牛幼虫木聚糖的消化机制及β-1，4-木聚糖酶的纯化与酶学特性 [D]. 西南农业大学.

[8] 冯霞. 2005. 桑粒肩天牛幼虫肠道优势菌群研究及Cry3A重组质粒载体构建 [D].重庆大学.

[9] 傅慧静. 2017. 松墨天牛肠道细菌多样性和黏质沙雷氏菌木质素降解特性的研究 [D].福建农林大学.

[10] 何伟. 2008.Bt杀虫基因Cry3A在桑粒肩天牛幼虫肠道优势菌和常驻菌中的转化和表达研究 [D]，重庆大学.

[11] 何正波，殷幼平，曹月青，董亚敏，张伟. 2001. 桑粒肩天牛幼虫肠道菌群的研究 [J].微生物学报2001(06)：741-744.

[12] 胡霞，傅慧静，李俊楠，林中平，张飞萍.2018. 松墨天牛幼虫肠道纤维素降解细菌的分离与鉴定 [J]. 福建农林大学学报(自然科学版) 47(03)：322-328.

[13] 黄胜威. 2012.暗黑鳃金龟幼虫肠道微生物分子多态性及纤维素降解菌多样性研究 [D].华中农业大学.

[14] 蒋书楠， 殷幼平，王中康. 1996.几种天牛纤维素酶的来源 [J]. 林业科学(05)：441-446.

[15] 金明霞，刘晓华，严员英，谢谷艾，喻爱林，涂业苟.2019.天牛肠道内容物研究进展 [J].中国植保导刊，39(12)：23-27.

[16] 李会平，袁秀洁，苏筱雨. 2012. 利用PCR-DGGE技术分析桑天牛成虫肠道细菌菌群 [J].蚕业科学38(01)：41-45.

[17] 李宏伟，杨晓洁，向奕舟，林连兵，张棋麟. 2020. 草地贪夜蛾幼虫肠道细菌的分离鉴定及纤维素降解细菌的筛选 [J]. 应用昆虫学报57(03)：608-616.

[18] 刘晨娟，蔡皓，李庆，喻子牛. 2010. 桑粒肩天牛肠道木质纤维素分解细菌的分离和鉴定 [J].化学与生物工程27(07)：66-68.

[19] 刘松. 2017. 竹虫（*Omphisa fuscidentalis*）肠道微生物多样性及纤维素酶学特性研究 [D].中国农业科学院.

[20] 梅慧珍. 2016. 四种天牛纤维素酶特性的比较研究 [D]. 江苏科技大学.

[21] 苏丽娟，高新浩，王石垒，宋安东，王文博. 2015. 桃红颈天牛肠道纤维素降解菌的筛选及其对肉仔鸡生产性能的影响 [J]. 饲料工业36(07)：38-43.

[22] 孙一博. 2013. 高效纤维素降解菌的筛选鉴定及特性研究 [D]. 东北农业大学.

[23] 王红，吴滨. 2019. 全球物质资源利用变化趋势分析 [J]. 重庆理工大学学报(社会科学) 33(12)：37-47.

[24] 徐伟佳. 2010.桑天牛纤维素酶基因CDS区的克隆及其在大肠杆菌中表达的研究 [D]. 西北农林科技大学.

[25] 杨登峰，关妮，米慧芝，杜奇石，张穗生，黄日波. 2011. 眉斑并脊天牛纤维素酶性质的研究 [J]. 广西科学18(03)：261-263.

[26] 杨艳. 2016. 纤维素降解菌的筛选、鉴定及发酵产酶特性研究 [D]. 西华师范大学.

[27] 杨云秋，张勇，陈亦然，张灿，赵天宇，龙雁华. 2018. 昆虫肠道细菌的功能和研究方法 [J].安徽农业大学学报45(03)：512-518.

[28] 袁秀洁，唐秀光，李会平，黄大庄，王达. 2011. 几株桑天牛成虫肠道优势细菌的分离与鉴定 [J]. 蚕业科学37(02)：181-186.

[29] 周峻沛. 2010. 云斑天牛胃肠道内共生细菌来源的纤维素酶和半纤维素酶的初步研究 [D]. 中国农业科学院.

[30] Broderick NA and Lemaitre B. 2012. Gut-associated microbes of *Drosophila melanogaster* [J]. Gut microbes 3(4):307-321

[31] Chen H, Hao D, Wei Z, Wang L, Lin T. 2020. Bacterial Communities Associated with the Pine Wilt Disease Insect Vector *Monochamus alternatus* (Coleoptera: Cerambycidae) during the Larvae and Pupae Stages [J]. Insects 11(6):10.3390/insects11060376

[32] Hu X, Li M, Raffa KF, Luo Q, Fu H, Wu S, Liang G, Wang R, Zhang F. 2017. Bacterial communities associated with the pine wilt disease vector *Monochamus alternatus* (Coleoptera: Cerambycidae) during different larval instars [J]. Journal of Insect Science 17(6):10.1093/jisesa/iex089

[33] Kim JM, Choi MY, Kim JW, Lee SA, Ahn JH, Song J, Kim SH, Weon HY. 2016. Effects of diet type, developmental stage, and gut compartment in the gut bacterial communities of two Cerambycidae species (Coleoptera) [J]. The journal of microbiology 55(1):21-30.

[34] Mason CJ, Scully ED, Geib SM, Hoover K. 2016. Contrasting diets reveal metabolic plasticity in the tree-killing beetle, *Anoplophora glabripennis* (Cerambycidae: Lamiinae) [J]. Scientific reports 6:33813.

[35] Mohammed WS, Ziganshina EE, Shagimardanova EI, Gogoleva NE, Ziganshin AM. 2018. Comparison of intestinal bacterial and fungal communities across various xylophagous beetle larvae (Coleoptera: Cerambycidae) [J]. Scientific reports 8:10073.

[36] Podgwaite JD, D'Amico V, Zerillo RT, Schoenfeldt H. 2013. Bacteria Associated with Larvae and Adults of the Asian Longhorned Beetle (Coleoptera: Cerambycidae) [J]. Journal of Entomological Science 48:128-138

[37] Rizzi A, Crotti E, Borruso L, Jucker C, Lupi D, Colombo M, Daffonchio D. 2013. Characterization of the Bacterial Community Associated with Larvae and Adults of *Anoplophora chinensis* Collected in Italy by Culture and Culture-Independent Methods [J]. BioMed Research International 2013:420287.

[38] Schloss PD, Delalibera I, Handelsman J, Raffa KF. 2006. Bacteria Associated with the Guts of Two Wood-Boring Beetles: *Anoplophora glabripennis* and *Saperda vestita* (Cerambycidae) [J]. Environmental Entomology 35(3):625-629.

[39] Scully ED, Geib SM, Mason CJ, Carlson JE, Tien M, Chen HY, Harding S, Tsai CJ, Hoove K. Host-plant induced changes in microbial community structure and midgut gene expression in an invasive polyphage

(*Anoplophora glabripennis*) [J]. Scientific Reports 8:9620.

[40] Tomme P, Warren RA, Gilkes NR. 1995. Cellulose hydrolysis by bacteria and fungi [J]. Advances in microbial physiology 37:1-81

[41] Ziganshina EE, Mohammed WS, Shagimardanova EI, Vankov PI, Goġoleva NE and Ziganshinet AM. 2018. Fungal, Bacterial, and Archaeal Diversity in the Digestive Tract of Several Beetle Larvae (Coleoptera) [J]. BioMed Research International doi:10.1155/2018/6765438

我国农用杀虫灯生产现状分析*

王　蔻，高　俏，李玲玲，刘　文，雷朝亮，王小平**

（华中农业大学植物科学技术学院，武汉 430070）

摘　要：灯光诱控是重要的害虫物理防治手段。近年来，随着“绿色植保”理念的提出,杀虫灯生产企业的数量与规模发展迅速，杀虫灯产品愈加趋向多样化与复杂化。本文以互联网搜索为信息采集途径，对我国杀虫灯生产与销售现状进行调查，针对杀虫灯的产品与企业分布、产品特点、市场价格等方面进行分析，为杀虫灯生产企业研发提供参考与借鉴。

关键词：杀虫灯；测报灯；企业

Current development status of agricultural insect-pest light trap in China

Kou Wang, Qiao Gao, Ling-Ling Li, Wen Liu, Chao-Liang Lei, Xiao-Ping Wang

（College of Plant Science and Technology, Huazhong Agricultural University, Wuhan 430070）

Abstract: Light trapping is an important tactics for insect pest management. Along with the concept of Green Plant Protection, the number and size of insect-pest light trap manufacturer increased rapidly and the diversity and complexity of insect-pest light traps become greater. In this paper, we analyzes the distribution of manufacturer, structure of light trap production, characteristics and market prices of insect-pest light traps in China using the data of production and sales collected from Internet. This paper provides useful information for production development of agricultural insect-pest light trap manufacturers in China.

Key words: Insect-pest light trap; Forecast light trap; Manufacturer

---

*　基金项目：国家重点研发计划项目“主要经济作物重要及新成灾虫害绿色综合防控关键技术”（2019YFD1002100）

**　通讯作者，xpwang@mail.hzau.edu.cn

害虫是我国农业生产的重大威胁，尽管化学防治仍是害虫防治主要方法，但长期、大量地使用化学农药导致的“3R”等问题，对农业生产、食品安全、生态平衡以及经济发展构成了一定威胁（严雳等，2018），因而开发和利用可替代化学防治方法十分必要。灯光诱杀作为一种有效的害虫物理防治手段，利用夜行性昆虫趋光的行为特性，对害虫进行诱控，可达到害虫防治或虫情监测的目的（边磊等, 2012）。作为一种非化学防治技术，灯光诱杀具有操作简单、使用安全、成本较低等优点，现已在农田、林场、养殖场以及病虫测报站等场所得到广泛应用（王明亮等, 2009; 崔学贵等, 2011; 桑文等, 2018）。

在我国，利用灯光诱控防治害虫具有悠久的历史。在距今2000多年前的《诗经》中就已有“秉彼蟊贼，付畀炎火”的记载。在唐代，古人也曾采用“请夜设火，坎其旁，且焚且瘗”的方法来消灭蝗虫抗击蝗灾（雷朝亮，2019）。20世纪50年代开始，我国曾使用白炽灯进行害虫监测工作；之后，黑光灯、高压汞灯因其诱虫量大、防治效果明显，相继被广泛应用于害虫测报与防治（郭小奇和贠清渊，2010; 赵季秋, 2012）。20世纪90年代，频振式杀虫灯的研制、生产与应用，快速推进了害虫灯光诱杀技术的发展（赵树英, 2002）。为解决田间杀虫灯供能不便、杀虫灯耗能过大、诱虫光波单一等问题，太阳能杀虫灯、LED杀虫灯、双波灯等产品也相继问世（赵建伟等, 2008）。近年来，随着农业信息化的发展，智能杀虫灯、物联网杀虫灯也正逐渐被用于农业害虫的防控（李凯亮等, 2019）。

伴随“科学植保，公共植保，绿色植保”理念的提出与深入，以及在“两减”目标的全力推进下，绿色防控技术的创新与发展势在必行（杨普云等，2014）。杀虫灯作为重要的害虫防治产品，虽已在农林生产中得到广泛认可与应用，但仍存在杀虫特异性差、耗电成本高、智能化程度低等问题（桑文等，2018）；杀虫灯企业的数量与规模发展迅速，杀虫灯产品愈加趋向多样化与复杂化。因此，面向智慧农业的发展需求，如何研发更为安全、环保、经济、高效、智能的杀虫灯，是杀虫灯生产研发企业需要面对的问题。本文将利用互联网对目前我国杀虫灯生产现状进行简要分析，针对杀虫灯的产品与企业分布、产品特点、市场价格等方面展开讨论，为杀虫灯生产研发企业提供一些参考与借鉴。

1　全国杀虫灯生产现状

为直接获取杀虫灯生产企业产品信息，选择以阿里巴巴网站（www.1688.com）作为主要搜索途径，以国家企业信用信息公示系统（www.gsxt.gov.cn）、启信宝（www.qixin.com）、企查查（www.qcc.com）、爱采购平台（b2b.baidu.com）为辅助搜索途径。输入关键词，如“杀虫灯”，进行搜索，将企业按照所属省份进行划分，逐一点击企业详情页面，查看其“供应商品”内是否包含有自主生产杀虫灯类产品，并查看

“公司档案”以明确工商注册信息与经营状态。若存在工商信息不详、企业状态为注销或吊销、无有效产品信息或生产产品为非农用杀虫灯类产品等情况，则不列入统计。此外，利用上述搜索途径及方法对往年《国家支持推广的农业机械产品目录》、各省《绿色防控推介产品名单》、《杀虫灯产业联盟》等信息进行核实与更新，并对杀虫灯生产企业及产品统计信息予以补充。收集杀虫灯类产品的所属省份、生产厂家、产品型号、作用方式、诱虫范围、诱虫灯功率、诱虫灯波长、诱虫灯类型、产品价格、是否采用太阳能供能、是否可自动清虫、是否为测报灯、防治对象和产品特点等信息。将所得信息分类、汇总于Excel软件进行统计分析。

1.1 杀虫灯生产企业及产品分布

目前我国24个省市有杀虫灯生产企业分布，主要分布在江苏、广东、北京、山东、河北5省市，该5省市企业总数占全国的59.9%。其中，江苏省杀虫灯生产企业占比位居全国第一（23.2%），广东次之（14.7%）（图1A）。杀虫灯类产品数量以江苏、浙江、河北、河南、广东5省为多，该5省产品总数占全国的58.1%，其中，江苏省杀虫灯类产品总数占全国总数的14.9%，浙江次之（12.1%）（图1B）。杀虫灯类产品主要分为两大类，即杀虫灯和测报灯，其中以杀虫灯居多，占杀虫灯类产品总数的92.8%，而测报灯仅占杀虫灯类产品总数的7.2%。杀虫灯主要分布于江苏、浙江、河北、河南、广东5省，以江苏省杀虫灯占比最多，达全国总数的16.1%（图1C）。测报灯主要分布于河南、浙江、河北、湖北、贵州5省，以河南省测报灯产品占比最多，达全国总数的37.25%（图1D）。

1.2 杀虫灯产品特点

1.2.1 供能方式

市售杀虫灯供能方式不一，对不同供能方式的杀虫灯数量进行分析发现，78.7%为太阳能杀虫灯。非太阳能杀虫灯主要采用交流电或直流电进行供能，少数产品通过蓄电池供能。

1.2.2 杀虫方式

对杀虫灯的杀虫方式和清虫方式分析发现，杀虫灯以电击式为主（82.2%），其次是风吸式（10.9%），水溺式和撞击式占比较小，分别为3.7%和3.2%。通过对537个电击式杀虫灯产品进行调查发现，其中绝大部分产品采用传统人工手动清虫方式进行清扫（94.2%），少数可实现自动清虫（5.8%）。

1.2.3 诱虫波长

对收集所得杀虫灯产品信息发现（图2），65.2%的杀虫灯未标明具体波长，在已知波长的杀虫灯（34.8%）中，波长为365 nm的产品最多，占产品总数的15.6%，波长为320~680 nm的产品次之（11.9%）。

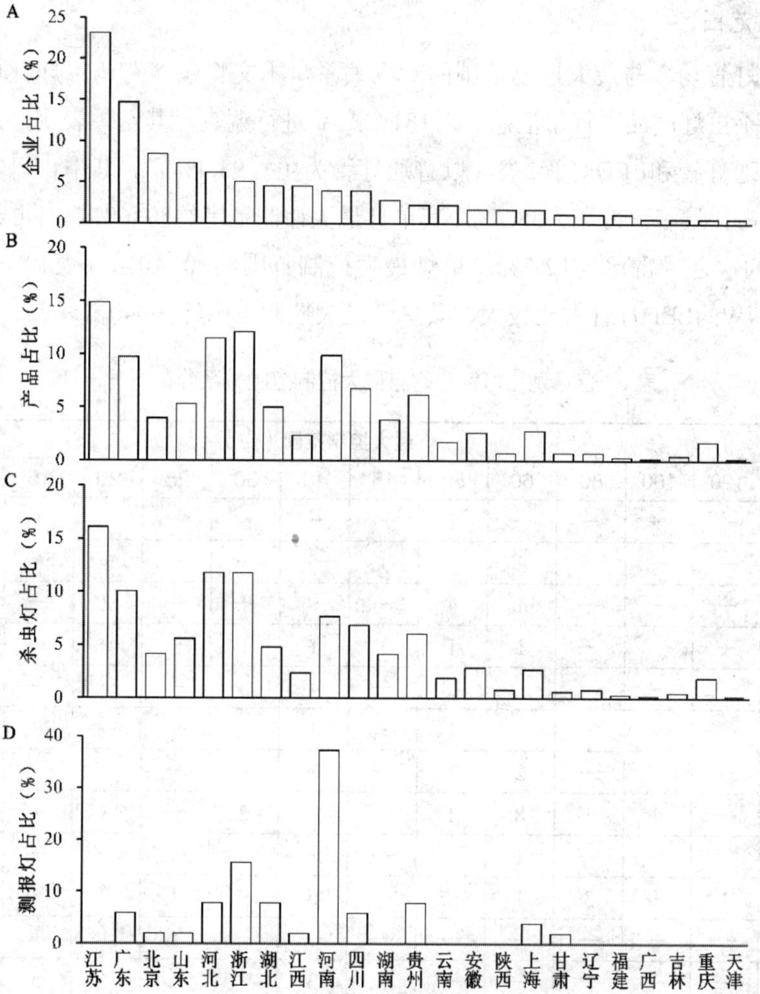

图1　杀虫灯生产企业与产品地理分布

A 企业分布；（B）杀虫灯类产品分布；（C）杀虫灯分布比例；（D）测报灯分布比例

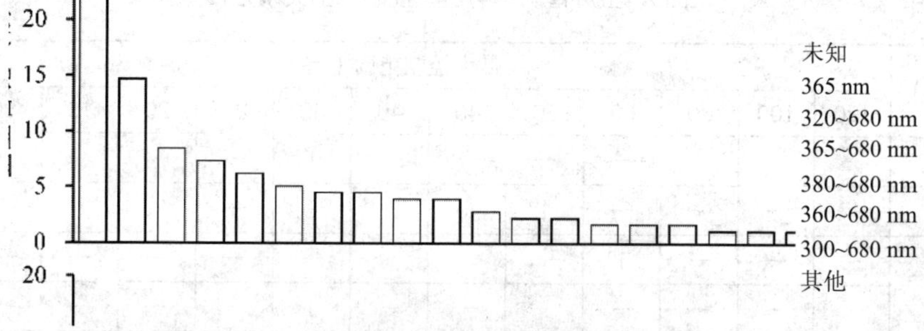

图2　不同诱虫波长杀虫灯产品占比

1.2.4 作用范围

为探究灯管功率与最大控制范围的对应关系，本文将包含有诱虫灯管功率与作用范围信息的杀虫灯产品进行了汇总。对181个产品进行调查，其结果表明，杀虫灯灯管主要分为普通灯管和LED灯管2类，以普通灯管为主（93.4%）。其中，以功率为15W的普通灯管占比最多，占比为38.7%，其单灯最大控制范围约50~60亩（1亩=667m^2）；功率为8W的次之，占比为12.7%，单灯最大控制范围约30~40亩（表1）。LED灯管中，功率为4W的LED灯管占比较大，其单灯最大控制范围约30~40亩（表2）。

表1　普通诱虫灯管功率与最大控制范围关系分布情况

功率（W）	最大控制范围（亩）												
	120	100	80	60	50	45	40	30	25	20	15	10	5
40	—	—	—	—	1	—	—	—	—	—	—	—	—
30	—	—	—	2	—	1	—	—	—	—	—	—	—
20	—	—	—	4	4	—	—	—	—	2	—	—	—
18	—	—	—	1	1	—	1	1	—	—	—	—	—
15	—	—	—	22	18	—	4	6	—	18	—	2	—
12	—	—	—	—	1	—	1	—	—	—	—	—	—
11	—	—	—	2	1	—	1	7	—	—	—	—	—
10	—	4	—	8	1	—	3	2	—	3	1	—	—
9	—	—	—	1	—	—	—	1	—	—	—	2	—
8	1	—	3	1	—	—	5	9	1	2	—	1	—
6	—	—	—	—	—	—	—	—	1	1	—	—	—
5	—	—	—	—	—	—	3	1	1	4	5	—	—
3.5	—	—	—	—	2	—	—	—	—	—	—	—	—
3	—	—	—	—	—	—	—	—	—	—	—	1	—

注：表格内数字代表产品数量，“—”示无产品

表2　LED诱虫灯管功率与最大控制范围关系分布情况

功率（W）	最大控制范围（亩）												
	120	100	80	60	50	45	40	30	25	20	15	10	5
15	—	—	—	—	—	—	—	1	—	—	—	—	—
8	—	—	—	—	1	—	—	1	—	—	—	—	1
6	—	—	—	1	—	—	—	—	—	—	—	—	—
5	—	—	—	—	—	—	—	1	—	—	—	—	—
4	—	—	—	—	—	—	1	4	—	—	—	—	—
3	—	—	—	—	—	—	—	1	—	—	—	—	—

注：表格内数字代表产品数量，“—”示无产品

1.3 杀虫灯市场价格

网上仅调查到329个杀虫灯产品的价格信息，其中：太阳能杀虫灯255个，产品均价为2039.5元（220~20000元）；非太阳能杀虫灯74个；产品均价为462.6元（198~1450元）。太阳能杀虫灯市场均价远高于非太阳能杀虫灯。

对含有价格信息的杀虫灯分析发现：电击式杀虫灯279个，产品均价1259.5元（218~20000元）；风吸式杀虫灯27个，产品均价3074.2元（220~6800元）；撞击式杀虫灯9个，产品均价3269.2元（198~5500元）；水溺式杀虫灯14个，产品均价1080.3元（268~2500元）。撞击式和风吸式杀虫灯市场价格较高，电击式和水溺式杀虫灯产品市场价格较低。

2 当前我国杀虫灯生产存在的问题

2.1 生产企业数量有限，各省份分布不均

从调查数据可知，我国杀虫灯产业存在生产企业数量有限且地理分布不均的情况。江苏、广东、北京、山东、河北5省市杀虫灯企业数占全国总数的近60%，五省产品占全国产品总数的半数以上（图1）。此外，近四成测报灯来自河南省，其余各省分布较少或无分布，企业数量有限、分布不均的问题十分突出。

从地理分布可知，沿海省份在杀虫灯生产中占比较大（图1）。其中，以江苏与广东占比最多，可能是两省雄厚的制造业实力和发达的经济，为杀虫灯产业提供了良好的生产基础与销售市场。内地省份中，河南、四川等省在杀虫灯产业中表现较为突出，因其为农业大省，对杀虫灯需求较大，一定程度上促进了杀虫灯产业的发展。此外，河南省杀虫灯龙头企业“鹤壁佳多科工贸股份有限公司”在杀虫灯行业内发展较早、较为成熟，对杀虫灯企业建设起到一定推广示范作用。四川省的“瑞进特科技有限公司”“成都比昂科技有限公司”等企业与四川农业大学、四川省农科院等高校及科研单位合作，通过“产学研”促进杀虫灯产品的研究与开发（徐瑞清等，2016）。

为保障全国杀虫灯企业均衡、稳健发展，国家及各省市相关部门应完善政策支持体系。对于经济欠发达地区、杀虫灯需求量较大地区，政府可加大专项资金补贴，鼓励企业积极生产。对于先进适用的杀虫灯产品应予以推广，建立产品试验示范基地，形成带头引领作用。企业发展也应与国家产业政策和项目扶持紧密结合，紧跟产业发展方向，积极开展产品交流宣传活动，树立品牌意识，增强产品推动力。同时，推动生产企业与各大高校、科研单位积极交流合作，加大科技研发投入，增强产品创新力（叶贞琴，2013）。

2.2 核心技术缺乏，产品性能单一

2.2.1 诱虫特异性差，威胁生态安全

杀虫灯产品诱虫波长调查显示，波长为365 nm的紫外杀虫灯占比最多（44.8%），

其余多数杀虫灯波长集中在320~680 nm的长波紫外光与可见光光谱范围内（图2），这可能与之前国家标准《植物保护器械 频振式杀虫灯》（GB/T24689.2-2009）中曾规定诱集光源波长为320~680 nm有关。虽然最新版国家标准《植物保护器械 杀虫灯》（GB/T24689.2-2017）已剔除具体诱虫波长要求，但受诱杀效果好或产品更新较慢等原因影响，仍有大量产品使用宽谱波长进行诱虫。然而，不同昆虫对不同波段光谱的敏感性不同，使用广谱诱虫灯会引诱许多非靶标害虫趋向光源（Briscoel and Chittka，2001；杨洪璋等，2014；Kim et al., 2019）。因此，针对不同昆虫趋光敏感波长进行实验筛选，提高杀虫灯产品的诱虫特异性，是杀虫灯研发的重点内容。

从杀虫灯击杀类型来看，电击式在四种类型杀虫灯中占比最大，达八成以上。虽然电击式杀虫灯具有操作简单、杀虫效率高等优点，但对于昆虫触杀并不具有选择性，在接触高压电网后，几乎所有昆虫都会被电击致死。因此，在广谱诱虫波长与高压电网的综合作用下，可对中性昆虫与天敌昆虫造成严重危害，进而影响到物种多样性与生态系统稳定性（桑文等，2019）。为解决益害杀伤比大的问题，在害虫种类单一的环境下，如仓库、鱼塘等地，可通过改变电网间距来防控特定害虫，减少对益虫的诱杀（宋新元等，2005；王圣楠等，2016）。然而，在农田、林地等地，植被条件复杂，物种多样性程度高，仍需研制更为精准的杀虫灯装置以降低益害比（赵建伟等，2008）。例如，在“湖南本业绿色防控科技股份有限公司”所生产的一款风吸式杀虫灯中，通过电扇产生的气流将昆虫吸入集虫瓶，并针对集虫瓶进行设计改造，实现益虫保护。

2.2.2 智能化程度低，缺乏特定调控功能

根据智慧农业的发展趋势，杀虫灯产品也应朝着智能化的方向发展，一方面可以加强杀虫灯的使用安全性，另一方面可以提高杀虫灯工作效率（李凯亮等，2019）。国家标准《植物保护器械 杀虫灯》（GB/T24689.2-2017）中对杀虫灯雨控、温控、故障自动报警等功能做出了一定要求，可保护杀虫灯在恶劣环境条件下不受损害。同时，利用光控、时控、遥控、自动清虫等功能，可根据用户使用需求进行设定，实现精细化调控，起到节约能源、提高效率的作用。但由于以上功能在国家标准中均为“按需增加”，因此在调查过程中发现，许多杀虫灯产品功能有限，智能化程度普遍较低。以电击式杀虫灯清虫方式为例，目前市面上电击式杀虫灯仅有5.8%的产品可实现自动清虫，其余产品仍采用传统人工手动清虫方式，费时费力，大大增加了害虫防治的工作量，给杀虫灯使用带来困扰（刘燕，2012）。因此，通过技术创新，提高杀虫灯产品的智能化水平，是杀虫灯产品创新的必然趋势。

2.2.3 能源损耗大，使用成本较高

利用太阳能电池板为杀虫灯供能很好地解决了田间线路铺设不便，电能损耗较

大等问题（刘强等，2012）。调查显示，在市售杀虫灯产品中，大多数产品为太阳能杀虫灯，但仍有部分产品不可使用太阳能进行供能。然而，太阳能杀虫灯价格整体高于非太阳能杀虫灯。因此，太阳能杀虫灯产品的价格或成为消费者选择的限制因素。企业可通过扩大生产规模、争取节能产品相关补贴等方法，降低太阳能杀虫灯生产成本，促进太阳能杀虫灯的推广与应用。

LED灯因其具有亮度高、射程远、发热低、节能等诸多优点而被作为杀虫灯新光源应用（王彬和程雪，2010）。在分析不同诱虫灯管的功率与诱虫范围对应关系时发现，当控制范围相同时，所需要的LED灯管功率小于普通灯管功率，表现出优秀的节能特点。但调查结果显示，目前LED光源在杀虫灯中的应用占比较少，传统的黑光灯与宽谱诱虫灯仍为杀虫灯诱虫灯管的主流选择（表1与表2），这与LED技术推广较晚、成本相对较高有关。但LED光电转化率远高于传统光源，且使用寿命长，从长远角度来看，其成本更低。当前，应加强LED技术在杀虫灯企业中的推广普及，企业也应结合害虫防治特点，进行专用LED光源的研发，促进新光源的革新换代。除节能外，LED还具有光色纯，光谱较窄的特点（林闽等，2007）。结合昆虫对LED光谱的趋性研究，杀虫灯企业可开发具有不同波长LED灯管的杀虫灯产品，以满足不同条件下的田间害虫防治需求，提高害虫防治效率，并对中性昆虫与天敌昆虫起到一定保护作用。

2.3 生产准入门槛低，市场价格悬殊

对杀虫灯生产企业分析发现，杀虫灯生产企业主要由农用器械公司、生物科技公司、光电能源公司等几类企业组成，其中不乏专业研发生产杀虫灯产品的企业，其产品类型丰富，创新程度高，各项数据指标以及使用说明较为明确。然而，也存在大量灯具厂、照明厂进行杀虫灯的生产与销售，其设计简单，类型单一，甚至缺少详细准确的产品介绍。这一现象反映出杀虫灯市场准入门槛过低、市场监管不足等问题，导致杀虫灯产品良莠不齐，影响了杀虫灯市场的良性竞争，进而阻碍了杀虫灯产业的发展（崔学贵等，2011；王圣楠等，2016）。这可能与当前杀虫灯的政府采购有关，也与杀虫灯应用标准缺乏或是贯标不力有关。

通过电商平台对杀虫灯产品价格调查发现，各种类杀虫灯的制造成本与市场需求的不同，一定程度上体现在杀虫灯市场价格的差异上。例如，具有太阳能电池板的太阳能杀虫灯价格高于非太阳能杀虫灯，应用广泛、工艺较为成熟的电击式杀虫灯与装置简单、生产难度较低的水溺式杀虫灯相比撞击式与风吸式杀虫灯价格普遍偏低。但同时发现，同一种类杀虫灯市场价格悬殊，低至百元，高则上万元，易使消费者在产品选择时产生困惑。该问题可能与电商平台中产品标识不清楚、分类不明确等因素有关，使批发价格、零售价格或配件价格、附加产品价格等相混淆，造成价格混乱、价格悬殊的现象。

3 结束语

受绿色防控理念引导，害虫灯光诱控技术正顺应形势，朝着规范化、多元化、智能化的方向发展。有关部门应根据技术发展与政策要求对国家标准与技术规范进行及时更新补充，不断推进企业技术创新，提升技术可操作性，满足实际生产需求。同时，建立健全市场监督管理机制与价格调控机制，为杀虫灯产业发展提供正确的方向引领，推动杀虫灯企业规模化建设，促进杀虫灯产品整体性能提升，为消费者提供更优质的产品与服务。未来，杀虫灯产品在诱虫灯光与杀虫方式上的选择可趋向个性化，针对田间情况定制产品，在实现害虫的特异性防控的同时保护生态环境。伴随物联网技术的高速发展，杀虫灯智能化也必将成为发展新趋势。利用互联网进行远距离、大范围的操控，实现精准测报、精准管理，减少人员投入，降低农业生产成本，实现产品市场需求与农民增收相结合，推动农业现代化建设。

参考文献

[1] 边磊, 孙晓玲, 高宇, 罗宗秀, 金珊, 张正群, 陈宗懋. 2012. 昆虫光趋性机理及其应用进展. 应用昆虫学报49(6)：1677-1686

[2] 崔学贵, 张立青, 王建法, 李庆生. 2011. 灯光诱虫及专用设备杀虫灯问题研究综述. 现代农业科技(23)：224-226+231

[3] 郭小奇, 贠清渊. 2010. 灯光诱捕昆虫研究概况. 现代化农业 (8)：6-8

[4] 雷朝亮. 2019. 杀虫灯行业应该创新发展. 湖北植保(6)：1-3

[5] 李凯亮, 舒磊, 黄凯, 孙元昊, 杨帆, 张宇, 霍志强, 王彦飞, 王心怡, 卢巧玲, 张亚成. 2019. 太阳能杀虫灯物联网研究现状与展望. 智慧农业1(3)：13-28

[6] 林闽, 姚白云, 张艳红, 热孜望. , 2007. 太阳能LED杀虫灯的研究. 可再生能源 (3)：79-80

[7] 刘强, 黎妹红, 朱明峰, 苏潇潇. , 2012. 太阳能在智能生态农业中的应用. 北华大学学报(自然科学版) 13(3)：344-347

[8] 刘燕. , 2012. 灯光防治害虫技术的应用现状和发展趋势. 中国农机化(4)：34-36

[9] 桑文, 蔡夫业, 王小平, 张舒, 黄求应, 朱芬, 郭墅濠, 雷朝亮. 2018. 农用诱虫灯田间应用现状与展望. 中国植保导刊38(10)：26-30+68

[10] 桑文, 黄求应, 王小平, 郭墅濠, 雷朝亮. 2019. 中国昆虫趋光性及灯光诱虫技术的发展、成就与展望. 应用昆虫学报56(5)：907-916

[11] 宋新元, 张广学, 李学军. 2005. 频振杀虫灯在防治农业害虫中的应用. 作物杂志(1)：30-31

[12] 王彬, 程雪. 2010. 单色光谱LED灯在温室害虫诱杀中的应用. 安徽农业科学38(15)：8216- 8217 +8250

[13] 王明亮, 张玥, 王小平, 周兴苗, 雷朝亮. 2009. 频振式杀虫灯在农业害虫防治上的应用. 湖北植保(S1)：59-61

[14] 王圣楠, 胡宪亮, 王西南. 2016. 杀虫灯防治农林害虫应用技术分析及展望. 山东林业科技46(5)：85-88

[15] 徐瑞清, 雒庆生, 胡桂兰, 杨文丽, 周强. 2016. 基于1688网的杀虫灯生产企业信息分析. 农业装备技术42(3)：28-31

[16] 严霁, 何海洋,陈华保, 龚国淑, 雍太文, 岳艳丽, 杨文钰, 常小丽. 2018. 不同LED单波长杀虫灯对玉米-大豆带状套作模式内主要害虫的诱杀效果. 应用昆虫学报55(5)：904-911

[17] 杨洪璋, 文礼章 易倩, 许浩. 2014. 光波和光强对几种重要农业害虫趋光性的影响. 中国农学通报30(25)：279-285

[18] 杨普云，梁俊敏，李萍，王强. 2014. 农作物病虫害绿色防控技术集成与应用. 中国植保导刊34（12）：65-68+59

[19] 叶贞琴. , 2013. 大力实施绿色防控 加快现代植保建设步伐. 中国植保导刊33(2)：5-9+23

[20] 赵季秋. , 2012. 灯光诱杀害虫技术的发展与应用. 辽宁农业科学(1)：67-68

[21] 赵建伟, 何玉仙翁启勇. 2008. 诱虫灯在中国的应用研究概况. 华东昆虫学报17(1)：76-80

[22] 赵树英. 2002. 佳多频振式杀虫灯的开发与应用. 中国森林病虫(S1)：6-8

[23] 全国农业机械标准化技术委员会. 2010. GB/T 24689.2-2009 植物保护机械 频振式杀虫灯. 北京：中国标准出版社.

[24] 全国农业机械标准化技术委员会. GB/T 24689.2-2017 植物保护机械 杀虫灯. 北京：中国标准出版社, 2018

[25] 中华人民共和国农业农村部. 2015-2017年国家支持推广的农业机械产品目录. 2015-07-11. https://wenku.baidu.com/view/bfc1e05880eb6294dc886c5a.html

[26] 中华人民共和国农业农村部. 2012-2014年国家支持推广的农业机械产品目录 2012-02-24 http://www.moa.gov.cn/govpublic/NYJXHGLS/201203/t20120312_2506566.htm

[27] 中华人民共和国农业农村部. 2012-2014年国家支持推广的农业机械产品目录(2013年度调整). 2013-01-10. http://www.moa.gov.cn/govpublic/NYJXHGLS/201301/t20130115_3198971.htm

[28] 中华人民共和国农业农村部. 2012-2014年国家支持推广的农业机械产品目录(2014年度调整). 2014-01-27. http://www.moa.gov.cn/govpublic/NYJXHGLS/201401/t20140128_3751504.htm

[29] 江苏省植物保护植物检疫站. 江苏省2020年绿色防控产品联合推介名录. 2020-02-28. http://www.jszhibao.com/jsny/website/website_detail?newId=4346

[30] 河北省植保协会. 河北省2019年重点推荐植保产品名录. 2019-02-23. http://www.bfnz.cn/news/news/2701.html

[31] 海南省农业厅. 海南省2017年农作物病虫鼠害绿色防控技术产品推荐名录. 2017-08-01. https://www.sohu.com/a/161325162_362577

[32] 上海市植物保护学会. 上海市2020年其他绿色防控产品推荐名录. 2020-01-10. http://www.agroinfo.com.cn/other_detail_7412.html

[33] 北京市植物保护站. 北京市2019年农作物病虫害绿色防控产品推荐名录. 2019-06-25. http://news.foodmate.net/2019/06/523749.html

[34] 国家统计局. http://data.stats.gov.cn

[35] 成都比昂科技有限公司. http://www.cdbeyond.com/

[36] 鹤壁佳多科工贸股份有限公司. http://www.jiaduo.com

[37] 湖南本业绿色防控科技股份有限公司. http://www.benyelsfk.com

[38] 四川瑞进特科技有限公司. https://mp.weixin.qq.com/s/ZbXDc8aVvPNL32PeyXQGGg

[39] Briscoe A D, Chittka L. 2001. The evolution of color vision in insects. Annual Review of Entomology46: 471-510

[40] Kim KN, Huang QY, Lei CL. 2019. Advances in insect phototaxis and application to pest management: a review. Pest Management Science75(12): 3135-3143

昆虫维生素的研究进展*

张 帅**，邱可睿，谭梓峥，朱 芬***

（湖北省利用昆虫转化有机废弃物国际科技合作基地，华中农业大学，武汉 430070）

摘 要：昆虫维生素已经成为当前热门的研究课题，国内外有了大量的研究成果，本文旨在分析昆虫维生素的研究进展，对昆虫维生素的种类及含量、检测方法和维生素在昆虫中的功能进行了分析整理，以期为昆虫维生素的未来开发提供指导。

关键词：昆虫；维生素；检测方法；功能

Research progress of insect vitamin*

Zhang Shuai **, Qiu Kerui, Tan Zizheng, Zhu Fen ***

（Hubei International Scientific and Technological Cooperation Base for Waste Conversion by Insects, Huazhong Agricultural University, Wuhan 430070）

Abstract: Insect vitamin has become a hot research topic at present. We summarized the research progress of composition, content, detection methods, and function of vitamin in insects. We hope to provide guidance for the future researches of insect vitamins.

Key words: insect; vitamin; detection method; function

维生素是人类、其他动物类生长、发育、繁殖不可缺少的营养物质之一，在生命体中含量低，但在维持生命健康、调节生命机能、活动发挥重要作用。昆虫是世界分

* 基金项目：国家级大学生创新创业训练计划（编号：202010504002）

** 第一作者：张帅，E-mail: 1464473714@qq.com

*** 通讯作者，朱芬，zhufen@mail.hzau.edu.cn

布最广、种类最多、种群数量最大的生物类群，潜在资源开发能力大。为此，本文从昆虫维生素种类、含量、功能等方面进行综述，为推动昆虫维生素的开发利用研究提供参考。

1 昆虫维生素种类、含量

在众多昆虫中，有一类昆虫可供食用或饲用，世界上的科学家已经研究识别出2346种营养丰富的昆虫，我国可食用昆虫种类在100种以上，可供未来开发利用（龙正权和杨政水, 2011）。衡量食用昆虫的重要指标之一就是维生素含量的多寡。已有的研究表明食用、饲用昆虫体内含有维生素A，维生素B1，B2，B6，还有维生素D、E，K，C等，是一座含量丰富的“维生素资源库”，近年来关于从昆虫中提取维生素的研究取得了较大的进展。维生素的种类及含量因昆虫种类的不同而有差异，部分种类的含量超过蔬果、蛋奶肉类的数倍，例如：黄粉虫的维生素含量高于牛奶3~10倍（2002），大麦虫幼虫的维生素E含量在168.64 ~ 264.57 mg/kg，显著高于日常生活中高VE含量的畜禽肉蛋食品（鹅蛋为105.6 mg/kg，鸡肝为18.8 mg/kg）（石冬冬等, 2013）。而且一些昆虫在加工过程中对维生素没有明显影响，这些优势体现了昆虫源维生素的广阔的开发前景：蔬果，肉类的维生素是目前主流的维生素来源。但是由于生产周期长，投入成本高，用于维生素提取并不实际，而昆虫源维生素很好地弥补了这几项缺点。由于昆虫的生长周期较短，生产成本较低，近年来，作为维生素提取的优良资源越来越进入科学家的视线。冯颖等（2006）研究了白蜡虫的维生素含量：维生素A为1.12 mg/kg维生素B_1为2.30 mg/kg、维生素B2为2.70 mg/kg、维生素B6为3.70 mg/kg、维生素PP为56.30 mg/kg、维生素E为0.12 mg/kg。石冬冬等（2013）对不同日龄的大麦虫幼虫分别检测，结果显示不同日龄的幼虫体内维生素E的含量存在显著差异，且随着大麦虫幼虫体重，体长和日龄的增加，其维生素E的含量呈现先降低后增长的趋势，在体重0.551 g，体长4.4 cm（73日龄）时出现最低值，最低值为157.06 mg/kg，在幼虫生长超过73日龄以后，维生素E的含量增长迅速，在体重0.749 g，体长5.1 cm（87日龄）时，达到最大值，最大值为272.58 mg/kg。这项研究成果很好的指导了大麦虫生产时应当在体长5.1 cm时终止饲喂，这样能最大限度地为后续产品提供维生素E。根据文献获得的不同昆虫的维生素种类和含量见表1。

表1 不同种类昆虫的维生素种类及含量(mg/kg)

样品	维生素A	维生素B1	维生素B2	维生素B6	维生素B12	维生素C	维生素D	维生素E	检测方式	文献
黄粉虫	0.019	—	—	—	—	—	0.1045	16.3	干重	许志强等，1996
蝗虫	—	2.2	27.5	—	—	—	—	—	/	殷建忠等，2000
黄蚂蚁	—	0.2	7.3	—	—	—	—	—	/	殷建忠等，2000
油炸中国蜂蛹	—	0.7	3.1	—	—	—	—	—	/	殷建忠等，2000
大黄蜂蜂蛹	—	1.1	3.7	—	—	200	—	—	/	殷建忠等，2000
意大利蜂蜂蛹	—	2.8	2.4	—	—		—	—	/	殷建忠等，2000
短额负蝗	—	0.51	1.52	—	—	0.57	—	3.22	鲜重	韩凤英和阎海芳，2002
黄褐油葫芦	0.0437	—	3.4	—	—	12.2	—	—	鲜重	徐伟等，2005
中华稻蝗	—	—	—	—	—	—	—	655.6	/	刘卫星等，2005
蜜蜂幼虫	29.37~39.27	—	—	—	—	—	153.25~185.75	—	/	刘卫星等，2005
白蜡虫	1.12	2.30	2.70	3.70	—	—	—	0.12	干重	冯颖等，2006
蟋蟀	8.91*10^—5	2.87				—	—	0.651	干重	涂荣秀等，2006
土垅大白蚁	8.25	—	—	—	—	—	2.135	7852	/	龙正权和杨政水，2011
大麦虫幼虫	0.357	—	13.60	—	0.01211	16.04	—	23.49	干重	何伟灵等，2014
蚱蝉	—	28.8	34.8	—	—	0.63	—	—	鲜重	刘敏等，2017

“—”：未报道；“/”：信息不详

2　昆虫维生素的检测方法

维生素分为脂溶性维生素和水溶性维生素两类，脂溶性的维生素包括维生素A，维生素D，维生素E和维生素K，水溶性维生素包括B族维生素以及维生素C。由于昆虫富含各类维生素，且检测方法十分多样，所以选择合适的提取方法尤为重要。殷建忠等（2000）使用荧光法（仪器为960型荧光分光光度计）检测了5种食用昆虫中的维生素B_1、B_2及维生素C的含量。石冬冬（2013）利用高效液相色谱法（仪器为高效液相色谱仪附带紫外检测器）对大麦虫不同日龄的维生素E进行检测。徐伟等（2005）对黄褐油葫芦的研究中，采用三氯化锑比色法测定维生素A，采用荧光分光光度法测定维生素B_2，采用二硝基苯肼法测定维生素C含量。涂荣秀等（2006）采用高效液相色谱法（仪器为高效液相色谱仪配备紫外检测器）测定了蟋蟀的维生素A和维生素E含量，用高效液相色谱仪配备荧光检测器测定了维生素B_2、B_6、B_{12}。可见，对于维生素的测定方法十分多样，即使对于一种维生素也存在几种测定方法，实验人员应结合实际情况，查阅文献以确定所研究昆虫的维生素测定方法。总体上来说，对于脂溶性维生素一般采用高效液相色谱法，而对于水溶性维生素一般采用荧光法测定。

3　维生素在昆虫中的功能

维生素相较其他化合物，在昆虫体内含量很低，但是却是昆虫生长，繁殖的必需物质，主要作为辅酶的形式存在。一旦缺少某种维生素，往往使昆虫的发育受阻，产生病变。Fraenkel and Blewett（1943）以谷盗和蛛甲为实验对象，结果显示B族维生素是其生长不可缺少的营养素。1947年Fraenkel等又研究得出合成叶酸（维生素B_9）是黄粉虫、印度谷螟等6种昆虫重要的生长因子，在缺乏叶酸的情况下，生长非常缓慢或完全停止，死亡率很高。Chararas等（1983）研究了酵母培养滤液中B族维生素在昆虫发育中的作用，结果显示在半棘突幼虫的饲料中添加维生素B使幼虫死亡率从每月75%下降到三个月的死亡率为17%。伊藤智夫等（1985）研究了蚕的维生素营养，显示添食维生素能够抑制脱氧吡哆醇和羟基硫胺素对蚕生长抑制的影响。而维生素缺乏会出现不蜕皮蚕或半蜕皮蚕，这是由于B族维生素在蚕体内作为一种辅酶调节着蚕的生长发育。而且B族维生素能很好地促进蚕的摄食。除此之外，用人工添加L-抗坏血酸的饲料喂养蚕，则蚕生长显著良好，而未添加抗坏血酸的饲料喂养的蚕均死在2龄期，因为1龄蚕由于孵化时幼虫体内存在一定量的抗坏血酸（伊藤智夫等, 1985）。冯倩倩等（2011）深入研究了维生素对蜜蜂生长发育的影响。维生素B_6能够提高哺育蜂的哺育能力；维生素C对幼虫及成峰腺体发育很重要，有效地刺激蜜蜂摄食能力；维生素A能够维持蜜蜂正常的视觉，且只在头部存在，而适应暗光的蜜蜂头部几乎不含有维生素A，结果与Goldsmith等在1964年的研究结果相同；用2.5 mg/kg维生素E糖浆饲喂工蜂，可促进工蜂咽下腺体发育，发育期至少延长5天以上，而且维生素能增强蜜蜂的免疫功能，延长蜜蜂寿命，在饲粮中添加维生素C可使蜜蜂寿命延长15.6%（冯倩倩等，2011）。徐伟等（2005）研究了维生素B_2以NADPⅡ——氧化酶形式保护细胞，对抗氧化作用，增加黄褐油葫芦机体的抗逆能力。

维生素可能具有免疫功能。冯颖等（2006）证明了维生素C，B族，A对于白蜡虫抗突变功能有辅助和互补作用。Douglas等（2017）发现维生素B缺乏为实验室和田间昆虫种群发病率研究提供了新途径。

维生素还对昆虫的光周期反应有密切联系，根据Veerman等（1985）的研究，在低胡萝卜素的条件下，寄生蜂幼虫没有光周期反应，而在寄主的饲料中添加维生素A恢复了寄生蜂对短日照光周期的反应，表明维生素A对于光周期诱导滞育是不可缺少的，可能是维生素A或维生素A衍生物在这种昆虫的光周期反应中起到了感光色素的作用。而具体的诱导生理基础尚不明确。

维生素D是一种脂溶性维生素，也被看作是一种钙、磷代谢的激素前体。昆虫一般不能合成维生素，需要从食物中获得。但是Oonincx等（2018）的研究结果显示一些昆虫可以从头合成维生素D_3，其数量取决于紫外线b（UVb）的辐射强度和暴露时间。飞蝗，蟋蟀，黄粉虫可在紫外线照射后从头合成维生素D_3，但是含量不同。黄粉虫暴露在高强度UVb后，黄粉虫体内维生素D_3的含量会增加，直到在长时间的UVb暴露中达到最大浓度。维生素D_1对昆虫生长有重要作用，昆虫细胞的程序性死亡和细胞增殖的周期恰好与内源性维生素D_1浓度升高的峰值相吻合，维持组织的完整性并防止无控制的有丝分裂。维生素D_1对昆虫表皮细胞的再生导致了未来个体发育阶段结构特征的相互提前发育，表现为幼虫身上再生的蛹角质层局部斑块（Sláma, 2019）。

4 展望

食用、饲用的昆虫有很多种类，但是我们知道其营养价值的昆虫却很有限，所以，加强昆虫维生素检测和提取有很大的研究空间。不仅如此，开发高效率，低成本的维生素提取方法以适应越来越大的市场是很有必要的。昆虫维生素的研究成为研究的热点，多数研究证据显示维生素不仅大量存在于昆虫体内，且在昆虫的生长发育过程中发挥着重要的作用。高等动物的维生素缺乏症，目前已经有相对完备的研究，但是对于昆虫的研究目前尚浅，只知道缺乏后昆虫的生长发育停止，随后逐渐死亡。确定维生素缺乏症的经典办法是将含有丰富维生素的食物与缺乏维生素的食物饲养昆虫，若缺乏维生素的实验组出现异常，就说明了对维生素的需求。而基因组学的研究能为饲养水平上的研究提供证据。但是目前对于基因组上的研究还很匮乏，而且关于维生素影响昆虫生长发育的生理机制、反应过程仍然缺乏深入的研究。

参考文献

[1] 冯倩倩, 胥保华, 刘锋, 李成成, 杨维仁, 2011. 维生素对蜜蜂生长发育的影响. 中国蜂业. 62（1）：14-15.

[2] 冯颖, 陈晓鸣, 何钊, 郭宝华, 马艳, 2006. 白蜡虫抗突变实验与主要功效成分分析. 林业科学研究. 19（3）：284-288.

[3] 韩凤英, 阎海芳, 2002. 短额负蝗的营养成分与利用评价. 昆虫知识. 39（1）：57-59.

[4] 刘敏, 彭国良, 李鹏程, 刘宸, 李雪, 李爽, 马洪波, 2017. 不同发育期蚱蝉营养成分测定与分析. 吉林医药学院学报. 38（3）：167-169.

[5] 刘卫星, 魏美才, 刘高强, 2005. 昆虫源生物活性物质及其开发前景. 食品科技.（1）：48-51.

[6] 龙正权, 杨政水, 2011. 食用昆虫的营养特性及其开发利用. 科技创新导报.（1）：230.

[7] 石冬冬, 范志影, 张萍, 刘庆生, 2013. 大麦虫(Zophobsmorio L.)幼虫生长过程中维生素E含量变化的研究. 中国农业科技导报. 15（5）：114-119.

[8] 涂荣秀, 陈志兵, 马珺, 2006. 饲用昆虫微量元素及维生素的测定. 饲料研究.（11）：55-56.

[9] 徐伟, 程彬, 袁海滨, 史树森, 2005. 黄褐油葫芦不同发育阶段维生素含量与抗氧化酶活性分析. 东北林业大学学报.33（5）：86-88.

[10] 许志强，范光煜，顾斐斐, 1996. 黄粉虫开发利用初探. 商业科技开发.（2）：14-15.

[11] 伊藤智夫, 钟生泉, 向仲怀, 1985. 蚕的维生素营养. 蚕学通讯.（2）：12-19.

[12] 殷建忠, 熊祥玲, 周玲仙, 张雪辉, 2000. 5种食用昆虫中维生素B1、B2及C的研究. 云南畜牧兽医.（3）：2.

[13] Chararas, C., Pignal, M.-C., Vodjdani, G., Bourgeay-Causse, M., 1983. Glycosidases and B group vitamins produced by six yeast strains from the digestive tract of Phoracantha semipunctata larvae and their role in the insect development. Mycopathologia. 83：9-15.

[14] Douglas, A.E., 2017. The B vitamin nutrition of insects: the contributions of diet, microbiome and horizontally acquired genes. Current Opinion in Insect Science. 23：65-69.

[15] Fraenkel, G., Blewett, M., 1943. Vitamins of the B-group required by insects. Nature 151：703-704.

[16] Fraenkel, G., Blewett, M., 1947. The importance of folic acid and unidentified members of the vitamin B complex in the nutrition of certain insects.. Biochemical journal. 41：469-475.

[17] Goldsmith, T.H., Warner, L.T., 1964. Vitamin a in the vision of insects. The Journal of general physiology. 47：433-441.

[18] Oonincx, D.G.A.B., Keulen, P.v., Finke, M.D., Baines, F.M., Vermeulen, M., Bosch, G., 2018. Evidence of vitamin D synthesis in insects exposed to UVb light. Scientific Reports. DOI：10.1038/s41598-018-29232-w.

[19] Sláma, K., 2019. Vitamin D1 versus ecdysteroids：Growth effects on cell regeneration and malignant growth in insects are similar to those in humans. European Journal of Entomology. 116：16-32.

[20] Veerman, A., Slagt, M.E., Alderlieste, M.F.J., Veenendaal, R.L., 1985. Photoperiodic induction of diapause in an insect is vitamin A dependent. Experientia. 41：1194-1195.

珍稀虎凤蝶属*Luehdorfia Erschoff*蝶类生物学研究进展*

刘美杏[1**]，苏　杰[1]，陈　亮[1]，戈　峰[2]，张江涛[1,3]，曾菊平[1,3***]

（1. 鄱阳湖流域森林生态系统保护与修复国家林业和草原局重点实验室，江西农业大学 林学院，南昌330045；2. 中国科学院动物研究所，北京，100101；3. 江西庐山森林生态系统定位观测研究站，九江 332900）

摘　要：虎凤蝶属*Luehdorfia*报道有5个蝶种，均为东亚特有分布物种。它们野外罕见，生境要求特殊，具很高保护价值，为IUCN红色名录中的属种。生物学特性是物种保护研究基础工作，本次在国内外有关虎凤蝶属蝶类生活史特征、寄主植物、滞育越冬等研究基础上，从属级层面综述该珍稀蝶类生物学特征，探寻虎凤蝶种群发生的限制因素与保护启示。在生活史策略上，虎凤蝶均为一化性，2个临界温度影响对各地种群发生时间，即早春10℃以上与秋冬15~23℃，前者影响成虫每年羽化、飞行活动时间，后者决定越冬蛹滞育分化时间。虎凤蝶寄主植物生态位狭窄，专一性强，野外种群发生受当地马兜铃科1~2种植物分布的限制，雌蝶产卵选择、卵块数量、大小以及幼虫成活率等都可能受寄主资源量（如个体密度）或其斑块大小影响，进而决定蝴蝶种群大小。不仅如此，生境郁闭度、坡向、海拔高度、地被环境（如灌丛高度、盖度）等均不同程度地影响虎凤蝶野外种群。透过庐山中华虎凤蝶种群灭绝事件，生境丧失、破碎化是威胁珍稀虎凤蝶野外种群生存的关键因素，而人为采集、破坏杜衡、细辛等寄主资源进一步加快了地方种群的灭绝速度。因此，虎凤蝶保护不仅要致力于维持蝴蝶现有生境，也需维持当地蝴蝶寄主植物的现有生境。并从寄主资源恢复着手，开展蝴蝶恢复生态学研究。

关键词：虎凤蝶*Luehdorfia* Erschoff；综述；生物学；受危；保护；寄主资源

---

*　基金项目：国家自然科学基金（31760640）；江西农业大学国家林草局重点实验室开放基金项目（PYHKF-2020-03）

**　第一作者：刘美杏，林学专业本科生；主要从事蝴蝶多样性研究；281260470@qq.com

***　通讯作者：曾菊平，副教授，主要从事昆虫保护与林业害虫防治研究；E-mail：zengjupingjxau@163.com

A Review on Biology studies of the Rare Butterfly Genus of *Luehdorfia* Erschoff

Liu Meixing[1**], Su Jie[1], Chen Liang[1], Ge Feng[2], Zhang Jiangtao[1,3], Zeng Juping[1,3***]

（1. *Key laboratory of National Forestry and Grass and Administration on Forest Ecosystem Protection and Restoration of Poyang Lake Watershed, College of Forestry, Jiangxi Agricultural University, Nanchang* 330045, China；2. *Institude of Zoology, Chinese Academy of Sciences, Beijing 100101*, China；3. Lushan *Forest Ecosystem Observation Station, Jiujiang* 332900, China）

Abstract: There are five butterfly species in *Luehdorfia*, which are all endemic to East Asia. The rare butterflies have special habitat requirements in population occurrence and are listed in the IUCN Red List with high conservation value. To know the biological characteristics is basic for butterfly conservation, this paper reviewed biological characteristics of *Luehdorfia* butterflies over the past researches on life history characteristics, host plants, diapause and overwintering,, and it also reviews the limiting factors to butterfly population occurrence in wild and shows some protection implications. In terms of life history strategy, the two critical temperatures, above 10℃ in early spring and 15-23℃ during autumn to winter, determine the occurrence time of local populations. The former determines adult emergence and flight time annually, and the latter determines differentiation time of diapause in overwintering pupae. All *Luehdorfia* butterflies are specialist with narrow host plants niche, and local population occurrence is usually limited by one or two host plants of Aristolochiaceae in distribution. Actually, female oviposition selection, egg mass or size and larval survival rate are correlated positively with host resources （e.g. individual density） or their patch size, and then determining the butterfly population size. In addition, habitat canopy closure, slope aspect, altitude and ground cover conditions （e.g. shrub height and coverage） all affect the occurrence of butterfly population in wild. The extinction of *L. chinensis* in *Lushan* Mountain over the past thirty years indicates that habitat loss and fragmentation is the most threat to wild butterfly populations. Especially, the artificial collections decrease host plant resources, and destruct the resource habitat greatly, which definitely accelerated the extinction rate of local populations. Therefore, the conservation of *Luehdorfia* butterflies should either maintain their existing habitats, but also maintain the local host plant resources as well as their demanded habitats. It is suggested to do butterfly restoration ecology researches from the perspective of host resource restoration.

Keywords: *Luehdorfia* Erschoff; Review；Biology; Threat; Conservation; Host plant resource

虎凤蝶属*Luehdorfia*蝶类是东亚特有物种，主要分布在中国、俄罗斯远东区、朝鲜半岛及日本等东亚国家、地区（Takayoshi, 2004；周尧, 1994；武春生和徐堉峰, 2017）。目前记录有中华虎凤蝶*L.chinensis* Leech、日本虎凤蝶*L.japonica* Leech、乌苏里虎凤蝶*L.puziloi* Erschoff、太白虎凤蝶*L. taibai* Chou和周氏虎凤蝶*L. choui* Shou et Yuan（寿建新, 2013），共5个种，其中，中华虎凤蝶、太白虎凤蝶与最新报道的周氏虎凤蝶（争议种，苏杰，2019）为我国特有蝶种。野外生物学研究是蝴蝶多样性保护的基础工作之一，然而，国内多数蝴蝶的野外生物学研究仍然不足，尤其是珍稀种类，野外工作目前关注了少数种类（曾菊平，2005；李秀山等，2006；Li et al.,2006；2010；曾菊平等，2008；2014；郭振营等，2014）。事实上，一些珍稀蝶类由于野外罕见、跟踪调查困难及其自身特殊习性等，导致研究工作推进较慢。为此，本次系统查阅国内外有关虎凤蝶属蝶类生活史特征、寄主植物、种群发生、滞育越冬等文献资料，综述该珍稀蝶类生物学研究，为后续虎凤蝶生态学、保护生物学研究深入提供参考。

1　虎凤蝶生物学特性研究

1.1　生活史特征

虎凤蝶均为一化性昆虫，但各区域羽化和成虫飞行高峰时间差异较大，这与各地生境条件、气候等有关。例如，中华虎凤蝶在长江以南地区多在3月上中旬羽化（童雪松和潜祖琪, 1991；胡萃等, 1992；袁德成等, 1998），此时气温在10℃以上；太白虎凤蝶在秦岭一带则在4月上旬羽化，其他虫期的发生时间也相应后推1个月左右（郭振营等, 2014）。虎凤蝶均以蛹越夏越冬，蛹期可达300天，化蛹场所的提供对其存活率至关重要。

虎凤蝶蛹期长，蛹的滞育发育、分化、滞育解除等生物学特征备受关注。显然，温度是影响蛹滞育发育的重要因素。如温度15~23℃是日本虎凤蝶蛹滞育分化条件（Toshitaka et al, 1971）。短期低温暴露可明显延缓蛹期成虫结构的形成（Minoru and Toshitaka，1983）。日本虎凤蝶与乌苏里虎凤蝶蛹期均存在两次滞育现象（Kazuma, 1990），即夏滞育与冬滞育。乌苏里虎凤蝶（本州亚种）夏滞育蛹经历秋季低温后可被解除，而冬滞育蛹暴露在0℃左右温度后可加快滞育结束（Tauber and Tauber，1981）。

1.2　寄主植物范围

虎凤蝶各种类寄主选择范围小，均限于马兜铃科Aristolochiaceae植物，生态位狭窄。事实上，除太白虎凤蝶幼虫是以马蹄香属*Saruma*马蹄香*S.henryi*为食外，其余种类均以细辛属*Asarum*植物为食，表现出明显的专一性（苏杰等，2019）。细辛属寄主植物种中，细辛*A.sieboldii*被4种虎凤蝶取食；汉城细辛*A. sieboldii f. soulen*与辽细辛*A.heterotropoides.var mandshuricum*均被乌苏里虎凤蝶取食；杜衡*A. forbesii*被中华虎凤蝶取食；*A.megacalyx*（Hatada, 2007）和*A.tamaense*两种杜衡组植物则被日本虎凤蝶取食。换言之，中华虎凤蝶野外寄主为2种细辛属植物（袁德成等，1998）；日本虎凤蝶、乌苏里虎凤蝶均为3种；周氏虎凤蝶为1种（寿建新, 2013）。这种专一性可能与该类植物所含的3种具刺激性成分物质有关（Kiyokazu, 1969），如在冬葵中发现一种细辛酮物质能影响乌苏里虎凤蝶取食（Keiichi et al, 1995）；而另外一种黄酮类化合物则对蝴蝶产卵有一定影响（Nishida, 1994；Mierziak et al, 2014）。然而，种间的寄主选择显然存在一定分化。如室内用细辛、毛细辛及马蹄香分别饲养太白虎凤蝶与中华虎凤蝶，发现太白虎凤蝶无论取食哪种植物，均可正常完成生活史；但中华虎凤蝶的马蹄香取食组幼虫3龄后全部死亡、毛细辛取食组则能正常生长发育、成功化蛹（姚肖永，2007）。

2　虎凤蝶野外种群发生及其影响因素

虎凤蝶种群发生对生境条件要求高，受多种环境因素影响。例如，秦岭太白虎凤蝶良好栖息地具备的条件包括：有寄主分布、郁闭度 < 60%的林地、深沟，且多位于北坡（郭振营等，2014）。在产卵选择上，太白虎凤蝶成虫偏好在西北坡向、坡度23°~45°、林分郁闭度< 33%、寄主植物密度< 5株/m^2的环境下产卵（姚肖永，2007）；而郭振营等（2014）则发现太白虎凤蝶偏好在海拔1000~1400 m、郁闭度 < 60%、寄主植物密度<2株/m^2、且存在较厚枯枝落叶层和较多石块的区域产卵。同样地，影响乌苏里虎凤蝶产卵的环境因素重要顺序为：坡度 > 寄主植物植物数量 > 树木类型 = 树干周长 > 灌木丛状况 > 地理因素；而朝东北方向的斜坡、寄主植物丰富度、树干周长 >40 cm的落叶乔木、灌木丛高度 < 30 cm、沿山脊线等地段，都可能成为蝴蝶的良好栖息地（Takayoshi, 2004）。由于灌木盖度影响成虫的产卵频次，所以常见到日本虎凤蝶将卵产于林缘地带（Aya and Kazuma, 2008）。

野外寄主资源量对虎凤蝶种群发生起着关键作用。例如，桃红岭中华虎凤蝶野外种群由2个小种群构成，而大部分个体均聚集在资源量最丰富（占70%以上）的杜衡资源生境斑块内发生（苏杰，2020）。不仅如此，乌苏里虎凤蝶（北海道亚种）产卵的卵块大小与寄主资源量有关，资源量越多、卵块也更大（Kazuma et al, 1993）；而测量朝鲜半岛中部细辛产卵叶片大小、卵块大小、寄主资源密度和卵块频次，发现乌苏里虎凤蝶的卵块大小与产卵寄主植物的叶片大小呈正相关，与周围叶片数量没有明显正相关关系。而卵块数量与单位面积的寄主植物密度呈正相关（Kim et al, 2013），且认为雌蝶对叶片大小的识别结果，决定着所产卵块的大小。

虎凤蝶幼虫阶段死亡率高，受多种因素作用，对种群发生影响大。首先，温度是影响幼虫生长发育的关键因子。研究发现太白虎凤蝶幼虫饲养的最适宜温度则为25℃左右（姚肖永，2007）；中华虎凤蝶乌云界种群幼虫饲养最佳温度为20℃（李密，2011），尽管低龄幼虫对低温、高温均表现出一定耐受性。事实上，在温度16~32℃

间，中华虎凤蝶各龄幼虫发育最适温度不尽相同，如1~2龄幼虫为28℃、3~5龄幼虫为20~24℃，其发育历期随温度上升而缩短等（姚洪渭等，1999）。自然界，温度对虎凤蝶种群发生产生直接影响。例如，乌苏里虎凤蝶（本州亚种）当年种群发生与前一年的低龄幼虫数量有关，而低龄幼虫数量受当年5~6月温度影响（Takavoshi, 1997）。另外，也发现中华虎凤蝶各龄幼虫的龄期、存活率与饲养光周期长度有关，光期越长存活率更高。

此外，虎凤蝶的聚集或扩散取食行为，直接对其死亡率产生影响。例如，中华虎凤蝶、太白虎凤蝶等幼虫3龄前均为聚集取食，而3龄后则开始扩散取食（童雪松和潜祖琪, 1991; 胡萃等, 1992; 郭振营等, 2014），以降低个体竞争。然而，幼虫扩散过程易受到蜘蛛、蚂蚁等天敌攻击，导致死亡率迅速提升（苏杰，2020）。

3　受危与保护

虎凤蝶自然种群大小受多种因素影响。首先，其1年1代生活史模式不利于种群个体在短时间内得到补充，种群大小易出现年际波动；而其超长蛹期特征（如300天），使得化蛹场所选择格外重要，从而易受环境变化的影响。而且，寄主植物专一性特征，使得虎凤蝶种群发生易受寄主资源限制。尤其是过去几十年，伴随市场经济快速发展，人为大量采挖具有中药价值的杜衡、细辛等寄主植物，一方面导致栖息地遭受人为破坏；另一方面直接影响到虎凤蝶自然种群大小，导致数量（特别是非保护地带）明显下滑（袁德成等, 1998; 李密2011; 董思雨等, 2014; 郭振营等, 2014），甚至局部灭绝。例如，1970s及以前，江西庐山记录有中华虎凤蝶发生（彭观地等，2015）。然而，20世纪90年代至今，国内蝶类研究者一直未能在当地再次记录到蝴蝶，即30年内无记录，种群已灭绝。灭绝的主因仍待详查，但可能与当地杜衡、细辛等寄主资源曾被大量采挖（彭观地等，2015）或生境破坏有关。

自然界虎凤蝶种群密度低、种群间距离远、呈“岛屿”分布。例如，中华虎凤蝶发生区一般含多个核心或卫星种群，卫星种群呈波动状，在不利年份易出现灭绝，表现出异质种群特征（袁德成等, 1998; 李密, 2011）。因而，种群保护需要注意维持各卫星或核心种群间的个体交流与动态（如扩散、迁入、迁出等）。然而，当前有关这方面的保护生物学研究仍鲜有开展，使得自然种群保护仍停留在物种水平、静态阶段，而未能在异质种群层面思考，故生境保护管理的科学性仍待提高。其他保护建议包括：加强人工饲养技术（胡萃等, 1992）、实施就地与迁地保护相结合；重视栖息地保护与寄主植物资源保护的重要性等。而在法规保护上，建议严控野外采集、标本贸易行为，并争取更多保护基地的建立等（李密, 2011; 董思雨等, 2014）。

参考文献

[1] 董思雨, 蒋国芳, 洪芳. 2014. 珍稀濒危蝴蝶—虎凤蝶的生物生态学研究进展 [J]. 应用与环境生物学报 20(6)：1139-1144.

[2] 郭振营, 高可, 李秀山, 张雅林. 2014. 太白虎凤蝶的生物学与生境研究 [J]. 生态学报 34(23)：6943-6953.

[3] 何桂强, 贾凤海, 朱欢兵, 2011. 江西桃红岭中华虎凤蝶种群分布和数量调查[J]. 江西中医学院学报 23, 75-76.

[4] 胡萃, 叶恭银, 吴晓晶, 等. 1992. 珍稀濒危昆虫—中华虎凤蝶的半纯饲料 [J]. 浙江农业大学学报, 18(2)：1-6.

[5] 李密. 2011. 乌云界国家级自然保护区蝴蝶保护生物学研究 [D] 博士学位论文, 长沙：湖南农业大学.

[6] 李秀山, 张雅林, 骆有庆, Settele J. 2006. 长尾麝凤蝶生活史、生命 表、生境及保护. 生态学报 26(10)：3184-3197

[7] 彭观地, 丁冬荪, 秦爱文, 2015. 中华虎凤蝶, 蝶中国宝[J]. 南方林业科学 43, 39-42.

[8] 寿建新. 2013. 周氏虎凤蝶发现和起源研究 [J]. 西安文理学院学报(自然科学版), 16(1)：105-113.

[9] 苏杰, 赵诗悦, 赖童, 张江涛, 程春初, 曾菊平, 2019. 基于地理、寄主隔离的珍稀虎凤蝶属*Luehdorfia*种、亚种关系研究. 华中昆虫研究 15, 222-235.

[10] 苏杰. 2020 珍稀虎凤蝶的分布预测与中华虎凤蝶桃红岭种群的资源-生境、保护研究[D]. 硕士学位论文，南昌：江西农业大学.

[11] 童雪松, 潜祖琪. 1991. 中华虎凤蝶的生态研究 [J]. 丽水农业科技 (1)：18-21

[12] 曾菊平. 2005. 金斑喙凤蝶广西亚种生物学研究[D]. 广西师范大学.

[13] 曾菊平, 周善义, 罗保庭, 覃琨, 梁艳丽, 2008. 广西大瑶山濒危物种金斑喙凤蝶(广西亚种)的形态学、生物学特征. 昆虫知识, 457-464.

[14] 曾菊平, 林宝珠, 朱祥福, 刘良源, 2014. 发现濒危金斑喙凤蝶寄主植物——南方广布种深山含笑. 江西农业大学学报 36, 550-555.

[15] 周尧. 1994. 中国蝶类志 [M]. 郑州：河南科学技术出版社 188-190.

[16] 姚洪渭, 叶恭银, 胡萃, 等. 1999. 温度对中华虎凤蝶幼虫生存与生长发育的影响 [J]. 昆虫知识 36 (4)：199-201.

[17] 姚肖永. 2007. 秦岭地区虎凤蝶（Luehdorfia）的研究 [D] 硕士学位论文, 陕西：西北大学.

[18] 武春生, 徐堉峰. 2017. 中国蝴蝶图鉴 [M]. 福州：海峡出版发行集团.

[19] 袁德成, 买国庆, 薛大勇, 等. 1998. 中华虎凤蝶栖息地、生物学和保护现状 [J]. 生物多样性 6(2)：105-115.

[20] Aya H, Kazuma M. 2008. Effects of vegetation coverage on oviposition by *Luehdorfia japonica* (Lepidoptera：Papilionidae) [J]. Journal of Forest Research 13：96-100.

[21] Hatada A, Matsumoto K . 2007. Survivorship and growth in the larvae of *Luehdorfia japonica* feeding on old leaves of Asarum megacalyx [J]. Entomological Science 10：307-314

[22] Kazuma M. 1990. Population dynamics of *Luehdorfia japonica* Leech (Lepidoptera：Papilionidae). Ⅱ. Patterns of mortality in immatures in relation to egg cluster size [J]. Researches on Population Ecology 32：173-188

[23] Kazuma M, Fuminori I, Yoshitaka T. 1993. Egg cluster size variation in relation to the larval food abundance in *Luehdorfia puziloi* (Lepidoptera：Papilionidae) [J]. Researches on Population Ecology

35：325-333

[24] Kim DS, DS Park JK Koh. 2013. The recognition of the leaf size determines the egg cluster size while leaf abundance is correlated to the laying frequency for *Luehdorfia puziloi* (Lepidoptera：Papilionidae) oviposition [J]. Journal of Ecology and Environment 36(1)：11-17.

[25] Kiyokazu T, Katsuhiko Y, Yuzo K. 1969. Studies on the relationship between the food life of *Luehdorfia japonica* Leech and the chemical components of *Heterotropa* and *Asiasarum* genera [J]. Yakugaku Zasshi 89(8)：1144-1148.

[26] Keiichi H, Takashi S, Shigeki H, et al. 1995. A neoligeoid feeding deterrent against *Luehdorfia puziloi* larvae (Lepidoptera：Papilionidae) from Heterotropa aspera, a host plant of sibling species, L. japonica [J]. J Chem Ecol 21(10)：1541-1548.

[27] Li X S, Zhang Y L, Luo Y Q, Settele J. 2006. Studies on life history, life table, habitat and conservation of *Byasa impediens* (Lepidoptera：Papilionidae). Acta Ecologica Sinica 26 (10)：3184-3197.

[28] Li X S, Luo Y Q, Zhang Y L, Schweiger O, Settele J, Yang Q S. 2010. On the conservation biology of a Chinese population of the birdwing *Troides aeacus* (Lepidoptera：Papilionidae). Journal of Insect Conservation 14(4)：257-268

[29] Minoru I, Toshitaka H. 1983. The second pupal diapause in the univoltine Papilionid, *Luehdorfia japonica* (Lepidoptera：Papilionidae) and its terminating factor [J]. Applied Entomology And Zoology 18(4)：456-463.

[30] Mierziak J, Kostyn K, Kulma A. 2014. Flavonoids as Important Molecules of Plant Interactions with the Environment [J]. Molecules 19(10), 16240-16265.

[31] Nishida R. 1994. Oviposition stimulant of a Zeryntiine swallowtail butterfly, *Luehdorfia japonica.* Phytochemistry 36:873-877.

[32] Simonsen, TJ, Zakharov, EV, Djernaes, M, et al. Phylogenetics and divergence times of Papilioninae (Lepidoptera) with special reference to the enigmatic genera *Teinopalpus* and *Meandrusa* [J]. Cladistics. 2011, 27(2)：113-137.

[33] Takayoshi M. 2004. Analysis of ovipositional environment using Quantification Theory Type I：the case of the butterfly, *Luehdorfia puziloi inexpecta* (Papilionidae) [J]. Journal of Insect Conservation 8：59-67.

[34] Toshitaka H, Yoshinori I, Yasusuke S. 1971. Control of pupal diapause and adult differentiation in a univoltine papilionid butterfly, *Luehdorfia japonica* [J]. Journal of Insect Physiology 17：197-203

[35] Tauber CA, Tauber MJ. 1981. Seasonal responses and their geographic variation in Chrysopa downesi :ecophysiological and evolutionary considerations [J]. Canadian Journal of Zoology 59(3):3 70-376.

[36] Takavoshi M. 1997. Effect of temperature on the population size change of *Luehdorfia puziloi inexpecta* Sheljuzhko (Lepidoptera, Papilionidae) [J]. Lepidopterol Soc Jpn 48(2)：109-114.

入侵害虫红棕象甲适生性与风险分析研究进展*

王欽召[1**]，张　康[1]，肖　斌[2]，刘兴平[1]，张江涛[1]，曾菊平[1,3***]

（1. 鄱阳湖流域森林生态系统保护与修复国家林业和草原局重点实验室，江西农业大学 林学院，南昌 330045；2. 江西省林业有害生物防治检疫局，南昌 330038；3. 江西庐山森林生态系统定位观测研究站，九江 332900）

摘　要：红棕象甲*Rhynchophorus ferrugineus* Oliver是威胁棕榈科树种重要钻蛀害虫，可造成巨大经济损失，被多个国家认定为重要检疫性有害生物。本文概述红棕象甲全球传播入侵现状，对各地入侵种群发生的环境温度条件、世代周期变化及其适生覆盖范围与风险分析进行综述。其卵发育零点受母代取食寄主植物种类影响，其1个世代有效积温也受取食寄主植物影响，但14.0℃以上的环境温度是卵期发育零点，区域积温>1067.7日·度才能促使其完成1个世代。该虫世代周期与成虫每年飞行期都具地理变异性，从45天至139天不等，并受寄主植物种类影响。这种变化的生活史策略能帮助红棕象甲入侵后快速定殖建群，并在入侵地传播扩散，表现出高适生性。但对其适生区范围的预测受模型、方法影响，与气候相似性等方法相比，基于已知发生点的MaxEnt生态位模型预测的适生区范围对当前实际发生覆盖更好，但结果也受环境变量选择影响。自1990s创立至今，国内风险分析PRA法已发展25年，运用该方法，当前红棕象甲红棕象甲的R值在全国或地方层面都达到高风险水平。建议进一步在PRA法中引进当前信息技术与大数据手段，促使得到更具时效性与准确性的R值。

关键词：红棕象甲*Rhynchophorus ferrugineus* Oliver；入侵害虫；适生性；预测；风险分析

---

*　基金项目：江西省林业科技创新专项（201815）

**　第一作者：王欽召，在读博士生；主要从事有害生物生态防控研究；E-mail：qinzhaowang@163.com

***　通讯作者：曾菊平，副教授，主要从事昆虫保护与林业害虫防治研究；E-mail：zengjupingjxau@163.com

A Review on Adaptability and Risk Analysis in the Invasive Pest Red Palm Weevil *Rhynchophorus ferrugineus*

Wang Qinzhao[1**], Zhang Kang[1], Wang Zhichao[1], Liu Xingping[1], Zeng Juping[1***]

（1. *Key laboratory of State Forestry and Grassland Administration on Forest Ecosystem Protection and Restoration of Poyang Lake Watershed, College of Forestry, Jiangxi Agricultural University, Nanchang* 330045, China；2.*Institute of Plant Protection, Jiangxi Academy of Agricultural Sciences, Nanchang 330200, Jiangxi Province,* China; 3. *Jiangxi Lushan Forest Ecosystem Observation Research Station，Jiujiang 332900，Jiangxi,* China）

Abstract: Red palm weevil, listed as a quarantine pest by many countries, is a destroyed palm-boring pest, causing huge economic losses. This paper stated the status of global spread and invasion of red palm weevil, and reviewed its environmental temperature conditions needed, mean generation time and variation, adaptability and distribution as well as pest risk analysis （PRA） in different regions. The temperature of egg developmental threshold and the effective accumulated temperature of one generation were both affected by the host plant species. During the pest's population occurrence, temperatures above 14.0°C was demanded for egg development, as well as the regional accumulated temperature above 1067.7°C.d annually was demanded for the completion of one generation. The mean generation time and adults flight period varied from 45 to 139 days, which were also affected by the host plant species. This variation pattern of life history strategy could help red palm weevil to colonize once invading, as well as help the follow-up spread surrounding, showing high adaptability. The prediction area of adaptability is changed with the methods and models used. While compared with the method of climate similarity and other methods, the results of MaxEnt niche model with presence data predicted the actual distribution better, although it was affected by the selection of environmental variables. Since 1990s, the method of PRA has been progressed over 25 years in China. Currently, with the method the R values of red palm weevil were almost up to the high risk level in national or regional scale. It is suggested some advanced information technologies and the big-data approach should be applied to develop PRA, and further improving the accuracy and timeliness of R value.

Keywords: *Rhynchophorus ferrugineus* Oliver；Invasive pest；Adaptability；Prediction；Pest Risk Analysis

红棕象甲（*Rhynchophorus ferrugineus* Oliver）属鞘翅目（Coleoptera）象虫科（Curculionidae），又称锈色棕榈象。该虫是威胁棕榈科树种重要钻蛀害虫，原产印度（英文名Red palm weevil）（Faghih, 1996），现被多个国家认定为重要检疫性有害生物。2017年，联合国粮食及农业组织（FAO）在罗马召开，会上专门颁布了一项“为保护棕榈树而遏制红棕象甲传播”的国际行动计划。红棕象甲对棕榈科植物致死作用强，从成虫树干或叶基部产卵、孵化幼虫取食树干组织，至整株表现出致死症状大概在6~8个月时间内。而症状出现前，检疫难度大，导致后期拯救困难，损失惨重（刘奎等，2002）。据FAO报道，截至2013年意大利、法国、西班牙用于清除、更换被迫害死亡植株的费用等经济损失达9 000万欧元（FAO，2017）。我国南方沿海省份棕榈科植物种植面积大，受红棕象甲威胁重。如海南省椰树遍及全岛，椰树受害株率达84%，虫害发生面积1万hm^2，致死近2万株（陈义群等，2011），而当地农民80%以上收入来自椰果等，造成经济损失巨大（伍有声等，1998；吴坤宏和余法升，2001）。而我国其它区域，随着城市建设、开发区经济快速发展，重要绿化观赏的棕榈科树种（如加拿利海枣、华盛顿棕等）已大范围种植、应用，从而造成这些区域城市绿化经济损失惨重。如红棕象甲2004年在上海首次报道为害，当时就导致1 248株引种加拿利海枣绿化树种死亡，并威胁着其他棕榈科绿化植物（李玉秀等，2008）。不仅如此，近期发现红棕象甲随引种加拿利海枣入侵后能转移到本地棕榈植物为害，进入当地农林生态系统，因而后续可能给入侵地带来更严重的生态风险（王辉等，2020）。

为此，本文主要围绕适生区预测、风险分析等进行综述，为各地红棕象甲科学防控提供重要参考。

1　全球入侵现状

1891年，红棕象甲在印度发现、记录（Bozbuga and Hazir, 2008），之后相继在南亚各国出现。而近几十年，该虫已快速传播扩散到全球多个国家、区域。如1985年入侵沙特阿拉伯、阿联酋（El-Ezaby, 1997），1992年到达埃及东部（宰加济格）地区（Cox, 1993），1994年传至西班牙南部（Barranco et al., 1996），1997年侵入中国（宋玉双，2005），1999年后相继入侵以色列、约旦、巴勒斯坦（Kehat, 1999），2004年进入意大利的坎帕尼亚、托斯卡纳和西西里岛地区（Bozbuga and Hazir, 2008），2005年侵入土耳其梅尔辛省（Karut and Kazak, 2005），2011年侵入加勒比地区（Roda et al., 2011）等。事实上，红棕象甲在中东、北非和地中海地区还入侵了塞浦路斯、伊拉克、阿曼、利比亚、叙利亚、伊朗、巴林、卡塔尔、科威特等国家；在东南亚已入侵印尼、马来西亚、菲律宾、泰国、缅甸、越南、柬埔寨、斯里兰卡、文莱、老挝、孟加拉等国；且也已到达南太平洋所罗门群岛、新喀里多尼亚、巴布亚新几内亚和大洋洲澳大利亚部分地区。尽管红棕象甲主要入侵到低纬度地区，但1975年也在高纬度的日本鹿儿岛地区发现（陈义群等，2011）。

在我国，红棕象甲1997年首次在广东中山发现，之后不断传播扩散，入侵北界线也逐渐北移，威胁加大。2004年，该虫被列入国家林业局19种林业检疫性有害生物名单之一（宋玉双，2005），不断加大防控力度，但由于科学防控措施缺失，入侵范围仍呈扩张趋势。截止2017年，红棕象甲的已入侵到海南、广西、广东、云南、西藏（墨脱）、福建、江西、湖南、贵州、四川、重庆、上海、浙江、香港特别行政区、台湾等15个省（市）的63个县（区）（王鈫召，2018）。

2　入侵种群发生与世代周期

2.1　发育零点与有效积温

与其他变温昆虫一样，温度是影响红棕象甲发生时间、程度、适生范围的重要影响因子之一，运用其发育零点（发育起点温度）与有效积温可预测预报其发生、世代数等。但值得注重的是，红棕象甲取食不同寄主植物的发育零点、有效积温并非一致。例如，红棕象甲取食国王椰的卵期发育零点为14.10 ± 0.56℃、世代发育有效积温为1215.50 ± 28.56日·度（欧善生等，2010）；取食甘蔗的卵期发育零点为18.28 ± 2.03℃、有效积温为1590.72 ± 193.78日·度（李磊，2010）；取食加拿利海枣的卵期发育零点为14.2℃、有效积温为1067.7日·度（李玉秀等，2008）等。显然，无论取食哪种寄主，其卵期发育零点均在14.0℃以上，环境温度需达到这个温度水平，红棕象甲卵期发育方能完成。同样地，环境积温只有高于1067.7日·度时，才能满足其完成世代或生活史要求。参照这两个温度发育限制因子，可预测红棕象甲潜在的适生范围与各地年发生世代数。

2.2　世代周期与变化

红棕象甲原产印度热带、低纬度地区，主要危害棕榈科树种，全年世代重叠，且80%的世代时间在树体内度过，但世代周期时间存在一定地理变异性。如印度自然环境下一个世代发育周期为48~82 d、菲律宾45 d左右、缅甸60~165 d、伊朗57~111 d、西班牙139 d等（Alvarez，1998；Murphy and Briscoe, 1999）。而不同寄主植物上的世代周期也不尽相同。如在恒温26℃，其世代周期加拿利海枣为74.1 d、华盛顿棕68.8 d、棕榈82.1 d、布迪椰子85.4 d、银海枣90.6 d（Ju et al., 2011）。

当前，棕榈科树种作为观赏植物在高纬度区不断引进种植，促使红棕象甲生活史策略随之入侵区北移而变化，主要表现在发生或世代模式上。例如，在海南一年发生2~3代，世代重叠（覃伟权等，2002），成虫一年出现4个飞行高峰，分别为4月末至5月初、7月中至7月末、10月中至10月末、11月末至12月初（覃伟权等，2004）；在广西南宁一年发生3代，第一代成虫5初至6月末飞行、第二代7月中至9月末飞行、第三代成虫9月初至10月末飞行（与第二代重叠），当地11月至翌年2月有越冬态，之后成虫3月中至4月末出现（欧善生等，2009）；在福建一年发生3代，4月上开始出现成虫，第一代直到6月末发育完成、第二代于9月中完成发育、第三代于12月完成发育（武英等，2009）；在浙江丽水一年发生1~2代，成虫3月上开始活动、第一代成虫6月飞行活动、第二代成虫11月出现，当地世代重叠明显（佘德松和冯福娟，2013）；在上海，一年发生1代，幼虫全年可见，成虫9月上至12月下均有发生（张岳峰等，2008）。

总体上，红棕象甲随纬度升高发生代数减少。但同一纬度上，日本南部每年发生3~4代，成虫3月上至12月中均见活动，说明红棕象甲可适应日本冬季低温，与当地寄主植物一样在冬季也仍在生长发育（Fukiko et al., 2009）。事实上，与上海同纬度区的日本冲绳、鹿儿岛和宫崎等地，红棕象甲世代数较上海更多，其中原因仍未明了，但似乎说明无论棕榈科寄主植物或红棕象甲均可能在更高纬度繁衍、生存，其向北入侵风险可能比预期更高。

3 入侵种群的适生区预测

随着经济全球化，入侵有害生物扩散主要由人为传播驱使，侵入事件具偶然性与不确定性。但进入新区后种群发生、定殖等则受当地环境条件与害虫本身决定，因而可结合入侵害虫生物学特征与当地环境特征，构建生态位模型预测潜在的适生区，可为入侵害虫预防控制生产实践提供参考。尤其，在未入侵或局部入侵区域，参考预测适生区来布防，可将未来损失降到最低。

当前，入侵害虫适生区预测主要有2个方面：一是基于发育起点温度、有效积温值、致死低温等限制因子建立模型，预测区域适宜生境与分布；二是基于现有害虫发生点，结合发生区域预测区环境变量构建生态位模型，预测适生区与分布。随着地理信息技术（如ArcGIS）与大数据共享发展，尤其是生态位模型、软件的开发应用，如CLIMEX、MaxEnt、GARP、Bioclim等，促使生态位模型预测方法应用发展迅速。为此，对以红棕象甲为对象的模型预测概述如下：

3.1 基于CLIMEX的适生区预测

CLIMEX是通过物种已知地理分布区域的气候参数来预测物种潜在分布区的软件，它有2个基本假设：（1）物种在1年内经历2个时期，即适合种群增长时期和不适合以至于危及生存的时期；（2）气候是影响物种分布的主要因素，并利用增长指数、胁迫指数和限制条件（滞育和有效积温）描述物种对气候的不同反应。基于CLIMEX平台，季英超（2015）揭示红棕象甲在中国河南南部、江苏、上海、安徽、浙江、湖北、江西、湖南、福建、台湾、广东、海南、香港、澳门、广西、重庆、四川、西北部、贵州、云南南部和西藏为高度适生区；在山东南部、河南中部、甘肃南部为中度适生区；而在山东半岛沿海地区、河南北部等地区为低度适生区。Ge et al.（2015）则基于1981~2010全国气候资料与CLIMEX，预测红棕象甲在中国的总的潜在分布区约301万平方公里，占土地面积的31.3%；分布范围覆盖18.2~40.1°N和93.7~122.7°E，而主要位于中国南部，包括：（1）高度有利区域（高适生区）面积207万平方公里，占土地面积21.6%，占总潜在分布的68.9%。如南方的海南、广西、广东、香港、澳门、湖南、江西、福建、云南、贵州、湖北、安徽和江苏等省，及台湾大部分地区，四川东南部及陕西、河南南部地区；（2）有利区域（中适生区）面积32万平方公里，占总面积的3.3%和总潜在分布的11.0%。这些区域沿高度有利区的边界向北蔓延，如西藏东南部、云南北、东北部、四川南、东北部、陕西南部、河南中部、安徽北部、江苏、山东东部和台湾其他地区等；（3）边缘有利区（低适生区）面积62万平方公里，占土地总面积的6.4%，占总潜力的20.1%。如西藏林芝、昌都南部、甘孜、四川阿坝藏族羌族自治州、甘肃南部、陕西中部、河南西北部、山西东南部、山东大部分地区、天津大部分地区以及河北等（Ge et al., 2015）。

另外，鞠瑞亭等（2008）基于与红棕象甲原产地的气候相似性分析，在结合寄主植物分布后，预测红棕象甲中国最北适生线在秦岭；海南、广东、广西以及江西和福建南部云南东部地区为高适生区；福建北部，浙江南部、江西中部、湖南南部、贵州、云南南部及东北、西北部，四川南部、重庆西南部为中度适生区，浙江北部、江苏、安徽、河南、陕西南部、湖北、湖南北部、重庆、四川北部、云南中部以及西部、西藏东南部、贵州中部为低适生区（鞠瑞亭等，2008）。

3.2 基于MaxEnt的适生区预测

最大信息熵模型（Maximum Entropy Model，Maxent）是利用已知分布地与环境变量数据预测物种潜在分布范围，即生境适宜度（HSI）等级。冯益明等（2010）基于红棕象甲115个分布点，结合入侵地环境、寄主分布预测：海南大部、广东南部少数地区为高适生区；台湾大部、广东北部、广西北部、云南南部、福建、江西除鄱阳湖地区、浙江、安徽南部、湖南局部、重庆北部、四川南部局部和东南局部地区、湖北西北与西南地区、河南南部与安徽、湖北交界处为中适生区；云南东北、西北部、西藏东南部、贵州中部、四川中南部、北部、河南西部、陕西南部及中部、甘肃东南部少数地区、山西南部、江苏北部、山东中部及东部、北京东部、辽宁南部为低适生区（冯益明等，2010）。而季英超（2015）基于红棕象甲224个分布点，利用年平均温、昼夜温差月均值、最低月最低温等10个环境变量建模预测：上海、浙江、湖北南部、江西、湖南东部、福建、台湾、广东、海南、香港、澳门、广西、重庆西南部、四川西部、贵州南部、云南东南部及西藏墨脱局部地区为高度适生区；江苏南部、湖南西部、贵州北部、云南中部及西藏墨脱大部为中适生区；江苏中北部、安徽、湖北中部和云南西南部为低度适生区（季英超，2015）。以上同样方法预测结果不同，一方面可能与环境变量选择与模型构建因子不同有关；另一方面也可能与发生点选择、数量与分布有关。而且考虑到入侵害虫原产地与入侵地种群、生态位不同，是否应合并利用或分开利用发生点数据来构建生态位模型，仍值得进一步研究探讨。

显然，由于运算方法差异，不同软件平台的预测结果不尽相同，即便使用同一套发生点与环境数据。Fiaboe et al.（2012）等用同一套数据，分别用遗传算法（GARP）和最大熵方法（MaxEnt）预测红棕象甲全球适生区，认为MaxEnt预测更准，成功预测了已知发生分布，包括加利福尼亚州拉古纳海滩的北美单一出现点，以及北非、南欧、中东和南亚与东南亚报告的发生区域，且认为撒哈拉以南的非洲南部、中部和北美、亚洲、欧洲和大洋洲等都适合红棕象甲种群发生（Fiaboe et al., 2012）。

4 风险分析与展望

害虫风险分析（Pest Risk Analysis， PRA）方法产生于20世纪90年代，当时全世界都开始关注入侵害虫风险问题，入侵害虫风险评估可为个区域防控风险提供行动参考。在我国，蒋青等（1995）提出的一套有害生物风险评估指标体系、方法应用较普遍，方法设定国内分布状况、潜在危害性、受害栽培寄主的经济重要性、移植的可能性、危险管理难度等5个大指标与14个小指标，据专家评定、权重设置与打分途径，计算指标得分，并按照一定算法得到风险值（R值）（蒋青等，1995）。当前，PRA法日益结合有害生物的外在因素与害虫自身因素确定风险等级，包括气候、地形、植被、居民聚居地、道路等非生物因素与有害生物繁殖发育所需其他条件。

显然，有害生物在不同区域风险不同。所以，运用PRA法在不同区域应用计算出的R值也不相同。例如，丁珌等（2015）在全国范围计算出红棕象甲R值为1.869，属中度危险等级；而刘宏杰等（2009）在广东地区计算的R值为2.01，属高度危险等级；李玉秀等（2008）在上海地区与王欽召（2017）在江西省计算的R值也为高度危险等级；吴广超等（2007）、李伟丰和姚卫民（2006）、覃伟权等（2009）等分别在全国范围评估红棕象甲风险等级，计算的R值近似，分别为2.18、2.25、2.29；张金海（2007）在贵州地区计算其R值为2.05，也属于高度危险等级。另外，随着入侵种群动态变化，同一区域的不同时期的评估分值也可能不同，例如10年前的高风险等级发展到现在可能转成低风险。因此，PRA法对入侵害虫风险评估与警示作用上有重要意义，但应用中需注重其时效性。

随着信息技术迅猛发展，PRA法也应注入先进手段，促使获得更精准的评估结果。例如，利用GIS、RS遥感等方法，Massoud et al.（2012）等对156个红棕象甲信息素陷阱定位，研究模拟其活性的时空变化，以此获得5种风险等级。Bannari 等（2016）利用生物生理光谱指数和Worldview-3卫星影像数据，结合现场识别和定位，记录寄主植物健康、受害已处理、受害未处理、受严重侵害4种类别进行实地验证，认为结构不敏感色素指数（SIPI）和绿色归一化植被指数（GNDVI）对红棕象甲侵害后引起寄主植物生物生理变化表现敏感，具有识别价值，并预期遥感科学在红棕象甲预防与风险检测将发挥更重要的作用，甚至可用于替代PRA法（Bannari, 2016）。

参考文献

[1] 陈义群, 年晓丽, 陈庆. 2011. 棕榈科植物杀手—红棕象甲的研究进展[J]. 热带林业39(2)：24~26.

[2] 丁珌, 魏初奖, 黄振裕,等. 2015. 我国红棕象甲的风险评估报告[J]. 福建林业 (1):32-35.

[3] 冯益明, 刘洪霞. 2010. 基于Maxent与GIS的锈色棕榈象在中国潜在的适生性分析[J]. 华中农业大学学报29(5)：552~556.

[4] 蒋青, 梁忆冰, 王乃扬,等. 1995. 有害生物危险性评价的定量分析方法研究[J]. 植物检疫 (4):208~211.

[5] 季英超. 2015. 10种重要林业象虫在我国适生区及其经济损失评估研究[D].山东农业大学，泰安.

[6] 鞠瑞亭, 李跃忠, 王凤,等. 2008. 基于生物气候相似性的锈色棕榈象在中国的适生区预测[J]. 中国农业科学41(8)：2318~2324.

[7] 刘宏杰, 赵丹阳, 徐家雄,等. 2009. 外来入侵害虫红棕象甲在广东地区的风险性分析[J]. 林业与环境科学25(4)：20~23.

[8] 联合国粮食及农业组织（FAO），为保护棕榈树采取全球性消灭红棕象甲行动.2017, http://www.fao.org/news/story/zh/item/854519/icode/（上传时间2017年3月29日）

[9] 刘奎, 彭正强, 符悦冠. 2002. 红棕象甲研究进展[J]. 热带农业科学22(2)：70~77.

[10] 李磊. 2010. 红棕象甲基础生物生态学研究[D].海南大学,海口.

[11] 李伟丰, 姚卫民. 2006.红棕象甲在中国扩散的风险分析[J]. 热带作物学报27(4)：108~112.

[12] 李玉秀, 冯琛, 张岳峰. 2008. 上海地区红棕象甲的危险性评估[J]. 上海农业学报24(1)：87-90.

[13] 欧善生, 谢彦洁, 王小欣,等. 2009. 棕榈红棕象甲生物学特性研究[J]. 安徽农业科学37(33)：16424~16426.

[14] 欧善生, 申晓萍, 谢彦洁,等. 2010. 红棕象甲发育起点温度及有效积温的测定[J]. 应用昆虫学报47(3)：592~595.

[15] 覃伟权, 李朝绪, 黄山春. 2009. 红棕象甲在中国的风险性分析[J]. 江西农业学报21(9)：79~82.

[16] 覃伟权, 马子龙, 吴多杨,等. 2004. 几种引诱物对红棕象甲的诱集和田间监测[J]. 热带作物学报25(2)：42~46.

[17] 覃伟权, 赵辉, 韩超文. 2002. 红棕象甲在海南发生为害规律及其防治[J]. 热带农业科技 25(4)：29~30.

[18] 佘德松, 冯福娟. 2013. 丽水地区红棕象甲的发生及耐寒性测定[J]. 浙江林业科技33(2)：56~59.

[19] 宋玉双. 2005. 十九种林业检疫性有害生物简介. 中国森林病虫 24(1)：302~305.

[20] 王辉, 王欽召, 孟令春, 梁玉勇, 刘兴平, 曾菊平, 2020. 入侵害虫红棕象甲转移为害本土棕榈树的风险评估. 植物保护学报 47, 920-928.

[21] 王欽召, 曾菊平. 2017. 红棕象甲在江西省的风险性分析及防控管理对策. 植物检疫 31, 53-58.

[22] 王欽召. 2018. 入侵害虫红棕象甲在江西的潜在适生区预测与风险分析[D].江西农业大学，南昌

[23] 伍有声,董担林,刘东明,等. 棕榈植物锈色棕榈象发生调查初报[J]. 广东园林,1998(1):38~38

[24] 吴广超, 罗小艳, 衡辉,等. 2007. 入侵害虫红棕象甲的风险分析[J]. 林业工程学报21(2)：44~46.

[25] 吴坤宏,余法升. 2001. 锈色棕榈象的初步调查研究[J]. 热带林业29(3):141~144

[26] 武英, 郑宴义, 李发林,等. 2009. 红棕象甲的生物学特性及防治研究[J]. 中国农学通报25(23)：384~387.

[27] 张金海. 2007. 红棕象甲、双钩异翅长蠹二种有害生物在贵州的风险分析[J]. 贵州林业科技 (02)：45~47.

[28] 张岳峰, 唐国良, 王玲,等. 2008. 锈色棕榈象生活习性与防治试验[J]. 中国森林病虫27(3)：12~13.

[29] Alvarez A J, Crespo F J B, García J L Y, et al. 1998. Biología del curculiónido ferruginoso de las palmeras *Rhynchophorus ferrugineus*(olivier) en laboratorio y campo. Ciclo en cautividad, peculiaridades biológicas en su zona de introducción en España y métodos biológicos de detección y posible contro[J]. *Boletín De Sanidad Vegetal Plagas* 24(4):737~748.

[30] Bannari A, Mohamed A M A, Peddle D R. 2016. Biophysiological spectral indices retrieval and statistical analysis for red palm weevil stressattack prediction using Worldview-3 data[C]. *Geoscience and Remote Sensing Symposium*. IEEE 3512~3515.

[31] Barranco P, de la Pena JA, Cabello T. 1996. El picudo rojo de laspalmeras, *Rhynchophorus ferrugineus* (Olivier), nueva plaga en Europa (Coleoptera, curculionidae)[J].*Phytoma Espana*76:36~40.

[32] Bozbuga R, Hazir A. 2008. Pests of the palm (Palmae, sp.) and date palm (*Phoenix dactylifera*) determined inTurkey and evaluation of red palmweevil(*Rhynchophorusferrugineus*,Olivier) (Coleoptera:Curculionidae)[J]. *Eppo Bulletin* 38(1):127~130.

[33] Cox M L. 1993. Red palm weevil, *Rhynchophorus ferrugineus*, in Egypt[J].*Fao Plant Protection Bulletin*30~31.

[34] El-Ezaby FA. 1997. Injection as a method to control the red Indian date palm weevil *Rhynchophorus ferrugineus*[J]. *Arab J Plant Prot*15:31~38

[35] Faghih AA. 1996. The biology of red palm weevil, *Rhynchophorus ferrugineus* Oliv (Coleoptera, Curculionidae) in Savaran region (Sistanprovince,Iran)[J]. *Applied Entomol Phytopathol* 63:16~18

[36] Fiaboe K K M, Peterson A T, Kairo M T K, et al. 2012. Predicting the Potential Worldwide Distribution of the Red Palm Weevil *Rhynchophorus ferrugineus* (Olivier) (Coleoptera：Curculionidae) using Ecological Niche Modeling[J]. *Florida Entomologist* 95(3):659~673.

[37] Fukiko A, Kunihiko H, Koichi S. 2009. Life History of the Red Palm Weevil, *Rhynchophorus ferrugineus* (Coleoptera：Dryophtoridae), in Southern Japan[J]. *Florida Entomologist* 92(3):421~425.

[38] Ge X, He S, Wang T, et al. 2015. Potential Distribution Predicted for *Rhynchophorus ferrugineus* in China under Different Climate Warming Scenarios[J]. *Plos One* 10(10):e0141111.

[39] Ju R T, Wang F, Wan F H, et al. 2011. Effect of host plants on development and reproduction of *Rhynchophorus ferrugineus*(Olivier) (Coleoptera：Curculionidae)[J]. *Journal of Pest Science* 84(1):33~39.

[40] Kehat M. 1999. Threat to Date Palms in Israel, Jordan and the Palestinian Authority by the Red Palm Weevil, *Rhynchophorus ferrugineus*[J]. *Phytoparasitica* 27(3):241~242.

[41] Karut K, Kazak C. 2005. A new pest of date palm trees (*Phoenyx dactylifera* L.):*Rynchophorus ferrugineus*(Olivier, 1790) (Coleoptera：Curculionidae) in Mediterranean region of Turkey[J]. *Türkiye Entomoloji Dergisi* 295~300.

[42] Massoud M A, Sallam A A, Alabdan J R F S. 2012. Geographic information system-based study to ascertain the spatial and temporal spread of red palm weevil *Rhynchophorus ferrugineus* (Coleoptera：Curculionidae) in date plantations[J]. *International Journal of Tropical Insect Science* 32(2):108~115.

[43] Murphy S T, Briscoe B R. 1999. The red palm weevil as an alien invasive：biology and the prospects for biological control as a component of IPM[J]. *Biocontrol News Information*1:364-366.

[44] Roda A, Kairo M, Damian T, et al. 2011. Red palm weevil (*Rhynchophorus ferrugineus*) an invasive pest recently found in the Caribbean that threatens the region[J]. *Eppo Bulletin* 41(2):116~121.

威胁江西森林资源的几种入侵害虫概述*

孟令春[1**]，李晓媚[1]，王志超[1]，肖　斌[2]，刘兴平[1]，张江涛[1]，曾菊平[1,3***]

（1. 鄱阳湖流域森林生态系统保护与修复国家林业和草原局重点实验室，江西农业大学 林学院，南昌 330045; 2. 江西省林业有害生物防治检疫局，南昌 330038; 3. 江西庐山森林生态系统定位观测研究站，九江 332900）

摘　要：入侵有害生物已成为破坏生态环境的主要威胁之一，掌握各区域入侵有害生物的发生现状、动态与趋势，防控行动才能有据可依。本次以江西省为研究区域，对正威胁当地森林生态系统的几种入侵害虫（松突圆蚧*Hemiberlesia pitysophila*、湿地松粉蚧Oracella acuta、桉树枝瘿姬小蜂*Leptocybe invasa*和美国白蛾*Hyphantria cunea*）的发生、危害与损失进行概述，分析其对江西森林资源的威胁特征，为当地林业有害生物防控一线提供参考依据。

关键词：江西林业；入侵害虫；威胁；风险

A Review on Several Invasive Pest to Jiangxi Province, South China

Meng Lingchun[1**], Li Xiaomei[1], Wang Zhichao[1], Xiao Bin[2], Liu Xingping[1], Zhang Jiangtao[1], Zeng Juping[1,3***]

（1. *Key laboratory of State Forestry and Grassland Administration on Forest Ecosystem Protection and Restoration of Poyang Lake Watershed, College of Forestry, Jiangxi Agricultural University, Nanchang* 330045, China；2. *Jiangxi Forestry Pest Control and Quarantine Bureau, Nanchang 330038,* China; 3. *Jiangxi Lushan Forest Ecosystem Observation Research Station, Jiujiang 332900*，*Jiangxi,* China）

Abstract: Red palm weevil, listed as a quarantine pest by many countries, is a destroyed palm-boring pest, Invasive pests have become one of the main threats to ecological environment. It is

*　基金项目：江西省林业科技创新专项（201815）

**　第一作者：孟令春，江西农业大学林学专业；E-mail：281260470@163.com

***　通讯作者：曾菊平，副教授，主要从事昆虫保护与林业害虫防治研究；E-mail：zengjupingjxau@163.com

necessary to know the status and trends of invasive pests for the prevention and control actions. This study summarized the status and threats of several invasive pests （*Hemiberlesia pitysophila*, *Oracella acuta*, *Leptocybe invasa* and *Hyphantria cunea*） to the local forest ecosystem of Jiangxi Province, as well as the possible loss brought by their outbreaks. This review provided some references for the local forest pest control.

Key words: Forest ecosystem in Jiangxi; Invasive pests; Threats; Risk

入侵有害生物正成为生态系统与生物多样性的主要威胁之一（Lövei, 1997；Mack et al., 2000; Rockström et al., 2009）。在区域尺度、范围及时发布已入侵种或潜在入侵种的发生动态（赵紫华等，2019）与趋势，及其可能造成的损失、威胁，为各地有害生物防控工作提供及时、更新的信息或数据，显得非常必要。本文以江西省所辖范围为研究区域，从当地森林资源、已入侵或潜在入侵害虫的发生危害现状等方面，概述当前威胁江西省森林资源的几种林业入侵害虫，为当地林业有害生物防控提供重要参考。

1 江西森林资源概况

江西省三面山脉围绕、北面则为中国最大湖泊鄱阳湖占据，丘陵、山地面积广阔、森林分布范围大。据“十一五”期间森林资源二类调查数据（江西省林业厅，2018），全省土地总面积1669.5万hm^2，其中林业用地面积占64.2%，森林覆盖率为63.1%。在林业用地中，85.7%为有林地，共918.5万hm^2。其中，乔木林资源丰富，面积829.2万hm^2、活立木蓄积40971.4万m^3，但以幼龄林、中龄林为主，面积分别为314.0万hm^2与379.7万hm^2，占37.9%与45.8%。当地森林构成复杂，包括多个树种，其中杉木林、马尾松林面积最大，分别为259.2万hm^2与239.4万hm^2，分别占乔木林面积的31.3%与28.9%。此外，其他树种乔木林资源也占据不少面积，如硬阔类118.9万hm^2、软阔类30.5万hm^2、国外松类66.10万hm^2等。

当地森林分布以丘陵、山地为主，如森林覆盖也在山地、丘陵地带更高，这体现在一些以山地丘陵为主的市县，其森林覆盖率普遍很高（江西省林业厅，2018），如赣州为76.24%、吉安67.61%、景德镇65.07%、萍乡66.02%等。而这些市县的林业用地面积也相应更高，如赣州市最高达303.9万hm^2，其他依次为吉安市175.6万hm^2、上饶市137.2万hm^2、抚州市129.7万hm^2、宜春市106.8万hm^2、九江市106.2万hm^2等。

以上数据表明，当地森林面积大，尤其纯林占比高（>65.8%），森林生态系统稳定性差，具备林业害虫发生、爆发甚至成灾的环境条件（包括夏季高温高湿、冬季无严寒等条件），因而，在人为活动下，来自周边（如东南面的广东、福建等沿海省份）的外来有害生物入侵、定殖可能性较大。

2 几种入侵害虫发生现状

第三次全国林业有害生物普查显示，江西省林业有害生物发生面积31.114万hm^2（466.71万亩），其中病害发生面积占28.3%（131.88万亩）、虫害发生面积占69.0%（322.24万亩）。2016年，当地由林业有害生物造成的经济损失为261 757.18万元，其中，直接经济损失36 260.31万元，生态服务价值损失225 496.87万元（侯佩华等，2017）。目前，一些本土害虫（如马尾松毛虫、萧氏松茎象等）仍是当地造损的重要因素，但相当部分来自入侵有害生物的损失也需引起重视。为此，现主要概述几种威胁当地林业的入侵害虫的发生状况。

2.1 松突圆蚧的发生与威胁

2.1.1 发生与危害

种名：松突圆蚧（*Hemiberlesiapitysophila* Takagi）又名松栉盾蚧或松栉圆盾蚧，属盾蚧科（Diaspididae）盾蚧亚科（Diaspidinae）突圆蚧属（*Hemiberlesia*）昆虫。

原产地：松突圆蚧原产于台湾岛附近岛屿。

传入扩散：该虫是在引进国外树种与栽培过程中侵入我国。1982年，首次在广东省珠海市发现、报道（陈祖沛，1988）。此后很快在周边县区扩散，并较早侵入广西各地。当前，松突圆蚧仍主要存在于我国广东、广西及其周边福建、江西、香港、澳门、台湾等地发生。

传播途径：该虫传播途径主要包括：（1）借助风或若虫爬行实现近距离扩散（林业部，1989）；（2）雌成虫和若虫可随寄主幼苗、接穗、鲜球果及原木、枝梢、盆景等调运而远距离传播。

受害与损失：松突圆蚧主要危害马尾松（潘务耀等，1983）、黑松、晚松、光松、湿地松、火炬松，并能潜在危害其他松属植物（陈泽藩等，1988；潘务耀等，1989），能抑制针叶和树枝的生长，并严重影响松类树种造脂器官和松针的光合作用。该虫可危害1~2年生幼苗，也能危害几十年生的大树（谢国林等，1989；潘务耀等，1989），严重危害时可致树木枯死，导致大面积松林毁灭。

2.1.2 江西受威现状

松突圆蚧易随东南季风北上扩散，江西省赣南因与广东接壤，而受到侵入，当地于2005年首次报道发生入侵危害（中国森防信息网，2009）。根据2009年调查数据，显示当时松突圆蚧有呈跳跃式扩散蔓延趋势，发现在入侵赣南后，迅速传播扩散到龙南、全南、定南和寻乌等4县。然而，近些年该虫扩散速度放缓，但仍伴随台风等气流而缓慢向以上县区的北部乡镇蔓延扩散，其速度较入侵初期更慢。然而，松突圆蚧适应性强、在我国松属植物主要分布区均有发生可能，而江西马尾松、国外松等纯林面积大，且目前鲜有特别有效的防治方法，因而，当前对赣南北部松林威胁大。

2.2 湿地松粉蚧的发生与威胁

2.2.1 发生与危害

种 名：湿地松粉蚧*Oracella acuta*（Lobdell）Ferris属粉蚧科。

原产地：湿地松粉蚧原产于北美东南部（Clarke et al., 1990）；

传入扩散：1988年随湿地松穗条传入广东后（赵春亮，1992），迅速扩散蔓延，至1994 年扩散面积达290.9 hm^2（徐家雄等，1994；周昌清等，1994），之后每年以约60%的增长面积向四周扩散蔓延（杨平澜，1991；潘务耀，1995）。当前，该虫正在广东及其周边广西、江西、福建发生、危害。

传播途径：传播途径与松突圆蚧较为类似，也包括：（1）以若虫爬行或风力传播进行近距离扩散；（2）远距离传播（徐世多等，1994）则以若虫随无性系穗条、嫩枝及新鲜球果调运实现。

受害与损失：湿地松粉蚧主要危害火炬松、湿地松、长叶松、马尾松、短叶松、弗吉尼亚松、裂果沙松等松属植物。该虫在吸食松树液汁后，危害湿地松松梢、嫩枝及球果，并影响春季嫩梢的生长，造成秋季老叶更易脱落。而如果发生量大，大量湿地松粉蚧雌虫分泌蜜露，引起新梢的煤污病，严重降低叶光合作用，影响湿地松生长、威胁松脂产量、破坏林相并造成材积的损失（庞雄飞和汤才，1994）。

2.2.2 江西受威现状

与松突圆蚧类似，湿地松粉蚧也易随东南季风北上扩散，江西省赣南因与广东接壤，而受到侵入，当地于2006年左右首次报道发生（中国森防信息网，2009）。据2009年调查数据，显示当时湿地松粉蚧有呈跳跃式扩散蔓延趋势，发现在入侵赣南后，迅速传播扩散到龙南、全南、定南和寻乌等县区。然而，近些年该虫扩散速度放缓，但仍伴随台风等气流而缓慢向以上县区的北部乡镇蔓延扩散，其速度较入侵初期更慢。湿地松粉蚧的发育起始温度为7.8℃，有效积温是1 043℃，江西赣南地区都是其适生区。而江西马尾松、国外松等纯林面积大，目前仍鲜有特别有效的防治方法，因而，当前对赣南北部、赣中等松林威胁大。

2.3 桉树枝瘿姬小蜂的发生与威胁

2.3.1 发生与危害

种名：桉树枝瘿姬小蜂*Leptocybe invasa* Fisher&La Salle隶属于膜翅目Hymenoptera姬小蜂科Eulophidae。

原产地：桉树枝瘿姬小蜂原产于澳大利亚。

传入扩散：在世界范围内受到广泛入侵和破坏。自2000年在中东地区首次被发现以来，现已传播蔓延至亚洲（如约旦、伊朗、泰国、土耳其、印度、越南、中国等）、欧洲（如法国、希腊、意大利、西班牙、葡萄牙等）、非洲（如埃塞俄比亚、坦桑尼亚、乌干达、南非、摩洛哥、突尼斯、阿尔及利亚、肯尼亚等）、美洲（如美国、阿根廷、乌拉圭、巴西等）、大洋洲（如新西兰等）5大洲33个国家/地区（赵丹阳等，2009；常润磊和周旭东，2010；Dhahri，2010.）。

在我国，2007年在广西东兴首次报道发生，目前已在广东（如增城市、广州市天河区以及江门市新会区、蓬江区、鹤山市、台山市，湛江市的遂溪县、廉江市，肇庆市以及雷州市的四会市等7个市12个县区）、福建（永安、沙县、尤溪、仙游、晋江、洛江、延平、闽清、闽侯、涵江、南安、安溪、翔安、仓山、连江、罗源、同安、龙海、华安、云霄、诏安、漳浦、东山、平和、漳平、永定、新罗、南靖、霞浦等县区）（汤行昊，2013）、台湾、广西（如桂林、河池、柳州、百色、贵港、南宁、北海等14市58县）（罗基同等，2011）、海南（如儋州、乐东、澄迈、临高、东方、琼中、保亭、昌江、白沙、陵水、三亚、五指山等12个县区）（钱军等，2010）、四川、江西、湖南（如永州）、云南（云南省分布红河州、楚雄州、文山州、昆明市、临沧市）等地陆续发现。

传播途径：桉树枝瘿姬小蜂的传播包括两个方面：（1）通过成虫短距离飞行以及风力进行短距离传播；（2）通过虫瘿苗木、扦插枝条等繁殖材料运输而远距离传播。

受害与损失：桉树枝瘿姬小蜂主要为害桉树类，如巨尾桉（*E.grandis* × *E.urophylla*）、尾叶桉（*E.urophylla*）等。为害造成虫瘿特征明显，如虫瘿可在桉属树木的嫩枝、叶柄和中脉处产生，致使枝、叶变形，抑制树木生长，而幼林树则无法成材、甚至死亡（陈元生等，2015）。桉树枝瘿姬小蜂具有很强的适应性，容易建立种群、定居，出现入侵危害。据估计，全球因桉树枝瘿姬小蜂每年损失达1000万美元以上（常润磊和周旭东，2000），在我国华南地区及西南地区，大面积种植桉树，使这些地区成为桉树枝瘿姬小蜂的潜在适生区。据不完全统计，桉树枝瘿姬小蜂在全国的分布面积已经超过21万hm^2，危害面积达2.18万hm^2，占寄主面积的0.5%。

2.3.2 江西受威现状

桉树枝瘿姬小蜂也能随东南季风北上扩散，江西省赣南可能因与广东接壤而受到侵入；但也可能随虫瘿苗木、扦插枝条等繁殖材料侵入。赣南当地于2010年首次报道桉树枝瘿姬小蜂，当时已成迅速扩散趋势，在新入侵地爆发成灾（陈元生等，2015）。当前，桉树枝瘿姬小蜂已侵入赣州市信丰、龙南、南康、全南、定南、大余、瑞金等县区。桉树枝瘿姬小蜂寄主范围窄，但其温度适应幅度宽，可行孤雌生殖，环境适应能力强，在赣南或赣中等地定殖可能性高；且从产卵开始，其幼虫一直在嫩叶、嫩枝虫瘿内生长发育，虫瘿内的卵、幼虫、蛹在树种运输中存活率>80%（罗基同等，2011），隐蔽性，易携带传播，在桉树种植区成灾。前些年，巨尾桉、尾叶桉等短伐期树种在赣南各县区山地广泛引种种植，为桉树枝瘿姬小蜂入侵、定殖与成灾提供良好环境。因此，桉树枝瘿姬小蜂当前对赣南桉树种植区威胁大。

2.4　美国白蛾的发生与威胁

2.4.1　发生与危害

种　名：美国白蛾*Hyphantria cunea*又称秋幕毛虫，隶属鳞翅目 Lepidoptera 夜蛾总科 Noctuoidea 灯蛾科 Arctiidae白蛾属*Hyphantria*。

原产地：美国白蛾原产于美国、加拿大南部，后逐渐扩散至墨西哥，广泛分布于北纬19º~55º的广大地区。

传入扩散：1940年后（二战期间）美国白蛾虫卵随军用物资包装木箱、军火木质材料远距离传播。1940年首先在匈牙利发现，之后1948年在原南斯拉夫、捷克斯洛伐克出现，1949年在罗马尼亚出现；1951年在奥地利、1952年在苏联、1961年在波兰、1962年在保加利亚等相继出现，现已侵入欧洲大部分区域。而1945年美国白蛾首次在日本东京出现，1958年在韩国汉城首次发现。随后，跨过鸭绿江向中国扩散，1979年辽宁丹东首次发现（张生芳，1979），1981年前后，渔民将虫卵通过木材带入山东荣成。尤其，我国近些年来，美国白蛾南下入侵势头迅猛，现已在北京、天津、河北、辽宁、吉林、江苏、安徽、山东、河南发生、危害。

传播途径：美国白蛾传播入侵方式也在两个方面：（1）成虫具有趋光性，可借助风力进行传播，老龄幼虫可近距离扩散危害，且各个虫态均可随货物借助交通工具传播；（2）在夜间灯光引诱下，可依附火车、汽车运往异地、远距离传播。

受害与损失：美国白蛾繁殖能力强，幼虫取食叶肉，留下叶脉，在树冠上形成白色网幕（赵鑫等，2019），树木叶片被大量吃光后，会严重影响树木生长，降低果实产量，且促使树体易感染病菌，出现二次危害。美国白蛾是多食性害虫，它的寄主植物在我国分布非常广泛，在中国多达49科108属175种包括行道树、观赏树木和果树，同时也有农作物和蔬菜。

2.4.2　江西受威现状

美国白蛾目前仍未侵入江西，但考虑当前该虫向长江以南扩散趋势明显，赣北九江、赣东北上饶等地与湖北、安徽等疫区最近距离<100 km，因而侵入这些区域的可能性高、风险大。在美国白蛾众多主要为害的寄主中，桑树、白桦、杨属、梨属、李属、元宝槭、刺槐、槐树、悬铃木、板栗、山楂、枣树等植物在赣北各地均有分布，尤其所嗜食杨树等植物（鞠珍，2007），在赣北人工种植广泛，所以对这个区域威胁大。事实上，基于发生点的分布预测，美国白蛾在江西的中度风险区占全省总面积的21.53%，低风险区占21.53%，而九江县、瑞昌、湖口、都昌、星子、德安、永修和九

江区均为高度风险区域（孟令春，2020）。

3 小结与展望

伴随经济快速发展，人流、物流频率与数量急剧增加，有害生物入侵正成为我国主要环境问题之一。江西省与周边活跃经济带（长江经济带、珠江经济带等）联系紧密，一些害虫由此入侵或潜在地入侵到江西境内，造成松树、桉树等重要乔木树种成片死亡，威胁当地森林生态系统稳定。当前，与其他区域相比，赣南因与广东省接壤，为害虫松突圆蚧、湿地松粉蚧、桉树枝瘿姬小蜂侵入当地提供便利，在当地爆发、成灾。但近些年数据表明，两种入侵介壳虫在当地的传播扩散速度较初期明显放缓，但其中原因仍为未可知，值得深入研究。显然，随着美国白蛾近10年来南下扩散速度的加快，赣北区域所面临的美国白蛾入侵威胁变得日益严峻。在做好检疫防治的同时，当地尤需沿通往湖北、安徽等交通要道，布置监测点，并结合林区巡查工作，及时获得美国白蛾入侵证据、信息，为及时安排局部防控应战提供重要参考。

参考文献

[1] 常润磊，周旭东. 2010. 桉树枝瘿姬小蜂国外研究现状[J]. 中国森林病虫29（01）：22-25.

[2] 陈泽藩，杨肇兴，徐家雄，翟才梁，黄慕娥，黄永进. 1988. 十五种松树对松突圆蚧抗性的初步研究[J].森林病虫通讯(02)：1-2.

[3] 陈祖沛. 1988. 对松突圆蚧之考察和研讨的综述[J]. 广东林业科技(05)：20-22.

[4] 陈元生,涂小云,罗益群.赣南桉树枝瘿姬小蜂种群动态研究[J]. 江苏农业科学, 2015, 43(11)：178-180.

[5] 侯佩华, 徐琴, 张扬，等. 2017. 江西2016年林业有害生物灾害损失评估[J]. 南方林业科学45(04)：59-63.

[6] 江西省林业厅，江西省森林资源概况[EB/OL].江西省林业厅网站, 2018. http：//www.jxwood.com/a/ziyuandiaocha/2014/0611/891.html 20191109登录.

[7] 林业部森林植物检疫防治所综防测报室. 1989. 松突圆蚧自然扩散距离研究初报[J].森林病虫通讯(03)：24-25.

[8] 罗基同，蒋金培，王缉健，陈江，周巧华，陈基荣. 2011. 广西博白桉树枝瘿姬小蜂生物学特性研究[J].中国森林病虫 30（04）：10-12.

[9] 罗基同，陈尚文，杨秀好，吴耀军，常明山，杨忠武，覃崇贵，李德伟，方小玉，吕康生，雷秀峰.桉树枝瘿姬小蜂新监测技术应用及其在广西的扩散现状[J].广西林业科学，2011，40（03）：204-205.

[10] 孟令春. 2020. 威胁江西林业的几种入侵害虫风险分析研究[B].江西农业大学，南昌.

[11] 鞠珍. 2007. 美国白蛾在不同树种上的生物学特性及抗寒性的研究[D].山东农业大学.

[12] 潘务耀，唐子颖，陈泽藩，杨肇兴，连俊和. 松突圆蚧生物学特性及防治的研究[J]. 森林病虫通讯，1989(01)：1-6.

[13] 潘务耀, 唐子颖, 余海滨. 新传入我国的湿地松粉蚧研究[J]. 林业科学研究, 1995, 8(10)：67-72.

[14] 潘务耀, 谢国林, 胡学兵. 松突圆蚧严重为害马尾松[J]. 森林病虫通讯, 1983(03)：29.

[15] 潘务耀，唐子颖，陈泽藩，杨肇兴，连俊和. 松突圆蚧生物学特性及防治的研究[J]. 森林病虫通

讯，1989(01)：1-6.

[16] 庞雄飞, 汤才.新侵入害虫——湿地松粉蚧的防治问题[J]. 森林病虫通讯, 1994(2)：32-34.

[17] 钱军，梁居智，蔡兴新，沙林华，张先敏，罗湘粤. 海南省桉树枝瘿姬小蜂危害现状及桉树抗品系调查[J]. 热带林业，2010，38（01）：49-51.

[18] 汤行昊. 桉树枝瘿姬小蜂生物学、生态学特性及防治试验[D]. 福建农林大学，2013.

[19] 徐家雄, 丁克军, 司徒荣贵. 湿地松粉蚧生物学特性的初步研究[J]. 广东林业科技, 1992(4)：21-24.

[20] 徐世多, 黄茂俊, 谭大临，等. 湿地松粉蚧自然传播规律研究初[J]. 森林病虫通讯, 1994(02)：16-17.

[21] 谢国林，胡金林，李去惑，潘务耀. 广东省松突圆蚧调查初报[J]. 森林病虫通讯，1984(01)：39-41.

[22] 杨平澜. 我国松树上新传入的一种大害虫——湿地松粉蚧[J]. 昆虫学研究, 1991, 10(1)：586.

[23] 张生芳. 美国白蛾—— 一种应该提高警惕的植物检疫对象[J]. 植物检疫参考资料, 1979(02)：18-27.

[24] 赵紫华, 苏敏, 李志红, 惠苍, 2019. 外来物种入侵生态学. 植物保护学报46, 1-5.

[25] 赵春亮. 广东省发现湿地松粉蚧[J]. 江西林业科技, 1992(05)：48.

[26] 赵丹阳，徐家雄，林明生，邱焕秀，钟填奎，陈沐荣，陈瑞屏，邱芝章.外来入侵害虫桉树枝瘿姬小蜂在中国的风险性分析[J]. 广东林业科技，2009，25（01）：37-40.

[27] 赵鑫, 李明英, 初杰, 等. 美国白蛾的分布为害与综合防治方法[J]. 植物医生, 2019, 32(03)：51-53.

[28] 中国森防信息网. 江西省森防局发布松突圆蚧、湿地松粉蚧虫情警报[EB/OL]. 2009.

[29] 周昌清, 江洪, 潘务耀, 等.引进天敌防治湿地松粉蚧的展望[J]. 昆虫天敌, 1994, 16(3)：114-118.

[30] Mack RN, Simberloff D, Lonsdale WM, Evans H, Clout M, Bazzaz FA. 2000. Biotic invasions：causes, epidemiology, global consequences, and control. Ecological Applications, 10(3)：689-710.

[31] Clarke S R, Debarr G L, Berisford C W. Life history of Oracella acu ta (Homop tera：Pseu-docucidae) in loblolly pine seed orchards in Georgia[J]. Environ Entomol, 1990, 19(1)：99-103.

[32] Dhahri S, Ben Jamaa M L, Lo Verde G. First record of Leptocybe invasa and Ophelimus maskelli eucalyptus gall wasps in Tunisia[J]. Tunisian Journal of Plant Protection, 2010, 5(2)：229-234.

[33] Lövei, G.L., 1997. Global change through invasion. NATURE 388, 627-628.

[34] Rockström J, Steffen W, Noone K, et al. A safe operating space for humanity[J]. nature, 2009, 461(7263)：472.

辣椒烟青虫防治的研究进展与展望*

曹生凯[1**]，廖梦琪[1]，张文武[2]，杨　华[2***]，王　星[1***]

（1. 湖南农业大学植物保护学院，长沙 410128；2. 湖南乌云界国家级自然保护区管理局，桃源 415700）

摘　要：烟青虫是一种世界性害虫，主要以幼虫为害作物的各生长期及不同生长部位，严重影响作物的生长发育和农产品的品质。目前对烟青虫的防治仍以化学防治为主，新型的防治技术相对较少且不被广大农户所接受。本文详细总结了辣椒烟青虫各类防治对策的研究进展，展望了未来的发展趋势，以期为今后烟青虫的防治应用提供理论参考。

关键词：辣椒；烟青虫；防控对策；研究进展

Progress and Prospect of *Helicoverpa assulta* Control on Pepper

Cao Sheng-Kai[1**], Liao Meng-Qi[1], Zhang Wenwu[2], Yang Hua[2***], Wang Xing[2***]

（1. *College of Plant Protection, Hunan Agricultural University, Changsha* 410128 ,China;

2. *Hunan Wuyunjie National Nature Reserve, Taoyuan* 415700, China）

Abstract: *Helicoverpa assulta* is a worldwide pest. It mainly damages the growth stages and different growth parts of crops by larvae, which seriously affects the growth and development of crops and the quality of agricultural products. At present, the control of *H. assulta* is still mainly chemical control, and the new control technology is relatively less and not accepted by the majority of farmers. In this paper, the research progress of various control strategies of *H. assulta* on pepper were summarized in detail, and the future development trend was prospected, which will provide theoretical reference for control of *H. assulta* in the future.

Key words: pepper; *Helicoverpa assulta*; control measures; progress

---

* 基金项目：湖南农业大学与湖南乌云界国家级自然保护区管理局合作研究项目

** 第一作者：曹生凯，硕士研究生，主要从事生物多样性相关研究；E-mail：2247692795@qq.com

*** 通信作者：杨华，中级，主要从事自然保护相关工作；E-mail：2818615590@qq.com；王星，教授，主要从事生物多样性保护相关工作；E-mail：wangxing@hunau.edu.cn

烟青虫*Helicovepa assulta*（Güenee）俗名青虫，又名烟草夜蛾，属鳞翅目夜蛾科。幼虫体色多样、成虫多为黄褐色，外部特征与近缘种——棉铃虫极为相似。在国外分布于日本、朝鲜、印度、缅甸等地；在我国各地农田均有发生，是我国常见的农业害虫之一。烟青虫寄主范围广、危害大、食性杂、繁殖力强（江立俊等，2018）。主要以茄科植物为食，同时还可为害烟草、玉米、棉、麻、豆类等各种农作物，亦是世界上极少数取食辣椒果实的昆虫之一。成虫一般傍晚开始活动，白天多隐蔽在辣椒茎叶中（汤林海等，2005），对萎蔫的杨树枝和光线表现出较强的趋性。成虫羽化后即交配产卵，卵多产于植株中上部叶片或叶背绒毛较多的部位（张修金，2007）。幼虫一般5龄、3龄后开始蛀果危害，被蛀果实表面有1个明显的孔洞，果皮内常积满黑绿色的虫粪和蜕去的虫皮，造成果实不能食用（涂祥敏等，2011；夏忠敏等，2009）。除危害辣椒的果实、花以外，幼虫还危害辣椒的嫩茎、嫩芽和叶片等部位，造成叶片缺刻或嫩茎穿孔，严重时可把叶片、嫩茎全部吃光（冯渊博等，2009）。由于虫害对辣椒造成伤口，易引起病毒、细菌或真菌的侵染，加重了辣椒上病害的发生，严重影响了辣椒的产量和品质。烟青虫造成辣椒每年产量损失5%~15%，对我国的辣椒产业造成了较大的经济影响。

1 辣椒烟青虫防治现状

在种植过程中，菜农种植、管理技术水平有限，对烟青虫的防治手段比较单一，常常忽视田间卫生和精耕细作的重要性。如未及时清理田间坏果，重茬栽培，引发虫害大范围出现（丁林彬和王振，2016）。在防治过程中只求防虫效果快、高效，发现虫害就立即用药防治，不考虑虫害是否达到防治指标以及农药的毒性和残留性，盲目提升农药浓度、用量、配比等，最终导致辣椒的农药残留量超标、害虫抗药性增加、天敌濒临灭绝等一系列问题，影响了食品安全，破坏了生态平衡，给人类的身体健康带来了威胁（段希兵，2020）。

大部分菜农的文化水平普遍不高，对病虫害预防知识储备少，对新提出的“肥药减施增效技术”更是了解甚少，防治思想和方法老旧；加之现阶段生物农药价格昂贵、而生物防治又需要一定的设备和技术支持、防治作用缓慢，所以许多农民首选还是价格低廉、防治效果快的传统高毒农药防治烟青虫。为了保障辣椒的产量与品质，菜农大量且长期使用化学农药防治烟青虫，导致该虫的抗药现象十分严重，给防治带来了极大的挑战。

2 辣椒烟青虫防控对策

2.1 种植优质的抗虫害品种

根据不同地方的环境条件，因地制宜地选择不同品种的辣椒，掌握好所栽培品种的特性和播种时期是保证辣椒品质的前提，并能够充分发挥其抗病性和丰产性（黄志农等，2008），如南方地区可种植秋延晚栽培品种（陈爱国等，2009）。利用转基因技术为培育抗虫害辣椒品种工作提供了极大便利，吴涛（吴涛，2005）通过农杆菌介导法将Cry I A（c）导入辣椒外植体，经过卡那霉素筛选后获得了一批转Bt基因植株，该植株对鳞翅目昆虫有独特的抗虫效果。王朋（2002）等和柳建军（2002）等以辣椒叶片为外植体将胰蛋白酶抑制剂基因（CpTI）利用农杆菌导入辣椒，都得到了转基因抗虫植株，而后续的实践也证明了从豇豆中提取的豇豆胰蛋白酶抑制剂基因（CpTI）抗虫范围极广。虽说转基因技术的出现可大大降低育种的难度，但是其安全性仍备受争议。

2.2 通过控制生物多样性来控制辣椒烟青虫的发生

在辣椒种植地块的四周种植玉米、高粱等非茄科作物，引诱成虫产卵后集中消灭[6]，是目前菜农普遍使用的方法。同时，也可在辣椒田中间作玉米，减少虫害。具体做法如下：辣椒地内每隔3~4行辣椒种植1行早玉米，早玉米的播种期应在辣椒定植前后，且玉米的种植密度不能太大（毕咏梅，2008）。间作的诱集作物不仅可以引诱烟青虫产卵，亦可改变辣椒田的小环境，如引起田内温度或湿度的变化，增大害虫取食间作植物的机会，减少害虫对主要作物的损害（Lai et al., 2020）。

2.3 利用天敌防治烟青虫

烟青虫的寄生性天敌有赤眼蜂、唇齿姬蜂、绒茧蜂等。唇齿姬蜂可寄生第1、2代烟青虫，且寄生率高。在湖北武汉地区，唇齿姬蜂对烟青虫的寄生率最高可达42.70%（刘敏杰，2016）；在山东沂水地区，唇齿姬蜂对烟青虫幼虫的寄生率平均为67.0%，最高达85.4%（侯茂林等，2002）。大多数被寄生的烟青虫只能活到3龄或4龄。利用唇齿姬蜂不但可以减少烟青虫的数量，还可减轻烟青虫对辣椒的危害（姚峰等，2015）。陈林华（2013）研究发现，在田间释放赤眼蜂卵卡进行防治烟青虫，防治效果在50%左右，并且随着卵卡密度的增加，防治效果也有所增加；利用赤眼蜂防治烟青虫已在河南、山西、广东、广西、云南等地取得了良好的效果。在烟青虫的捕食性天敌中，草蛉、红彩真猎蝽，蜘蛛、华姬猎蝽、蜘蛛对烟青虫的捕食能力较强，对烟青虫幼虫的抑制作用明显，防治效果良好（Lai et al., 2020）。

2.4 利用遗传防治技术减少烟青虫危害

遗传防治也是近来人们研究较多的方向，包括害虫不育性、细胞质不亲和性和外界条件致死突变作用等。通过棉铃虫雌蛾和烟青虫雄蛾杂交（反交）所产生的F1代对棉花和辣椒叶片无明显的取食选择性，通过反交方式得到的F1代对寄主植物的选择性会降低，能够减轻对主要寄主植物的危害（陈爱国等，2009）[10]。

已有研究结果证实双翅目、鳞翅目和鞘翅目昆虫在一定范围内和条件下应用辐射处理技术是可行的（Tan，2000）。李咏军等（2005）用^{60}Co-γ辐射羽化前12~24 h的雌性烟青虫，随着辐照计量从150Gy升高到350Gy，其产卵量和卵的孵化率明显降低。

Knipling（1970）发现释放部分不育的昆虫比释放完全不育的昆虫达到的效果要好，而杨录明等（2000）将2种雄性不育剂（棉酚、三胺硫磷）和1种雌性不育剂（氟尿嘧啶）按照有效浓度0.8%和糖水混合置于诱捕器中，让烟青虫成虫自己取食，对烟青虫的防治效果达到90%以上，且受环境因素影响较小，价格低廉。

2.5 利用生物源农药防控烟青虫

生物源农药不仅可以防止烟青虫产生抗药性，还可以降低农药残留量，减少对生态环境的污染，提升作物的产量和品质。苦楝油、川楝素等植源性生物农药亦显示出其广阔的开发利用前景。通过对防治烟青虫生物防治药剂的筛选发现，使用0.3%苦参碱水剂和苏云金杆菌防治烟青虫效果显著，防效接近化学对照药剂2.5%高效氯氟氰菊酯乳油1500倍液的作用效果，且对作物的外观和品质没有其他的负面影响（张永春，2012）。印楝素对烟青虫等多种农业害虫的取食习性、生长发育具有抑制作用，使害虫因拒食、胃毒作用或生长受阻等因素致死（李晓东等，1995）。紫茎泽兰提取物的300倍和500倍稀释液在田间防治烟青虫，防治效果超过了90%，与2.5%敌杀死乳油2000倍稀释液的作用相似，但紫茎泽兰稀释液在田间的防治效果较为缓慢（华劲松和欧阳朝辉，2014）。

目前，微生物源农药也取得了一定研究进展。棉铃虫核型多角体病毒、苏云金芽孢杆菌、阿维菌素类等生物农药，对烟青虫都有良好的防治效果（黄国联等2015）。李世广等（2001）通过研究不同菌种对烟青虫的致病性发现，白僵菌和莱氏野村菌对烟青虫致病力较强，且白僵菌的防治效果优于莱氏野村菌；真菌（5S03）与Bt混配后，可对防治烟青虫起到相互增效的作用。核型多角体病毒JN8217也可侵染烟青虫幼虫，并对烟青虫有较强的感染力，在田间施药后，烟青虫的致死率达到了70%，效果十分显著（刘召南等，1987）。

2.6 利用性诱剂干扰或诱集防治烟青虫

性诱剂对烟青虫成虫的引诱效果较好，但是对幼虫的引诱效果却不理想，用不同的成分做诱芯得到的效果也不同。人们通过对性信息素成分研究发现，对烟青虫防治效果较好的性信息素成分有顺-9-十六碳烯醛（Z9-16:Ald）、顺-11-十六碳烯醛（Z11-16:Ald）、顺-9-十六碳烯醋酸酯（Z11-16:Ac）等（Cork et al., 1992）。黄遂甫等（1997）研究发现，用合成的性诱剂大面积防治烟青虫与化学防治效果相同，且成本可降低34.2%。诱芯的组分是防治的关键，但是在防治过程中不能忽略自然条件的变化以及诱捕器放置的位置及间距等因素，研究发现诱捕器放置密度在15个/ hm^2时，诱虫数量最多，放置高度为30 cm，诱捕效果最佳（潘和平，2018）。

2.7 化学药剂防治烟青虫

对烟青虫的药剂防治应在幼虫蛀果危害前（即卵孵化盛期到2龄幼虫期）进行。施药时间应以上午为宜，重点喷洒辣椒植株上部的幼嫩部位。目前，我国广泛应用于防治烟青虫的化学药剂主要有:氰马乳油6000倍稀释液、50%辛硫磷乳油1000倍稀释液、25%联苯菊酯乳油2800倍稀释液、5%锐劲特2000倍稀释液等（向时权，2019；Lai et al., 2020）。

化学防治具有简便、防治效果显著、杀虫范围广等优点。但是长期滥用化学农药，容易引起农药残留、害虫抗性增加、害虫再猖獗以及环境污染等问题，因此在应用广谱性的杀虫剂防治烟青虫时，要合理使用化学药剂，尽量避免上述问题的发生。

3 展望

随着科研人员对烟青虫防治研究进展的不断深入，以及人们对生态环境保护观念的不断增强，利用生物防治、植物源农药以及转基因技术来防治害虫的方法已成为主流。随着“肥药减施增效”的提出，未来会越来越重视自然因素的调控作用，利用自然、农业、生物、化学等多方面协调配合，从而达到甚至超越单一使用传统化学农药防治的效果，将会是未来病虫害防治的目标。

掌握烟青虫的生活习性及发生规律等，制定系统的综合防治对策，会让该虫的防治工作事半功倍。同时亦要积极利用互联网，时刻做好病虫害的监测预警，做到“敌未动，我先行”。此外，还要加大宣传力度，向菜农们宣传经济而有效的防治方法，转变传统的防治思想，接纳先进的新型绿色防控技术（杨晓东，2020），做好烟青虫的防治，只有这样辣椒的品质才能提升，经济效益才会提高。建立可持续发展的绿色、生态、安全的辣椒产业体系，贯彻现代植保理念，已经成为大势所趋。

参考文献

[1] 毕咏梅. 辣椒套种生产管理模式[J]. 中国果菜, 2018, 38 (06)：54-56.

[2] 陈爱国, 潘秀萍, 丁志宽, 林双喜. 苏北沿海地区辣椒“三落”成因及综合防治技术[J]. 中国瓜菜, 2009, 22 (03)：49-50.

[3] 陈林华. 烤烟烟青虫生物防治试验[J]. 农业开发与装备, 2013, (01)：111-112.

[4] 段希兵. 温室蔬菜病虫害防治存在的问题及对策研究[J]. 农业开发与装备, 2020, (06)：176-178.

[5] 丁林彬, 王振. 辣椒栽培技术与病虫害防治方法探讨[J]. 南方农业, 2016, 10, (18)：61-62.

[6] 江立俊, 王德志, 任国军. 郧西县辣椒烟青虫发生特点与综合防治[J]. 长江蔬菜, 2018, (07)：49-51.

[7] 冯渊博, 赵科刚, 郭鹏飞, 杜艳, 李婷. 辣椒烟青虫发生特点与无公害防治[J]. 西北园艺(蔬菜专刊), 2009, (03)：42-43.

[8] 侯茂林, 万方浩, 王福莲.山东烟田烟青虫和烟蚜及其天敌的发生动态[J]. 中国生物防治, 2002, 18 (2)：54-57.

[9] 华劲松 ,欧阳朝辉. 紫茎泽兰提取物对烟青虫的生物活性试验[J]. 现代农业科技, 2014, (11)：115-116.

[10] 黄志农, 刘勇, 马艳青, 张竹青. 华中地区春夏季辣椒健身栽培与病虫防控技术[J]. 辣椒杂志, 2008, (01)：21-25.

[11] 黄国联, 匡传富, 谭琳, 李宏光, 李密, 汤心砚. 烟草烟青虫生态防治研究进展[J]. 农业开发与装备, 2015, (09)：37-38.

[12] 黄遂甫, 姜富恩, 赵松峰, 韩富根. 用性诱剂诱捕器防治烟青虫田间试验[J]. 河南农业科学, 1997(10)：15-16.

[13] 柳建军, 于洪欣, 周玉, 张学坤. 辣椒的离体再生及抗虫基因转化的研究[J]. 山东师范大学学报(自然科学版), 2002, (04)：74-76.

[14] 李咏军, 吴孔明, 郭予元. (60)Co-γ辐射对烟青虫飞翔和繁殖生物学的影响[J].中国农业科学, 2005, (03)：619-623.

[15] 李晓东, 陈文奎, 胡美英. 印楝素、闹羊花素－III对斜纹夜蛾的生物活性及作用机理的研究[J]. 华南农业大学学报, 1995, (02)：80-85.

[16] 李世广, 林华峰, 徐庆丰, 张晓梅. 几种虫生真菌对烟青虫的致病性研究[J]. 安徽农业大学学报, 2001, (04)：376-379.

[17] 刘敏杰. 湘南烟区烟草夜蛾生物防治技术研究[D]. 湖南农业大学, 2016.

[18] 刘召南, 王慧明, 邢祖培. 甘蓝夜蛾核型多角体病毒京农8217株的分离及其特性研究[J]. 生物防治通报, 1987, (02)：84-87.

[19] 潘和平. 诱捕器不同放置密度和高度对烤烟斜纹夜蛾与烟青虫的诱捕效果研究[J]. 现代农业科技, 2018, (20)：109-112.

[20] 汤林海, 王祥勇, 廖德莲, 刘宝琴, 郑芙蓉, 高斌. 烟青虫的生活习性观察及防治技术研究[J]. 湖北植保, 2005, (04)：15.

[21] 涂祥敏, 刘崇政, 赖卫, 杨红, 詹永发, 余文中. 贵州辣椒常见虫害的发生规律及其防治技术[J]. 农技服务, 2011, 28 (02)：201-203.

[22] 吴涛. 农杆菌介导CryIAc基因高效转化辣椒的改进方法[D]. 华中师范大学, 2005.

[23] 王朋,王关林, 方宏筠. 抗虫基因(CpTI)辣椒转化的初步研究[J]. 沈阳农业大学学报, 2002, (01)：30-32.

[24] 向时权. 谈大棚辣椒种植管理技术[J]. 南方农业, 2019, 13 (14)：27-28.

[25] 夏忠敏, 刘红梅, 龙玲, 耿坤, 杨盛桂. 贵州辣椒主要病害发生规律及虫害的生活习性研究[J]. 耕作与栽培, 2009, (05)：30-33.

[26] 姚峰, 廖伟, 陈芝波, 杨艺. 烤烟烟青虫防治研究进展[J]. 安徽农业科学, 2015, 43 (26)：110-112.

[27] 杨录明, 普耀芳, 黄继梅, 程桂林, 刘润玺.农用不育剂防治烟青虫的研究[J]. 中国烟草学报, 2000, (03)：33-37.

[28] 杨晓东. 建平县设施蔬菜病虫害防治中存在的问题及对策[J]. 现代农村科技, 2020, (08)：42.

[29] 张修金. 棉铃虫和烟青虫的识别与防治[J]. 农技服务, 2007, (02)：57-58.

[30] 张永春, 周杜浪, 杨晓刚, 潘文杰, 田必文, 孙光军. 烟青虫生物防治药剂的筛选[J]. 贵州农业科学, 2012, 40 (06)：124-127.

[31] Cork A., Boo K.S., Dunkelblum E., et al. Female sex pheromone of oriental tobacco budworm, *Helicoverpa assulta* (Guenee) *(Lepidoptera*：*Noctuidae*)：Identification and field testing. 1992, 18 (03)：403-418.

[32] Knipling E.F.. Suppression of pest *Lepidoptera* by releasing partially sterile males：a theoretical appraisal. 1970, 20, (8)：465-470.

[33] Lai RQ, Zhu CZ, Bai JJ, Wu XT, Gu Gang, Bai JB, Zhou T, Wang DF, Hu HQ, Lin TR. Intercropping garlic at different planting times and densities for insect pest or crop yield and value management into bacco fields[J]. Entomological Research, 2020, 50(3)：1748-5967.

[34] Tan KH (ed.) Penebrit Universiti Sains, Pulau Pinang, Malaysia, 2000 782

蛾类昆虫PBAN和PBANR克隆的研究进展*

周小草**，罗　妹，张佳丽，魏洪义***

（江西农业大学农学院，南昌 330045）

摘　要：性信息素合成激活神经肽（PBAN）及其受体（PBANR）是鳞翅目昆虫性信息素合成通路上的重要调控因子。本文系统分析了目前NCBI中的*PBAN*和*PBANR*基因，并选取了部分蛾类昆虫的基因序列进行了比对与发育树构建。PBAN和PBANR在蛾类昆虫体内都具有高度保守性，尤其是PBAN最短活性序列（FXPRL）位置和PBANR跨膜结构区域的保守性最为明显。PBAN和PBANR的发育分析结果也十分接近，体现出两者在进化发育上的一致性。PBAN和PBANR在结构和发育上的高度保守性和一致性，可为其他昆虫的进化发育分析提供依据。

关键词：鳞翅目；PBAN；PBANR；发育分析

Advances in PBAN and PBANR Cloning of Moths

Zhou Xiaocao**, Luo Mei, Zhang Jiali, Wei Hongyi***

（*College of agriculture, Jiangxi Agricultural University, Nanchang* 330045）

Abstract: Pheromone biosynthetic activating neuropeptides （PBANs） and its receptors （PBANRs） are important regulators in the synthesis pathway of sex pheromone in Lepidoptera. In this paper, PBAN and PBANR genes in NCBI were analyzed systematically, and the gene sequences of some moths were compared and the development tree was constructed. PBANs and PBANRs are highly conserved in moths, especially in the position of the shortest active sequence （FXPRL） of PBAN and the transmembrane structure of PBANR. The results of phylogenetic analysis of PBANs and PBANRs

* 基金项目：国家自然科学基金（31760637, 31640064）

** 第一作者：周小草，硕士研究生，主要从事农业昆虫与害虫防治研究；E-mail: 15797637520@139.com

*** 通信作者：魏洪义，教授，主要从事农业昆虫与害虫防治研究；E-mail：hywei@jxau.edu.cn

are also very close, reflecting the consistency of their evolutionary development. The high degree of conservation and consistency of PBAN and PBANR in structure and development can provide a basis for the evolution and development analysis of other insects.

Key words: Lepidoptera; PBAN; PBANR; Developmental analysis

蛾类性信息素主要是由雌性成虫性腺产生分泌的一种混合的化学物质，它可以被同种异性个体感受器识别，进而产生两性交配行为进行繁殖（石奇光等，1986）。所以，在蛾类昆虫的繁殖过程中，性信息素释放与接收对于其成功交配至关重要。

在研究蛾类昆虫性信息素生物合成中，性信息素合成激活神经肽及其受体作为鳞翅目昆虫性信息素体内合成通路上的重要物质，在近几十年的研究中也取得了众多进展。为进一步深入了解蛾类昆虫性信息素生物合成的进化过程，本文对性信息素合成激活神经肽及其受体的研究进展作了概述，以期为研究蛾类昆虫性信息素的组分、合成以及生物合成，进而防治蛾类害虫的研究提供参考。

1 PBAN和PBANR简介

1.1 PBAN

性信息素合成激活神经肽（pheromone biosynthetic activating neuropeptide, PBAN）是一类调控昆虫性腺合成和释放性信息素的重要神经肽。1989年，Raina等人首次从美洲棉铃

虫*Helicoverpa zea*中分离克隆得到多肽序列，后又在多种鳞翅目昆虫中发现，并分离纯化出多种PBAN分子，如家蚕*Bombyx mori*（Kawano et al., 1992），甜菜夜蛾*Spodoptera exigua*（Xu et al., 2007），柞蚕*Antherea pernyi*（Wei et al., 2008），欧洲玉米螟*Ostrinia nubilalis*等（Fodor et al., 2017）。

PBAN前体经剪切加工后形成滞育激素生物合成激活肽（DH-PBAN）、PBAN和其他三种神经肽（α-SGNP、β-SGNP和γ-SGNP）（查笑君等，2002）。此类神经肽在C末端有一个维持活性所必须具备的五肽序列-FXPXL-NH2（F-苯丙氨酸，X-任意氨基酸，P-脯氨酸，R-精氨酸，L-亮氨酸且氨基化），改变或缺少一个氨基酸，其生物学活性都会明显降低（Jurenka, 1996）。PBAN在蛾类成虫中调控性信息素前体的生物合成来调控性信息素合成；DH-PBAN可调控昆虫的滞育，其他3种神经肽功能尚不十分明确，但目前研究已发现其可以调控昆虫表皮色素产生，肌肉收缩（赵新成等，2006）。

1.2 PBANR

性信息素合成激活神经肽受体（pheromone biosynthetic activating neuropeptide receptor，PBANR），是根据果蝇属一组GPCRs保守序列克隆得到的一类G蛋白偶联受体（GPCR），从棉铃虫的性腺中第一次克隆出来（Choi et al., 2003）。随后，PBANR分别在家蚕（*Bombyx mori*）（Hull et al., 2004）及其他鳞翅目或其他目的物种中被克隆并鉴定。PBANR基因主要在雌蛾的信息素腺体中表达（Choi et al., 2003），同时在蛾类的其他组织中也有少量地表达（Cheng et al., 2010）。

1.3 PBAN和PBANR的作用途径

PBAN与PBANR协作调控性信息素的合成与释放主要有两种途径：（1）PBAN直接作用于腺体细胞上的PBANR，打开钙离子通道，允许细胞外Ca^{2+}内流，引起下游反应，调控性信息素的合成（Choi et al., 2006）；（2）PBAN在咽下神经节产生并被释放到血淋巴中，刺激性信息素在蛾体内生物合成（Choi et al., 2010）。

2 PBAN及PBANR氨基酸序列比对及发育分析

2.1 PBAN及PBANR氨基酸序列

将NCBI中已发布鳞翅目26个物种的PBAN和43个物种的PBANR序列进行整理。为了更好分析PBAN和PBANR序列特征及其发育关系，本文选取了其中蛾类的22个PBAN和38个PBNAR序列进行分析。PBAN氨基酸序列NCBI登录号见表1，PBANR氨基酸序列NCBI登录号见表2。

表1 PBAN氨基酸序列NCBI登录号

物种名称	NCBI登录号	参考文献
*Bombyx mori*家蚕	NP_001037321.1	Kawano et al., 1992
*Helicoverpa armigera*棉铃虫	AAL05596.1	Zhang et al., 2004
*Heliothis virescens*烟芽夜蛾	AAO20095.1	Xu et al., 2003
*Helicoverpa zea*美洲棉铃虫	AAA20661.1	MA et al., 1994
*Helicoverpa assulta*烟实夜蛾	AAC64293.1	Choi et al., 1998
*Manduca sexta*烟草天蛾	AAO18192.1	Xu et al., 2004
*Pectinophora gossypiella*棉红铃虫	AVX48909.1	许冬等，2018
*Plutella xylostella*小菜蛾	AEP25400.1	Ellango et al., 2011
*Spodoptera litura*斜纹夜蛾	AJT60314.1	Lu et al., 2015
*Spodoptera exigua*甜菜夜蛾	AXY04289.1	Xu et al., 2007
*Spodoptera littoralis*海灰翅夜蛾	AAK84160.1	Iglesias et al., 2002
*Ostrinia nubilalis*欧洲玉米螟	AOY34014.1	Fodor et al., 2017
*Agrotis ipsilon*小地老虎	CAA08774.1	Duportets et al., 1999
*Maruca vitrata*豆荚螟	AGI96545.1	Chang et al., 2014
*Omphisa fuscidentalis*竹蠹螟	AFP87384.1	Singtripop et al., 2012
*Antheraea pernyi*柞蚕	AAR17699.1	Wei et al., 2008
*Samia ricini*蓖麻蚕	AAP41132.1	Wei et al., 2004

续表

物种名称	NCBI登录号	参考文献
*Orgyia thyellina*旋古毒蛾	BAE94185.1	Uehara et al., 2006
Adoxophyes sp.小卷叶蛾	AAK72980.1	Choi et al., 2004
*Chlumetia transversa*芒果横线尾夜蛾	AIY72749.1	Wei et al., 2016
*Clostera anastomosis*分月扇舟蛾	ABR04093.1	Jing et al., 2007
*Ascotis selenaria cretacea*桑青尺蠖	BAF64458.1	Kawai et al., 2007

表2　PBANR氨基酸序列NCBI登录号

物种名称	变型	NCBI登录号	参考文献
*Bombyx mori*家蚕	PBANR-A	AEX15646.1	Lee et al., 2012
	PBANR-As	AEX31546.1	Lee et al., 2012
	PBANR-B	AEX15643.1	Lee et al., 2012
	PBANR-C	AEX15640.1	Lee et al., 2012
*Helicoverpa armigera*棉铃虫	PBANR-A	AEX15647.1	Lee et al., 2012
	PBANR-B	AEX15644.1	Lee et al., 2012
	PBANR-C	AEX15641.1	Lee et al., 2012
*Heliothis peltigera*大棉铃虫	PBANR	AEQ33641.1	Aliza et al., 2013
*Heliothis virescens*烟芽夜蛾	PBANR-A	ABU93812.1	Kim et al., 2008
	PBANR-B	ABU93813.1	Kim et al., 2008
	PBANR-C	ABV58013.1	Kim et al., 2008
*Helicoverpa zea*美洲棉铃虫	PBANR	AAP93921.1	Choi et al., 2003
	PBANR-B	AFP19101.1	Lee et al., 2012
	PBANR-C	AEO17028.2	Lee et al., 2012
*Mythimna separata*粘虫	PBANR-As	AEX31548.1	Lee et al., 2012
	PBANR-A	AEX15648.1	Lee et al., 2012
	PBANR-B	AEX15645.1	Lee et al., 2012
	PBANR-C	AEX 15642.1	Lee et al., 2012
*Mamestra brassicae*甘蓝夜蛾	PBANR-A	ARO85771.1	Fodor et al., 2017
	PBANR-B	ARO85772.1	Fodor et al., 2017
	PBANR-C	ARO85773.1	Fodor et al., 2017
*Manduca sexta*烟草天蛾	PBANR-A	ACQ90219.1	Kim et al., 2008
	PBANR-B	ACQ90220.1	Kim et al., 2008
	PBANR-C	ACQ90221.1	Kim et al., 2008
	PBANR-D	ACQ90222.1	Kim et al., 2008
*Pectinophora gossypiella*棉红铃虫	PBANR	AVX48910.1	Dong et al., 2017
*Plutella xylostella*小菜蛾	PBANR	AAY34744.1	Lee et al., 2011
*Spodoptera exigua*甜菜夜蛾	PBANR	ABY62317.2	Cheng et al., 2010

续表

物种名称	变型	NCBI登录号	参考文献
*Spodoptera littoralis*海灰翅夜蛾	PBANR	ABD52277.1	Zheng et al., 2007
*Ostrinia furnacalis*亚洲玉米螟	PBANR	AZT88556.1	Luo et al., 2019
*Ostrinia nubilalis*欧洲玉米螟	PBANR-A	AGL12066.1	Nusawardani et al., 2013
	PBANR-B	AGL12067.1	Nusawardani et al., 2013
	PBANR-C	AGL12068.1	Nusawardani et al., 2013
*Chilo suppressalis*二化螟	PBANR-A	ALM88337.1	Xu et al., 2015
	PBANR-B	ALM88338.1	Xu et al., 2015
*Antheraea pernyi*柞蚕	PBANR	AXF38050.1	Jiang et al., 2018
*Agrotis ipsilon*小地老虎	PBANR	AMN09327.1	Khalid, 2016
*Streltzoviella insularis*小线角木蠹蛾	PBANR	QLI61978.1	Yang et al., 2020

3 序列分析

用DNAMAN8进行序列比对，利用MEGA6使用邻位相连法（Neighbor-joining）构建系统发育树进行分析。

3.1 PBAN

蛾类PBAN主要区别在N端体现，在最短活性序列（FXPRL）位置保持高度保守（图1）。

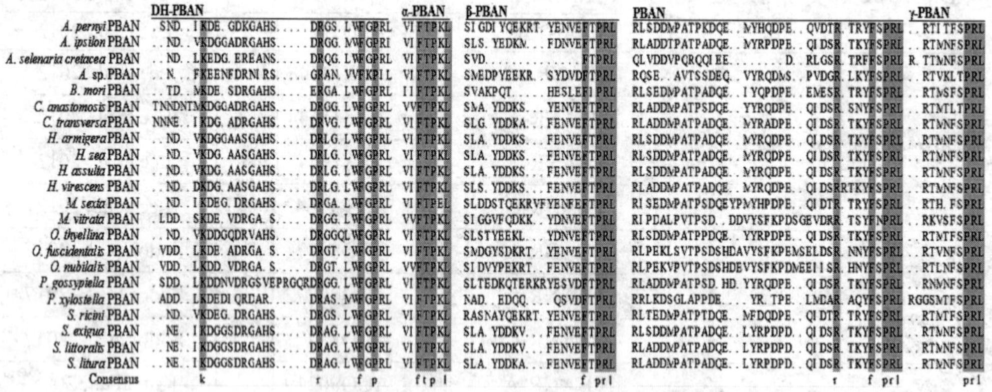

图1　22种蛾类的PBAN家族氨基酸序列比对结果

A. pernyi：柞蚕；*A. ipsilon*：小地老虎；*A. selenaria cretacea*：桑青尺蠖；*A.* sp.：小卷叶蛾；*B. mori*：家蚕；*C. anastomosis*：分月扇舟蛾；*C. transversa*：芒果横线尾夜蛾；*H. armigera*：棉铃虫；*H. zea*：美洲棉铃虫；*H. assulta*：烟实夜蛾；*H. virescens*：烟芽夜蛾；*M. sexta*：烟草天蛾；*M. vitrata*：豆荚螟；*O. thyellina*：旋古毒蛾；*O. fuscidentalis*：竹蠹螟；*O. nubilalis*：欧洲玉米螟；*P. gossypiella*：棉红铃虫；*P. xylostella*：小菜蛾；*S. ricini*：蓖麻蚕；*S. exigua*：甜菜夜蛾；*S. littoralis*：海灰翅夜蛾；*S. litura*：斜纹夜蛾。

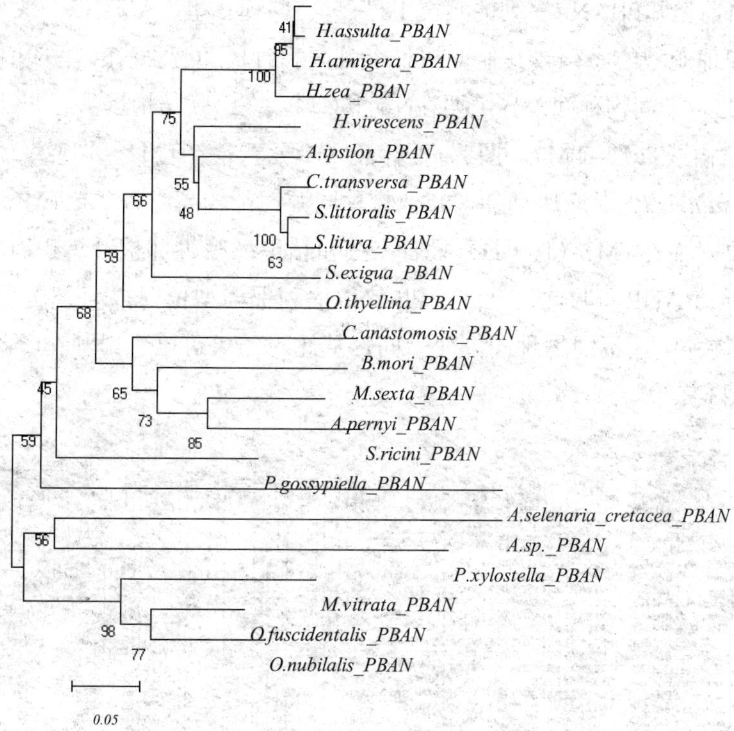

图2　22种蛾类昆虫的PBAN氨基酸序列系统发育树

PBAN基因可转录翻译得500ami左右氨基酸链，最后形成五种不同神经肽，分别是DH-PBAN、α-SGNP、β-SGNP、PBAN和γ-SGNP。DH-PBAN序列长度在25 ami左右，最短活性序列为FGPRL；α-SGNP序列长度为7 ami，最短活性序列为FTPKL；β-SGNP序列长度为18 ami左右，最短活性序列为FTPRL；PBAN序列长度在33 ami左右，最短活性序列为FSPRL；γ-SGNP序列长度为9 ami左右，最短活性序列为FSPRL。五种神经肽的最短活性序列基本呈FXPRL保守，只有α-SGNP为FTPKL，而目前还没有研究表明其具体功能及表达。

从发育树分析来看，被分在同一支上的为同科物种，如夜蛾科（Noctuidae）的棉铃虫*H. armigera*、美洲棉铃虫*H. zea*、烟草夜蛾*H. assulta*、甜菜夜蛾*S. exigua*、海灰翅夜蛾*S. littoralis*、斜纹夜蛾*S. litura*、绿棉铃虫*H. virescens*、小地老虎*A. ipsilon*以及芒果横线尾夜蛾*C. transversa*亲缘关系近；大蚕蛾科（Saturniidae）的柞蚕*A. pernyi*和蓖麻蚕*S. ricini*在同一支；螟蛾科（Pyralidae）的豆荚螟*M. itrata*，竹虫*O. fuscidentalis*和欧洲玉米螟*O. nubilalis*在同一支。亲缘关系较其他物种远的分扇月舟蛾*C. anastomosis*，其序列长度较其他物种短，且同源性较低；而棉红铃虫*P. gossypiella*序列较其他序列长，同源性也不高。

3.2　PBANR

同物种不同型PBANR氨基酸序列高度保守，同源性高达73.49%，主要在C端具有较大差异。目前已知PBANR序列的蛾类中最多具有4种变型，A, B, C, D或A, As, B, C，其中B和C这2种变型的序列较其他变型长，且同物种B和C变型在C端依旧保持较高同源性（图3-F）。不同物种间差异主要在N端和C端，在跨膜结构域具有非常高保守性。从比对跨膜结构域TM1--TM7（图3方框标注区域）看，在TM1（图3-A）区域除小线角木蠹蛾*S.insularisd*无对应序列外，其他物种同源性都较高，TM2至TM6这5个跨膜结构同源性极高，而在TM7（图3-D）只有家蚕和粘虫As变型和棉红铃虫PBANR序列不完全，和其他PBANR同源性低，其余PBANR序列保守型依旧很高。在几种具有不同PBANR变型物种中，不同物种同一变型间，从比对结果可以看出其在C端的同源性依旧较高，如图3-E、F。

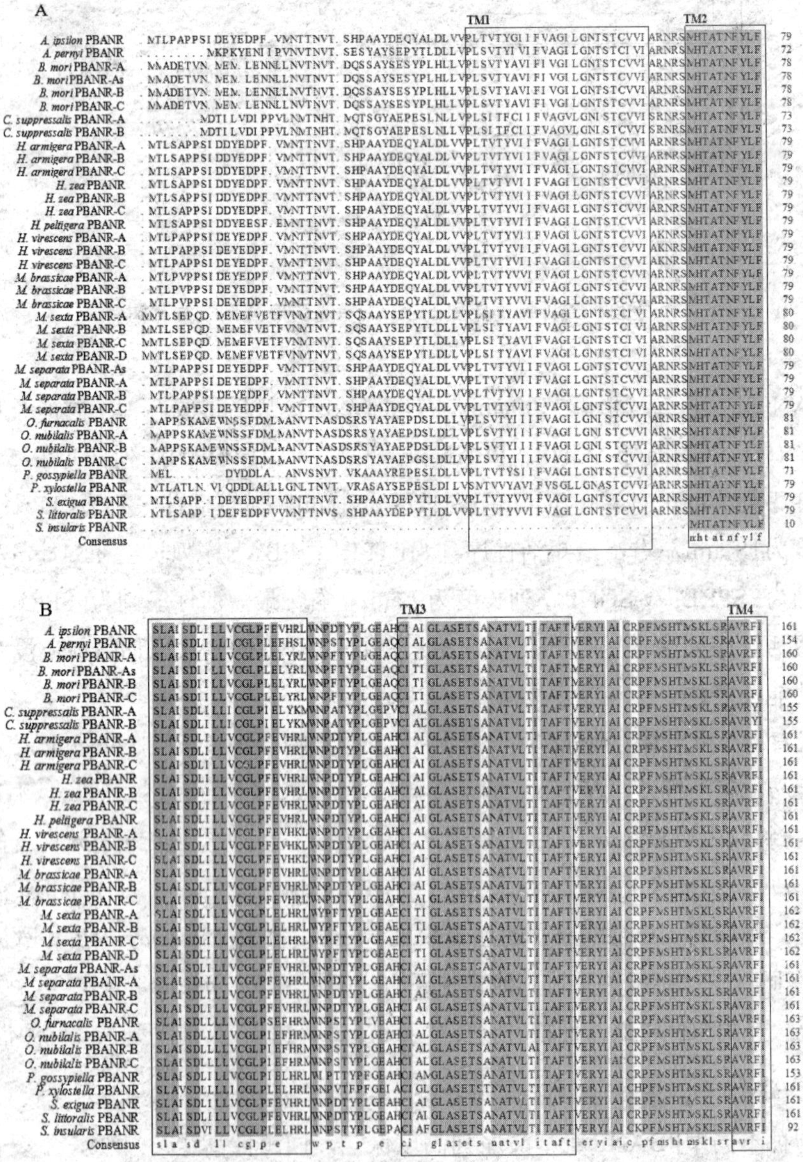

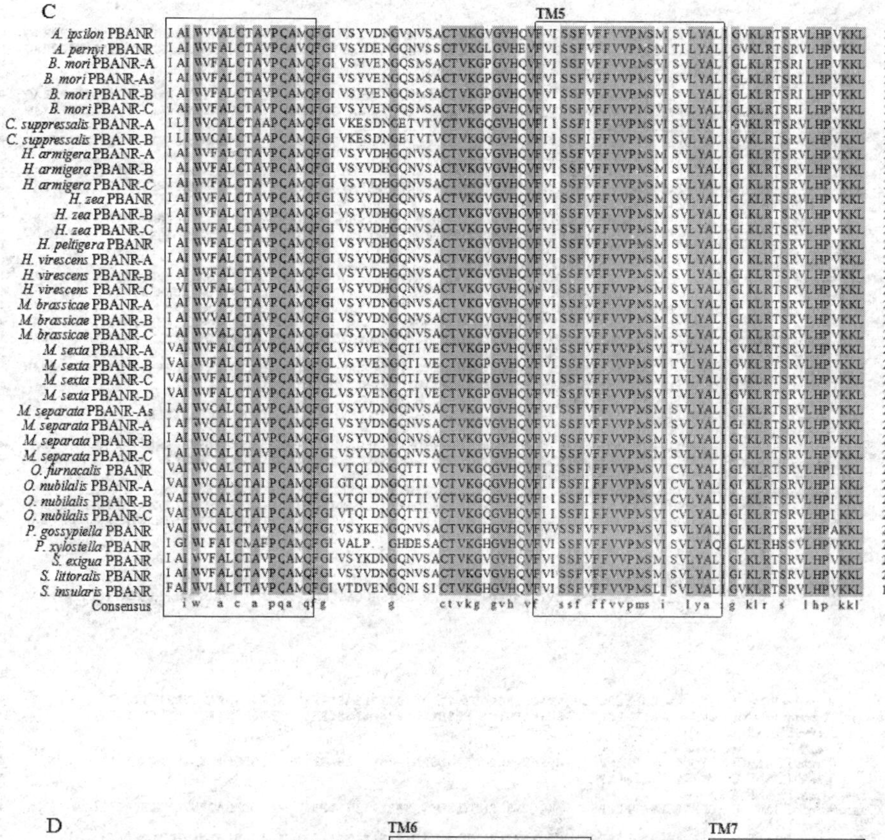
C
TM5
D
TM6
TM7

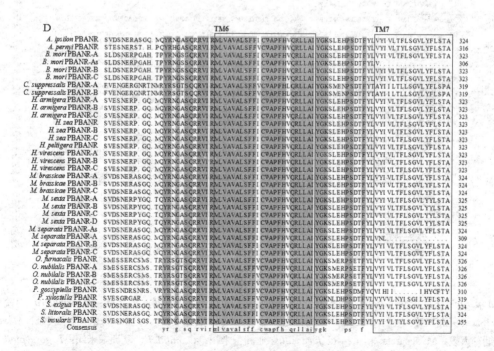

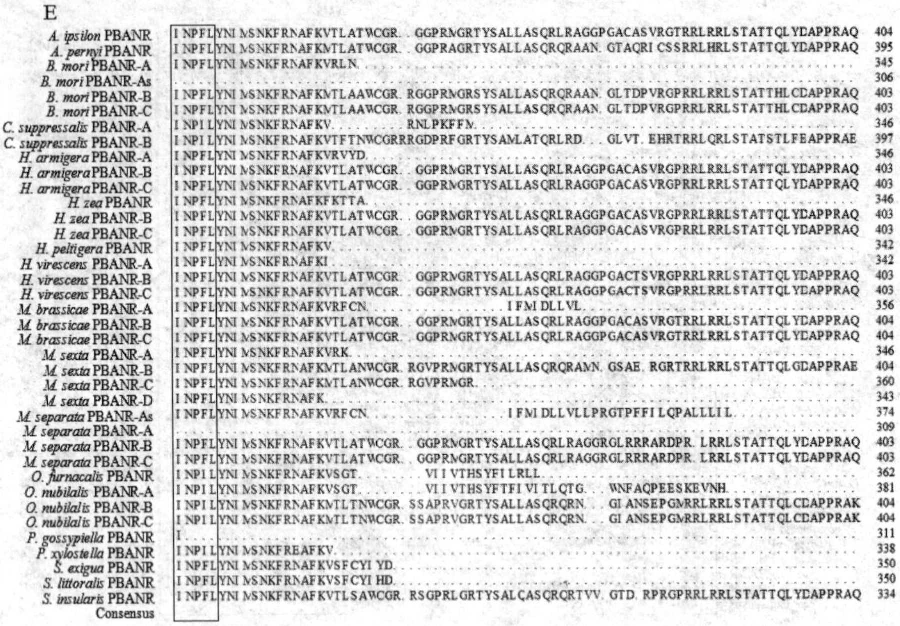

图3　18种蛾类昆虫的38个PBANR氨基酸序列比对结果

A. pernyi: 柞蚕；*A. ipsilon*: 小地老虎； *B. mori*: 家蚕；*C. suppressalis:* 二化螟；*H. armigera*: 棉铃虫；H. zea: 美洲棉铃虫；H. peltigera: 大棉铃虫；*H. virescens*: 烟芽夜蛾；*M. brassicae*: 甘蓝夜蛾；*M. sexta*: 烟草天蛾；M. separata: 粘虫； *O. furnacalis*: 亚洲玉米螟；*O. nubilalis*: 欧洲玉米螟；*P. gossypiella*: 棉红铃虫；*P. xylostella*: 小菜蛾；*S. exigua:* 甜菜夜蛾；*S. littoralis*: 海灰翅夜蛾；*S.insularis*: 小线角木蠹蛾。

发育树分析结果和氨基酸序列比对结果基本一致。同一物种PBANR不同变型被分在同一支上，同属近缘种被分在同一支，如亚洲玉米螟*O. furnacalis*和欧洲玉米螟*O. nubilalis*在同一支，棉铃虫*H. armigera*和美洲棉铃虫*H.* zea在同一支，甜菜夜蛾*S. exigua*和海灰翅夜蛾*S. exigua*在同一支上。PBANR发育分析，夜蛾科的昆虫被分在一大支上，天蛾科，木蠹蛾科与螟蛾科在同一支，蚕蛾科、大蚕蛾科、小菜蛾和棉铃虫则和夜蛾科在同一支，同一支上的物种，亲缘关系相对其他物种较近。

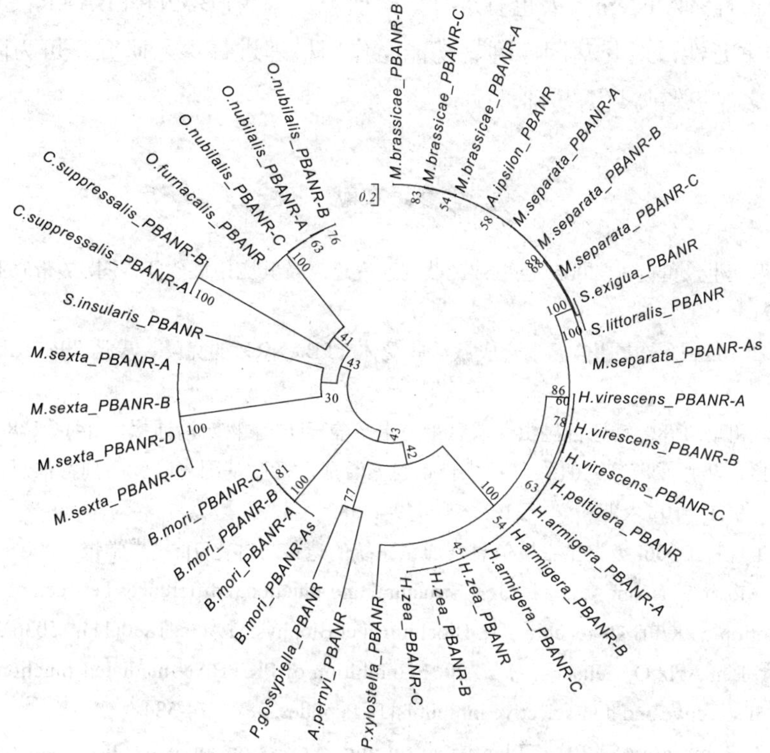

图4　18种蛾类昆虫的38个PBANR氨基酸序列的系统发育树

4　讨论与展望

*PBAN*和*PBANR*基因在蛾类昆虫中具有较高的保守性，尤其是PBAN家族最短活性序列，PBANR的跨膜结构域。虽然部分蛾类昆虫在保守区表现出序列差异性（Choi et al., 2004；Duportets et al., 1999；Chang et al., 2014），但它们表达、功能并没有受到很大影响。从氨基酸序列比对和发育树分析来看，其结果也是一致的，保守性较高的物种被分在发育树同一支上，具有较高同源可能性。夜蛾科昆虫，如棉铃虫*H. armigera*、美洲棉铃虫*H. zea*和烟芽夜蛾*H. virescens*在PBAN，PBANR的发育树分析中都被分在同一支上，具有较高同源可能性。可见，PBAN，PBANR发育分析结果或许可以为蛾类甚至鳞翅目昆虫科属的系统分类提供依据。

目前，*PBAN*和*PBANR*基因在鳞翅目昆虫已有深入研究，但是PBAN家族各神经肽功能还没有较透彻的研究，α-SGNP、β-SGNP及γ-SGNP三种神经肽虽然已有研究证明了具有调控昆虫表皮色素产生，肌肉收缩的功能（赵新成等，2006），但是它们的作用方式、机理，甚至可能存在协同作用，都尚未有明确研究成果，还有待解决。

另外，也有研究以PBAN为靶标或研究对象的抑制剂或拮抗剂（Altstein, 2007），但是尚未有以PBAN为靶标的新型农药或PBAN类似物被开发出来用于实践生产中。因为PBAN神经肽为线性，在空气中容易被降解，以及它作用部位在昆虫体内，对于增强稳定性和穿透性，Altstein等人也有进行一定研究。因为PBAN和PBANR在鳞翅目昆虫中所具有的重要性，对其基因序列、功能、作用机理进行深入研究，可为防止鳞翅目害虫提供更多的思路与数据基础。

参考文献

[1] 查笑君，程立生，黄俊生. 2002. 昆虫神经肽的研究进展及其应用展望[J]. 华南热带农业大学学报，8(2)：17-21

[2] Khalid H. 2016.小地老虎性信息素合成激活肽受体（PBANR）的克隆、表达及RNAi研究[D]. 中国农业科学院,

[3] 石奇光，赵祖培. 1986. 鳞翅目昆虫性信息素与生殖隔离[J]. 生物防治通报，2(4)：178-181.

[4] 许冬，王玲，丛胜波，等. 2018. 红铃虫性信息素合成激活肽基因克隆、序列特征及在不同发育阶段的表达分析[J]. 中国农业科学，51(23)：4449-4458.

[5] 赵新成，王琛柱. 2006. 蛾类昆虫性信息素通讯系统的遗传与进化[J]. 昆虫学报，2006(2)：323-332.

[6] Aliza H S, Moran S, Noam A, *et al.* 2013. Structural and functional differences between pheromonotropic and melanotropic PK/PBAN receptors[J]. Biochimica et Biophysica Acta, 1830(11)：5036-5048.

[7] Altstein M, Ben-Aziz O, Zeltser I, *et al.* 2007. Inhibition of PK/PBAN-mediated functions in insects：discovery of selective and non-selective inhibitors[J]. Peptides, 28：574-584.

[8] Chang J C, Ramasamy S. 2014. Identification and expression analysis of diapause hormone and pheromone biosynthesis activating neuropeptide (DH-PBAN) in the legume pod borer, *Maruca vitrata* Fabricius[J]. PLoS ONE, 9(1)：e84916.

[9] Cheng Y X, Luo L Z, Jiang X F , *et al.* 2010. Expression of phenomenon biosynthesis activation neuropeptide and its recepter (PBANR) mRNA in adult female *Spodoptera exigua* (Lepidoptera：Noctuide)[J]. Archives of Insect Biochemistry and Physiology, 75(1), 13-27

[10] Choi M Y, Lee J M, Han K S, *et al.* 2004.Identification of a new member of PBAN family and immunoreactivity in the central nervous system from *Adoxophyes* sp. (Lepidoptera：Tortricidae)[J]. Insect Biochemistry and Molecular Biology, 34(9)：927-935.

[11] Choi M Y, Fuerst E J, Rafaeli A, *et al.* 2003. Identification of a G protein-coupled receptor for pheromone biosynthesis activating neuropeptide from pheromone glands of the moth *Helicoverpa zea*[J]. Proceedings of the National Academy of Sciences of the United States of America, 100(17)：9721-9726.

[12] Choi M Y, Meer K. Vander R, Coy M. *et al.* 2012. Phenotypic impacts of PBAN RNA interference in an ant, *Solenopsis invicta*, and a moth, *Helicoverpa zea*[J]. Journal of Insect Physiology, 58：1159–1165

[13] Dong X, Direct Submission[EB/OL]. https：//www.ncbi.nlm.nih.gov/protein/AVX48910.1, 2017-04-25

[14] Duportets L, Gadenne C, Couillaud F. 1999. A cDNA, from *Agrotis ipsilon*, that encodes the pheromone biosynthesis activating neuropeptide (PBAN) and other FXPRL peptides[J]. Peptides, 20(8)：899-905

[15] Ellango R, Asokan R, Direct Submission[EB/OL]. https：//www.ncbi.nlm.nih.gov/protein/AEP25400.1, 2011-07-21

[16] Fodor J, Köblös G, Kákai Á, *et al.* 2017. Molecular cloning, mRNA expression and biological activity of the pheromone biosynthesis activating neuropeptide (PBAN) from the European corn borer, *Ostrinia nubilalis*[J]. Insect Molecular Biology, 26(5)：616-632.

[17] Fodor J, Hull J. J, Köblös G, *et al.* 2018. Identification and functional characterization of the pheromone biosynthesis activating neuropeptide receptor isoforms from *Mamestra brassicae*[J]. General and Comparative Endocrinology, 258：60-69.

[18] Iglesias F, Marco P, François M C, *et al.* 2002. A new member of the PBAN family in *Spodoptera littoralis*：molecular cloning and immunovisualisation in scotophase hemolymph[J]. Insect Biochemistry and Molecular Biology, 32(8)：901-908.

[19] Jiang L, Zhang F, Hou Y, *et al.* 2018. Isolation and functional characterization of the pheromone biosynthesis activating neuropeptide receptor of Chinese oak silkworm, *Antheraea pernyi*[J]. International Journal of Biological Macromolecules, 117：42-50.

[20] Jing T Z, Wang Z Y, Qi F H, *et al.* 2007. Molecular characterization of diapause hormone and pheromone biosynthesis activating neuropeptide from the black-back prominent moth, *Clostera anastomosis* (L.) (Lepidoptera, Notodontidae)[J]. Insect Biochemistry and Molecular Biology, 37(12)：1262-1271.

[21] Jurenka R A.1996. Signal transduction in the stimulation of sex pheromone biosynthesis in moths[J] . Ar chives of Insect Biochemistry and Physiology, 33：254-258

[22] Kawano T, Kataoka H, Nagasawa H, *et al.* 1992. cDNA cloning and sequence determination of the pheromone biosynthesis activating neuropeptide of the silkworm, *Bombyx mori*[J]. Archives of Biochemistry and Biophysics, 189(1)：221-226.

[23] Kawai T, Ohnishi A, Suzuki M G, *et al.* 2007. Identification of a unique pheromonotropic neuropeptide including double FXPRL motifs from a geometrid species, *Ascotis selenaria cretacea*, which produces an epoxyalkenyl sex pheromone[J]. Insect Biochemistry and Molecular Biology, 37(4)：330-7.

[24] Kim Y J, Nachman R J, Aimanova K, *et al.* 2008. The pheromone biosynthesis activating neuropeptide (PBAN) receptor of *Heliothis virescens*：identification, functional expression, and structure-activity relationships of ligand analogs[J]. Peptides, 29(2)：268-75.

[25] Kim Y J, Cho K H, Park Y, et al.The Receptor for Pheromone Biosynthesis-activating Neuropeptide(PBAN) in the Moth Manduca sexta[EB/OL]. https：//www.ncbi.nlm.nih.gov/protein/ACQ90219.1, 2008-09-26.

[26] Lee D W, Shrestha S, Kim Young A., *et al.* 2011. RNA interference of pheromone biosynthesis-activating neuropeptide receptor suppresses mating behavior by inhibiting sex pheromone production in *Plutella xylostella* (L.)[J]. Insect Biochemistry and Molecular Biology, 41(4)：236-243.

[27] Lee J M, Hull J. J, Kawai T, *et al.* 2012. Re-evaluation of the PBAN receptor molecule：characterization of PBANR variants expressed in the pheromone glands of moths[J]. Frontiers in Endocrinology , 3：6; 1-12.

[28] Lu Q, Huang L Y, Chen P, *et al.* 2015. Identification and RNA interference of the pheromone biosynthesis activating neuropeptide (PBAN) in the common cutworm moth *Spodoptera litura* (Lepidoptera：Noctuidae)[J]. Journal of Economic Entomology, 108(3)：1344-1353.

[29] Luo M, Zhou X C, Wang Z, *et al.* 2019. Identification and gene expression analysis of the pheromone biosynthesis activating neuropeptide receptor (PBANR) from the *Ostrinia furnacalis* (Lepidoptera：Pyralidae)[J]. Journal of Insect Science, 19(2)：25; 1-5

[30] Ma P W, Knipple D C, Roelofs L W. 1994. Structural organization of the *Helicoverpa zea* gene encoding the precursor protein for pheromone biosynthesis-activating neuropeptide and other neuropeptides[J]. Proceedings of the National Academy of Sciences of the United States of America, 91(14)：6506-6510.

[31] Nusawardani T, Kroemer J A, Choi M Y, *et al.* 2013. Identification and characterization of the pyrokinin/pheromone biosynthesis activating neuropeptide family of G protein-coupled receptors from *Ostrinia nubilalis*[J]. Insect Molecular Biology, 22(3)：331-340.

[32] Singtripop T, Suang S. Cloning and expression of the gene encoding the diapause hormone and pheromone biosynthesis activating neuropeptide in Omphisa fuscidentalis[EB/OL]. https：//www.ncbi.nlm.nih.gov/protein/AFP87384.1, 2012-06-20.

[33] Uehara H, Shiomi K, Kamito T, et al.Cloning and expression of the DH-PBAN gene in Orgyia thyellina[EB/OL]. https：//www.ncbi.nlm.nih.gov/protein/BAE94185.1/, 2006-05-06.

[34] Wei H, Chang H, Zheng L Z, *et al.* 2017. Identification and expression profiling of pheromone biosynthesis activating neuropeptide in *Chlumetia transversa* (Walker)[J]. Pesticide Biochemistry and Physiology,135：89-96.

[35] Wei Z J, Hong G Y, Jiang S T, *et al.* 2008. Characters and expression of the gene encoding DH, PBAN and other FXPRLamide family neuropeptides in *Antheraea pernyi*[J]. Journal of Applied Entomology, 132(1)：59-67.

[36] Wei Z J, Zhang T Y, Sun J S, *et al.* 2004. Molecular cloning, developmental expression, and tissue distributionmof the gene encoding DH, PBAN and other FXPRL neuropeptides in *Samia cynthia ricini*[J]. Journal of Insect Physiology, 50 1151-1161.

[37] Xu W H , L. Denlinger D. 2004. Identification of a cDNA encoding DH, PBAN and other FXPRL neuropeptides from the tobacco hornworm, *Manduca sexta* , and expression associated with pupal diapause[J]. Peptides, 25(7)：1099-1106.

[38] Xu J, Su J Y, Shen J L, *et al.* 2007. Cloning and expression of the gene encoding the diapause hormone and pheromone biosynthesis activating neuropeptide of the beet armyworm, *Spodoptera exigua*[J]. Mitochondrial DNA：The Journal of DNA Mapping, Sequencing & Analysis, 18(2)：145-151

[39] Xu G, Ye G Y, Identification of neuropeptides and their putative G protein-coupled receptors in the rice striped stem borer Chilo suppressalis[EB/OL]. https：//www.ncbi.nlm.nih.gov/protein/ALM88337.1, 2015-06-05.

[40] Yang Y C, Tao J, Zong S X. 2020. Identification of putative Type-I sex pheromone biosynthesis-related genes expressed in the female pheromone gland of *Streltzoviella insularis*[J]. PLoS One, 15(1)：e0227666.

[41] Zhang T Y, Sun J S, Zhang L B, *et al.* 2004. Cloning and expression of the cDNA encoding the FXPRL family of peptides and a functional analysis of their effect on breaking pupal diapause in *Helicoverpa armigera*[J]. Journal of Insect Physiology, 50(1)：25-33.

[42] Zheng L, Lytle C, Njauw C N, *et al.* 2007. Cloning and characterization of the pheromone biosynthesis activating neuropeptide receptor gene in *Spodoptera littoralis* larvae[J]. Gene, 393,1-2：20-30

柑橘木虱腹部体色多态性机制*

蔡世玉[1**]，杨　珊[1]，万　滨[1]，王　静[1]，辛天蓉[1]，王　希[1,2]
钟　玲[2]，邹志文[1]，夏　斌[1***]

（1南昌大学生命科学学院，江西南昌 330031；2江西省植保植检局，江西南昌 330031）

摘　要：柑橘木虱主要危害柑橘、九里香等芸香科植物，传播黄龙病菌，给柑橘生产带来极大危害。本文就近年来柑橘木虱腹部颜色变化与生殖性能、杀虫剂敏感性、细胞色素、内共生菌、温度等因素间的相互联系进行综述，以期为后续研制开发柑橘木虱防治新型药剂提供一定的理论基础。

关键词：柑橘木虱；体色多态性；细胞色素；内共生菌

The Mechanisms of Abdominal Color Polymorphisms in the Asian citrus psyllid, *Diaphorina citri* Kuwayama (Hemiptera: Psyllidae)

Cai Shiyu[1], Yang Shan[1], Wan Bin[1], Wang Jing[1], Xin Tianrong[1], Wang Xi[1,2], Zhong Ling[2], Zou Zhiwen, Xia Bin*

（1School of Life Sciences, Nanchang University 330031; 2Administration of Plant protection and Quarantine of Jiangxi Province 330096）

Abstract: *Diaphorina citri* Kuwayama, is a vector of the bacterium spreading citrus greening, which mainly endangers Rutaceae plants such as citrus, murraya ointment and so on. *D. citri* have been to prove ruinous in citrus production. In this article, abdominal color morphology interactions with reproductive performance, susceptibility to various insecticides, cytochrome, bacterial endosymbionts, and temperature of *D. citri* are summarized in recent years. This review may provide a certain theoretical basis for further developing new insecticides for the control of this insect.

* 资助项目：江西省自然科学基金重点项目（20161ACB20003）；江西省重大科研研发专项（20194ABC28007）

** 蔡世玉，河南信阳人，Email：caishiyu_xiaoyuer@126.com

*** 夏斌，江西南丰人，Email：xiabin9@163.com

Key words: *Diaphorina citri*; Color polymorphisms; Cytochrome; Endosymbionts

1 前言

柑橘木虱（Diaphorina citri Kuwayama），属半翅目（Hemiptera）、木虱科（Psyllidae），1998年6月在美国佛罗里达州南部首次发现（James et al., 2000），此后，柑橘木虱遍布了该州的柑橘种植区（Michaud, 2004）。作为一种世界性检疫有害生物，柑橘木虱已遍布于世界各地，目前在国外主要分布于美国、墨西哥、巴西等美洲国家，而在我国，其主要分布于海南、台湾、广东、广西、江西等13个省、自治区，且随着气候变暖有逐渐向北扩散的趋势（汪善勤 et al., 2015; Zhang et al., 2019）。

柑橘木虱整个生命周期分为卵、1龄~5龄若虫、成虫阶段（黎海霖, 2019; Liu et al., 2015），雌雄虫在羽化后2~3 d达到生殖成熟，即可交配产卵（Hall, 2007）。它的成虫分散在叶片和嫩芽上吸食，若虫群集在新梢、嫩芽和新叶上，通过刺吸式口器取食寄主植物嫩梢和嫩芽的韧皮部汁液（Alves et al., 2014），并排出大量的白色蜜露（El-Shesheny et al., 2016），沾粘叶片引发煤烟病（Ammar el et al., 2013），影响植物的光合作用，造成嫩梢嫩芽黄化、萎缩、干枯，新叶扭曲畸形易脱落（罗小玲, 2017），作为柑橘、橙、柚、柠檬、九里香等芸香科植物的重要害虫，严重影响植株生长（王秀娟, 2010）。不仅如此，柑橘木虱还是“柑橘艾滋”黄龙病（张旭颖 et al., 2020）的唯一媒介昆虫（Bové, 2006），感染该病的柑橘树可能仅存活5~8年，且果实会产生畸形、颜色差、味苦等现象，对柑橘产业造成巨大的经济损失（黎海霖, 2019; Bové, 2006; Halbert et al., 2004）。

2 柑橘木虱的腹部颜色差异

关于昆虫颜色差异的最早记录在90多年前，且颜色多态性在亚洲柑橘木虱中普遍存在（Ebert et al., 2020）。不同条件下雌虫腹部的主要颜色为蓝色或橙色，而雄虫均以橙色为主，其次为灰黑色；随着日龄的增加，雌虫腹部颜色由黄绿色→灰白色→蓝色→橙色渐变，而雄虫腹部颜色由黄绿色→灰黑色→橙色渐变（吴丰年 et al., 2013; 肖培彬 et al., 2017）。

尽管对颜色的具体描述有所不同，但在柑橘木虱具有三种主要颜色类别上已达成共识：蓝/绿色、灰/褐色和橙/黄色（Skelley et al., 2004; Tsai et al., 2000; Wenninger et al., 2008）。

3 不同体色柑橘木虱的生理生态特征

3.1 生殖性能

通过研究柑橘木虱成虫个体腹部颜色每日（实验室种群）和季节性（田间种群）的变化，得知：绝大多数雌性木虱一生中是蓝/绿色，一小部分是灰/褐色；雄性木虱在其生命早期主要是蓝/绿色，但是与雌性相比，雄性的大部分是灰/褐色的；雌性的橙/黄色反映出其腹部有卵（Xavier et al., 2014），而雄性的橙/黄色似乎是由其内部生殖器官的颜色引起的，并且通常仅出现在衰老个体中（Wenninger et al., 2008）。

相对于蓝/绿个体而言，灰/褐个体具有较低的体重，而灰/褐色雌性在交配后的前2~5 d表现出较低的繁殖力，且灰/褐色雄性会导致与其交配的卵子受精率降低，所以灰/棕雌性可能具有较低的生殖能力（Wenninger et al., 2009）。

在控制木虱繁殖和卵黄发生的分子机制的研究中发现，在木虱卵巢形态和产卵行为中起到关键调节作用的卵黄蛋白基因VgA1和转录因子Kr-h1的表达方式在蓝/绿色和灰/褐色个体中有所不同：VgA1仅在雌性中特异性表达，与灰/褐色个体相比，蓝/绿色表达上调更多，且表达随日龄增加；Kr-h1在雌雄中均有表达，与灰/褐色雌性相比，在1日龄和7日龄的蓝/绿色雌性中表达上调，并在14日龄时两种形态均表达降低（Ibanez et al., 2019）。因此，蓝/绿色雌虫具有更高的生殖力。

3.2 杀虫剂敏感性

不同腹部颜色形态的昆虫在对杀虫剂的敏感性[25, 26]以及解毒酶的活性方面各不相同（Hussain et al., 2018）。研究表明，相对于灰/褐色和蓝/绿色柑橘木虱来说，橘/黄色形态更易受到甲氰菊酯、联苯菊酯、吡虫啉、毒死蜱、涕灭威、氟吡呋喃酮等（Tiwari et al., 2011）影响，及死亡率更高（Tiwari et al., 2013）；另外，通过对三种细胞色素P450、谷胱甘肽转移酶（Siddharth et al., 2011）、总酯酶的解毒酶活性的测定，发现教灰/褐色和蓝/绿色柑橘木虱而言，橘/黄色形态的木虱体内细胞色素P450活性最高，但谷胱甘肽转移酶、总酯酶的活性则最低（Chen et al., 2019）。

4 影响柑橘木虱腹部颜色变化的因素

4.1 细胞色素

早期研究发现，柑橘木虱形成橙/黄色和蓝/绿色的腹部颜色的原因可能是存在于表皮细胞或血淋巴中的类胡萝卜素和胆蓝素造成的（Law et al., 1989; Saito, 1998）。例如半翅目蚜科的麦长管蚜的体色就是血淋巴色素和类胡萝卜素共同作用的结果（Jenkins et al., 2010）。

最新研究发现，昆虫的腹部颜色形态源自脂肪体的色素细胞（Hosseinzadeh et al., 2019）。脂肪体中的血蓝蛋白是一种铜结合的氧转运蛋白，负责节肢动物和软体动物的血淋巴的蓝色着色，而血蓝蛋白的表达与柑橘木虱的颜色形态有关：实验证明，蓝/绿色形态中的血蓝蛋白表达量比灰/褐色和橘/黄色形态的高出3倍以上（Ramsey et al., 2017）。同时作者还发现，通过RNAi干扰降低柑橘木虱体内血蓝蛋白的表达，结果可使柑橘木虱体内的黄龙病菌含量也随之降低（Hosseinzadeh et al., 2019）。

4.2 内共生菌

通过第二代测序（NGS）（Butz et al., 2019）和qPCR技术（Devonshire et al., 2013）监测了柑橘木虱整个生命阶段（卵、一龄~五龄若虫和成虫）的微生物群（Wang et al., 2017）的组成变化，发现在其生命阶段中，微生物群的α-多样性和β-多样性均存在明显差异；变形杆菌在柑橘木虱的所有生命阶段均占主导地位，占细菌总数的97.5%以上，而其中Candidatus Profftella armatura更是整个生命阶段的主要菌种（Kruse et al., 2017）；qPCR分析的数据显示，Profftella （Nakabachi et al., 2019）、Candidatus Carsonella ruddii（Dan et al., 2017）和Wolbachia（孟丽雪, 2019; 任素丽, 2016）这三种柑橘木虱内生菌种群呈指数式增长（Meng et al., 2019）。

而半翅目麦长管蚜属蚜虫的绿色和粉色表型完全归因于类胡萝卜素的差异，这些类胡萝卜素除普遍存在的β-胡萝卜素（I）和γ-胡萝卜素（II）外，都属于以前仅在某些微生物中观察到的罕见类型（Weisgraber et al., 1971），而在蚜虫赖以为生的韧皮部汁液中几乎没有游离的类胡萝卜素，因此内共生菌被认为是蚜虫类胡萝卜素的来源（Jenkins et al., 2010）。

与灰/褐色和橘/黄色木虱相比，蓝/绿色木虱体内含有较低滴度的Wolbachia和Profftella，因此柑橘木虱腹部颜色表型与其内共生菌间可能存在某些密切联系（Hosseinzadeh et al., 2019）。

4.3 温度

木虱的颜色变化通常与不同的季节形式有关，其中冬季的颜色较暗，这大概是受温度的影响，例如梨木虱（Krysan et al., 1990）。对佛罗里达州中部的商业柑橘林的柑橘木虱种群进行了两年调查，发现面向南方的树冠比面向北方的树冠上具有更多的木虱。另外，嫩叶、嫩梢的存在是导致冬季柑橘木虱种群增加的主要因素（陈建利, 2012），同时，随着温度的降低，蓝/绿色形态的柑橘木虱比例明显增加（Martini et al., 2016）。

5 小结与展望

昆虫个体间体色常呈现一定变化，这些变化在选择配偶（O’Neill et al., 1983）、抵御天敌、调节体温（De et al., 1996; Forsman, 1996）和栖息地选择（Ahnesjoe et al., 2006）中具有重要作用。而导致体色多态性的因素较多，可能受到交配、性别、摄食、细菌共生体、生殖潜能、细胞色素等因素的共同影响造成的。本文关于柑橘木虱的三种腹部颜色形成及其影响因素的研究综述，可为后续柑橘木虱生理学研究以及为研制柑橘木虱防治新型药剂开发提供一定的参考依据。

参考文献

[1] 陈建利. 2012. 柑橘木虱生物学特性及其高毒力病原真菌的筛选与利用. 福建农林大学.

[2] 黎海霖. 2019. 柑橘木虱成虫的繁殖及飞行扩散行为研究. 广西大学,

[3] 罗小玲. 2017. 柑橘黄龙病发生危害与防治措施 [J]. 农技服务, 34(03), 64.

[4] 孟丽雪. 2019. 我国柑橘木虱Diaphorina citri遗传多样性及其寄主植物的影响. 华中农业大学,

[5] 任素丽. 2016. 柑橘—黄龙病病菌-Wolbachia-柑橘木虱互作关系的研究. 华南农业大学,

[6] 汪善勤, 肖云丽, et al. 2015. 我国柑橘木虱潜在适生区分布及趋势分析[J]. 应用昆虫学报, 052(5), 1140-1148.

[7] 王秀娟. 2010. 柑橘木虱与两种寄主植物互作的研究. 福建农林大学,

[8] 吴丰年, 梁广文, et al. 2013. 亚洲柑橘木虱体色变化规律的研究[J]. 应用昆虫学报, 50(04), 1085-1093.

[9] 肖培彬, 马义雷, et al. 2017. 亚洲柑橘木虱内生殖系统形态变化规律研究[J]. 环境昆虫学报, 39(6), 1207-1213.

[10] 张旭颖, & 岑伊静. 2020. 亚洲柑橘木虱与柑橘黄龙病菌互作的研究进展[J]. 环境昆虫学报, 42(03), 630-637.

[11] Ahnesjoe, J., & Forsman, A. 2006. Differential Habitat Selection by Pygmy Grasshopper Color Morphs; Interactive Effects of Temperature and Predator Avoidance[J]. Evolutionary Ecology, 20(3), 235-257.

[12] Alves, G. R., Diniz, A. J., et al. 2014. Biology of the Huanglongbing vector Diaphorina citri (Hemiptera: Liviidae) on different host plants[J]. J Econ Entomol, 107(2), 691-696.

[13] Ammar el, D., Alessandro, R., et al. 2013. Behavioral, ultrastructural and chemical studies on the honeydew and waxy secretions by nymphs and adults of the Asian citrus psyllid Diaphorina citri (Hemiptera: Psyllidae)[J]. PLoS One, 8(6), e64938.

[14] Bové, J. M. 2006. HUANGLONGBING: A DESTRUCTIVE, NEWLY-EMERGING, CENTURY-OLD DISEASE OF CITRUS[J]. Journal of Plant Pathology, 88(1), 7-37.

[15] Butz, H., & Patócs, A. 2019. Brief Summary of the Most Important Molecular Genetic Methods (PCR, qPCR, Microarray, Next-Generation Sequencing, etc.)[J]. Exp Suppl, 111, 33-52.

[16] Chen, X. D., Gill, T. A., et al. 2019. Insecticide toxicity associated with detoxification enzymes and genes related to transcription of cuticular melanization among color morphs of Asian citrus psyllid[J]. Insect Sci, 26(5), 843-852.

[17] Dan, H., Ikeda, N., et al. 2017. Behavior of bacteriome symbionts during transovarial transmission and development of the Asian citrus psyllid[J]. PLoS One, 12(12), e0189779.

[18] De, Jong, et al. 1996. Differences in thermal balance, body temperature and activity between non-melanic and melanic[J]. Journal of Experimental Biology.

[19] Devonshire, A. S., Sanders, R., et al. 2013. Application of next generation qPCR and sequencing platforms to mRNA biomarker analysis[J]. Methods, 59(1), 89-100.

[20] Ebert, T. A., & Rogers, M. E. 2020. Probing Behavior of Diaphorina citri (Hemiptera: Liviidae) on Valencia Orange Influenced by Sex, Color, and Size[J]. J Insect Sci, 20(2).

[21] El-Shesheny, I., Hijaz, F., et al. 2016. Impact of different temperatures on survival and energy metabolism in the Asian citrus psyllid, Diaphorina citri Kuwayama[J]. Comp Biochem Physiol A Mol Integr Physiol, 192, 28-37.

[22] Forsman, A. 1996. Thermal capacity of different color morphs in the pygmy grasshopper Tetrix

subulata[J]. Annales Zoologici Fennici, 34(3), 145-149.

[23] Halbert, S. E., & Manjunath, K. L. 2004. Asian Citrus Psyllids (Sternorrhyncha: Psyllidae) and Greening Disease of Citrus: A Literature Review and Assessment of Risk in Florida[J]. Florida Entomologist, 87(3), 330-353.

[24] Hall, W. D. G. J. F. E. 2007. Daily Timing of Mating and Age at Reproductive Maturity in Diaphorina citri (Hemiptera： Psyllidae)[J]. Florida Entomologist, 90(4), 715-722.

[25] Hosseinzadeh, S., Ramsey, J., et al. 2019. Color morphology of Diaphorina citri influences interactions with its bacterial endosymbionts and 'Candidatus Liberibacter asiaticus'[J]. PLoS One, 14(5), e0216599.

[26] Hussain, M., Akutse, K. S., et al. 2018. Susceptibilities of Candidatus Liberibacter asiaticus-infected and noninfected Diaphorina citri to entomopathogenic fungi and their detoxification enzyme activities under different temperatures[J]. Microbiologyopen, 7(6), e00607.

[27] Ibanez, F., Racine, K., et al. 2019. Reproductive performance among color morphs of Diaphorina citri Kuwayama, vector of citrus greening pathogens[J]. J Insect Physiol, 117, 103904.

[28] James, H., et al. 2000. Sampling of Diaphorina citri (Homoptera: Psyllidae) on Orange Jessamine in Southern Florida[J]. Florida Entomologist.

[29] Jenkins, R. L., Loxdale, H. D., et al. 2010. The major carotenoid pigments of the grain aphid, Sitobion avenae (F.) (Hemiptera: Aphididae)[J]. Physiological Entomology, 24(2), 171-178.

[30] Kruse, A., Fattah-Hosseini, S., et al. 2017. Combining 'omics and microscopy to visualize interactions between the Asian citrus psyllid vector and the Huanglongbing pathogen Candidatus Liberibacter asiaticus in the insect gut[J]. PLoS One, 12(6), e0179531.

[31] Krysan, J. L., & Higbee, B. S. 1990. Seasonality of Mating and Ovarian Development Overwintering Cacopsylla pyricola (Homoptera: Psyllidae)[J]. Environmental Entomology(3), 544-550.

[32] Law, J. H., & Wells, M. A. 1989. Insects as biochemical models[J]. Journal of Biological Chemistry, 264(28), 16335-16338.

[33] Liu, Y. H., & Tsai, J. H. 2015. Effects of temperature on biology and life table parameters of the Asian citrus psyllid, Diaphorina citri Kuwayama (Homoptera: Psyllidae)[J]. Annals of Applied Biology, 137(3), 201-206.

[34] Martini, X., Pelz-Stelinski, K. S., et al. 2016. Factors Affecting the Overwintering Abundance of the Asian Citrus Psyllid (Hemiptera: Liviidae) in Florida Citrus (Sapindales: Rutaceae) Orchards[J]. Florida Entomologist, 99(2), 178-186.

[35] Meng, L., Li, X., et al. 2019. 16S rRNA Gene Sequencing Reveals a Shift in the Microbiota of Diaphorina citri During the Psyllid Life Cycle[J]. Front Microbiol, 10, 1948.

[36] Michaud, J. P. 2004. Natural mortality of Asian citrus psyllid (Homoptera: Psyllidae) in central Florida[J]. Biological Control, 29(2), 260-269.

[37] Nakabachi, A., & Fujikami, M. 2019. Concentration and distribution of diaphorin, and expression of diaphorin synthesis genes during Asian citrus psyllid development[J]. J Insect Physiol, 118, 103931.

[38] O'Neill, K. M., & Evans, H. E. 1983. Alternative male mating tactics in Bembecinus quinquespinosus (Hymenoptera: Sphecidae)： correlations with size and color variation[J]. Behavioral Ecology Sociobiology, 14(1), 39-46.

[39] Ramsey, J. S., Chavez, J. D., et al. 2017. Protein interaction networks at the host-microbe interface in Diaphorina citri, the insect vector of the citrus greening pathogen[J]. R Soc Open Sci, 4(2), 160545.

[40] Saito, H. 1998. Isolation and partial characterization of chromoprotein from the larval hemolymph of the Japanese oak silkworm (Antheraea yamamai)[J]. Comp. Biochem. Physiol., 119(4), 625-630.

[41] Siddharth, T., Kirsten, P. S., et al. 2011. Glutathione Transferase and Cytochrome P450 (General Oxidase) Activity Levels in Candidatus Liberibacter Asiaticus-Infected and Uninfected Asian Citrus Psyllid (Hemiptera： Psyllidae)[J]. Annals of the Entomological Society of America(2), 297-305.

[42] Skelley, L. H., & Hoy, M. A. 2004. A synchronous rearing method for the Asian citrus psyllid and its parasitoids in quarantine[J]. Biological Control, 29(1), 14-23.

[43] Tiwari, S., Pelz-Stelinski, K., et al. 2011. Effect of Candidatus Liberibacter asiaticus infection on susceptibility of Asian citrus psyllid, Diaphorina citri, to selected insecticides[J]. Pest Manag Sci, 67(1), 94-99.

[44] Tiwari, S., Killiny, N., et al. 2013. Abdominal color of the Asian citrus psyllid, Diaphorina citri, is associated with susceptibility to various insecticides[J]. Pest Manag Sci, 69(4), 535-541.

[45] Tsai, J. H., & Liu, Y. H. 2000. Biology of Diaphorina citri (Homoptera: Psyllidae) on Four Host Plants[J]. Journal of Economic Entomology(6), 1721-1725.

[46] Wang, N., Stelinski, L. L., et al. 2017. Tale of the Huanglongbing Disease Pyramid in the Context of the Citrus Microbiome[J]. Phytopathology, 107(4), 380-387.

[47] Weisgraber, K. H., Lousberg, R. J. J. C., et al. 1971. The chemical basis of the color dimorphism of an aphid,Macrosiphum liriodendri (monell), and a locust,Amblycorypha sp. Novel carotenoids[J]. Cellular Molecular Life ences Cmls, 27(9), 1017-1018.

[48] Wenninger, E. J., & Hall, D. G. 2008. Daily and Seasonal Patterns in Abdominal Color in Diaphorina citri (Hemiptera： Psyllidae)[J]. Annals of the Entomological Society of America(3), 585-592.

[49] Wenninger, E. J., Stelinski, S., et al. 2009. Relationships Between Adult Abdominal Color and Reproductive Potential in Diaphorina citri (Hemiptera: Psyllidae)[J]. Annals of the Entomological Society of America, 102(3).

[50] Xavier, M., Angelique, H., et al. 2014. Abdominal Color of the Asian Citrus Psyllid (Hemiptera: Liviidae) Is Associated With Flight Capabilities[J]. Annals of the Entomological Society of America(4), 709-892.

[51] Zhang, C., Xiong, X., et al. 2019. Diaphorina citri (Hemiptera: Psylloidea) in China： Two Invasion Routes and Three Transmission Paths[J]. J Econ Entomol, 112(3), 1418-1427.

研究论文

低温储藏对烟蚜茧蜂活力的影响*

刘　伟**，余　玲，郭　欣，魏洪义***

（江西农业大学农学院，南昌，330045）

摘　要：为延长烟蚜茧蜂货架期，将僵化3 d的僵蚜分别根据冷藏时间置于5℃的冰箱保存5 d至60 d，以研究烟蚜茧蜂在低温下的活力。试验结果表明，随着冷藏时间的延长，烟蚜茧蜂的羽化率、寿命，寄生率逐渐降低，滞育率逐渐升高。当冷藏时间达到60 d时，烟蚜茧蜂的羽化率仅有30.21%；平均寿命为2.97 d，寄生率降低至39.46%，滞育率高达39.85%。因此，本实验结果表明，僵化3 d的僵蚜其最适保存时间应是30 d内。

关键词：烟蚜茧蜂；低温储藏；活力

Effect of the Activities of *Aphidius gifuensis* on Low Temperature Storage *

Liu Wei **, Yu Ling, Wei Hongyi***

（*College of Agriculture, Jiangxi Agricultural University, Nanchang* 330045, China）

Abstract: To prolong the shelf life of *Aphidius gifuensis,* the mummified aphids （*Myzus persicae*） of 3 days were stored for 5 to 60 days in low temperature storage （5℃） The results showed that with the prolongation of the cold storage time, the emergence rate, longevity and parasitism rate of the *A. gifuensis* Ashmead were decreased gradually while the diapause rate increased gradually. When the cold storage time reached 60 days, the emergence rate was only 30.21%, the average life span was 2.97 d, the parasitic rate decreased to 39.46%, and the diapause rate was 39.85%. Therefore, the experimental results showed that the best frigeration preservation time of the *A. gifuensis* which development for three days should be within 30d.

* 基金项目：中国烟草总公司江西省公司科学研究与技术开发计划项目（2013-01-011）

** 第一作者：刘伟，实验师，主要从事农业昆虫与害虫防治研究；E-mail: liuweidaisy@126.com

*** 通讯作者：魏洪义，教授，主要从事农业昆虫与害虫防治研究；E-mail：hywei@jxau.edu.cn

Key word: *Aphidius gifuensis* Ashmead; low temperature storage; activities

烟蚜*Myzus persicae*（Sulzer）又称桃蚜，是一种世界性的害虫。国际生物防治工作组织把烟蚜的生物防治工作列为世界范围内六大生物防治课题之一（汤玉清等，1984）。烟蚜茧蜂（*Aphidius gifuensis* Ashmead）属膜翅目蚜茧蜂科，是烟蚜的一种优势寄生蜂，在自然界中对烟蚜有较强的防控力（忻亦芬，1986）。烟蚜茧蜂在中国分布广，田间发生量大，在自然界中其寄生率可高达 89.16%，现已被广泛运用于烟草、蔬菜等农业作物上蚜虫的防治，并取得了显著防治效果（任广伟等，2000；陈家骅，1996）。

昆虫分布、生长发育、越冬存活都受温度的影响（Leather 等，1995）。温度对昆虫的性别、个体发育阶段和耐寒能力也存在着显著影响（Bale 等，2001；Visser等，2008）。有研究表明昆虫在低温环境下能停止生长发育（Sinclair 等，2003）。关于低温冷藏天敌昆虫的研究报道有很多。在20世纪30年代，就已经开展了寄生蜂低温冷藏的相关研究工作（King，1934）。低温储藏有利于延缓寄生性昆虫的保存时间（Hervé等，2011）。在30年前，Archer等（1973）和Hofsvang等（1977）通过将天敌昆虫进行低温冷藏，从而达到定时定量的释放天敌昆虫的目的，取得了良好的效果，解决了天敌昆虫保种困难的问题。杭三保（1993）在 5℃低温环境下冷藏二化螟绒茧蜂的茧，使得二化螟绒茧蜂的产卵期与幼虫发生期相吻合，从而有效地控制了二化螟的发生。陈茂华等（2005）将不同僵化天数僵蚜放于5℃冰箱中保存，结果显示，僵化3d的蚜虫羽化率最高，均在70%以上，且低温冷藏不影响烟蚜茧蜂亲代和后代寄生能力。闫玉芳等（2012）对菜蚜茧蜂研究试验表明，僵化4~5天的僵蚜更耐冷藏，4~5℃较适合菜蚜茧蜂低温冷藏，且冷藏后其寿命没有显著性差异。冷藏时间的越长，菜蚜茧蜂的羽化率越低。张桂筠等（1992）在（1±1）℃下将东方食蝇蛹俑小蜂进行低温冷藏，通过缩短释放周期和增加蜂群数量的方法，取得了良好的灭蝇效果。孙海燕（2009）研究表明，将蛹期白蛾周氏啮小蜂冷藏处理，与7℃下冷藏效果最好，低温冷藏对啮小蜂的单蛹出蜂的雌雄性无明显影响。

寄生蜂保存技术对于市场需求具有重大意义（陈珍珍，2014）。目前保存寄生蜂最有效的方法是低温冷藏（Leopold 等，1998）。在低温环境下，寄生蜂发育缓慢甚至停止，寄生蜂保存时间得以延长，同时还能积累大量寄生蜂数量，保证在大田需要天敌昆虫时期有足够的寄生蜂供释放（Tezze 等，2004）。本实验探讨了不同冷藏天数对烟蚜茧蜂羽化率，寄生率等存活特性的影响，增加了在进行人工繁蜂实验时寄生蜂保存的时间，为在实际应用中冷藏天敌昆虫和大田放蜂技术提供理论依据。

1　材料与方法

1.1　实验材料

1.1.1　供试虫源

在温室（25±0.5℃、R H 80% ±5%、L：D=14：10、光强3000 lx）内用烟苗连续饲养烟蚜5代以上，建立稳定的实验种群。以2~3日龄的若蚜作为供试寄主。

烟蚜茧蜂采自江西省烟叶科学研究所，用吸蜂器将烟蚜茧蜂成蜂采集到锥形瓶后，经鉴定，是实验所需要的烟蚜茧蜂。将其释放到养虫笼内寄生烟蚜。

1.1.2　试验条件

低温冷藏实验在5℃冰箱内进行，分别设置冷藏天数处理为：5天、10天、20天、25天、30天、40天、50天、60天。光照条件：24 h黑暗。对照组实验在温度25℃，RH80%，光照强度3000lx，L：D=14：10条件下进行。

低温冷藏后，烟蚜茧蜂的羽化率，寄生率及平均寿命的实验观察在温室内进行。温室设置的条件为：温度25℃，L：D=14：10，光照强度3000 lx。

1.　实验方法

温室内种植烟苗。待烟苗叶片＞7片时，开始接蚜。每株烟苗上接20~30头2~3日龄若蚜，任其大量繁殖。待叶片上布满蚜虫时，按蜂蚜比为1：100比例接入羽化24 h的烟蚜茧蜂，任其产卵和寄生，以后每日观察被寄生的烟蚜的发育状况，并记录产生僵蚜的日期和数量。

1.2.1　僵蚜的处理

挑选僵化3天的僵蚜各50头，放入5℃冰箱内冷藏和温室内（25℃，L：D=14：10，光照强度3000 lx），冷藏天数分别为：5天、10天、20天、25天、30天、40天、50天、60天。每个处理重复3次。

1.2.2　羽化率及平均寿命的观察

依据冷藏时间，依次取出僵蚜。放入温室内观察羽化情况，每日下午4点定时观察，一旦发现羽化，立即将其分放在离心管（15 ml）中，并记录羽化时间和数量，直至没有僵蚜羽化，统计羽化率。每管放一头成峰，用沾有25%蜂蜜水的脱脂棉球塞口，以补充成蜂营养和防止其逃逸。每天补充一次营养。每日上午10：00点和下午16：00观察羽化情况，并记录死亡时间。最后计算烟蚜茧蜂平均寿命。以温室内正常发育的僵蚜的羽化率和成蜂的寿命作为对照，实验重复3次。

1.2.3　滞育率的观察和判断

依据冷藏时间，分别将僵蚜取出置于温室内，10天后，将仍未羽化的僵蚜取出在体式显微镜下解剖，若解剖发现身体是呈现黄褐色身体柔软者则为活虫，身体呈黑色僵硬则视为死虫，活虫视为滞育态。

1.2.4 寄生率的观察

取经过5℃冷藏5天、10天、20天、25天、30天、40天、50天、60天后24 h羽化的成蜂各6对，接入内有200只左右2~3日龄烟蚜的养虫笼中。待其自由寄生后，移去成蜂。被寄生过烟苗置于温室内继续饲养。观察烟蚜的僵化情况，每日统计僵蚜数。以温室下正常发育的成蜂的寄生率作为对照，实验重复3次。

1.2.5 数据分析

采用SPSS17.0统计软件和Excel2007版进行数据分析。在处理数据时，将滞育率用反正弦平方根（sin-1$\sqrt{p}$）进行转换，后用SPSS软件中的ANOVA进行分析。

2 结果与分析

2.1 冷藏对烟蚜茧蜂羽化率的影响

从图1看，在温室内正常发育的烟蚜茧蜂的羽化率达到92.13%。冷藏期为5天，烟蚜茧蜂羽化率为83.41%，与对照组存在显著性差异。冷藏天数为25天内，羽化率保持在60%以上。冷藏天数达到40天以上，羽化率降低到50%以下，其中冷藏60天时的羽化率只有30%左右。

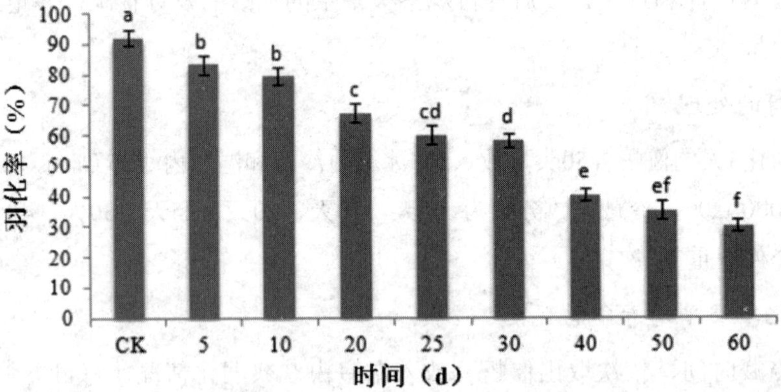

图1 低温冷藏对烟蚜茧蜂羽化率的影响

2.2 冷藏对烟蚜茧蜂平均寿命的影响

图2数据表明，冷藏对烟蚜茧蜂寿命有一定的影响。正常环境下发育的烟蚜茧蜂的平均寿命为5.89天。冷藏天数为10天，平均寿命为5.21天；冷藏天数在25天之内时，其平均寿命均在4天以上；冷藏天数达到60天，烟蚜茧蜂平均寿命只有2.97天左右。

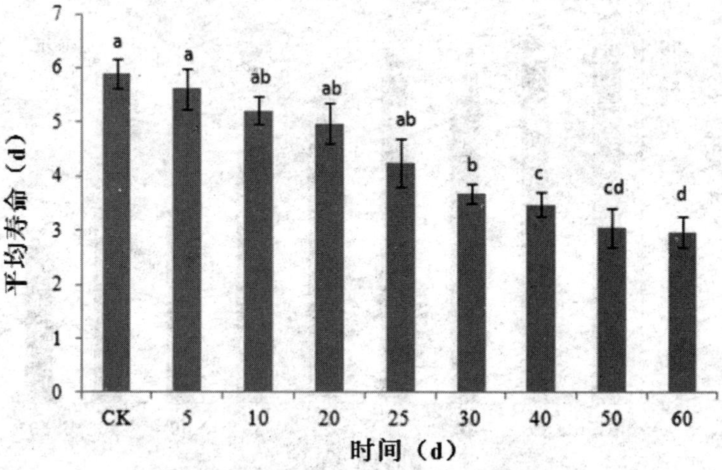

图2　低温冷藏对烟蚜茧蜂平均寿命的影响

2.3　冷藏对烟蚜茧蜂滞育率的影响

冷藏对烟蚜茧蜂滞育的影响如图3所示。正常环境下和冷藏期为5天时均未发现滞育个体。冷藏时间为10天，滞育个体较少，只有5.6%；冷藏天数为20天和30天，其滞育率分别为19.5%、25.0%，两者之间不存在显著性差异；冷藏时间延长至60天时，其滞育率达到了39.85%。

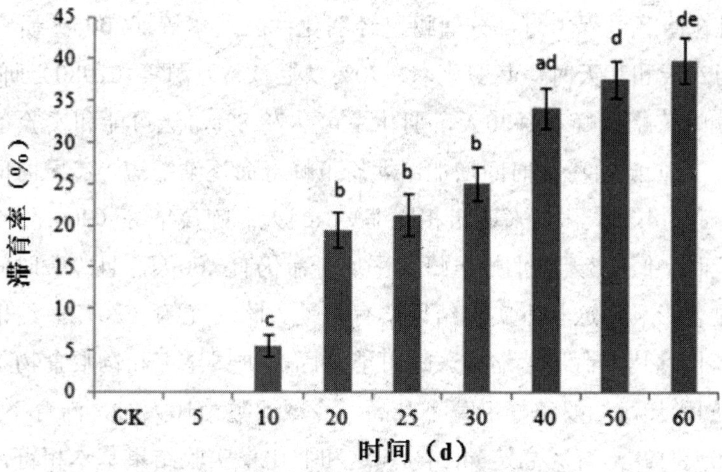

图3　低温冷藏对烟蚜茧蜂滞育率的影响

2.4　冷藏对烟蚜茧蜂寄生率的影响

从图4看，对照组烟蚜茧蜂的寄生率高达91.17%。冷藏时间在20天之内，寄生率均在80%以上；冷藏时间达到40天之后，寄生率显著下降。冷藏时间天数达到60天，寄生率仅有39.46%，与对照组存在显著性差异。

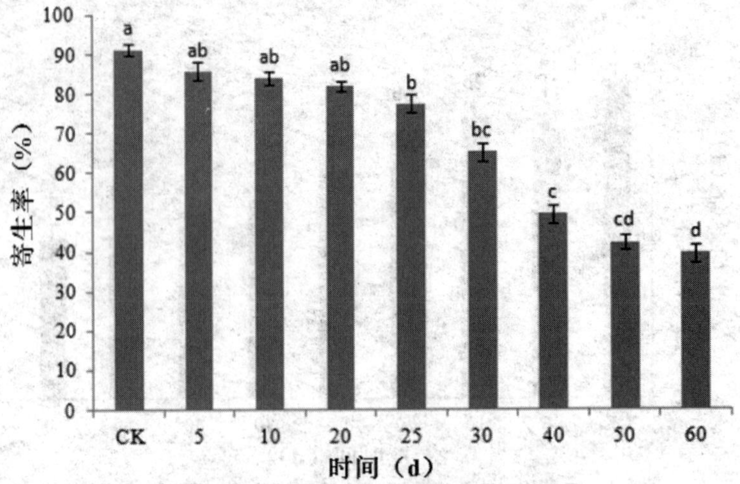

图4　低温冷藏对烟蚜茧蜂寄生率的影响

3　结论与讨论

烟蚜茧蜂作为蚜虫的一种重要寄生性天敌，在生物防治中应用前景甚广。但在实际生产应用过程中，烟蚜茧蜂的持续人工化繁殖在高温、低温等不利条件下由于自然寄主缺乏而变得很困难，而低温冷藏可以解决这一难题（陈茂华等，2005）。（1）本研究结果表明，烟蚜茧蜂的羽化率随着冷藏天数的延长逐渐降低，这与陈茂华等（2005）研究结果基本相符。不同的是，当冷藏时间增加到20天和30天时，羽化率在70%以下，且在冷藏过程中有部分僵蚜已经羽化；陈茂华等（2005）研究结果表明，当冷藏时间为20天和30天时，其羽化率在70%以上。赵万源等（1980）研究表明，4℃下低温冷藏烟蚜茧蜂预蛹和蛹20天，羽化率可达78.8%，这可能和实验条件和实验方法不同有关。（2）随着冷藏时间增加，烟蚜茧蜂寿命逐渐缩短。冷藏时间延长至25天时，其平均寿命为4.25天，与对照组相比缩短1.64天；陈茂华等（2005）结果显示，冷藏天数为25天时，僵化3天的烟蚜茧蜂其平均寿命仍有6.00天，且冷藏时间对烟蚜茧蜂的寿命没有显著影响。这与本实验结果略有偏差。陈文龙等（2012）结果显示，随着冷藏时间的延长，其寿命显著缩短。这可能是因为供试昆虫和饲喂食物不同造成的。（3）冷藏时间增加，烟蚜茧蜂滞育率升高。冷藏天数为10天时，滞育率为5.60%，冷藏天数达到40天时，滞育率高达34.14%。这和羽化率实验结果基本相符，即羽化率随着冷藏时间增加而降低，则滞育率随之升高。（4）冷藏天数对烟蚜茧蜂寄生率有一定的影响。研究结果显示，冷藏时间在25天之内，烟蚜茧蜂寄生率均在70%以上；冷藏天数达到40天，寄生率降至49.43%。陈茂华等（2005）研究表明，冷藏对烟蚜茧蜂寄生能力无明显影响。关于冷藏与寄生之间到底存在何种关联，这还需要进一步的研究。

本实验结果与同科的菜蚜茧蜂（闫玉芳等，2012）实验结果部分相同，随着冷藏时间的延长，菜蚜茧蜂的羽化率逐渐降低，冷藏后其寿命与对照组烟蚜茧蜂寿命仅相差1天。但烟蚜茧蜂的平均寿命比菜蚜茧蜂长，导致这一结果的产生可能与2种蚜茧蜂生理结构的差异有关。

整体来看，冷藏僵蚜以延长烟蚜茧蜂保存的时间在实际应用中是可行的。冷藏时间应在30天之内为宜。本实验没有进行冷藏后对烟蚜茧蜂交配能力、雌蜂产卵量、下一代性比以及后代的寄生能力的研究，这些生物学特性也是衡量烟蚜茧蜂对蚜虫控制能力的指标，还需进一步的探究。

参考文献

[1] 陈家骅, 官宝斌, 张玉珍. 1996. 烟蚜与烟蚜茧蜂相互关系研究. 中国烟草学报, 3(1)：8-12.

[2] 陈茂华, 韩召军, 王瑞. 2005. 烟蚜茧蜂蛹期耐冷藏性研究[J]. 植物保护, 3(2)：41-43.

[3] 陈文龙, 闫玉芳. 2012. 冷藏处理对烟蚜茧蜂羽化率及寿命的影响[J]. 西南大学学报(自然科学版), 54(8):1-5.

[4] 陈珍珍. 2014. 烟蚜茧蜂Aphidius gifuensis Ashmead的低温适应及冷藏后成蜂生物学研究[D]. 福建农林大学.

[5] 杭三保. 1993. 二化螟绒茧蜂室内饲养方法的研究[J]. 华东昆虫学报, 2(2)：42-47.

[6] 任广伟, 秦焕菊, 史万华, 等. 2000. 我国烟蚜茧蜂的研究进展[J]. 中国烟草科学, 21(1):7-30.

[7] 孙海燕. 2009. 白蛾周氏啮小蜂个体发育及繁殖生物学的研究[D]. 沈阳农业大学.

[8] 汤玉清, 陈珠梅. 1984. 烟蚜茧蜂生物学特性的初步研究[J]. 福建农学院学报, 13(2)：119- 124

[9] 忻亦芬. 1986. 烟蚜茧蜂繁殖利用研究[J]. 中国生物防治, 2(3)：108-111.

[10] 闫玉芳, 陈文龙. 2012. 冷藏对菜蚜茧蜂羽化率及寿命的影响研究[J]. 中国农学通报, 28(30)：249-253.

[11] 张桂筠. 1992.东方食蝇蛹俑小蜂性比、寿命和生殖力及低温冷藏对其影响的实验研究[J]. 生物防治通报, 8(1)：19-21.

[12] 张桂筠, 张杰, 陈仁兵. 1992. 东方食蝇蛹俑小蜂低温冷藏的实验研究[J]. 山西医学院学报, 34(4)：383-385.

[13] 赵万源，丁垂平，董大志，等. 1980. 烟蚜茧蜂生物学及其应用研究[J]. 动物学研究, 1（3）：405-415.

[14] Archer T L, Murray L, Eikenbary R D, Stark K J, Morrison R D. 1973. Cold storage of *Lysiphlebus testaceipes* mummies[J]. Environmental Entomology, 2(6)：1104-1108.

[15] Bale J S, Worland M R, Block W. 2001. Effect of summer frost exposures on the cold tolerance strategy of a sub-Antarctic beetle[J]. Journal of Insect Physiology, 45(47)：1161-1167.

[16] Hervé C, Guy B. 2011. Insect parasitoids cold storage：A comprehensive review of factors of variability and consequences[J]. Biological Control, 21(58)：83-95.

[17] Hofsvang T, Hagvar B. 1977. Cold storage tolerance and super cooling points of mummies of Ephedrus cerasicola Stary and Aphidius colemani Viereck (Hym：Aphelinidae)[J]. Norwegian Journal of Entomology, 12(24)：1-6.

[18] King C B R. 1934. Cold storage effect on *Trichogramma* and on egg of *Ephestia kuehniella*[J]. Tea Quarterly, 9(1)：19-27.

[19] Leather S R, Walters K F A, Bale J S. 1995. The Ecology of Insect Overwintering [M]. Cambridg：

Cambridge University Press.

[20] Leopold R A, Rojas R R, Atkinson P W. 1998. Post pupariation cold storage of three species of flies：increasing chilling tolerance by acclimation and recurrent recovery periods[J]. Cryobiology, 36(3)：213-224.

[21] Sinclair B J, Vernon P, Klok C J, et al. 2003. Insects at low temperatures：An ecological perspective[J]. Trends in Ecology and Evolution, 12(18)：257-262.

[22] Tezze A A, Botto E N. 2004. Effect of cold storage on the quality of *Trichogramma nerudai* (Hymenoptera：Trichogrammatidae)[J]. Biological Control, 30(1)：11-16.

[23] Visser B, Ellers J. 2008. Lack of lipogenesis in parasitoids：A review of physiological mechanisms and evolutionary implications[J]. Journal of Insect Physiology, 52(54)：1315-1322.

东江源国家湿地公园昆虫多样性调查与分析*

陈元生**，钟平华

（江西环境工程职业学院，江西 赣州 341000）

摘　要：昆虫多样性是湿地多样性保护的重要指标，采用线路踏查、样地详查和局部灯诱相结合的方法对寻乌东江源国家湿地公园内的昆虫进行采集、分类、鉴定，共得到常见昆虫15目104科218种，其中以鳞翅目、鞘翅目为主，共占 56.88%；植食性害虫占80.73%，观赏昆虫占23.39%，天敌昆虫占11.47%，水生昆虫占10.55%，说明该国家湿地公园内的昆虫种类丰富，且以小科寡种为主，水生昆虫数量庞大，而这些昆虫的存在和数量是检验水环境好坏的重要指示生物。

关键词：昆虫；多样性；湿地；国家公园；东江源；水生昆虫

Investigation and analysis of insect diversity in Dongjiangyuan National Wetland Park

Chen Yuansheng, Zhong Pinghua

（*Jiangxi Environmental Engineering Vocational College, Ganzhou* 341000, China）

Abstact: Insect diversity is an important indicator of wetland diversity protection. The insects in Xunwu Dongjiangyuan National Wetland Park were collected, classified and identified by the methods of route inspection, sample plot detailed survey and local light trap. The results show that there were 218 species, belonging to 15 orders and 104 families. Among them, Lepidoptera and Coleoptera occupied 56.88%. Among them, phytophagous insects accounted for 80.73%, ornamental insects accounted for 23.39%, natural enemy insects accounted for 11.47%, and aquatic insects accounted for 10.55%. The

* 江西省教育厅科学技术研究项目（GJJ171272）

** 陈元生，男，汉族，江西信丰人，教授，博士，从事昆虫生物学和森林病虫害防治研究，E-mail: cys0061@163.com results show that there are abundant insect species in the National Wetland Park, and the majority of them was few species families. The number of aquatic insects is huge, and the existence and quantity of these insects are important indicators to test the water environment.

Key words: Insect; Diversity; Wetland; National park; Dongjiangyuang; Aquatic insects

东江源国家湿地公园位于江西省寻乌县，地理坐标为115°33′20″E~ 115°45′54″E，24°38′09″N~25°05′45″N，包括寻乌河及其支流马蹄河及周边的部分生态公益林（刘良源等, 2006）。公园自北向南跨水源、澄江、吉潭、三标、文峰、长宁、南桥、留车、龙廷等9个乡镇，主要包括寻乌水、马蹄河、斗晏水库和九曲湾水库及其周边一定范围内的生态公益林和绿地，总面积1542.7 hm^2。寻乌地处低纬度地区，紧靠北回归线，东距海洋又较近，海洋对寻乌气候起了很大的调节作用，境内属亚热带季风气候，总的特征是：温暖湿润，雨量充沛，冬少严寒，夏无酷暑。

东江源国家湿地公园以中亚热带湿润季风气候区自然河流湿地和水质优良的库塘湿地为主体，属湿地—森林复合湿地生态系统。湿地公园内山清水秀，植被茂盛，动植物种类繁多（刘良源等, 2006）。调查显示，目前该湿地公园及其周边已知有湿地维管植物89科、229属、361种，有野生脊椎动物5纲29目69科172种。其中，国家Ⅱ级重点保护植物5种，国家Ⅱ级重点保护野生动物11种，江西省重点保护动物43种。但对占动物总种类数 75%的昆虫等节肢动物尚未开展系统调查研究。昆虫多样性是生物多样性的重要组成部分，研究昆虫的种类及其特点对于生物多样性的研究和保护具有重要意义，同时可以为生态环境的保护提供重要依据，是湿地多样性保护的重要指标（尤民生. 1997; 沈佐锐, 2009）。为更好保护和利用昆虫资源、保护湿地生态环境、寻找理想的湿地生态环境指示生物，开展了寻乌东江源国家湿地公园的昆虫种类调查和研究，分析其多样性水平。

1 材料与方法

1.1 调查时间、方法

昆虫的种类及特点与生境密切相关，寻乌东江源湿地公园内的生境类型包括滩涂湿地、阔叶林、混交林、人工林等。依此，选取具有代表性的地段（植被繁茂、多样性好、具代表性，覆盖湿地公园及其周边全域）设计好的路线及重点采集点，白天沿公路、小路、山脉走向和水库河沟等自然道路调查，采集昆虫，晚上在各采集点诱虫灯收集昆虫标本。

采用线路踏查，设置样地、标准地调查、现场观察、座谈访问、采集标本、拍照摄像等方法，调查时间及次数：2019年4月至2019年11月，共调查3次。

1.2 昆虫采集方法

昆虫采集方法主要包括：（1）笔蘸法：对于个体小的昆虫，可用毛笔蘸取少许酒精，然后粘取之，再放入试管中；（2）盘捕法：对于众多的栖息于崖壁上、枯枝落叶下的昆虫，可将瓷盘承接于下方，将崖壁上着生植物及枯枝落叶扫入盘中，整理，觅得昆虫并采集之；（3）镊夹法：对于身体质地较硬、不善飞行的中大型昆虫和运动力不强无毒的中小型昆虫，可直接用徒手捕获或使用镊子直接夹取采集之，然后用注射器注入少量75%酒精杀死之；（4）网捕法：对于空中飞行的昆虫进行飞网兜扑采捕，待虫入网后，轻抖手腕，把网底翻卷在网口上，使飞虫无法逃脱；对于主要是在草丛、灌丛及小树梢上的昆虫采用扫网法，左右兜扫，一般是无目的的随机来回，扫过一段时间后再来查看网中是否有昆虫。对于水生昆虫利用水网进行采捕；（5）灯诱法：利用某些昆虫趋光的特点，夜间在近水库处或开阔的森林中竖起一方白幕，在其上方拉起高压贡灯，昆虫趋光而至，停于幕布上或跌于幕布下，集中采集之，放入毒瓶熏蒸杀死，大型蛾蝶类和甲虫用注射器注入少量75%酒精杀死。

1.3 分类鉴定

将采集的昆虫标本带回实验室，参考昆虫分类相关资料［《昆虫分类》（郑乐怡, 1999）、《中国昆虫生态大图鉴》（张巍巍和李元胜, 2011）、《江西昆虫名录》（章士美和林毓鉴, 1994）、《中国蛾类图鉴》（中国科学院动物研究所编）、"嘎嘎昆虫网"（http://gaga.biodiv.tw/9701bx/in94.htm）］，对标本进行分类鉴定，确定昆虫的分类地位，鉴定分类后的标本归属到目、科及种，对物种多样性进行初步分析。

2 结果与分析

2.1 昆虫种类组成

调查采集鉴定昆虫15目，104科，218种（含未定名种）（见表1），其中植物害虫176种，占80.73%；观赏昆虫51种，占23.39%；天敌昆虫25种，占11.47%；水生昆虫23种，占10.55%；卫生害虫2种。其中鳞翅目种类最多，有80种，占总物种数的36.70%；鞘翅目次之，44种，占20.18%；依次是同翅目19种，占8.72%，半翅目19种，占8.72%，直翅目13种，占5.96%，蜻蜓目12种，占5.50%，双翅目9种，占4.13%，膜翅目9种，占4.13%，蜉蝣目和等翅目各3种，各占1.38%，脉翅目和螳螂目各2种，各占0.92%，毛翅目、襀翅目和竹节虫目各1种，各占0.46%（见表1）。

2.2 重要昆虫类群

2.2.1 植物性昆虫

调查到植物害虫176种，占80.73%，而潜在地对湿地公园主要植物造成危害的种类包括：鞘翅目铜绿丽金龟、大黑鳃金龟、松褐天牛、星天牛、桑天牛、黄守瓜、泡桐金花虫、大灰象甲、红头芫青；鳞翅目丝棉木金星尺蛾、茶尺蛾、灰白灯蛾、大蓑蛾、褐边绿刺蛾、黄刺蛾、褐刺蛾、舞毒蛾、盗毒蛾、马尾松毛虫、樟巢螟、缀叶丛螟、斜纹夜蛾、菜粉蝶、青凤蝶、柑橘凤蝶、玉带凤蝶、苏铁小灰蝶；直翅目斑腿腹露蝗、短额负蝗、疣蝗；半翅目的麻皮蝽、茶翅蝽、樟脊冠网蝽、梨冠网蝽、杜鹃冠网蝽、樟颈曼盲蝽；同翅目的吹绵蚧、黑刺粉虱、红蜡蚧、糠片蚧；膜翅目叶蜂科的日本扁足叶蜂、樟叶蜂等。

2.2.2 水生昆虫

水生昆虫是水环境监测很好的指示剂。寻乌东江源国家湿地公园以东江源自然河流湿地和水质优良的库塘湿地为主体，本次调查到水生昆虫23种（隶属 6 目 14 科），占总物种数的10.55%，而蜻蜓目种类最多，其次为蜉蝣目。此外还有水黾、摇蚊、石蛾、石蝇、龙虱、水龟甲等类群水生昆虫也较丰富，而这些昆虫的存在和数量是检验水环境好坏的重要指示生物，特别是蜻蜓的存在和数量能同时评价水、陆环境，是理想的生态环境指示生物。

2.2.3 观赏、文化昆虫

该湿地公园生态保护完好，昆虫多样性丰富，观赏昆虫种类多，主要有鸣叫类观赏昆虫，能发出悦耳动听的鸣声如蝉、蟋蟀和螽斯；运动类观赏昆虫，具有格斗习性的蟋蟀、独角仙和具有较好的飞翔耐力的金龟子等甲虫以及叩头虫等；形体类观赏昆虫，具有奇特、怪异或优美体形，包括竹节虫、螳螂、蜻蜓、吉丁虫、异色瓢虫、角蝉及各类拟态昆虫等及脉翅目的蝶角蛉；发光类观赏昆虫，如萤火虫等；色彩类观赏昆虫，具有丰富的各种色彩斑斓蝴蝶和部分美丽蛾子40余种。为湿地增添了视觉和听觉的旅游情趣。

2.2.4 药用、食用昆虫

该湿地公园主要的药用、食用昆虫有：膜翅目的马蜂、蜜蜂，同翅目的蟪蛄及其蝉蜕，蜻蜓目的红蜻，直翅目的中华蚱蜢、青脊竹蝗、蝼蛄，鞘翅目铜绿丽金龟，半翅目的斑衣蜡蝉、鳞翅目的菜粉蝶、玉米螟，螳螂的卵，等等。此外，还有种类较多的可食用的水生昆虫—鞘翅目的龙虱。

2.2.5 天敌昆虫

该湿地公园生境类型多样，植物种类丰富，且相对附近农田耕作区而言，农药使用量明显较少，为天敌昆虫的繁衍创造了良好环境条件。在调查过程中，常见：瓢虫、虎甲、步甲、草蛉、食蚜蝇、螳螂、蜻蜓等捕食性天敌昆虫，也发现有多种寄生蜂和寄生蝇。无疑它们对控制公园害虫发生以及整个公园的生态平衡发挥至关重要的作用。

表1 东江源国家湿地公园昆虫多样性调查表

目	科	种	种数	备注
鞘翅目 Coleoptera	象甲科 Curculionidae	松瘤象*Sipalus gigas*、大灰象*Sympiezomias velatus*、一字竹象*Otidognathus davidis*、长足竹大象*Cyrtotrachelus buqueti*	4	植食性昆虫
	萤叶甲科	竹长跗萤叶甲*Monolepta pallidula*	1	植食性昆虫
	负泥虫科 Crioceridae	红颈负泥虫*Lilioceris lateritia*	1	植食性昆虫
	天牛科 Cerambycidae	桃红颈天牛*Aromia bungii* 、松褐天牛*Monochamus alternatus*、星天牛*Anoplophora chinensis* 、光肩星天牛*Anoplophora glabripennis*、桑天牛*Apriona germari* 、锈色粒肩天牛*Apriona swainsoni*	6	植食性昆虫
	金龟甲科 Cerambycidae	白星花金龟*Protaetia brevitarsis*	1	植食性昆虫
	鳃金龟科 Melolonthidae	大粟鳃金龟*Melolntha hippocastanica*、棕色鳃金龟*Holotrichia titanis*	2	植食性昆虫
	叶甲科 Chrysomelidae	黄守瓜*Aulacophora indica*、黄足黑守瓜*Aulacophora lewisii*、泡桐金花虫*Basiprionota bisignata*、柳蓝叶甲*Plagiodera versicolora*	4	植食性昆虫
	吉丁虫科 Buprestidae	金缘吉丁*Lampra limbata*、梨小吉丁*Coraelous rusticanus*	2	植食性昆虫
	叩头甲科 Elateridae	沟叩头甲（沟金针虫）*Pleonomus canaliculatus*、松丽叩甲*Campsosternus auratus*	2	植食性昆虫、观赏性昆虫
	丽金龟科 Rutelidae	铜绿异丽金龟*Anomala corpulenta*、四纹丽金龟*Popillia quadriguttata*、中华弧丽金龟*Popillia quadriuttata*	3	植食性昆虫 观赏性昆虫
	丽金龟科 Rutelidae	铜绿异丽金龟*Anomala corpulenta*、四纹丽金龟*Popillia quadriguttata*、中华弧丽金龟*Popillia quadriuttata*	3	植食性昆虫 观赏性昆虫

续表

目	科	种	种数	备注
鞘翅目 Coleoptera	犀金龟科 Dynastidae	双叉犀金龟*Allomyrina dichotoma*	1	植食性昆虫、观赏性昆虫
	瓢虫科 Coccinellidae	龟纹瓢虫*Propylaea japonica*、七星瓢虫*Coccinella septempunctata*、异色瓢虫*Harmonia axyridis*	3	天敌昆虫
	步甲科 Carabidae	奇裂跗步甲*Dischissus mirandus*、雅丽步甲*Callida lepida*	2	植食性昆虫
	虎甲科 Cicindelidae	金斑虎甲(八星虎甲) *Cicindela aurulenta*、中华虎甲*Cicindela chinensis*	2	天敌昆虫 观赏性昆虫
	芫青科 Meloidae	豆芫青（红头芫青）*Epicauta gorhami*、眼斑芫青*Mylabris cichorii* 、大斑芫青*Mylabris phalerata*	3	植食性昆虫
	萤科 Lampyridae	水栖萤火虫*Luciola substriata*、中华黄萤*Lucoila chinensis*、三叶虫萤*Emeia pseudosauteri*	3	中性昆虫 观赏性昆虫
	隐翅虫科 Staphylinidae	黄胸青腰隐翅虫*Paederus fuscipes*	1	植食性昆虫
	龙虱科 Dytiscidae	黄缘龙虱*Cybister japonicus*、灰龙虱*Eretes sticticus*	2	水生昆虫
	水龟甲科 Hydrophilidae	水龟虫*Hydrophilus piceus*	1	水生昆虫
鳞翅目（蝶类）Lepidoptera (butterflies)	弄蝶科 Hesperiidae	隐纹谷弄蝶（褐弄蝶）Pelopidas mathias	1	植食性昆虫、观赏性昆虫

续表

目	科	种	种数	备注
鳞翅目（蝶类）Lepidoptera (butterflies)	粉蝶科Pieridae	菜粉蝶*Pieris rapae*、黄粉蝶*Eurema blanda*、绢粉蝶*Aporia crataegi*	3	植食性昆虫、观赏性昆虫
	凤蝶科 Papilionidae	柑橘凤蝶*Papilio xuthus*、玉带凤蝶*Papilio polytes*、无尾墨凤蝶*Papilio demoleus*、碧凤蝶*Achillide sbianor*、青凤蝶*Graphium sarpedon*、美凤蝶*Papilio (Menelaides) memnon*、丝带凤蝶*Sericinus montelus*、麝凤蝶*Byasa alcinous*、巴黎翠凤蝶*Papilio paris*	9	植食性昆虫 观赏性昆虫
	蛱蝶科 Nymphalidae	苎麻黄蛱蝶*Acraca issorie*、苎麻赤蛱蝶（大红蛱蝶）*Vanessa indica*、黄钩蛱蝶（黄蛱蝶）*Polygonia c-aureum*、网丝蛱蝶（石墙蝶）*Cyrestis thyodamas*、老豹蛱蝶(斐豹蛱蝶) *Argynnis hyperbius*、白带螯蛱蝶*Charaxes bernardus*、重眉线蛱蝶*Limenitis amphyssa*	7	植食性昆虫 观赏性昆虫
	斑蝶科 Danaidae	幻紫斑蝶*Euploea core*、金斑蝶(桦斑蝶) *Danaus chrysippus*、黑端豹斑蝶*Argynnis hyperbius*	3	植食性昆虫、观赏
	灰蝶科 Lycaenidae	曲纹紫灰蝶（苏铁小灰蝶）*Luthrodes pandava*、豆灰蝶*Plebejus argus*	2	植食性昆虫 观赏性昆虫
	眼蝶科 Satyridae	稻眼蝶（蛇目蝶）*Mycalesis gotama*、蒙链眼蝶*Neope muirheadi*	2	植食性昆虫、观赏
	环蝶科 Amathusiidae	峨眉环蝶（箭环蝶）*Stichophthalma louisa*	1	植食性昆虫、观赏性昆虫
	螟蛾科 Pyralidae	竹织叶野螟*Coclebotys coclesalis*、竹绒野螟*Crocidophora evenoralis*、缀叶丛螟*Locastra muscosalis*、樟巢螟*Orthaga achatina*、松梢螟*Dioryctria splendidella*	5	植食性昆虫
	斑蛾科 Zygaenidae	竹小斑蛾*Artona funeralis*、黄纹竹斑蛾*Allobremeria plurilineata*、重阳木锦斑蛾*Histia rhodope*、华庆锦斑蛾*Erasmia pulchella chinensis*	4	植食性昆虫

续表

目	科	种	种数	备注
鳞翅目（蛾类）Lepidoptera (moths)	刺蛾科 Limacodidae	竹两色绿刺蛾*Latoia bicolor*、褐边绿刺蛾*Latoia consocia*、黄刺蛾*Cnidocampa flavescens*、桑褐刺蛾*Setora postornata*、中国扁刺蛾 *Thosea sinensis*	5	植食性昆虫
	卷蛾科 Tortricidae	杉梢小卷蛾*Polychrosis cunninhamiacola*	1	植食性昆虫
	潜叶蛾科 Lyonetiidae	柑橘潜叶蛾*Phyllocnistis citrella*	1	植食性昆虫
	织蛾科 Oecophoridae	油茶织蛾*Casmara patrona*	1	植食性昆虫
	舟蛾科 Notodontidae	竹楼舟蛾*Loudonta dispar*、竹篦舟蛾*Besaia goddrica*、杨扇舟蛾(杨树天社蛾) *Clostera anachoreta*、杨小舟蛾*Micromelalopha troglodyta*	4	植食性昆虫
	尺蛾科 Geometridae	油茶尺蛾*Biston marginata*、丝棉木金星尺蛾*Calospilos suspecta*、木橑尺蛾*Culcula panterinaria*	3	植食性昆虫
	毒蛾科 Lymantridae	刚竹毒蛾*Pantana phyllostachysae*、茶黄毒蛾*Euproctis pseudoconspersa*、舞毒蛾*Lymantria dispar*、青冈栎黄毒蛾*Lymantria mathura*、乌桕黄毒蛾*Euproctis bipunctapex*、盗毒蛾*Porthesia similis*	6	植食性昆虫
	夜蛾科 Noctuidae	斜纹夜蛾*Spodoptera litura*、竹笋禾夜蛾*Oligia vulgaris*、淡竹笋夜蛾*Kumasia kumaso*、嘴壶夜蛾*Oraesia emiarginata*、小地老虎*Agrotis ypsilon*	5	植食性昆虫
	枯叶蛾科 Lasiocampidae	马尾松毛虫*Dendrolimus punctatus*、思茅松毛虫*Dendrolimus kikuchii*、云南松毛虫 *Dendrolimus houi*、杨枯叶蛾*Gastropacha populifolia*、栎黄枯叶蛾*Trabala vishnou gigantina*	5	植食性昆虫
	灯蛾科 Arctiidae	粉蝶灯蛾*Nyctemera adversata*、灰白灯蛾（八点灰灯蛾）Creatonotus transiens、人纹污灯蛾（红腹白灯蛾）*Spilarctia subcarnea*	3	植食性昆虫
	天蚕蛾科 Saturniidae	樟蚕*Eriogyna pyretorum*、樗蚕*Philosamia cynthia*、乌桕大蚕蛾（皇蛾）*Attacus atlas*、绿尾大蚕蛾*Actias ningpoana*	4	植食性昆虫
	天蛾科 Sphingidae	斜纹天蛾 *Theretra clotho*、鬼脸天蛾*Acherontia lachesis*、榆绿天蛾Callambulyx tatarinovi、黄线天蛾*Apocalypsis velox*、咖啡透翅天蛾*Cephonodes hylas*	5	植食性昆虫

续表

目	科	种	种数	备注
半翅目1 Hemiptera	蝽科 Pentatomidae	竹卵圆蝽*Hippotiscus dorsalis*、麻皮蝽*Erthesina fullo*、茶翅蝽*Halyomorpha halys*	3	植食性昆虫
	网蝽科 Tingididae	樟脊冠网蝽*Stephanitis macaona*、泡桐网蝽*Eteoneus angulatus*、杜鹃冠网蝽*Stephanitis pyriodes*	3	植食性昆虫
	龟蝽科 Plataspiddae	筛豆龟蝽*Coptosoma cribrayia*	1	植食性昆虫
	缘蝽科Coreidae	山竹缘蝽*Notobitus montanus*、宽棘缘蝽*Cletus schmidti*、大稻缘蝽*Leptocorisa acuta*、稻棘缘蝽*Cletus punctiger*	4	植食性昆虫
	盲蝽科Miridae	樟颈曼盲蝽*Mansoniella cinnamomi*、竹盲蝽*Mecistoscelis scirtetoides*、甘薯跳盲蝽*Halticus minutus*	3	植食性昆虫
	长蝽科 Lygaeidae	竹后刺长蝽*Pirkimerus japonicus*	1	植食性昆虫
	盾蝽科 Scutelleridae	油茶宽盾蝽*Poecilocoris latus*	1	植食性昆虫
	蝎蝽科Nepidae	蝎蝽*Nepa chinensis*	1	水生昆虫
	黾蝽科Gerridae	水黾*Aquarium paludum*	1	水生昆虫
	猎蝽科 Reduviidae	食蜂猎蝽*Pristhesancus papuensis*	1	天敌昆虫
直翅目 Orthoptera	蝗科Acridoidea	黄脊竹蝗*Ceracris kiangsu*、青脊竹蝗*Ceracris nigricornis*、棉蝗*Chondracris rosea*	3	植食性昆虫
	斑翅蝗科 Arcypteridae	疣蝗*Trilophidia annulata*	1	植食性昆虫
	负蝗科 Pygomorphidae	短额负蝗*Atractomorpha sinensis*	1	植食性昆虫

续表

目	科	种	种数	备注
直翅目 Orthoptera	剑角蝗科 Acrididae	中华蚱蜢（中华剑角蝗）*Acrida cinerea*	1	植食性昆虫
	飞蝗科 Oedipodids	东亚飞蝗*Locusta migratoria manilensis*	1	植食性昆虫
	菱蝗科（蚱科）Tetrigoidea	菱蝗*Gavialidium phangensumsp*	1	植食性昆虫
	斑腿蝗科 Catantopidae	绿腿腹露蝗*Fruhstorferiola viridifemorata*	2	植食性昆虫
	螽斯科 Tettigonioidae	螽斯（蝈蝈）*Gampsocleis inflata*	1	植食性昆虫
	蟋蟀科 Gryllidae	油葫芦*Gryllulus tstaceus*	1	植食性昆虫
	纺织娘科 Mecopodidae	纺织娘*Mecopodo elongata*	1	植食性昆虫
	蝼蛄科 Gryllotalpidae	东方蝼蛄*Gryllotalpa orientalis*	1	植食性昆虫
半翅目2 Hemiptera（原同翅目 Homoptera）	蝉科Cicadidae	黑蚱蝉*Cryptotymp anaatrata*	2	植食性昆虫
	蜡蝉科 Fulgoridae	斑衣蜡蝉*Lycorma delicatula*、八点广翅腊蝉*Ricania speculum*	2	植食性昆虫
	沫蝉科 Cercopidae	黑斑丽沫蝉*Cosmoscarta dorsimacula*、竹尖胸沫蝉*Aphrophora notabilis*	2	植食性昆虫
	叶蝉科 Cicadellidae	大青叶蝉*Cicadella viridis*、黑尾叶蝉*Nephotettix bipunctatus*	1	植食性昆虫

续表

目	科	种	种数	备注
半翅目2 Hemiptera（原同翅目 Homoptera）	角蝉科 Membracidae	带栎角蝉*Platycotis vittata*	1	植食性昆虫
	木虱科 Psyllidae	樟叶个木虱*Trioza camphorae* 、柑橘木虱*Diaphorina citri*	2	植食性昆虫
	粉虱科 Aleyrodidae	柑橘粉虱*Dialeurodes citri*、黑刺粉虱*Aleurocanthus spiniferus*、白粉虱*Trialeurodes vaporariorum*	3	植食性昆虫
	绵蚧科 Monophlebidae	吹绵蚧*Icerya purchasi*	1	植食性昆虫
	蜡蚧科 Coccodae	红蜡蚧*Ceroplastes rubens*	1	植食性昆虫
	盾蚧科 Diaspididae	樟蚌圆盾蚧*Pseudaonidia duplex*、糠片蚧*Parlatoria pergandi*	2	植食性昆虫
	粉蚧科 Pseudococcidae	柑橘粉蚧*Planococcus citri*	1	植食性昆虫
	蚜科Aphididae	桃蚜*Myzus persicae*	1	植食性昆虫
膜翅目 *Hymenoptera*	蜜蜂科Apidae	中华蜜蜂*Apis cerana*	1	传粉昆虫
	胡蜂科Vespidae	大胡蜂*Vespula vulgaris*、黄星长脚黄蜂*Polistes mandarinus*	2	天敌昆虫
	熊蜂科 Bombidae	熊蜂*Bombus luianus*	1	传粉昆虫
	叶蜂科 Tenthredinidae	日本扁足叶蜂*Croesus japonicus*、樟叶蜂*Mesoneura rufonota*、油茶史氏叶蜂(油茶叶蜂) *Caliroa camellia*	3	植食性昆虫
	广肩小蜂科 Eurytomidae	竹广肩小蜂（竹瘿蜂）*Aiolomorphus rhopaloides*	1	植食性昆虫
	蚁科Formicidae	黑蚂蚁*Polyrhachis vicina*	1	植食性昆虫

续表

目	科	种	种数	备注
等翅目 Isoptera	鼻白蚁科 Rhinotermitidae	家白蚁（台湾乳白蚁）*Coptotermes formosanus*	1	植食性昆虫
	白蚁科 Termitidae	黑翅土白蚁*Odontotermes formosanus*、黑胸散白蚁*Reticulitermes chinensis*	2	植食性昆虫
双翅目 Diptera	大蚊科 Tipulidae	牧场大蚊*Tipula simplex*	1	卫生害虫
	花蝇科 Anthomyiidae	竹笋泉蝇*Pegomyia phyllostachys*	1	植食性昆虫
	茎蝇科Psilidae	竹笋绒茎蝇*Chyliza bambusae*	1	植食性昆虫
	家蝇科 Muscoidea	家蝇*Musca domestica*、厩蝇*Muscina stabulans*	2	卫生害虫
	麻蝇科 Sarcophagidae	麻蝇*Sarcophaga naemorrhoidalis*	1	卫生害虫
	食蚜蝇科 Syrphidae	食蚜蝇*Syrphus americanus*	1	天敌昆虫
	摇蚊科 Chironomidae	花翅前突摇蚊*Procladius choreus*、花翅摇蚊*Chironomus kiiensis*	2	水生昆虫
竹节虫目 Phasmatodea	竹节虫科 Maldanidae)	竹节虫*Necroscia sparaxes*	1	植食性昆虫 观赏性昆虫
螳螂目 Mantodea	螳科Mantidae	薄翅螳螂*Mantis religiosa*、中华大刀螳*Tenodera Sinensis*	2	天敌昆虫 观赏性昆虫
脉翅目 Neuroptera	蝶角蛉科 Ascalaphidae	黄花蝶角蛉*Ascalaphus sibiricus*	1	天敌昆虫 观赏性昆虫
	草蛉科 Chrysopidae	大草蛉*Chrysopa pallens*	1	天敌昆虫 观赏性昆虫

续表

目	科	种	种数	备注
蜻蜓目 Odonata	色蟌科 Agrionidae	似库小色蟌*Caliphaea consimilis*、白痣单脉色蟌Matrona cyanoptera、透顶单脉色蟌*Matrona basilaris*	3	天敌昆虫 水生昆虫
	综蟌科 Synlestidae	赤条绿综蟌*Sinolestes edita*	1	天敌昆虫 水生昆虫
	蜓科Aeshnidae	黄额伟蜓*Anax guttatus*、细腰长尾蜓*Gynacantha subinterrupta*	2	天敌昆虫 水生昆虫
	春蜓科 Gomphidae	连纹台春蜓*Davidius fruhstorferijunior*	1	天敌昆虫 水生昆虫
	蜻科 Libellulidae	红蜻*Crocothemis servillia*、黄蜻*Pantala flavescens*、褐斑蜻蜓*Brachythemis contaminata*、狭腹灰蜻*Orthetrum sabino*、异色灰蜻*Orthetrum melania*	5	天敌昆虫 水生昆虫
蜉蝣目 Ephemeroptera	古丝蜉科 Siphluriscidae	中国古丝蜉*Siphluriscus chinensis*	1	水生昆虫
	短丝蜉科 Siphlonuridae	二点短丝蜉 *Siphlonurus binotatus*	1	水生昆虫
	等蜉科 Isonychiidae	江西等蜉*Isonychia kiangsinensis*	1	水生昆虫
毛翅目 Trichoptera	石蛾科 Stenopsychidae	短突角石蛾*Stenopsyche brevata*	1	水生昆虫
襀翅目 Plecoptera	襀科 Perlidae	石蝇Perlomyia levanidovae	1	水生昆虫
15	104		218	

3 保护与管理建议

本次调查进一步摸底寻乌东江源国家湿地公园昆虫资源状况，从昆虫的种类和分类群的多样性可以看出，该国家湿地公园内的昆虫种类丰富，且以小科寡种为主。昆虫由于多样的生态特性和要求，可以作为环境变化的有效指标，该区域昆虫的种十分丰富，这种结构反映了该区域群落是相对稳定的。该湿地公园所处区域具有充沛的降雨量，繁茂的植物，以及温和的气候条件，为众多的鳞翅目、鞘翅目、蜻蜓目和半翅目昆虫提供了优良的栖息地，使其成为优势类群。湿地优质的水资源是蜻蜓目生活所必需的条件，丰富的植食性昆虫又为捕食性昆虫提供了食物来源，这为湿地丰富且复杂的生态系统提供了基础。

本次调查发现该湿地公园水生昆虫数量较多，作为水环境监测指示物种，对水生昆虫群落结构和动态变化的长期监测，可及时掌握湿地公园的水生态系统的健康情况（彭昭荣, 2015），因此，需加强对水生昆虫的群落结构及其动态变化的研究，掌握该地区指示生物的种类，建立完备的蜻蜓等水生昆虫多样性信息数据库，开发与应用有针对性的生态环境评价体系、评价手段及技术体系。加强应用蜻蜓进行生态环境评价，以便使得这一低成本、高效率、无公害的环评方法得到应有的发展和应用。

在湿地中广泛分布的昆虫，在湿地生物食物链中具有非常重要的意义，同时湿地昆虫多样性、群落结构和动态规律直接准确地反映湿地环境的状况。因此，及时掌握湿地昆虫的动态变化和（与）湿地环境变化的关系，对及时保护和监测湿地以及合理利用湿地资源具有重要的意义。

昆虫种群多样性的变化总是随着生态环境的变化而不断发生变化，今后随着东江源湿地生态环境变化，昆虫的种群多样性必将不断发生变化。因此，进一步做好该湿地公园昆虫种类的调查及其种群动态的监测，后续的昆虫调查及监测工作还需持续开展、不断完善。

参考文献

[1] 刘良源, 曾新方, 李志荫, 等. 2006. 东江源区生态资源评价与环境保护研究[M]. 南昌：江西科学技术出版社.

[2] 彭昭荣. 2015. 鄱阳湖(沙湖)水生昆虫群落特征及水质生物评价[D]. 南昌：南昌大学.

[3] 沈佐锐. 2009. 昆虫生态学及害虫防治的生态学原理[M]. 北京：中国农业大学出版社.

[4] 尤民生. 1997. 论我国昆虫多样性的保护与利用[J]. 生物多样性, 5(2)：135-141.

[5] 张巍巍, 李元胜. 2011. 中国昆虫生态大图鉴[M]. 重庆：重庆大学出版社.

[6] 章士美, 林毓鉴. 1994. 江西昆虫名录[M]. 南昌：江西科技出版社.

[7] 郑乐怡. 1999. 昆虫分类[M]. 南京：南京师范大学出版社.

[8] 中国科学院动物研究所编. 1983. 中国蛾类图鉴[M]. 北京：科学出版社.

杀虫剂对烟蚜、烟蚜茧蜂的毒力测定及田间防效*

刘　伟**，余　玲，徐凡舒，魏洪义***

（江西农业大学农学院，南昌，330045）

摘　要：长期使用化学杀虫剂不仅能增加烟蚜的抗药性，也会对烟蚜茧蜂造成伤害。为选择对烟蚜防治效果较好而对烟蚜茧蜂毒性较小的杀虫剂，本文采用叶片浸渍法和药膜法，在室内测定了田间常用6种杀虫剂对烟蚜和烟蚜茧蜂的毒力，并测定了其对烟蚜的田间防效。结果表明：杀虫剂对烟蚜的毒力大小依次为：呋虫胺＞啶虫脒＞吡蚜酮＞烯啶虫胺＞吡虫啉＞阿维菌素；对烟蚜茧蜂成蜂的毒力大小依次为：啶虫脒＞烯啶虫胺＞呋虫胺＞阿维菌素＞吡蚜酮＞吡虫啉。烟田喷药后7 d，各药剂的防效均在90%以上，其中25%吡蚜酮水分散粒剂对烟蚜的防效最高（98.40%）。综合以上室内外试验结果，在烟蚜化学防治中，可选择吡蚜酮作为烟蚜选择性杀虫剂，而尽量避免使用烯啶虫胺、呋虫胺等杀虫剂，以起到既可有效控制烟蚜又可保护烟蚜茧蜂等天敌的作用。

关键词：烟蚜；烟蚜茧蜂；毒力测定；田间防效

Bioassays of the toxicity of insecticides and field efficacy to *Myzus persicae* and *Aphidius gifuensis* *

Liu Wei **, Yu Ling, Xu Fanshu, Wei Hongyi***

（*College of Agriculture, Jiangxi Agricultural University, Nanchang* 330045, China）

Abstract: Long-term use of chemical insecticides not only increases the resistance of tobacco aphids, *Myzus persicae* （Sulzer）, but also can damage the parasitoid wasps, *Aphidius gifuensis*. In order to screen the appropriate insecticides to control the *M. persicae*, but less toxic to the *A. gifuensis*, the toxicity of 6 insecticides commonly used in the tobacco fields aganist *M. persicae* and *A. gifuensis*

* 基金项目：中国烟草总公司江西省公司科学研究与技术开发计划项目（2013-01-011）

** 第一作者：刘伟，实验师，主要从事农业昆虫与害虫防治研究；E-mail: liuweidaisy@126.com

*** 通讯作者：魏洪义，教授，主要从事农业昆虫与害虫防治研究；E-mail：hywei@jxau.edu.cn

were tested in the laboratory, andthe field efficacies of the chemicals agaist the tobacco aphids were determined in this paper. The results showed that the toxicity of insecticides to *M. persicae* were in the following order: dinotefuran>acetamiprid> pymetrozine> nitenpyram> imidacloprid> avermectin. The toxicity of those insecticides to *A. gifuensis* in the following order: acetamiprid>nitenpyram>dinotefuran>avermectin> pymetrozine> imidacloprid. Seven days after spraying, the efficacy of all the pesticides was above 90%, of which 25% pymetrozine water dispersible granules had the highest efficacy （98.40%） against *M. persicae*. Based on the above laboratory bioassay and field trials, pymetrozine is suggested as an appropriate insecticide for control of aphids, while nitenpyram and dinotefuran are avoided to be used in totacco fields as far as possible.

Key words: *Myzus persicae* （Sulzer）; *Aphidius gifuensis* Ashmead; toxicity test; field efficacy

烟蚜*Myzus persicae* （Sulzer）属半翅目Hemiptera，蚜科Aphididae，是一种世界性害虫，危害烟草和多种十字花科蔬菜等植物，在我国各地烟区均有发生（乔红波等，2007；杨文等，2000）。烟蚜除刺吸植物汁液之外，还可传播多种病毒，严重影响烟草的品质和产量（潘悦等，2013）。烟蚜茧蜂（*Aphidius gifuensis* Ashmead）属膜翅目Hymenoptera，蚜茧蜂科Aphidiidae，是烟蚜的重要寄生性天敌，自然情况下其寄生率可高达89.16%（任广伟等，2000）。化学防治和生物防治是控制害虫的主要技术手段（肖达等，2014）。但长期使用化学农药不仅会导致烟蚜产生较强的抗药性，还会破坏害虫与天敌之间的生态平衡（Saber，2011），导致烟蚜茧蜂发育畸形甚至死亡（刘慧萍等，2006；王德森等，2012）。大量研究报道表明长时间使用抗蚜威、氧化乐果等农药防治烟蚜，导致其抗药性增加，天敌大量被杀伤（陈家骅等，1989）。为了在化学防治烟蚜的同时减轻对烟蚜茧蜂等天敌的不利影响，国内外许多学者开展了不同类型杀虫剂的筛选试验。目前，国内外关于杀虫剂对烟蚜毒性的研究较多，但对其寄生性天敌烟蚜茧蜂的研究则相对较少。李应金（2001）、胡坚（2002）等研究结果认为，吡虫啉对烟蚜的防效能达到98%以上。近年来，新烟碱类杀虫剂因其高效、低毒的特点，已成为农业生产中防治半翅目害虫的主要杀虫剂品种，与此同时，也对天敌昆虫产生较大的影响（Jeschke等，2008）。日本学者Ohta等（2015）在对42种农药对蚜虫的毒性研究中发现，烯啶虫胺对烟蚜茧蜂具有高毒性，致死率为100%。孙志娟等（2014）在实验室采用药膜法和浸虫法测定了常用杀虫剂对烟蚜茧蜂的影响，发现吡虫啉对烟蚜茧蜂成蜂具有明显的触杀毒力，吡蚜酮对僵蚜相对安全。目前，国内外关于杀虫剂对烟蚜毒性的研究较多，但对其寄生性天敌烟蚜茧蜂的研究则相对较少。为选择对烟蚜防治效果较好而对烟蚜茧蜂毒性较小的杀虫剂，本文比较了江西烟田6种常用烟蚜杀虫剂对烟蚜和烟蚜茧蜂的毒性，并开展了田间试验，以期为烟田合理使用杀虫剂提供科学依据。

1 材料与方法

1.1 供试虫源和药剂

1.1.1 毒力测定

虫源：在温室（25±0.5℃、RH80%±5%、L：D=14：10、光强3000 lx）内用烟苗（K326）连续饲养烟蚜5代以上，建立稳定的烟蚜种群。

烟蚜茧蜂采自江西省烟叶科学研究所，用吸蜂器将成蜂采集到锥形瓶内后，经鉴定确认后将其释放到养虫笼（30 cm×30 cm×30 cm）内寄生。

杀虫剂原药：95%吡虫啉（烟碱类杀虫剂）、95%呋虫胺（烟碱类杀虫剂）、97.3%烯啶虫胺（烟碱类杀虫剂）、97%吡蚜酮（吡啶类或三嗪酮类杀虫剂），95%阿维菌素（微生物源杀虫剂）、97%啶虫脒（氯化烟碱类杀虫剂）均购自北京明德立达农业科技有限公司。

1.1.2 田间药效

市售杀虫剂：①25%吡蚜酮水分散粒剂（北京华戎生物激素厂）；②70%吡虫啉水分散粒剂（拜耳作物科学有限公司）；③20%呋虫胺可溶粒剂〔中农立华（天津）农用化学品有限公司了〕；④20%烯啶虫胺水分散粒剂（北京华戎生物激素厂）；⑤1.8%阿维菌素乳油（山东金农华药业有限公司）；⑥5%啶虫脒乳油（青岛好利特生物农药有限公司）。

1.2 实验方法

1.2.1 杀虫剂对烟蚜的毒力测定

在预备试验的基础上，将6种杀虫剂原药分别用丙酮稀释成5个浓度梯度。实验采用叶片浸渍法（Slide dip method）进行室内测定。选取大小相近的鲜嫩烟叶，用毛笔挑选个体大小相近的3~4龄若蚜30头左右，均匀地放在叶片正面上。将叶片浸入配好的药液中10 s后取出，用滤纸将多余的药液吸除，放入垫有滤纸的培养皿内，置于温室内饲养。以丙酮为对照，每处理重复3次。24 h后查看并记录死亡虫数。查看时，用毛笔轻触蚜虫，不动者为死亡。

1.2.2 杀虫剂对烟蚜茧蜂成蜂的毒力测定

采用药膜法，用丙酮将各原药试剂溶解至实验所需浓度待用。吸取0.5 mL药液滴在5 cm×10 cm的指形管中，将指形管斜放并不断滚动，待丙酮挥发后即在壁上形成药膜，接入当天羽化的烟蚜茧蜂30头，让其爬行1小时后，转入无药的指行管中，用沾有10%蜂蜜水的棉花团塞紧管口，置于温室内。以丙酮为对照组，每处理重复3次。24 h后检查并记录活蜂数。

1.2.3 田间药效

试验于2017年4月30日在江西省广昌县头陂镇山下村烟田进行。烟叶品种为云烟87，试验时烟苗处于旺长期。采用人工背负式喷雾器进行喷雾，喷药量为450 L/hm^2。施药当日为晴天，烟田栽培管理较好。试验共设7个处理：其中1.8%阿维菌素乳油和5%啶虫脒乳油为对照杀虫剂，所有药剂稀释倍数参数均按田间推荐使用剂量：（1）20%呋虫胺可溶粒剂2000倍液；（2）70%吡虫啉水分散粒剂3000倍液；（3）25%吡蚜酮水分散粒剂3000倍液；（4）20%烯啶虫胺水分散粒剂3000倍液；（5）5%啶虫脒乳油2500倍液；（6）1.8%阿维菌素乳油2000倍液；（7）清水对照（CK）。每处理重复3次，随机区组排列，小区面积约30 m^2，中间设保护行。

采用5点取样法田间调查烟蚜种群密度，每小区定点定株调查，每点固定调查10株。调查并记录施药前1 d蚜虫数量，施药后1d、4d和7d的活蚜数。

1.3 数据统计与分析

1.3.1 毒力测定

数据采用Excel 2007版和SPSS17.0软件计算出毒力回归方程、LC_{50}、95%置信区间和相关系数R。

1.3.2 田间药效

数据处理采用SPSS17.0软件和Excel 2007版计算虫口减退率和防治效果，具体公式如下：

$$虫口减退率=\frac{施药前虫口数-施药后虫口数}{施药前虫口数}\times 100\%$$

$$防治效果=\frac{防治区虫口减退率-对照区虫口减退率}{1-对照区虫口减退率}\times 100\%$$

2 结果分析

2.1 杀虫剂对烟蚜的毒力测定

烟蚜的毒力测定结果如表1。从表1看出，杀虫剂对烟蚜的毒力大小依次为：呋虫胺＞啶虫脒＞吡蚜酮＞烯啶虫胺＞吡虫啉＞阿维菌素。呋虫胺对烟蚜的毒力最高，LC_{50}为0.706 mg/L。啶虫脒和吡蚜酮对烟蚜的毒力次之，LC_{50}分别为0.837 mg/L、0.946 mg/L。阿维菌素对烟蚜毒力最低，LC_{50}为1.842 mg/L。

表1　杀虫剂对烟蚜的毒力测定

药剂名称	毒力回归方程（y=a+bx）	LC_{50}（95%置信限）（mg/L）	相关系数R
呋虫胺	Y=4.696+1.833x	0.706 (0.532-0.913）	0.987
啶虫脒	Y=5.306+2.4657x	0.837 (0.336-1.761)	0.873
吡蚜酮	Y=4.679+2.171x	0.946 (0.706-1.163)	0.967
烯啶虫胺	Y=4.686+1.725x	1.350 (1.045-1.708）	0.991
吡虫啉	Y=4.800+1.269x	1.614 (1.093-2.228）	0.996
阿维菌素	Y=4.479+2.1347x	1.842 (1.459-2.323)	0.950

2.2　杀虫剂对烟蚜茧蜂的毒力测定

表2为杀虫剂对烟蚜茧蜂成蜂的毒力测定。在测定的药剂中，以啶虫脒对烟蚜茧蜂成蜂的毒力水平最高，LC50为2.496 mg/L。其次为烯啶虫胺和呋虫胺。而吡虫啉对烟蚜茧蜂的毒力水平最低，LC50为6.893 mg/L。

2.3　杀虫剂对烟蚜的田间防效

6种杀虫剂对烟蚜均有一定的防治效果（见表3）。由表3可知，药后1 d，70%吡虫啉水分散粒剂、25%吡蚜酮水分散粒剂、20%烯啶虫胺水分散粒剂及5%啶虫脒乳油对烟蚜的防效均在80%以上，其中，5%啶虫脒乳油的防效最高，为87.65%，与20%呋虫胺可溶粒剂差异显著。药后4 d，6种杀虫剂的防效均有升高，均在89%以上。其中，5%啶虫脒乳油防效高达93.48%，与其他各药剂差异显著。药后7 d，各药剂的防效均保持在90%以上，其中，25%吡蚜酮水分散粒剂对烟蚜的防效最好，高达98.40%。

表2　杀虫剂对烟蚜茧蜂成蜂的毒力测定

药剂名称	毒力回归方程（y=a+bx）	LC_{50}（95%置信限）（mg/L）	相关系数R
啶虫脒	Y=4.166+2.224x	2.496 (0.702-2.492）	0.870
烯啶虫胺	Y=4.059+2.065x	3.054 (2.482-3.701）	0.998
呋虫胺	Y=3.726+2.442x	3.574（2.735-4.635）	0.934
阿维菌素	Y=3.717+2.061x	4.262 (3.391-5.394）	0.966
吡蚜酮	Y=3.402+2.256x	5.251 (4.119-6.857）	0.984
吡虫啉	Y=2.972+2.660x	6.893 (5.447-9.120）	0.962

表3　杀虫剂对烟蚜的田间防效

供试药剂	药前虫口密度（头/株）	药后1天		药后4天		药后7天	
		减退率（%）	防效（%）	减退率（%）	防效（%）	减退率（%）	防效（%）
70%吡虫啉水分散粒剂	541.36	77.65	82.62 ab	81.35	89.12 c	91.75	94.50 b
25%吡蚜酮水分散粒剂	532.92	75.11	80.64 bc	86.92	92.37 ab	97.60	98.40 a
20%呋虫胺可溶粒剂	573.28	68.90	75.81 c	85.34	91.45 ab	93.43	95.62 ab
20%烯啶虫胺水分散粒剂	601.68	79.03	83.69 ab	83.65	90.46 b	89.22	92.81 b

续表

供试药剂	药前虫口密度（头/株）	药后1天		药后4天		药后7天	
		减退率（%）	防效（%）	减退率（%）	防效（%）	减退率（%）	防效（%）
1.8%阿维菌素乳油	508.96	67.45	74.68 c	83.46	90.35 b	95.10	96.73 ab
5%啶虫脒乳油	525.36	84.12	87.65 a	88.82	93.48 a	91.90	94.60 b
CK	560.00	-28.57	-	-71.43	-	-50.00	-

注：表中数据为 3次重复的平均值，其后同列内不同小写字母表示经邓肯氏新复极差法检验差异显著($P<0.05$)。

3 结论与讨论

本实验测定了6种杀虫剂对烟蚜和烟蚜茧蜂的毒性。室内结果表明，呋虫胺对烟蚜的毒性最高，LC_{50}为0.706 mg/L，阿维菌素、吡虫啉对烟蚜的毒性则相对较低；对烟蚜茧蜂的实验测定中，烯啶虫胺和啶虫脒对烟蚜茧蜂成蜂毒性较大，在田间使用化学防治时应尽量减少使用。田间药效实验表明，药后1 d，5%啶虫脒乳油的防效为87.65%。药后4 d，5%啶虫脒乳油防效高达93.48%。药后7 d，25%吡蚜酮水分散粒剂对烟蚜的防效最好，高达98.40%。

杀虫剂对寄生性天敌昆虫的影响很大程度上和寄主体内拟寄生性昆虫的发育时期有关（车少臣等，2008；Mason等，2002）。杀虫剂在杀伤寄主烟蚜的同时也能影响烟蚜茧蜂的发育。尹可锁（2005）、付立新（2008）等研究结果表明，吡虫啉对烟蚜茧蜂毒性较低，陈德锟（2014）研究发现，成蜂期使用杀虫剂对烟蚜茧蜂伤害更大，Ohta（2015）等人发现烯啶虫胺、吡虫啉均对烟蚜茧蜂成蜂造成伤害，这与本实验结果一致。另有研究表明，杀虫剂除了导致烟蚜茧蜂发育畸形和寄生行为降低外，还能影响七星瓢虫、蜘蛛、草蛉等天敌昆虫的捕食行为（Singh等, 2004; Charleston等, 2005; Desneux等, 2007）。本实验结果表明，吡蚜酮对烟蚜的毒性较高，对烟蚜茧蜂毒性相对较低，进行田间防治时建议使用吡蚜酮；烯啶虫胺、呋虫胺均属于新烟碱类杀虫剂（宋超等，2015；李敏等，2009；陈伟国等，2015），在害虫综合治理中应谨慎使用，避免对天敌造成大量杀伤。产生这2种现象可能和杀虫剂的作用机理不同有关：吡蚜酮属于三嗪酮类，蚜虫接触到该药剂后产生口针阻塞，立即停止取食（许中怀等，2014）；新烟碱类杀虫剂通过阻断昆虫神经系统的传导从而导致其死亡（魏立娜等，2013）。烟蚜茧蜂在田间的环境条件和室内不同（Elzen等，1989），常用杀虫剂对其他天敌昆虫的安全性如何还不得而知，为了全面评价杀虫剂对烟蚜茧蜂和其他天敌昆虫的影响，还应开展一系列的田间试验。常用杀虫剂对烟蚜茧蜂不同发育阶段的影响程度以及对其生殖行为的影响，还需要进一步探究。

参考文献

[1] 车少臣, 仇兰芬, 王建红. 2008. 杀虫剂对寄生性天敌昆虫的影响研究概述[J]. 广东农业科学, 44(12)：95-97.

[2] 陈德锟, 陈珍珍, 刘长明.2014.杀虫剂对烟蚜茧蜂不同发育阶段的毒性[J]. 生物安全学报, 23(3)：191-195.

[3] 陈家骅, 陈达荣, 李芳, 等. 1989.农药对烟蚜茧蜂的影响[J]. 生物防治通报, 5(3)：107-109.

[4] 陈伟国, 孙海燕, 杨一平, 等. 2015. 第三代烟碱类杀虫剂呋虫胺对家蚕的毒性与安全性评价[J]. 广西蚕业, 52(1)：19-22.

[5] 付立新, 朱艰, 吴国星, 等. 2008. 吡虫啉灭虫签对烟株、烟蚜、烟蚜茧蜂的影响[J]. 云南大学学报(自然科学版), 30(S1)：190-195.

[6] 胡坚, 陈惠明, 李应金, 等. 2002. "艾美乐"等4种杀虫剂对烟蚜的药效试验[J]. 烟草科技, 46(9)：45-48.

[7] 李敏, 胡美姣, 高兆银, 等.2009.杀菌剂对番木瓜胶孢炭疽菌的室内毒力测定[J]. 农药, 48(10)：767-768+776.

[8] 李应金, 陈惠明, 胡坚. 2001.五种杀虫剂对烟蚜的药效试验[J]. 烟草科技, 45(2)：46-48.

[9] 刘慧平, 韩巨才, 徐琴, 等. 2006. 杀虫剂对甘蓝蚜与七星瓢虫的毒力及选择性研究[J]. 中国生态农业学报, 14(3)：160-162.

[10] 潘悦, 曾凡海, 张有伟, 等. 2013. 4种植物源杀虫剂对烟蚜的药效及其对异色瓢虫的毒力测定[J]. 云南农业大学学报, 28(3)：302-305.

[11] 乔红波, 蒋金炜, 程登发, 等. 2007. 烟蚜为害特征的高光谱比较[J]. 昆虫知识, 44(1)：57-61.

[12] 任广伟, 秦焕菊, 史万华, 等. 2000.我国烟蚜茧蜂的研究进展[J]. 中国烟草科学, 21(1)：7-30.

[13] 宋超. 2015. 新烟碱类杀虫剂在烟叶中的残留降解及环境行为研究[D]. 中国农业科学院,

[14] 孙志娟, 陈丹, 贾芳曌, 等. 2014. 烟田6种常用杀虫剂对烟蚜茧蜂影响的研究[J]. 植物保护, 40(4)：185-189.

[15] 王德森, 何余容, 郭祥令, 等. 2012.杀虫剂对不同发育阶段拟澳洲赤眼蜂的安全性评估[J]. 中国生物防治学报, 28(3)：314-319.

[16] 魏立娜, 叶非. 2013. 新烟碱类杀虫剂的作用机制、应用及结构改造的研究进展[J]. 农药科学与管理, 34(5)：27-34.

[17] 肖达, 郭晓军, 王甦, 等. 2014. 三种杀虫剂对几种昆虫天敌的毒力测定[J]. 环境昆虫学报, 36(6)：951-958.

[18] 许中怀, 董雪娟, 王玉娟, 等. 2014. 25%吡蚜酮悬浮剂的研制[J]. 农药, 53(1)：20-22.

[19] 杨文, 张孝羲. 2000.我国不同地区烟蚜种群生殖特征研究[J]. 生态学报, 20(1)：140-145.

[20] 尹可锁, 吴文伟, 何成兴, 等. 2005. 5种杀虫剂对甘蓝蚜的毒杀作用及对蚜茧蜂的影响[J]. 植物保护, 31(6)：84-85.

[21] Charleston D S, Kfir R, Dicke M, et al. 2005. Impact of botanical pesticides derived from *Melia azedarach* and *Azadirachta indica* on the biology of two parasitoid species of the diamondback moth[J]. Biological Control, 33(2)：131-142.

[22] Desneux N, Decourtye A, Delpuech J M. 2007. The sublethal effects of pesticides on beneficial arthropods[J]. Annual Review of Entomology, 31(52)：81-106.

[23] Elzen G W, O Brien P J, Powell J E. 1989. Toxic and behaveioral effects of selected insecticides on the Heliothis parasitoid *Microplitis croceipes*[J]. Entomophaga, 34(1)：87-94.

[24] Jeschke P, Nauen R. 2008. Neonicotinoids-from zero to hero in insecticide chemistry[J]. Pest

Management Science, 64(11)：1084-1098.

[25] Mason P G, Erlandson M A, Elliot R H, Harris B J. 2002. Potential impact of spinosad on parasitoids of *Mamestra configurata*(Lepidoptera：Noctuidae)[J]. The Canadian Entomologist, (134)：59-68.

[26] Ohta I, Takeda M. 2015. Acute toxicities of 42 pesticides used for green peppers to an aphid parasitoid, *Aphidius gifuensis* (Hymenoptera：Braconidae), in adult and mummy stages[J]. Applied Entomology Zoology, 50(2)：207-212.

[27] Saber M. 2011. Acute and population level toxicity of imidacloprid and fenpyroximate on an important egg parasitoid, *Trichogramma cacoeciae* (Hymenoptera：Trichogrammatidae) [J]. Ecotoxicology, 20(6)：1476-1484.

[28] Singh S R, Walters K F A, Port G R, et al. 2004. Consumption rates and predatory activity of adult and fourth instar larvae of the seven spot ladybird, *Coccinell aseptempunctata* (L), following contact with dimethoate residue and contaminated prey in laboratory arenas[J]. Biological Control, 30(2)：127-133.

野生昆虫的传粉服务价值研究：以江西籽莲为例*

沈丽丽[1**]，宁园力[1]，苏　杰[1]，李秀山[2]，张江涛[1]，曾菊平[1***]

（1. 鄱阳湖流域森林生态系统保护与修复国家林业和草原局重点实验室，江西农业大学 林学院，南昌 330045；2. 西华师范大学生命科学学院，西南地区野生动植物资源保护教育部重点实验室，南充 637009）

摘　要：野生传粉昆虫数量下降影响生物多样性与生态系统稳定，也影响粮食生产、食物安全和人类福祉。急需开展野生昆虫为重要作物授粉及其服务价值研究，评估农林生态系统、农业经济对野生传粉昆虫的依赖。研究选择异花授粉经济作物籽莲（亚洲莲*Nelumbo nucifera*）为对象，以江西省为研究区域，通过野外调查掌握野生传粉昆虫种类，设置自然组与套袋组测定传粉依存度，并结合1988~2015年籽莲种植生产统计数据，计算其传粉服务价值及其在农业产值的占比，评价野生传粉昆虫的生态服务价值、对农业经济的贡献。结果显示为籽莲授粉的野生昆虫主要有黄胸木蜂*Xylocopa appendiculata*、尖肩隧蜂 *Halictus subopacus*，野外未见到人工养殖蜜蜂访花。籽莲发育、结籽高度依赖昆虫传粉，依存度为97%。在江西省，籽莲作物的野生昆虫传粉服务价值最高达315 358.01万元/年，占当地农业产值比重中位值为2.22%，而对赣州、抚州两个主产区的贡献比重分别达3.99%与8.39%。籽莲作物高度依赖野生蜂授粉，其数量下降将直接影响籽莲产量、产值与相关莲子产业。人工放蜂能提高籽莲结籽率，发挥出“数量效应”（增加访问与频次）；但放蜂覆盖面有限，且野生蜂对籽莲的授粉质量更高（发挥“质量效应”），对维持自然界籽莲的多样性与农林生态系统稳定不可或缺。

关键词：野生蜂；传粉依存度；结籽率；产量；农业经济；生境保护；

---

*　基金项目：中国环境科学研究院中央级公益性科研院所基本科研业务专项（2006001001003011）

**　第一作者：沈丽丽，江西农业大学林学本科生，主要从事森林资源保护研究，E-mail:1746472877@qq.com

***　通讯作者：曾菊平，副教授，主要从事昆虫保护与林业害虫防控研究，E-mail:zengjupingjxau@163.com

Wild Insects Pollinating for the Crop of Lotus, *Nelumbo nucifera*, and the Service Values in Jiangxi Province

Shen Lili[1*], Ning Yuanli[1], Su Jie[1,2], Li Xiushan[3], Zhang Jiangtao[1,2], Zeng Juping[1,2**]

(1. *Key laboratory of National Forestry and Grass and Administration on Forest Ecosystem Protection and Restoration of Poyang Lake Watershed, College of Forestry, Jiangxi Agricultural University, Nanchang* 330045, China; 2. *School of life sciences, Xihua Normal University, Key Laboratory of the Ministry of education, Southwest China, Nanchong* 637009, China)

Abstract: The decline of wild pollinators affects biodiversity and ecosystem stability, as well as food production, security and human well-being. It is urgent to conduct studies on the wild insect pollination to crops and their service value, and to assess the dependency of agricultural and forest ecosystems, as well as agriculture economy. This study took the cross-pollination crop of lotus (*Nelumbo nucifera*) as the objective and Jiangxi Province as the study area. The wild pollinating species were identified through field surveys, and the dependence degree of pollination was calculated by comparing the seed setting rate of natural group and the treated group. Combined with the 1988~2015 local plantation and production of lotus, we calculated the service value of pollination and percentage in agriculture economy, which were then used to evaluate the ecological service of wild pollinating insects as well as the contribution to local agriculture. Results showed that the locus pollinators were mainly two wild bees, *Xylocopa appendiculata* and *Halictus subopacus*, and no managed honey bee visiting. The seed setting rate and production were highly dependent on pollinators in lotus crop, with a dependency of 97%. In Jiangxi province, these wild pollinators produce a service value reach up to RMB 315358.01 million per year, accounting for the median 2.22% of the local gross output value of agriculture, while with 3.99% and 8.39% for the two major-production cities of Ganzhou and Fuzhou. The crop of lotus is highly dependent on wild bee pollination, and their decline will decrease the seed-setting rate and subsequently the yield, threatening the lotus-seed industry. Releasing managed honey bee can increase the production because of the "quantity effect" (increasing flower-visiting frequency); however, the number of bee released is not always sufficient to meet pollination demand in many areas, and wild bees are indispensable ("quality effect" in pollination) to maintain lotus diversity and system stability in nature.

Key words: Wild bee; dependence degree of pollination; seed-setting rate; yield; agriculture economy; habitat protection

动物授粉在自然界发挥着重要的生态系统服务功能。全球87.5%显花植物（约308 000种）有性繁殖（产生果实或种子）依赖或部分依赖于动物授粉（Klein et al,2007; Potts et al, 2011），而35%的作物系统依赖动物授粉（Klein et al,2007）。传粉者中，除意大利蜜蜂Apis mellifera、中华蜜蜂Apis cerana等少数人工饲养种类外，其他均为野生种类，包括20 000多种蜜蜂与食蚜蝇、蝴蝶、蛾类、胡蜂、甲虫、蓟马等其他昆虫，及部分鸟类、蝙蝠与其他脊椎动物（Potts et al, 2016）。这些野生种类（尤其是野生昆虫）的传粉服务价值不可替代，参与维持全球植物多样性与生态系统稳定性。例如，在热带雨林，38% 开花植物传粉服务由蜜蜂属昆虫完成，41%由其他昆虫完成，而仅2~3%由风媒或自花传粉实现（Ollerton et al., 2011）。然而，在土地利用变化、现代农业、农药使用、环境污染、生物入侵、疾病与气候变化等压力与威胁下，野生传粉昆虫数量正在减少（Potts et al, 2010; Potts et al, 2016; Britain et al, 2010; Goulson et al, 2015），服务功能也随之减弱。不仅影响到野生植物多样性的持续与生态系统稳定，而且对粮食生产、食物安全和人类福祉也产生了负面影响（Potts et al, 2010; Breez et al, 2016）。因此，当前急需调整土地利用、环境保护策略，降低各种威胁，缓解现存野生传粉昆虫生存压力，维持种类水平，促进数量恢复。

然而，目前我们对于野生昆虫传粉服务过程与生境需求仍知之甚少，对因其数量下降而可能带来的影响无法估测（Garibald et al, 2013）。而这种情况在发展中国家尤其突出，一方面，这些国家（如中国、印度等）农业经济对野生传粉者高度依赖（Lautenbach et al, 2012）；另一方面，由于研究欠缺，野生传粉昆虫的服务价值在这些区域仍未获得广泛认识与认同。这种情况继续持续，将进一步加剧野生传粉昆虫的下降趋势，并产生更多负面效应。因此，这些区域急需开展野生传粉昆虫服务价值研究，并首先从关注当地重要经济作物开始，以经济价值换算（Morse et al, 2000; 欧阳芳等, 2015; Potts et al, 2016），展示传粉者服务价值，引起地方管理者、决策者注意，从而促使有利于野生传粉昆虫多样性保护与维护的政策、策略出台（Potts et al, 2016）。在这里，我们选择经济价值和传粉依存度较高的作物（张顺仁, 1986）籽莲（Nelumbo spp.）为对象，开展野生昆虫传粉服务价值研究。

1　材料与方法

1.1　作物籽莲

籽莲为睡莲科（Nymphaeaceae）莲属（*Nelumbo*）植物，全世界仅两种：亚洲莲（*Nelumbo nucifera* Gaertn.）与美洲黄莲（*Nelumbo lutea* Pers.）（裴盛基等, 1991），前者主要分布在亚洲与大洋洲，后者则主要在美洲。籽莲种子俗称莲子或莲实、莲米，具有很高的营养价值和药用价值，是我国南方重要经济作物。籽莲在全球多个国家种植，而我国籽莲种植已有3000多年历史，种植面最大，尤其在江西、福建、湖南、浙江等形成多个主产地，如福建建宁（建莲）、江西广昌（白莲）等（赵文亚,2007）。

籽莲花（莲花）为两性花，但花丝低于花托，而雌蕊（柱头）活力时间短，且常较雄蕊早熟1~2 d（张顺仁, 1986），因而自花授粉成功率低（如< 5%），需借助传粉媒介才能完成授粉。与许多植物一样，膜翅目蜂类可能是帮助籽莲完成异花授粉的主要媒介（张旭凤等, 2013）。但不同区域（尤其我国种植广泛）的传粉种类不尽相同。因而各地仍需专门开展调查，确定种类（尤其野生种类），掌握其传粉服务价值，以改进籽莲种植方法，提高产量、产值。籽莲种植一直存在低结籽率问题，白莲、建莲品种等因“花而不实”产量受限，影响地方产业化。“花而不实”可能因为授粉失败或不充分，或许因野生传粉昆虫不足所致，但需实地调查才能确认。江西省的籽莲种植面广、有几个主产地，因而急需更多实地调查，为当地籽莲产业的发展提供基础数据。为此，本次选定在多年的莲池开展野外调查，跟踪观察访花、携粉昆虫，对比莲花套袋组与自然组莲子发育与结籽率，弄清籽莲的传粉昆虫种类及其对传粉者的依存度。同时，采集江西省历年籽莲种植、产量等数据，对昆虫传粉服务进行经济价值换算后（Morse et al, 2000; 欧阳芳等, 2015; Potts et al. 2016），计算籽莲的昆虫传粉服务对当地农业经济的贡献。

1.2 莲花套袋实验及其访花、携粉昆虫调查

2016年7月，选择在南昌市青山湖区江西农业大学附近的亚洲莲*N. nucifera*种植田，随机选取饱满荷花，分成套袋处理组（Treatment，T）与自然对照组（Nature，N）。处理组在花开放前对每朵花套袋（由透气纸质与透明塑料薄膜拼合而成），阻止昆虫进入；自然对照组则让其自然生长。每日观察生长发育情况，直到莲蓬成熟。此时，将莲蓬采摘后单个计数，包括心皮数、正常发育心皮数（内部种皮、种子）、心皮发育不良数（内部种皮正常，但种子发育不良）、心皮败育数（种皮干瘪、不见种子）。

在莲花花期，随机选择生长饱满的荷花，于每日9:00~17:00观察记录（如拍照等）访花昆虫种类，记录访问者携带花粉情况（包括没有、少数、较多、很多）。而为明确访花种类及其携带花粉量，用昆虫采集网采集部分访花个体，单个装入三角纸，封严、带回。将三角纸放入冰箱冷冻层，30 min后取出。将三角纸内虫体与花粉转到培养皿，放到高倍体视镜下观察、计数。根据是否携带花粉将访问昆虫分成访花与携粉两类（表1）。种类鉴定主要参考相关工具书与图鉴完成（部分未鉴定到种）。同时，结合张旭凤等（张旭凤等, 2013）前期有关江西或周边的籽莲传粉昆虫调查，列出江西当地籽莲可能的传粉昆虫种类（表1）。

1.3 数据采集

从江西统计年鉴（http://www.jxstj.gov.cn）采集江西全省或各地历年籽莲的种植面

积、产量与相关农林经济数据（如农业产值），作为后续经济换算基础。

1.4 统计分析

基于单个莲蓬计数心皮数、心皮发育数、心皮发育不良数与心皮败育数，统计套袋处理组与自然对照组单个莲蓬：应结籽数=心皮数、实结籽数=心皮发育数、发育率 =（心皮发育数+心皮发育不良数）/应结籽数*100%、结籽率=实结籽数/应结籽数*100%。用非参数kruskal.test方法比较处理组与自然对照组的中位值，判定其差异显著性（P<0.05）。用公式：依存度 =（自然组结实率-套袋处理组结实率）/自然组结实率，计算籽莲对昆虫传粉的依存度（值域范围为0~1）。历年产值（未扣除成本）均统一参照2015年当地莲子单价（9.0万元/吨）计算。参考相关方法（Morse et al, 2000; 欧阳芳等, 2015; Potts et al. 2016），用公式：传粉服务价值 = 传粉依存度×经济作物产值, 计算籽莲的昆虫传粉服务价值，并基于2015年江西省各地农业产值，用公式：经济贡献率 = 传粉服务价值 / 农业产值×100%，计算籽莲昆虫传粉服务对当地农业经济的贡献。制图与趋势分析在Excel完成，kruskal.test检验在R语言（R Core Team, 2018）完成。

2 结果与分析

2.1 籽莲对昆虫传粉的依存度

对莲花套袋隔断昆虫传粉服务后，发现籽莲（亚洲莲*N. nucifera*）的发育、结籽都受到明显影响（图2）。套袋组平均发育率仅为5.9%、结籽率为2.1%；而自然组平均发育率为82.3%、结籽率为64.1%。计算其传粉依存度：发育的依存度为93%、结籽的依存度为97%，说明莲花为典型异花授粉类型，有性生殖过程高度依赖昆虫传粉服务。

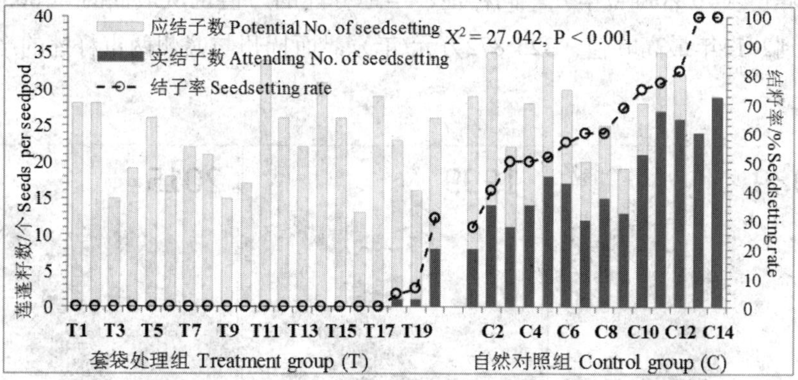

图2 籽莲套袋处理组（T）与自然对照组（N）莲蓬的结籽对比

2.2 籽莲的访花、携粉昆虫

调查籽莲访花昆虫来自膜翅目、鳞翅目、双翅目与缨翅目种类（表1）。但是，只在膜翅目蜂类与缨翅目蓟马上观察到花粉携带行为。蜂类中只记录到木蜂、隧蜂两类野生蜂种，而未见意大利蜜蜂、中华蜜蜂等人工蜂种。与蜂类携粉量相比，蓟马携带花粉粒较少（平均< 10粒 / 个）。所以，当地籽莲主要依赖野生昆虫木蜂、隧蜂授粉，但蓟马也可能辅助授粉。

表1　江西籽莲已知访花、携粉昆虫

中文名 Chinese name	学名 Scientific name	昆虫目 Order	行为 Behavior	来源 Sources
蓟马	Thysanoptera *spp*	缨翅目Thysanoptera	携粉	调查
三角尺蛾	*Trigonoptila spp.*	鳞翅目Lepidoptera	访花	调查
黄胸木蜂	*Xylocopa appendiculata Smith*	膜翅目Hymenoptera	携粉	调查与[15]
中华木蜂	*Xylocopa sinensis Smith*	膜翅目Hymenoptera	携粉	[15]
紫木蜂	*Xylocopa valga Gestaecker*	膜翅目Hymenoptera	携粉	[15]
铜色隧蜂	*Halictus aerarius Smith*	膜翅目Hymenoptera	携粉	[15]
尖肩隧蜂	*Halictus subopacus Smith*	膜翅目Hymenoptera	携粉	调查与[15]

2.3　江西籽莲的生产与昆虫传粉服务价值

2.3.1　江西籽莲种植面积、产量与产值年际变化

当地籽莲种植生产主产区为抚州与赣州两市（图3），而萍乡市近些年也明显增加。1992~1993年种植面积达最高峰值（31 303 hm^2），之后持续下降，至2009年达最低谷（9 958 hm^2），但近些年种植面积出现明显回升。与种植面积明显波动不同，当地籽莲的产量自1989年以来基本呈上升态势（图4），尤其2009年后增幅明显，至2014年达最高峰值（36 208吨/年）。同样地，当地籽莲的产值也从最低的35 865万元/年，持续增长到2014年最高峰值（325 872万元/年），而抚州与赣州两市籽莲的产值明显更高（图5）。

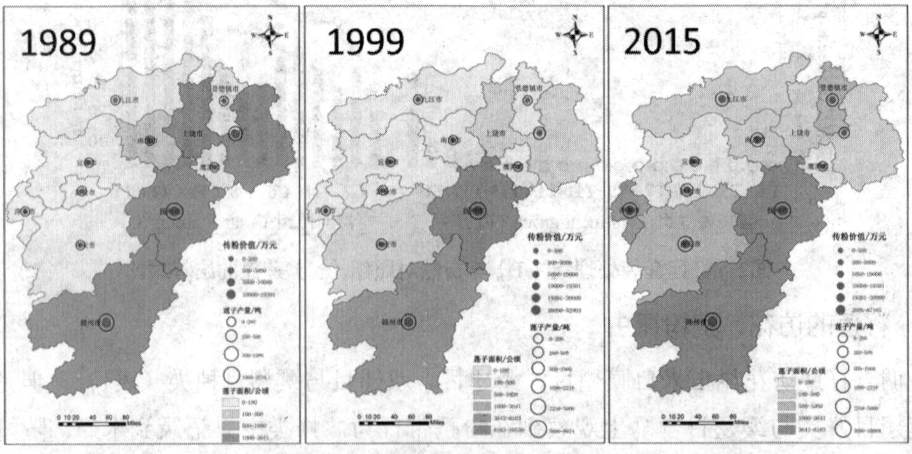

图3　江西省1989、1999、2015年籽莲种植面积、产量与传粉服务价值分布

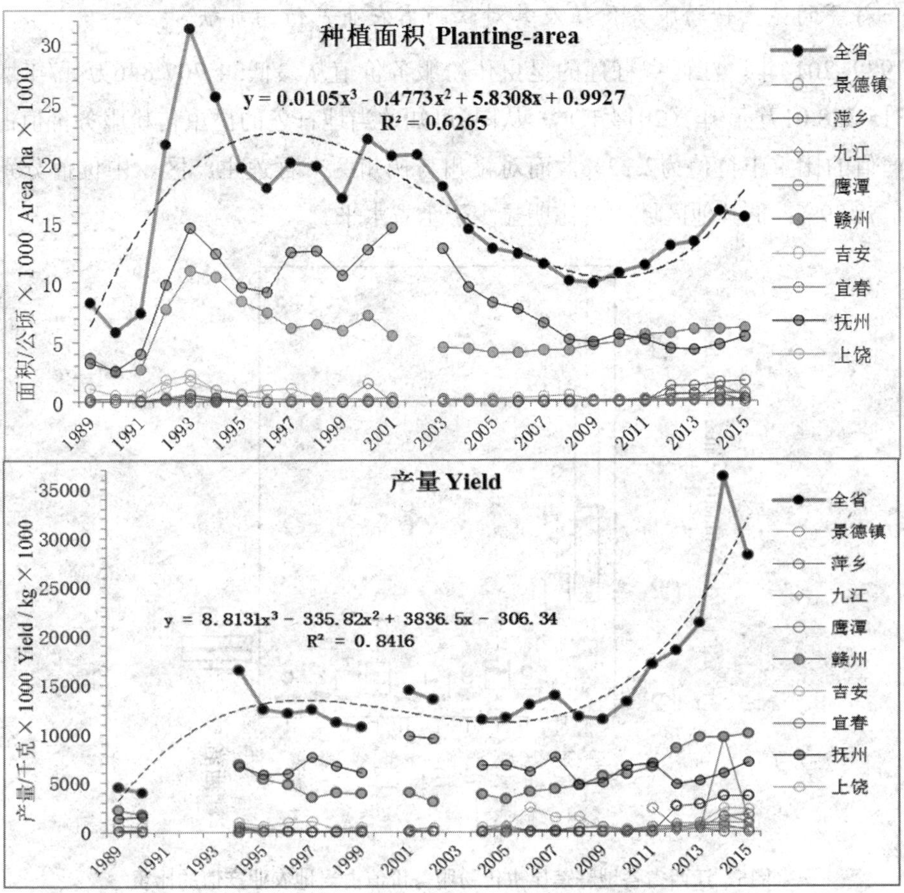

图4　江西省各地籽莲种植面积与产量的年际变化

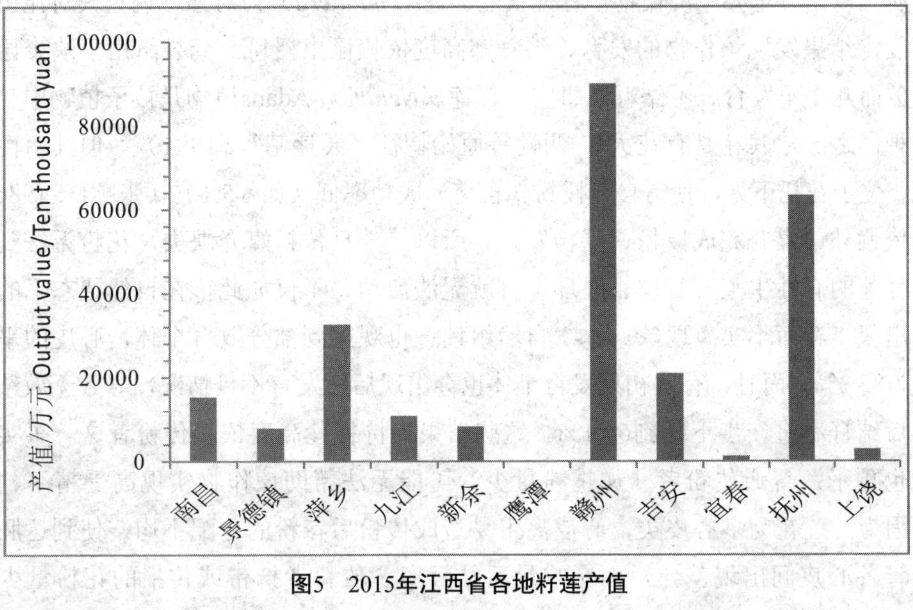

图5　2015年江西省各地籽莲产值

2.3.2 籽莲的昆虫传粉服务价值及其对江西省农业产值的贡献

1989~2015年，江西省籽莲的昆虫传粉服务价值从最低34 707.846万元/年增长到最高315 358.01万元/年（2014年）。从图6可知，当地籽莲的昆虫传粉服务价值占全省农业产值的比重中位值为2.22%，而对赣州与抚州两个籽莲主产区，中位值分别达到3.99%与8.39%；但其他区域的占比明显少于全省水平。

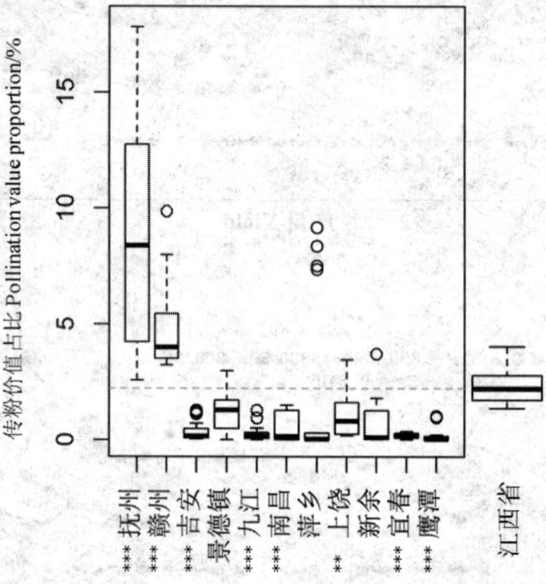

图6　江西省各地籽莲昆虫传粉服务价值占当地农业产值的比重

3　结论与讨论

研究以南方重要经济作物—籽莲（亚洲莲*N. nucifera*）为对象，调查其对昆虫传粉依存度，结果发现该作物的发育、结籽都高度依赖昆虫授粉。套袋组由于缺少昆虫传粉服务而几乎不发育、不结籽。事实上，莲属*Nelumbo* Adans植物是被子植物中起源最早的种属之一，其花具有花大 、两性等原始特征（裴盛基等, 1991）。但其两性花花丝短、位于花托下方，使得自花授粉（自交）成功率低（如< 5%）（张顺仁, 1986），故需依赖外部媒介完成授粉、受精发育。所以，一旦传粉媒介缺失，花粉无法到达柱头，籽莲的有性生殖及心皮、胚珠发育就无法启动。不仅如此，在自然状态下的籽莲也会出现“花而不实”现象。本次自然组莲蓬也观察到部分败育个体，心皮的平均发育率为82.3%。而且，有些初期发育个体也会出现后续发育不良情况，导致无效结籽，使最后结籽率进一步下降到64.1%。这些结果支持籽莲高度依赖传粉者这一事实，但同时也预示：普通传粉者（如携粉量少）可能无法帮助该作物实现高受精率、结籽率。因为，莲花为多心皮类，心皮离生易造成传粉后花粉的分配不均，使到达胚珠的花粉管各心皮间出现差异，而影响最后结籽率。传粉者携带或传播的花粉量少，这

种差异可能更易发生。所以，尽管蓟马能有效地为裸子植物苏铁传粉（Peñalver et al, 2012），但对于莲花来说可能授粉作用有限，因为其携带花粉粒太少（<10粒/个），有效授粉的几率较低，尤其与蜂类相比。而除花的结构特征对有效传粉有影响外，莲花雌/雄蕊成熟时间不一致、活力期短（< 3 d），也决定着传粉者能否有效服务。通常，自然界莲花开花当天雌蕊已成熟，而次日活力最旺；而雄蕊开花次日成熟，第3日活力最旺（张顺仁, 1986）。所以，若传粉者携粉量大、访问频次高（如蜂类），才可能弥补这种时差，实现柱头-花粉粒的正确对接，成功授粉。以上分析，似乎预示，生产上要达到籽莲高结籽率，或许有两种途径：一是提供高效传粉者，如一些特定的野生传粉昆虫（Garibald et al, 2013），实现“质量效应”；二是提供大量传粉者（如人工放蜂）（席芳贵等, 2006; 张串联等, 2014），增加访花频次，产生“数量效应”。

当前，人工放蜂已开始在籽莲种植生产中应用，“数量效应”明显。例如，无论在自然环境还是网棚环境，放蜂增加传粉者数量，均可使籽莲结籽率提高40%以上（与网棚非放蜂组对比）（张串联等, 2014）。而且，人工放蜂后，传粉者数量多，落到柱头的花粉量充足，不仅减少发育不良个体，发育饱满个体也会增加，从而提高单粒莲子鲜重与种子质量（罗银华等, 2013），促进产量增加。然而，在自然界，意大利蜜蜂、中华蜜蜂等人工蜂种并非籽莲最佳传粉媒介。因为在本次与前期调查（张旭凤等, 2013），在莲花上均未记录到人工蜂种访花，但却都观察到木蜂、隧蜂等野生蜂种。说明野生蜂的传粉服务可能更适合籽莲，授粉效果更佳（Garibaldi et al, 2013）。也就是说，与人工蜂种主导的“数量效应”相比，这些野生蜂种所主导的“质量效应”更符合自然需求，对籽莲或其他植物的自然繁衍与持续起着更关键的作用。事实上，自然界20077蜂种中大部分都是野生种类，它们自由生活、未受到人工管理（如养殖），在种群大小、数量上无法与人工养殖蜂种相比，但却对地球植物多样性的维持与自然生态系统的稳定异常重要（Potts et al, 2016）。许多显花植物有性生殖依赖一些特定的野生传粉者，这些传粉者的丰富度和多样性，有利于经济作物的高产量或高质量。因为与传粉者单一的区域相比，多样性区域能提供更有效和稳定的传粉服务。当前，人工驯养蜂群下降（如欧洲1985至2005下降了25%）（Potts et al, 2010）、传粉者不足（Aizen and Harder, 2009; Garibaldi et al, 2011），即“数量效应”下降等问题，正备受研究者与管理者关注。在这种背景下所开展的传粉服务价值研究与评估，则主要围绕少数驯养种类（Kleijin et al, 2015），而不足以让更多野生传粉者及其多样性受到关注与保护。而事实上，野生传粉者多样性所产生的“质量效应”更不应被忽视。由它们主导的植物或作物传粉服务体系，人工蜂种无法完整替代，从而无法弥补野生传粉者下降带来的损失。例如，虽然在网棚内放蜂能明显提高籽莲的结籽率，但与自然放蜂组相比，后者在结籽率或种子质量上均优于前者，带来的效益（如单位面积产量）明显更好（张串联等, 2014）。也就是说，野生传粉者（如隧蜂、木蜂）产生的

“质量效应”无法被“数量效应”复制、代替。这预示：维持自然生态系统稳定与作物系统的高质量运行，不仅要重视人工蜂种传粉服务价值，更需要保护野生传粉者的丰富度与多样性，维持原本存在的传粉服务价值。

通常，传粉者的服务价值可通过作物对传粉的依存度、产量、产值等，换算成经济价值（Morse et al, 2000; 欧阳芳等, 2015; Potts et al, 2016），以估算出它们下降或消失可能带来的损失。例如，估算全球作物产量大概5~8%归因于动物授粉，服务价值（按2015年市场）在2350~5770亿美元（Potts et al, 2016）。但不同作物对传粉者的依存度各异，如油菜依存度近100%，而花生仅10%左右（Morse et al, 2000; 欧阳芳等, 2015）。本次测得籽莲的依存度为97%，属高度依赖型。对于高度依赖性作物来说，传粉者的传粉稳定性对其产量起决定性影响，并由此波及当地农业经济。这种波及影响大小可以传粉服务的贡献比重来衡量。例如，以2015年数据换算可知，籽莲传粉昆虫服务价值对江西全省农业经济贡献率为2.22%，但对各地农业经济的贡献率最高可达 8.39%（如抚州市）。而在广昌县、石城县等主产地的贡献比重更高。所以，倘若参照生物多样性热点方法（Myers et al, 2000），基于各地作物种植及其传粉依存度或服务价值贡献率，可以绘制农业作物传粉昆虫保护热点分布图，并可将其作为各地实施传粉昆虫多样性保护与决策提供直接依据。当前，通过增加耕地来提高产量已达上限，生态、高效农业途径正日益推广（蒋高明等, 2017）。维持传粉者多样性与传粉稳定性，促进作物产量提高与稳定，与生态农业的保护性发展方向一致（戈峰等, 1997; 赵紫华等, 2013），是其重要内容之一。从江西籽莲生产可知，当地籽莲种植高峰在1992~1993年间，而产量高峰则在近期（如2014年），说明近期产量逆势增长不只与种植面积回升有关，也可能与新品种利用、精细化种植与管理等因素有关。而最重要的，近些年人工养蜂、放蜂陆续利用到籽莲规模种植业，显著地提高了结籽率与产量（张串联等, 2014）。例如，当地养蜂规模增势明显，2009年养蜂箱数较1993年增加32.5%，而2014年更是增加83.5%（未发表数据）。正如前面所述，人工养蜂、放蜂的“数量效应”能较好地弥补传粉昆虫不足的问题（Aizen and Harder, 2009; Garibaldi et al, 2011），对于提高农作物产量必不可少。但是，一方面人工放蜂覆盖面有限，不足以替代野生蜂（Potts et al, 2016; Kleijin et al, 2015）；另一方面，野生传粉者对植物（如籽莲）适应进化与高质量授粉（“质量效应”），对于维持植物多样性与作物系统稳定性不可或缺。因此，仍急需开展更多有关“野生传粉者-植物/作物”生态服务系统研究，以促进有利于野生传粉者多样性保护相关的环境、农业政策出台。

致谢：感谢江西农业大学林学专业森林保护方向博士生王鈫召协助部分野外调查工作。

参考文献

[1] 戈峰, 丁岩欽. 1997. 多样化棉田生态系统控害保益功能特征研究[J]. 应用生态学报, 8(3)：295-298.

[2] 蒋高明, 郑延海, 吴光磊, 等. 2017. 产量与经济效益共赢的高效生态农业模式：以弘毅生态农场为例[J]. 科学通报, 62(4)：289-297.

[3] 罗银华, 杨盛春, 张丽春, 等. 2013. 建宁县建莲蜜蜂授粉效益比较试验[J]. 长江蔬菜, 18：136-137.

[4] 欧阳芳, 吕飞, 门兴元, 等. 2015. 中国农业昆虫生态调节服务价值的初步估算[J]. 生态学报, 35(12)：4000-4006.

[5] 裴盛基, 陈三阳, 童绍金. 1991. 中国植物志：第13(1)卷. 北京：科学出版社.

[6] 席芳贵, 张串联, 周火根, 等. 2006. 西方蜜蜂莲花授粉增产效益显著[J]. 养蜂科技, (04)：42-44.

[7] 赵紫华, 欧阳芳, 门兴元, 等. 2013. 生境管理—保护性生物防治的发展方向[J]. 应用昆虫学报, 50(4)：879-889.

[8] 张旭凤, 颜志立, 邵有全. 2013. 赣湘鄂三省荷花授粉现状调查报告[J].中国农学通报, 29(16)：186-191.

[9] 张串联, 伊作林, 袁芳, 席芳贵, 等. 2014. 蜜蜂为白莲授粉增产试验研究[J]. 中国蜂业, 65(06)：29-31.

[10] 张顺仁. 1986. 莲子花而不实原因初探[J]. 福建农业科技, (04)：26-7.

[11] Aizen, M A, Harder L D.2009.The global stock of domesticated honey bees is growing slower than agricultural demand for pollination[J]. Current Biology cb, 19(11)：915-918.

[12] Breeze T D, Galllai N, Garibaldi L A, et al. 2016. Economic measures of pollination services：Shortcomings and Future Directions[J]. Trends in ecology and evolution, 31(12), 927-939.

[13] Brittain C A, Vighi M, Bommarco R, et al. 2010. Impacts of pesticide on pollinator species richness at different special scales[J]. Basic and applied ecology, 11(2)：106-115.

[14] Goulson D, Nicholls E, Botias C, et al. 2015. Bee declines driven by combined stress from parasites, pesticides and lack of flowers[J]. Science, 347(6229)：1435-1435.

[15] Garibaldi L A, Steffan-Dewenter I, Winfree R, et al. 2013. Wild pollinators enhance fruit set of crops regardless of honey bee abundance[J]. Science, 339(6127)：1608-1611.

[16] Garibaldi L A, Aizen M A, Klein A M, et al. 2011. Global growth and stability of agricultural yield decrease with pollinator dependence[J]. Proceedings of the National Academy of Sciences, 108 (14)： 5909-5914.

[17] Klein A M, Vaissière B E, Cane J H, et al. 2007. Importance of pollinatorsin changing landscapes for world crops[J]. Proceedings：Biologicalsciences, 274(1608) ：303-313.

[18] Kleijin D, Winfree R, Bartomeus I, et al. 2015. Delivery of crop pollination services is an insufficient argument for wild pollinator conservation[J]. Nature Communications, 7414(6)：1-8.

[19] Lautenbach S, Seppelt R, Liebscher J,et al. 2012. Spatial and temporal trends of global pollination benefit[J]. PLoS One, 7(4) ：e35954.

[20] Morse R A, Calderone N W, 2000. The value of honey bees as pollinators of U. S. crops in 2000[J]. Bee Culture, 128：1-15.

[21] Myers N, Russell A, Mittermeier, et al. 2000. Biodiversity hotspots for conservation priorities[J]. Nature, 403, 853-858.

[22] Ollerton J, Winfree R, Tarrant S. 2011. How many flowering plants are pollinated by animals[J]. Oikos, 120(3)：321-326.

[23] Potts S G, Biesmeijer J C, Kremen C, et al. 2010. Global pollinator declines：trends, impacts and

drivers[J]. Trends in Ecology & Evolution, 25(6)：345–353.

[24] Potts S G, Imperatriz-Fonseca V L, Ngo H T,et al. 2016. Summary for policymakers of theAssessment report of the Intergovernmental Science-Policy Platform on Biodiversity and Ecosystem Services on pollinators, pollination and food production[R]. IPBES, Bonn.

[25] Peñalver E, Labandeira C C, Barrón E, et al. 2012. Thrips pollination of Mesozoicgymnosperms[J]. Proceedings of the National Academy of Sciences, 109(22)：8623-8628.

[26] Potts S G et al. 2016. Safeguarding pollinators and their values to human well-being[J]. Nature, 540(7632)：220.

[27] R Core Team, 2018. R：A Language and Environment for Statistical Computing. https：//www. R-project.org/ (accessed 28 February 2020).

诱虫灯与性诱剂联用对二化螟和稻纵卷叶螟的诱杀效果*

雷浩霖**，张宇瑶，刘 伟，魏洪义***

（江西农业大学农学院，南昌，330045）

摘 要：二化螟和稻纵卷叶螟是水稻的主要害虫。为了有效防治水稻主要害虫，减少农药的使用，提高水稻产量，本文以频振杀虫灯为对照，评价LED多光谱杀虫灯和性诱剂联用技术对二化螟和稻纵卷叶螟的诱捕作用。试验结果表明，杀虫灯与二化螟性诱剂联用对水稻二化螟具有较强的诱集作用，能有效地减少田间二化螟的发生，但杀虫灯与性诱剂联用对稻纵卷叶螟的诱杀效果不明显。

关键词：二化螟；稻纵卷叶螟；LED多光谱杀虫灯；性诱剂；频振杀虫灯

Trapping Efficiency of Insect Killing Lamps combined with Sex Attractants on the Striped Stem Borer and Rice Leaf Folder in Rice Fields*

Lei Haolin**, Zhang Yuyao, Liu Wei, Wei Hongyi***

（*College of Agriculture, Jiangxi Agricultural University, Nanchang* 330045, China）

Abstract: The *striped stem borer* （*Chilo suppressalis*） and rice leaf folder （*Cnaphnlocrocis medinalis*） are the main pests of rice. In order to effectively control the main pests of rice, reduce the use of pesticides, and increase the yield of rice, frequency-vibration insecticidal lamps （FVI lamps） as control treatments, LED multi-spectral insect killing lamps （LMIK lamps） combined with sex attractants were used to evaluate the trapping effects on the moths of *striped stem borers* and rice leaf folders in the rice fields in this paper. The results showed that the LMIK lamps combined sex attractants had strong trapping on *Chilo suppressalis*, and could effectively reduce the occurrence of *striped stem*

* 基金项目：国家重点研发计划课题（2017YFD0301604,2016YFD0200808）

** 第一作者：雷浩霖，研究生，主要从事农业昆虫与害虫防治研究；E-mail: 907214367@qq.com

*** 通讯作者：魏洪义，教授，主要从事昆虫化学生态与害虫绿色防控研究；E-mail:hywei@jxau.edu.cn *borer* in the field, and trapped more *Chilo suppressalis* than FVI lamps did. However, while LMIK lamps combined sex attractants had not obvious trapping effects for *Cnaphalocrocis medinalis*.

Key words: *Chilo suppressalis; Cnaphnlocrocis medinalis*; LED multi-spectral insect killing lamp; sex attractant; frequency-vibration insecticidal lamp

近年来，化肥、农药等投入品的大量使用提高了农业的产出水平，但同时也导致了农产品安全问题的日益普遍和农药化肥污染事件的频频发生，不仅给人类的健康造成了严重威胁，也阻碍了环境友好型农业的发展建设进程（葛继红等, 2010）。当前我国农业可持续发展却面临着环境污染、资源缩减和生态失调等严重问题，并且人口的增长和社会发展使得这些环境问题趋于复杂化。发展绿色防控技术是发展现代农业的必然要求、建设生态文明的必然条件、社会主义新农村建设的重要组成部分，同时有利于改善我国农业生态环境日益恶化的局面和增强我国农产品的国际竞争力（刘洋等, 2014）。

绿色防控技术是以促进农作物增收、增产为目的，科学合理的运用农业防治、物理防治、生物防治、化学防治等防控措施控制农作物病虫害（杨普云等, 2010）。水稻是我国的主要粮食作物，如何有效地加强水稻病虫害的防治，促进水稻的优质、高产成为当前水稻种植急需解决的问题。南方水稻种植期间害虫轮流发生，以稻飞虱、稻纵卷叶螟、二化螟的危害性最大（齐会会等, 2014），农户往往需要不间断的喷施各类农药来保证水稻的产量，这不仅造成农药的滥用、稻谷农药残留量升高，而且提高了害虫的抗药性，使害虫防治越来越困难。因此，为了降低水稻害虫的发生率，防止农药的滥用，提高稻谷的质量，物理防治是绿色防控的重要组成部分（涂海华等, 2016）。

近年来，许多研究人员根据水稻害虫的驱光性、趋化性等行为开展了害虫防治实验。Bentley等（2009）为找到更加精确的昆虫敏感光波，用LED灯代替其他光源对昆虫趋光性进行研究，如Duehl等（2011）发现波长在390 nm处的近紫外LED诱虫灯对赤拟谷盗的诱杀效果最好，捕获率达到20%。高长启等（2001）利用白杨透翅蛾、梨小食心虫、棉红铃虫等农林害虫的性引诱剂防治相应的害虫已取得成功，证明应用昆虫性引诱剂防治害虫有应用前途[9]。

为探索物理防治对水稻主要害虫的防治效果，开展了诱虫灯、性引诱剂等诱杀方法对二化螟、稻纵卷叶螟的诱杀效果的试验，通过评价这上述水稻主要害虫诱虫数量以及稻田虫口密度，并比较各诱区间农药的使用情况以及其水稻生物学性状的差异，以验证2种诱杀方法联用对水稻主要害虫的防治效果。

1　材料与方法

1.1　实验地概况

实验在江西省万年县齐埠乡（28°47′54″N, 117°04′43″E）进行，试验区常年种植早稻、一季稻、晚稻。

1.2　实验材料

LED多光谱杀虫灯：水稻害虫的LED多光谱杀虫灯（专利号：ZL201420350813.9），每公顷稻田安装一盏LED多光谱杀虫灯。在4月上旬至10月上旬，开关灯时间自动控制，或每晚天黑至夜间12点开灯，早上6点半关灯。

频振杀虫灯：鹤壁佳多科工贸股份有限公司生产的PS-15-6-2型杀虫灯，安装方法与开关时间与LED多光谱杀虫剂相同。

性引诱剂诱捕：二化螟、稻纵卷叶螟诱捕采用各自专用诱芯（购自北京中捷四方生物科技有限公司），船型诱捕器，每亩（667 m^2）用1个诱捕器，为避免不同诱芯之间的相互干扰，两个诱捕器之间的间隔距离为50 m。

1.3　实验设计

选择2片面积分别在6公顷以上的连片稻田，其中1片安装“LED多光谱智能循环水稻害虫诱捕器”并布放性诱剂（简称“LED联用诱杀区”），另一安装佳多频振杀虫灯（简称“频振诱杀区”），另外在附近500 m处选择一片农户自防田作为无诱杀对照区（简称“无诱区”）。

1.4　试验方法

观察记载：从4月中旬至10月下旬，每5 d观察、收集和记载每盏灯和性诱剂所诱的二化螟、稻纵卷叶螟等主要害虫诱虫数量；同时详细的观察记载打药时间、药剂主要成分与剂量（掺水量）等田间管理过程。待水稻进入黄熟期后，分别测量“LED联用诱杀区”、“频振诱杀区”和“无诱区”理论产量。

虫害系统调查：在“LED联用诱杀区”和“频振诱杀区”，每5 d在进行1次稻田系统调查，即通过平行跳跃式在多光谱灯田、频振杀虫灯和无灯田分别调查100株水稻，记载稻株中二化螟和稻纵卷叶螟等主要害虫的虫口密度及为害率。

数据分析：所有数据运用 Office 2007进行处理计算，使用SPSS 17.0软件对数据进行差异显著性分析。

2 结果与分析

2.1 性诱剂对二化螟的诱捕效果

加载了二化螟诱芯的船形诱捕器对早稻二化螟具有引诱效果（见图1）。如从5月4号到7月16号平均每个二化螟诱捕器上的二化螟数量8.66头；在6月21日最多，为38.14头，6月1日最少，为0.05头。5月4日至7月16日，二化螟诱捕器上的二化螟数量达到两个高峰，分别在6月21日、7月1日，数量分别为38.14头、28.35头。

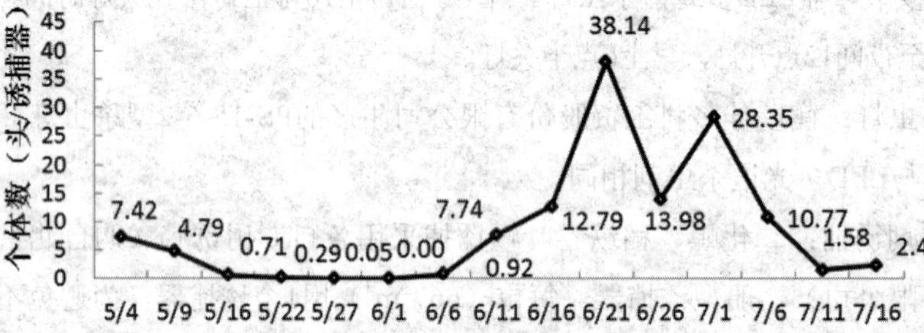

图1　性诱剂对早稻二化螟引诱效果（头/诱捕器）

相对早稻而言，性诱剂对晚稻上二化螟的诱集效果更明显（图2）。从8月9日到10月20日，平均每个稻纵卷叶螟诱捕器上的稻纵卷叶螟数量最高为0.35头，最低为0头。平均每个二化螟诱捕器上的二化螟数量为13.92，在9月13日最多，为44.8头，10月20日最少，为0.1头。8月9日至10月20日，二化螟诱捕器上的二化螟数量达到三个高峰，分别是在9月3日、9月13日及10月2日，数量分别为24.5头、44.8头及33.97头。

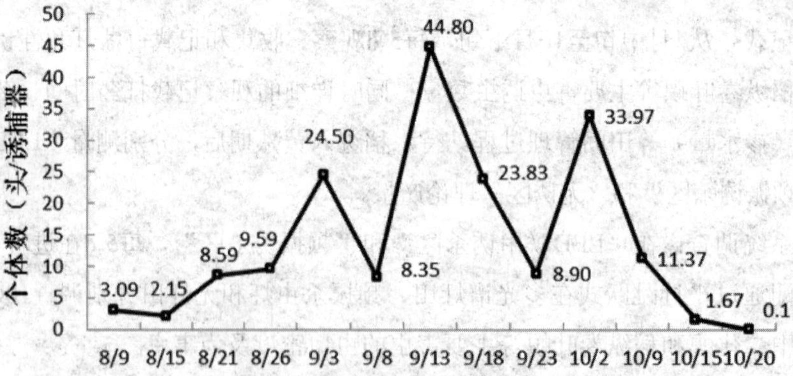

图2　性诱剂对晚稻二化螟引诱效果（头/诱捕器）

2.2 不同诱区二化螟对水稻的为害率

LED联用诱杀区百株钻蛀率（5月4日至7月11日）均低于4%之下（见图3），这段期间最高值为3.68%，7月11日之后百株钻蛀率逐渐升高，在早稻后期7月16日达到峰值7.50%，超出绿色防控指标。频振诱杀区在6月6日超出绿色防控指标，达到最大值4.63%，其他时间均低于防控指标。无诱区在5月22日、6月21日、7月6日、7月11日、7月16日分别超出绿色防控指标，数值分别为7.20%、7.37%、4.39%、5.09%、6.32%。3个诱区的平均百株钻蛀率大致呈现为：无诱区＞LED联用诱杀区＞频振诱杀区。在5月4日至7月11日，LED联用诱杀区百株钻蛀率和频振诱杀区百株钻蛀率平均值分别为1.7%、1.77%，频振诱杀区>LED联用诱杀区。

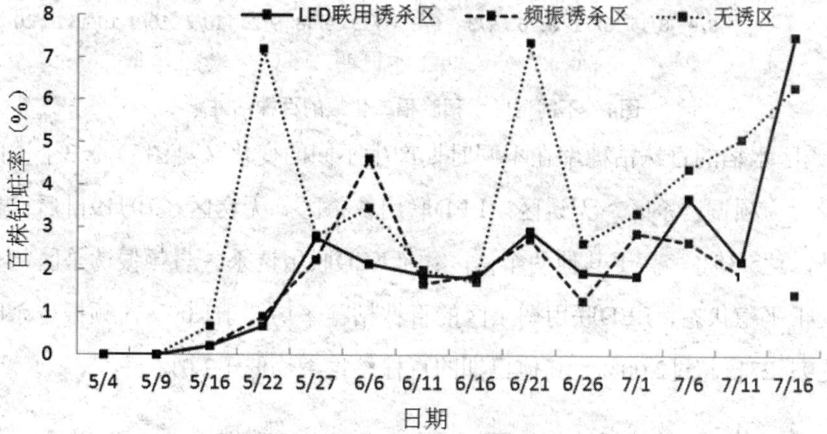

图3　不同诱区水稻早稻二化螟的百株钻蛀率

3个诱区二化螟对晚稻二化螟的危害率较低，百株钻蛀率均低于4%（见图4）。水稻前期（9月8日至8月26日）3个诱区的百株钻蛀率大致呈现为：频振诱杀区＞无诱区＞LED联用诱杀区；9月3日，LED联用诱杀区二化螟的百株虫株率超过其他两者，但均未达到防治指标；后期（9月13日至10月20日）则表现为无诱区＞频振诱杀区＞LED联用诱杀区。LED联用诱杀区二化螟的百株钻蛀率在8月21日前基本为0，8月21日百株钻蛀率逐渐升高，且在9月8日百达到高峰，为1.83%，而9月8日后逐渐降低并趋于平稳。相比LED联用诱杀区，频振诱杀区的二化螟危害高峰期有两个，第一个高峰期在8月21日，其百株钻蛀率达到3.4%；而第二个高峰期也在9月8日，其百株钻蛀率高于LED联用诱杀区0.40%。8月26日，无诱区二化螟开始为害水稻，随后逐渐百株钻蛀率逐渐升高，并在9月13日达到一个高峰期，其数值为2.50%，相比LED联用诱杀区推迟5 d。

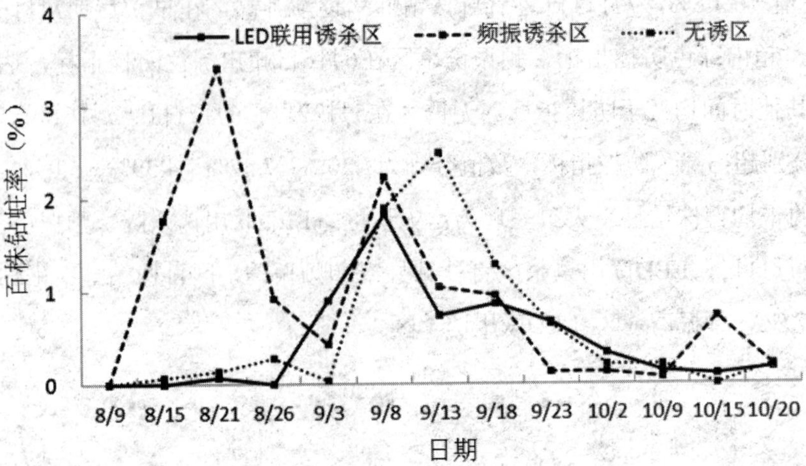

图4　不同诱区水稻晚稻二化螟的百株钻蛀率

3个诱区水稻的百株枯穗率在不同时期产生不同的变化（见图5）。3个诱区的百株枯穗率表现为频振诱杀区＞无诱区＞LED联用诱杀区。无诱区在10月9日后百株枯穗率急剧上升，达5.35%，高于其他两个诱区；而LED联用诱杀区与频振诱杀区的百株枯穗率一直处于平稳状态，LED联用诱杀区的百株枯穗率均低于1.00%，频振诱杀区的百株枯穗率在9月23日超过2.00%，其他日期的百株枯穗率均低于2.0%。

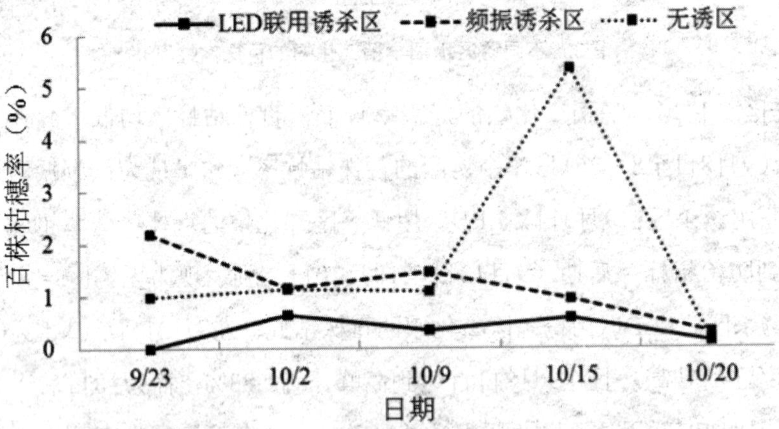

图5　不同诱区水稻晚稻二化螟的百株枯穗率

2.3　不同诱虫灯对二化螟的引诱效果

LED多光谱杀虫灯对二化螟的引诱效果优于频振杀虫灯（见图6）。在5月4日到6月11日，LED多光谱杀虫灯均有引诱到二化螟害虫，然频振杀虫灯没有。5月4日至7月16日，LED多光谱杀虫灯和频振杀虫灯平均引诱数量分别为26.35头、7.85头。LED多光谱杀虫灯在6月11日达到引诱数量的最大值72头，频振杀虫灯在7月1日达到引诱数量的最大值31头，相比LED杀虫灯高峰期推迟19 d。

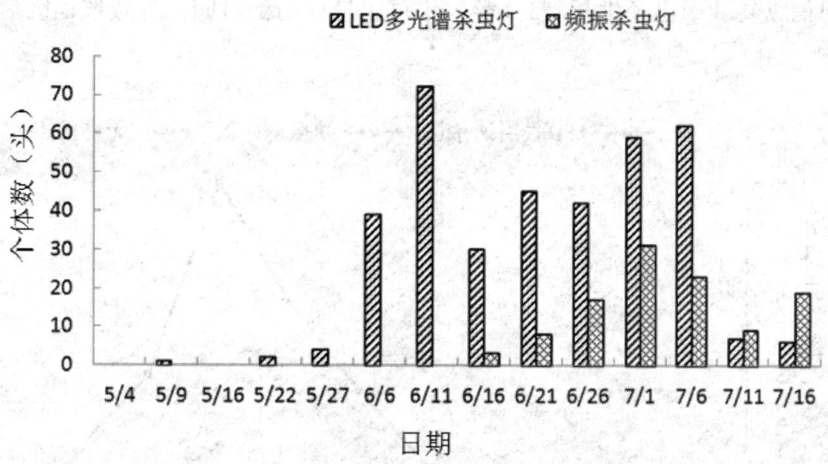

图6　两种杀虫灯对二化螟的引诱效果

2.4　稻纵卷叶螟诱芯对稻纵卷叶螟的引诱效果

稻纵卷叶螟诱芯能引诱到较少量的稻纵卷叶螟（见图7），其中9月3日平均每个诱捕器上能诱杀0.35头，其次是8月26日的诱捕数量为0.23头，最少诱捕数量为0，其他各时间段诱捕器上的稻纵卷叶螟平均诱捕数量均不超过0.20头。

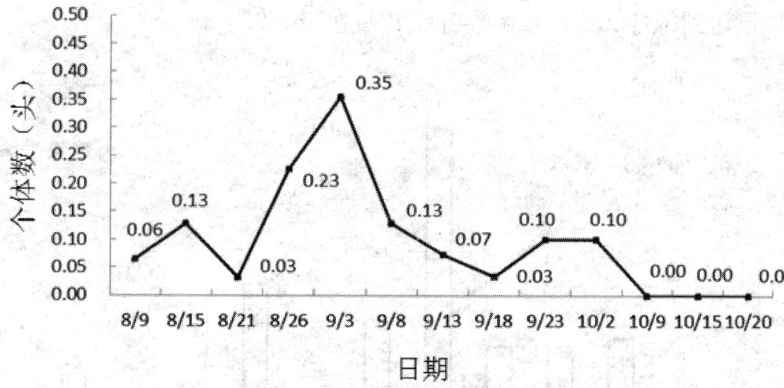

图7　稻纵卷叶螟诱芯对稻纵卷叶螟的引诱效果

2.5　不同诱区水稻的百株卷叶率

3个诱区稻纵卷叶螟的百株卷叶率发生不同的变化（图8）。频振诱杀区稻纵卷叶螟的百株卷叶绿较稳定，均低于1%；无诱区稻纵卷叶螟的百株卷叶绿高于频振诱杀区，最高的在9月18日，为1.12%，其他时期均低于1%；LED联用诱杀区稻纵卷叶螟的百株卷叶率在9月3日开始急剧上升，在9月18日达到高峰，百株卷叶螟高达8.03%，9月18日以后开始下降，到10月2日趋于0。由于频振诱杀区和无诱区稻田农户分别在8月22日和8月21日打过一次药，对稻纵卷叶螟进行了较好的防治作用，因此后期稻纵卷叶螟的百株卷叶螟维持在较稳定的水平，LED联用诱杀区农户第一次打药是在9月8日，而9

月8日田间稻纵卷叶螟已经生长到5~6龄，错过了最佳防治时间，导致该稻区后期百株卷叶率急剧上升。

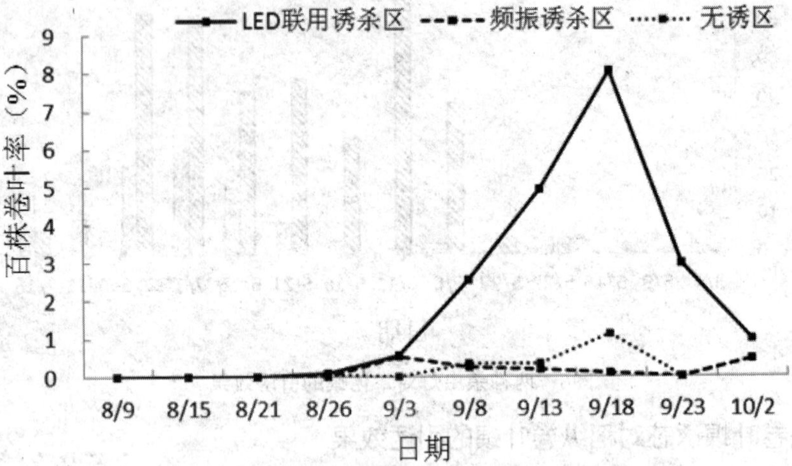

图8　不同诱区晚稻稻纵卷叶螟的百株卷叶率

2.6　LED多光谱杀虫灯对晚稻主要害虫的引诱效果

LED诱虫灯下水稻主要害虫的种类主要为二化螟、稻纵卷叶螟和稻螟蛉。其中，二化螟在9月8日达到每灯66头；稻纵卷叶螟数量在12头以下。

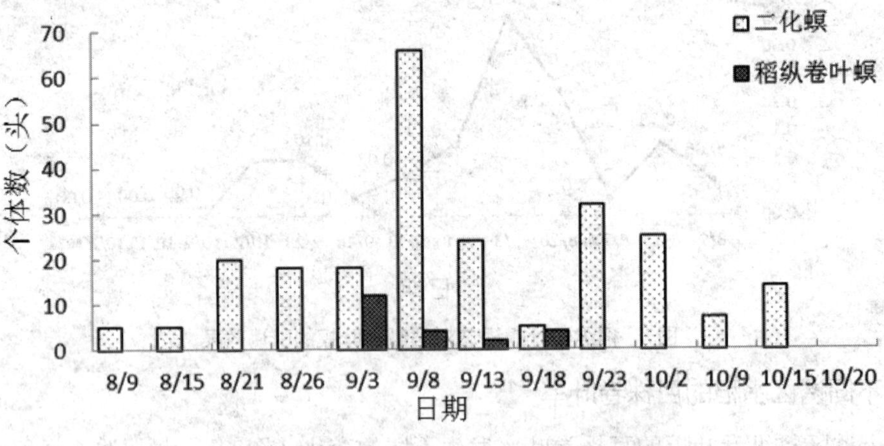

图9　LED多光谱杀虫灯对晚稻害虫的引诱效果

2.7　不同处理区的药剂使用情况

LED联用诱杀区早稻打药一次，频振诱杀区和无诱区均打药两次，喷施药剂基本一致（表1）。喷施农药主要是防治二化螟、稻飞虱、稻纵卷叶螟、稻瘟病等水稻病害虫以及增强水稻抗逆性。3个诱区晚稻均喷施两次药剂，且喷施的药剂基本一致，药剂成本无差异。第一次喷施农药主要是防治二化螟、稻飞虱、稻纵卷叶螟、稻瘟病等水稻病害虫以及增强水稻抗逆性；第二次喷施农药主要是防治稻飞虱、纹枯病以及叶面肥。频振诱杀区和无诱区均进行了有效的药剂防治，而LED联用诱杀区在第一次防治稻纵卷叶螟时喷施较晚，导致后期稻纵卷叶螟危害率急剧升高。

表1　不同诱区的药剂使用情况

处理	农药施用日期	农药有效成分	用药量/667 m^2
LED联用诱杀区	6月20日	三环・己唑醇	80ml
	9月8日	三环唑、阿维菌素、吡蚜酮	20 ml、40 ml、5 g
	9月20日	苯甲・丙环唑、吡蚜酮、氯虫苯甲酰胺	20 ml、5 g、10 ml
频振诱杀区	5月17日	阿维菌素、三环唑	40 ml、20 g
	6月21日	甲维盐、三环・己唑醇	10 ml、80 ml
	8月22日	吡虫啉和噻嗪酮、三环唑、呋虫胺 棉铃虫核型多角体病毒、SiO_2和K_2O	20 g、20 g、40 g 100 g、25 ml
	9月24日是	吡蚜酮和烯啶虫胺 苯醚甲环唑和嘧菌酯	10 g 50 ml
无诱区	5月18日	阿维菌素、三环唑	40 ml、20 g
	6月22日	甲维盐、三环・己唑醇	10 ml、80 ml
	8月21日	三环唑、吡蚜酮和烯啶虫胺、呋虫胺 棉铃虫核型多角体病毒、SiO_2和K_2O	20 g、100 g、40 g 100 g、25 ml
	9月23日	吡蚜酮和烯啶虫胺 苯醚甲环唑和嘧菌酯	10 g 50 ml

2.8　不同处理区的水稻生物学性状

从早稻来看，LED联用诱杀区（示范田）和对照田的有效穗分别为280.0个/m^2和279.8个/m^2，每穗粒数分别为107.3粒和107.4粒，千粒重分别为24.8 g和23.2g，但是示范田的结实率为90.26%，而对照田为79.40%，折合成早稻示范田理论产量为555.0 kg/667 m^2，对照田为414.0 kg/667 m^2。

而在晚稻的生物学性状中，LED联用诱杀区、频振灯诱杀区和对照区的有效穗分别为366.9个/m^2、249.6个/m^2和249.4个/m^2，每穗粒数分别为125.95粒、165.2粒和187.9粒，结实率分别为87.8%、91.7%和83.7%，525.50 kg/667 m^2，千粒重分别为23.4 g、23.7 g和23.3 g，折合成晚稻田理论产量分别为626.9 kg/667 m^2、595.9 kg/667 m^2和608.8 kg/667 m^2，三个处理的理论产量没有显著性差异。

产生这种差异的原因可能一方面不同诱区种植的品种、栽培方式以及田间管理不同，导致产量的差异；另一方面，在稻纵卷叶螟进入暴食期之前，LED联用诱杀区没有进行有效的药剂防治，当稻纵卷叶螟幼虫到五龄后再施药已经为时已晚，加之稻纵卷叶螟诱芯效果不显著，后期其稻纵卷叶螟危害严重，从而影响水稻最终的产量，而其他两个诱区均在合适的时期喷施药剂将稻纵卷叶螟危害率控制在防治指标之下。

3 结论与讨论

二化螟（*Chilo suppressalis* ）和稻纵卷叶螟（*Cnaphalocrocis medinalis*）属鳞翅目螟蛾科，均为水稻生产上的主要害虫。随着绿色农业的普及，信息素防治有害昆虫将成为稻田综合治理的重要方式（高长启等, 2001）。根据本文试验中性诱剂诱捕器的调查结果数据表明，不同诱芯对害虫的引诱效果明显，二化螟的诱芯对二化螟引诱效果较为明显，这与谌江华等（2011）结论相一致；而从LED多光谱杀虫灯和频振杀虫灯的诱蛾数量来看，万年当年稻田间稻纵卷叶螟的虫源基数较小，这可能是导致稻纵卷叶螟的诱芯只能引诱到少量稻纵卷叶螟的原因；另一方面，影响诱芯引诱效果的因素较多，如气候因素、大田环境、诱芯的结构成分等；另外，二化螟诱芯对稻纵卷叶螟诱芯可能产生了一定的干扰作用。李为争等（2006）研究表明，性诱芯不同组分的构成比例对二化螟成虫的诱杀效果存在明显差异。本文使用的是船型诱捕器，在试验地的晚稻品种上，平均每5 d单只诱捕器最大诱捕量44.80头，而稻纵卷叶螟诱芯平均每5天单个诱捕器最大诱捕量0.07。

根据害虫趋光性的波动范围，利用诱虫灯来治理有害昆虫[7]。试验分别对LED多光谱杀虫灯、频振诱杀灯的诱杀效果做出对比。通过不同诱区水稻晚稻二化螟的百株虫株率、不同诱区对水稻二化螟的引诱效果的调查数据可得，LED多光谱诱杀灯对二化螟、稻螟蛉的诱杀效果优于频振诱杀灯。但是，水稻害虫的防治仍需配合科学的农药防治才能取得理想的效果。由于晚稻的LED联用诱杀区错过防治稻纵卷叶螟的最佳打药时间，晚稻的百株卷叶率明显高于其他处理区。

为了防止农药的滥用，降低水稻病虫害的发生率，采用绿色防控技术是行之有效的办法。绿色防控技术保障了农产品的质量安全，改善了农业生态环境，最大可能地降低了农业病虫害防控措施给人类生存环境造成的污染，现代化农业的发展离不开绿色防控技术的支持。

参考文献

[1] 谌江华, 柴伟纲, 孙梅梅, 等.2011.不同诱芯与诱捕器对水稻二化螟和稻纵卷叶螟的诱捕效果[J]. 中国稻米, 17(5),47-48.

[2] 高长启, 孙守慧, 宋福强, 等. 2001.昆虫信息素及其在害虫防治中的应用[J]. 吉林林业科技, 01：1-4, 17.

[3] 葛继红, 周曙东, 朱红根, 等. 2010.农户采用环境友好型农业技术行为研究，以配方施肥技术为例[J]. 农业技术经济, 9, 57-63.

[4] 李为争, 王红托, 游秀峰, 等. 2006.不同配方信息素诱芯对二化螟的诱捕效果比较研究[J]. 昆虫学报, 49 (4), 710-713.

[5] 刘洋, 熊学萍, 刘海清. 2014.绿色防控的实施.应用推广与政策：一个文献综述[J]. 四川理工学院学报, 29 (3), 82-90.

[6] 齐会会, 张云慧, 王健, 等. 2014.稻纵卷叶螟在探照灯下的扑灯节律[J]. 中国农业科学, 22：4436-4444.

[7] 涂海华, 唐乃雄, 胡秀霞, 等. 2016. LED多光谱间歇发光太阳能杀虫灯对稻田害虫诱杀效果[J]. 农业工程学报, 16：193-197.

[8] 杨普云, 熊延坤, 尹哲等. 2010. 绿色防控技术示范工作进展与展望[J]. 中国植保导刊, 30 (4), 37-38.

[9] Bentley M T, Kaufman P E, Kline D L, et al. Response of Adult Mosquitoes to Light-emitting Diodes Placed in Resting Boxes and in the Field[J]. Journal of the American Mosquito Control Association,

[10] Duehl A J, Cohnstaedt L W, Arbogast R T, et al. 2011. Evaluating Light Attraction to Increase Trap Efficiency for Tribolium castaneum (Coleoptera：Tenebrionidae)[J]. Journal of Economic Entomology, 104(4)：1430-5.

三种粉虱的卵壳超微形态特征比较*

白润娥**，闫明辉，张　锴，闫凤鸣***

（河南农业大学植物保护学院，郑州450002）

摘　要：利用扫描电镜观察了黑刺粉虱*Aleurocanthus spiniferus*（Quaintance）、山枇花棒粉虱*Aleuroclava gordoniae*（Takahashi）和烟粉虱*Bemisia tabaci*卵壳的形态特征，并进行了比较分析，以作为粉虱科昆虫卵分类鉴定的依据。三种粉虱的卵壳形状、特征等存在很大差异，可以作为粉虱种类识别依据之一。

关键词：黑刺粉虱；山枇花棒粉虱；烟粉虱；卵壳；形态特征

昆虫的卵壳是昆虫卵的保护性结构，具有多种生理功能，可以保护卵、防止卵内水分过量蒸发。昆虫的卵除大小差异外，形状繁多，卵壳的表面结构更是多种多样，这就为鉴别昆虫卵，研究卵壳的结构和功能，提供了依据（夏邦颖，1981）。

粉虱科昆虫属和种的分类主要依据第4龄若虫（伪蛹）的形态特征，对于粉虱科昆虫卵的结构研究很少。一些专家学者在进行粉虱种类鉴定和特征描述时，进行了光镜下卵的形状、颜色、大小等特征的记载。目前报道的种类包括烟粉虱*Bemisia tabaci*、石楠大孔粉虱*Daleuropora photiniana*、温室粉虱*Trialeurodes vaporariorum*（闫凤鸣和白润娥，2017）、桑粉虱*Pealius mori*（余虹等，1997）、神秘禾粉虱*Agrostaleyrodes arcanus*（Ko，2001）、螺旋粉虱*Aleurodicus dispersus*（谭群英，1993）、庞达巢粉虱*Paraleyrodes bondari*、米内巢粉虱*Paraleyrodes minei*、忍冬粉虱*Aleyrodes lonicerae*（虞国跃等，2010；2014；2015）、甘蓝粉虱*Aleyrodes proletella*（张桂芬等，2014）、桂花马氏粉虱*Aleurolobus marlatti*（张薇，2018）、茶树黑刺粉虱*Aleurocanthus camelliae*

* 基金项目：河南省高等学校重点科研项目（20A210021）

** 第一作者：白润娥，副教授，主要从事粉虱科昆虫分类研究，E-mail:yxbre@163.com

*** 通讯作者：闫凤鸣，教授，主要从事化学生态学及粉虱科昆虫分类研究，E-mail: fmyan@henau.edu.cn

（陈瑶等，2018）等，其他粉虱的卵未见记载。本次研究发现不同的粉虱卵壳的形态特征不同，而卵的形状、颜色、大小，结合扫描电镜观察到的卵壳表面的纹饰，可作为粉虱卵分类的依据。

1　材料与方法

1.1　材料

烟粉虱*Bemisia tabaci*标本2018年07月采集于河南省郑州市，寄主植物为番茄*Lycopersicon esculentum* Mill.；黑刺粉虱*Aleurocanthus spiniferus*标本2018年07月采集于河南省郑州市，寄主植物为樟树*Cinnamomum camphora*（L.）Presl；山枇花棒粉虱*Aleuroclava gordoniae*标本2013年09月采集于湖南长沙，寄主植物为樟树*C. camphora*。

1.2　方法

利用扫描电镜观察粉虱卵壳结构，所用电镜扫描技术方法参照相关文献（孙会忠等，2011）。取带有卵壳的干燥叶片，在体视显微镜下用软毛笔将灰尘、分泌物等轻轻刷去，选取形态完整、结构清晰的卵壳，并用记号笔做好标记。将带有卵壳的叶片剪成小方块，用双面黑色碳导电胶粘贴在样品台上，喷金，选取合适的工作参数，用S-3400N II扫描式电子显微镜〔日立（中国）有限公司〕进行观察、扫描并拍照。

2　结果与分析

2.1　黑刺粉虱*Aleurocanthus spiniferus*卵壳

图1显示其卵壳长椭圆形、短香蕉形，稍弯曲，顶部略尖，基部钝圆，背部稍隆起呈弧形。卵壳表面布满网纹，网纹像脊一样隆起，呈不规则多边形，大多为五边形。卵长0.15~0.17 mm，宽0.07~0.09 mm，有一短柄固着在叶背上。卵柄短粗，长10~15 μm。孵化后的裂口狭条状，从顶部到基部纵向开裂，长达卵壳的2/3~4/5。卵呈分散状分布在叶片背面，初产时乳白色、淡黄色，后渐变黄褐色、黑褐色。

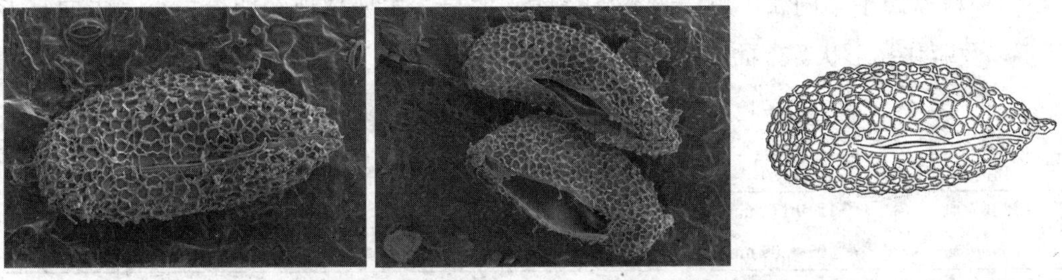

图1　黑刺粉虱*A. spiniferus*卵壳表面与形状

2.2　山枇花棒粉虱*Aleuroclava gordoniae*卵壳

图2显示卵壳为纺锤形，顶部略尖，基部平截。卵壳表面光滑，无刻纹，略有凹凸

感。卵长0.12~0.14 mm，宽0.07~0.08 mm，有一短柄固着在叶背上，卵柄与卵连接处略粗，渐渐变细，长20~30 μm。裂口从顶端向基部裂开，三角状，长为卵壳的1/3至1/2。卵分布在叶片背面，呈分散状，初产时淡黄色，后渐变黄褐色、黑褐色。

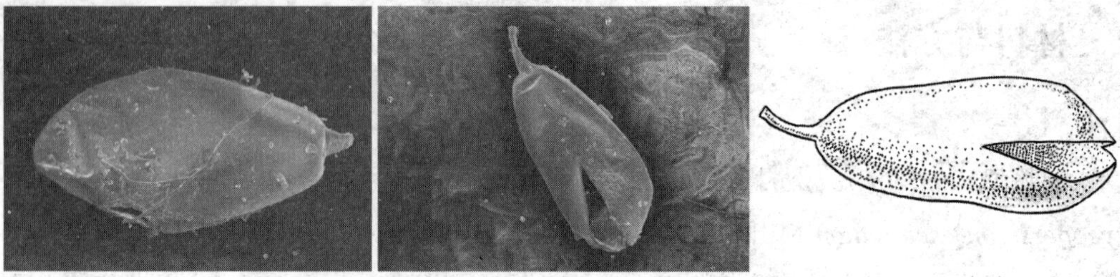

图2　山枇花棒粉虱*A. gordoniae*卵壳表面与形状

2.3　烟粉虱*Bemisia tabaci*卵壳

图3显示烟粉虱卵壳长梨形或椭圆形，大多数散产于叶片背面，极少产于叶片上面或叶缘，且分布不规则。卵壳长0.12~0.14 mm，宽0.05~0.075 mm，顶部尖，基部有卵柄，卵柄长22~30 μm，卵柄通过产卵器插入叶片中。卵初产时为白色或淡黄绿色，随着发育时间的增加颜色逐渐加深，孵化前变为深褐色。从电镜图片可以观察到，烟粉虱卵壳表面光滑，没有斑纹和刻纹。孵化时，卵于平直一侧自顶端向下纵裂，裂口呈长卵形，长为卵的2/3，最宽处0.03 mm，近基部狭尖。

图3　烟粉虱*B. tabaci*卵壳表面与形状

2.4　三种粉虱卵壳形态比较分析

3种粉虱源于不同属，卵壳形态特征区别明显，主要体现在卵壳大小、表面与形状，以及孵化孔形状等方面（表1）。

表1　三种粉虱卵壳形态特征比较

种类	卵壳大小	卵壳形状	卵壳表面	孵化孔	卵柄长度
黑刺粉虱 *A. piniferus*	长0.15~0.17 mm，宽0.07~0.09 mm	长椭圆形、短香蕉形	布满脊一样隆起的多边形网纹	狭条状	10~15 μm
山枇花棒粉虱 *A. gordoniae*	长0.12~0.14 mm，宽0.07~0.08 mm	纺锤形	卵壳表面光滑，无刻纹，略有凹凸感	三角状	20~30 μm
烟粉虱 *B. tabaci*	长0.12~0.14 mm，宽0.05~0.075 mm	长梨形或椭圆形	表面光滑，没有斑纹和刻纹	长卵形	22~30 μm

3 结论与讨论

防治害虫要求尽早尽快地消灭害虫于危害之前。害虫卵期没有移动性，且对药剂和天敌相对敏感，是采取防控措施的关键时期。此外，早期种类识别也有助于防控的有的放矢。人们往往关注昆虫的幼虫和成虫特征，对卵的识别关注较少。其实，昆虫卵壳的厚度、 超微结构特征、卵面结构特征以及卵壳蛋白种类的氨基酸组成皆是有一定的特征和生化组成的, 皆可作为卵分类鉴定的依据（夏邦颖，1980）。关于昆虫卵壳的基础性研究,可以为控制害虫和利用益虫提供必不可少的基础资料，比如根据形态进行种类识别，根据卵壳结构和组成恰当施药等。

本文利用扫描电镜对3种粉虱卵壳形态特征进行了描述，烟粉虱卵壳的形态特征与文献相符（闫凤鸣和白润娥，2017），但其卵壳表面、孵化孔、卵柄等特征均为首次报道。首次记录了黑刺粉虱和山枇花棒粉虱卵壳的特征。这些初步工作，为今后粉虱科昆虫卵的鉴定提供了基础。

如今，随着全球气候变暖，粉虱科昆虫的为害逐渐北移，对农作物、经济作物、园林绿化植物、果蔬等造成的危害越来越大。粉虱卵壳结构的研究，可以为我们科学防治粉虱提供更早更有效的途径，将害虫消灭于危害之前。

参考文献

[1] 陈瑶, 杨文, 周玉锋, 等. 2018. 贵州省茶树黑刺粉虱的鉴定 [J]. 江西农业大学学报, 040(003)：494-501.

[2] 孙会忠, 董钧锋, 宋月芹, 等. 2011. 四种粉虱种群超微形态特征多样性研究 [J]. 昆虫知识, 48(1)：70-76.

[3] 谭群英. 1993. 台湾发现螺旋粉虱 [J]. 植物检疫, (3)：196.

[4] 夏邦颖. 1980. 试论昆虫卵的分类特征 [J]. 昆虫分类学报, (4)：247-260.

[5] 夏邦颖. 1981. 桃小食心虫卵和稻绿蝽卵的扫描电镜观察 [J]. 昆虫学报, (01)：111-112.

[6] 夏邦颖. 2000. 昆虫的卵壳 [J]. 生物学通报, (01)：1-3.

[7] 闫凤鸣, 白润娥. 2017. 中国粉虱志 [M]. 郑州：河南科技出版社.

[8] 余虹, 洪健, 徐锦松, 等. 1997. 桑粉虱卵、幼虫、蛹的扫描电镜观察 [J]. 浙江农业大学学报, (4)：381-385.

[9] 虞国跃, 符悦冠, 贤振华. 2010. 海南、广西发现外来双钩巢粉虱 [J]. 环境昆虫学报, (02)：275-279.

[10] 虞国跃, 彭正强, 温海波,等.2014. 外来种小巢粉虱*Paraleyrodes minei*的识别及寄主植物 [J]. 环境昆虫学报, 36(003)：455-458.

[11] 虞国跃. 2015. 中国新记录种----忍冬粉虱*Aleyrodes lonicerae* Walker'(半翅目：粉虱科) [J]. 昆虫学报，58(12)：1368-1372.

[12] 张桂芬, 冼晓青, 张金良,等. 2014. 甘蓝粉虱入侵中国大陆 [J]. 生物安全学报, 23(001)：66-70.

[13] 张薇, 张玉君, 施春煜,等. 2018. 桂花马氏粉虱的发生与防治[J]. 南方农业, 12(013)：34-36.

[14] Ko C C，Chou L Y，Wu W J. 2001. *Agrostaleyrodes arcanus*, a New Genus and Species of Whitefly (Homoptera：Aleyrodidae) from Taiwan[J]. Zoological studies,,40(2)：177-186.

小麦种子经48%噻虫胺SC处理对成株期麦蚜的防效研究*

王利霞，韩瑞华，张自启**

（洛阳农林科学院，河南洛阳 471023）

摘　要：为进一步明确48%噻虫胺SC通过种子处理对小麦蚜虫的防治效果、最佳使用剂量，以便在小麦蚜虫的防治提供科学依据。本次用48%噻虫胺SC不同剂量进行种子处理，观测对成株期麦蚜的防效。结果表明48%噻虫胺SC使用剂量为4~8ml/kg时防治效果在80%以上，与60%吡虫啉FS的防治效果相当。因此，建议新增48%噻虫胺SC药剂为高毒有机磷农药的低毒替代药剂，并在蚜虫防治与吡虫啉交替使用，降低害虫抗虫性形成的可能性。

关键词：48%噻虫胺SC；种子处理；小麦蚜虫；防治效果

蚜虫是小麦常发型害虫，危害遍及世界小麦种植国家，主要以成虫和若虫刺吸麦茎株、叶和嫩穗的汁液为害。前期麦苗被害后，叶片枯黄、生产停滞、分蘖减少，后期叶片皱缩发黄，麦粒不饱满，产量下降。目前，小麦蚜虫常年以吡虫啉、毒死蜱、啶虫脒等药物进行喷洒防治，这些不仅费时费力费工，而且对小麦有农药残留，还因为连续使用，导致小麦蚜虫抗药性逐年加重，而且在喷洒的过程中由于喷洒技术，喷洒条件的不同，造成药剂大量浪费，无法有效起到防治效果，还容易引起环境的污染（赵飞等，2016）。因此选择高效、低毒、持效性长的药剂通过种子处理防治小麦蚜虫是经济高效的防治方法。

48%噻虫胺SC属于新烟碱类杀虫剂，主要作用于昆虫中枢神经系统，是烟碱型乙酰胆碱受体的激动剂，可有效杀灭对有机磷酸酯类、氨基甲酸酯类和拟除虫菊酯类杀虫剂具高抗性的害虫（郑岩明等，2015；李耀发等，2013；任学祥等，2011），该药剂剂使用方法灵活，既可用于茎叶处理，也可用于土壤种子处理，主要用于水稻 、蔬

* 第一作者：王利霞，助理研究员，主要从事农作物病虫害的防治研究与技术推广。E-mail:lysnks@126.com

** 通讯作者：张自启，副研究员，主要从事农作物病虫害的防治研究。E-mail:lysnks@126.com

菜、棉花、果树及其他作物田防治蚜虫、蓟马、飞虱等半翅目、鞘翅目、双翅目和某些鳞翅目类害虫。此产品具有卓越的内吸和渗透作用，是替代高毒有机磷农药的又一品种。因此，本试验通过比较不同剂量噻虫胺种子处理进行防治小麦田扬花期、灌浆期蚜虫的药效试验，以期筛选出在小麦扬花灌浆期能够达到防治小麦蚜虫的效果的适宜剂量，为指导小麦蚜虫的防治提供参考。

1 材料与方法

1.1 试验材料

供试药剂：48%噻虫胺悬浮剂（江苏中旗作物保护股份有限公司提供）、60%吡虫啉悬浮种衣剂〔拜耳作物科学（中国）有限公司提供〕、30%毒死蜱微囊悬浮剂（江苏宝灵化工股份有限公司提供）。

供试作物：冬小麦（洛麦28）。

供试昆虫：小麦蚜虫（小麦长管蚜、小麦禾谷缢管蚜）。

1.2 试验地与试验处理

试验地选在洛阳农林科学院小麦试验田，上茬玉米，土壤为黏土、肥力一般，正常管理。试验期间未使用杀虫剂。试验采取随机区组排列，共设计8个处理（含对照），每处理重复3次。每小区长6 m、宽3.2 m。其中，48%噻虫胺SC设计 5个剂量的种子处理（表1），用60%吡虫啉悬浮种衣剂FS和30%毒死蜱微囊悬浮剂CS作为药剂对照处理，用无任何药剂处理的种子作为空白对照。根据设计，播种前分别进行药剂与剂量的种子包衣处理，晾干后再播种。全部于2019年10月13日采用人工拉楼方式播种，按每亩播种量10 kg进行。

表1　供试药剂试验设计

编号	药剂名称	施用剂量（g/kg种子）	有效成分量（g/kg种子）
1	48%噻虫胺悬浮剂SC	1	0.48
2	48%噻虫胺悬浮剂SC	2	0.96
3	48%噻虫胺悬浮剂SC	4	1.92
4	48%噻虫胺悬浮剂SC	8	3.84
5	48%噻虫胺悬浮剂SC	12	5.76
6	60%吡虫啉悬浮种衣剂FS	3	1.80
7	30%毒死蜱微囊悬浮剂CS	20	6.00
ck	空白不施药		

1.4 数据采集与统计方法

播种后第二年，分别在2020年4月16日、20日、23日、28日蚜虫高发期（小麦扬花灌浆期）调查蚜虫数量。在小区内，按对角线五点取样法调查，以连续5茎为一个数据采样点，统计观测到的蚜虫（如小麦长管蚜、禾谷缢管蚜等）总数。每点做标记，以备后续连续调查。

采用公式防治效果（%）=（空白区虫数-处理区虫数）/ 空白区虫数*100计算各处理组防治效果，并基于SPSS软件，用单因素方差分析与Duncan氏新复极差法多重比较各处理组间的差异是否达到显著性水平（P<0.05）。

2 结果与分析

试验结果（表2）显示：不同时间各处理对麦蚜的防治效果差异不大，保持在相同防治水平上，说明在这段时期内各个处理均能将麦蚜控制在相同水平上。从不同处理间防治效果可以看出，48%噻虫胺SC不同处理间差异显著，说明不同剂量处理种子防治小麦蚜虫有明显的差异性，其中48%噻虫胺SC 1 ml/kg种子、2 ml/kg两处理防治效果较差，且之间差异不显著，防治效果50%左右；48%噻虫胺SC 8 ml/kg、12 ml/kg两处理防治效果较优，防治效果在80%以上，最高达97.32%，之间差异不显著；48%噻虫胺SC 4 ml/kg种子防治效果次之，防治效果在70%以上，与48%噻虫胺SC 8 ml/kg处理差异不显著，但与48%噻虫胺SC 12 ml/kg处理差异显著。对照药剂60%吡虫啉FS和48%噻虫胺SC 8 ml/kg、12 ml/kg两处理防治效果接近，也在80%以上，之间差异性不显著，说明它们之间防效相当，且具有较优的防治效果。对照药剂30%毒死蜱CS防治效果较低，防治效果在50%左右，与48%噻虫胺SC 4 ml/kg、8 ml/kg、12 ml/kg、60%吡虫啉FS之间差异显著。

表2 不同处理在小麦扬花灌浆期对小麦蚜虫的防效测定

药剂	用量 ml/kg	4月16日		4月20日		4月23		4月28日	
		蚜虫/头	防效/%	蚜虫/头	防效/%	蚜虫/头	防效/%	蚜虫/头	防效/%
48%噻虫胺SC	1	50.33	54.2 d	41	47.06c	61.33	55.36cd	65.67	53.36b
48%噻虫胺SC	2	45	58.67cd	36	56.47c	47	68.75bcd	55.33	60.52b
48%噻虫胺SC	4	30	72.41bc	23.33	82.35b	33.67	81.25abc	32.33	76.79a
48%噻虫胺SC	8	27	75.07abc	10.33	87.06a	23	84.82ab	27.67	79.9a
48%噻虫胺SC	12	10.67	89.98a	6	94.12a	8	97.32a	12.67	91.13a
60%吡虫啉FS	3	13	87.9ab	8	94.12a	14.33	91.07a	17.33	87.55a
30%毒死蜱CS	20	56	49.78d	37.33	57.65c	64.67	44.64d	72	49.04b
ck		109		81.33		130		141	

注：用量为每公斤种子的用药量，防效为3次重复的平均值。

3 结论

本次试验结果与分析表明48%噻虫胺SC通过种子处理对小麦田成株期蚜虫具有较好的防治效果，说明48%噻虫胺SC药剂具有较优的高效性和持效性，是替代高毒有机磷农药的又一品种。根据试验结果48%噻虫胺SC经济有效的使用剂量为4~8ml/kg。可以和60%吡虫啉FS交替使用，以便抗药性的产生。

参考文献

[1] 赵飞，张苗。李霞等. 2016. 不同浓度噻虫嗪种子处理悬浮剂防治小麦蚜虫效果研究．种子科技(11)：116-117.

[2] 郑岩明，刘霞，姜莉莉，等．2015. 噻虫胺等七种杀虫剂对黄曲条跳甲的毒力[J]．农药学学报17(2)：230-234.

[3] 李耀发，党志红，潘文亮，等．2013. 新烟碱类杀虫剂噻虫胺拌种防治麦蚜的田间药效及安全性评价[J]．农药52(9)：689-691.

[4] 任学祥，王刚，左一鸣，等．2011. 噻虫胺对桃蚜的毒力及其亚致死剂量对桃蚜解毒酶系活力的影响[J]．昆虫学报54(3)：299-305.

暗黑鳃金龟飞行磨记录参数的主成分分析*

张少华**，游秀峰，盛子耀，高超男，杨晓杰，原国辉，李为争***

（河南农业大学植物保护学院，郑州 450002）

摘　要：飞行磨是研究昆虫飞行的常见设备，但记录的参数太多，不利于后继分析。本文采用飞行磨分别记录了暗黑鳃金龟两性成虫的6个飞行参数，并采用不同旋转方法的主成分分析凝练这些参数。结果发现，雌虫原始飞行参数信息保留量在73.52%~99.58%之间，提取两个主成分足以解释原始变量信息的90.47%。雄虫最快瞬时飞行速度信息损失量较多，在两个主成分维度上辨别度量也很低。对两性成虫合并分析发现，不同飞行参数的信息保留百分比依次为：飞行距离（95.43%）＞最长持续飞行时间（92.53%）＞最远持续飞行距离（84.55%）＞飞行速度（76.83%）＞飞行时间（60.56%）＞最快瞬时飞行速度（58.27%），提取两个主成分足以解释原始变量信息的78.03%。主成分1与时间和距离两类参数有关，生物学意义是“飞行耐力”；主成分2与速度类参数有关，生物学意义是“飞行爆发力”。按照最大四次方值旋转法，两个主成分的回归方程分别为：主成分1 = 0.2882 × 飞行距离 + 0.2415 × 飞行时间 + 0.2882 × 最长持续飞行时间 + 0.2710 × 最远持续飞行距离；主成分2 = 0.6712 × 飞行速度 + 0.5427 × 最快瞬时飞行速度 − 0.1297 × 飞行时间。因此，暗黑鳃金龟的6个原始飞行参数可以简化为“飞行耐力”和“飞行爆发力”两个指标就足够了。

关键词：暗黑鳃金龟；飞行磨；主成分分析法

---

* 基金项目：粮食丰产增效科技创新重点专项（2018YFD0300706）；国家自然科学基金项目（31471772）；河南农业大学科技创新基金项目（KJCX2018A12）

** 第一作者：张少华，硕士研究生；E-mail：zhangshmax@163.com

*** 通信作者：李为争，副教授，主要从事昆虫化学生态学方向研究；E-mail：wei-zhengli@163.com

Principle Component Analysis on Flight Parameters of *Holotrichia parallela* Beetles Obtained From Flight Mill*

Zhang Shaohua**, You Xiufeng, Sheng Ziyao, Gao Chaonan, Yang Xiaojie, Yuan Guohui, Li Weizheng***

（College of Plant Protection, Henan Agricultural University, Zhengzhou 450002）

Abstract: Flight mill is a common apparatus for studying the flight behaviors of insects. However, its recorded parameters are redundant and related, not easy for subsequent statistical analysis. The authors recorded six flight parameters of both sexes of *Holotrichia parallela* beetles used flight mill, then conducted a serial of principle component analyses using different rotation methods. The results show that the information maintaining percentages of females were from 73.52 % to 99.58%, and the extraction of two components was sufficient for explaining 90.47% of total variance. Results obtained from male beetles show that the information lost of maximal instantaneous flying speed was more than that of the females, and exhibited lower differentiation on the two component dimensions. When the data of both sexes were pooled, the order of information maintaining percentage of different parameters was as follow: flight distance （95.43%）> maximal flying duration in a single flight event（92.53%）> maximal flying distance in a single flight event （84.55%）> flight speed （76.83%）> flight time （60.56%）> Maximal instantaneous flying speed （58.27%）. The extraction of two components was sufficient for explaining 78.03% of total variance. The component 1 was related to time-typed and distance-typed parameters, whose biological significance was "flight endurance". The component 2 was related to speed-typed parameters, whose biological significance was "flight explosiveness". According to the result obtained from Quartimax rotation method, the regression equations of the two components could be expressed as follows: Component 1 = 0.2882 × flight distance + 0.2415 × flight time + 0.2882 × maximal flying duration in a single flight event + 0.2710 × maximal flying distance in a single flight event；Component 2 = 0.6712 × flight speed + 0.5427 × Maximal instantaneous flying speed − 0.1297 × flight time. Therefore, the original parameters of *H. parallela* beetles could be simplified as two components: "flight endurance" and "flight explosiveness".

Key words: *Holotrichia parallela*; Flight mill; Principle component analysis

昆虫纲是节肢动物门中唯一在成虫期具翅的纲。飞行可以帮助昆虫避开不良环境，迅速找到食物和配偶等。通过飞行能力的测试，可以预测成虫活动范围、扩散速度、基因交换频率、生殖系统发育进度等（刘向东和翟保平，2004）。目前，实验室内主要利用昆虫飞行磨（Flight Mill）记录系统测试昆虫飞行能力（全银华，2013）。该系统主要由轴承、转轴、旋转臂、基座和数据记录模块等组成，通过对被测昆虫飞行数据转换可以获得累计飞行时间、累计飞行距离、平均飞行速度、最大飞行速度、单次最远飞行距离、单次最久飞行时间、单次最远飞行平均速度、累计停顿次数等一系列参数（崔建新等，2016）。目前，飞行磨测试涉及的昆虫目包括双翅目、鳞翅目、半翅目和鞘翅目等（Hahn et al.，2017），已经研究过影响飞行的因素有性别、日龄、交配状态（Schumacher et al.，1997；Sarvary et al.，2008）、温度或湿度（Zhang et al.，2008）等。例如，郑作涛等（2014）研究了性别、日龄和时辰对二点委夜蛾*Athetis lepigone*飞行能力的影响，郭江龙等（2016）研究了性别、日龄和交配状态对黄地老虎*Agrotis segetum*飞行能力的影响，江幸福等（2015）研究了粘虫蛾飞行过程中体温及呼吸强度变化，杨帆和翟保平（2016）研究了温度对稻纵卷叶螟*Cnaphalocrocis medinalis*再迁飞能力的影响，陈敏等（2017）研究了不同成虫食料对桔小实蝇*Bactrocera dorsalis*飞行活动节律及其飞行能力的影响，崔建新等（2016）研究了日龄及性别对桔小实蝇实验种群飞行能力的影响，袁瑞玲等（2016）研究了温度、湿度、光照对桔小实蝇飞行能力的影响，韩宗礼等（2017）研究了异色瓢虫*Harmonia axyridis*飞行能力与不同温度变化模式之间的关系，刘晓博等（2017）研究了日龄、性别及线虫*Deladenus siricidicola*侵染对松树蜂*Sirex noctilio*飞行能力的影响。但是，飞行磨记录的参数类型非常复杂，有时不同参数的统计结果还存在着相互矛盾的结论，如何将这些参数整合起来，对“飞行能力”做出综合性评价，仍然是有待深入研究的问题。

主成分分析（Principle component analysis，PCA）属于因子分析的一种，主要用于同一事物不同观察指标的凝练和整合，保留原始指标的主要信息，可以用于解决自变量多重共线性回归难题，有助于简化后继分析。其原理是计算原始观察指标之间的两两相关系数矩阵，并对最强相关变量进行坐标轴旋转，使得变异最大的指标变量处于轴上，另一变量视为“噪声”。这个持续过程，对试验中的多个原始指标对应的特征值进行逐序降维，每次剔除最小主成分中最大特征量对应的原始指标变量，直到能解释的方差达到预定值（例如70%）为止，最终将原始指标变量重新组合成一组新的线性不相关的指标变量，位于超维空间轴上的变量称为“主成分”。旋转方法主要有最大方差正交旋转法、最大四次方值法、最大平衡值法、斜交法等。飞行磨参数包括飞行距离、飞行速度、飞行时间、最远持续飞行距离、最快瞬时飞行速度和最长持续飞行时间，很显然，这些变量之间可能存在着严重的共线性或者相关性。主成分分析法目前在植物保护领域应用尚不是十分广泛。例如，郭小芹等（2010）通过主成分分析法构建了模拟棉铃虫危害特征的预测模型，叶盛和王俊（2010）通过主成分分析构建了水稻害虫发生情况的预测模型。本文采用飞行磨技术记录了暗黑鳃金龟*Holotrichia parallela*雌虫和雄虫的飞行参数，并采用SPSS 19.0中的主成分分析程序对这些参数进行了简化，得到了两个主成分与原始飞行磨记录参数之间的回归表达式。

1 材料与方法

1.1 供试昆虫

供试成虫用黑光灯从河南农业大学科教园区采集。在室内环境下（24°C，16 L：8 D），用新鲜榆叶饲养捕获的成虫，并使其在灭菌后土壤（20% RH）中产卵。卵经过8~10 d后孵化为幼虫，饲养于湿润的花生荚上。幼虫9~10周后在与产卵的环境相同的土壤中化蛹。雌、雄虫隔离饲养20~25 d，然后进行飞行磨测试。

1.2 供试装置

在长10 cm吊臂的飞行磨（中国鹤壁佳多科技工贸有限公司）上测量暗黑鳃金龟的飞行参数。测试时间从2：00到23：00，将金龟甲用一根细铁丝（10 cm × 1.5 mm ID）粘在吊臂上，一端用无毒胶粘在金龟甲前胸背板上，另一端与万向节系统相连。昆虫粘接之后，将飞行磨系统置于25℃、45%~55% RH、完全黑暗、静息空气的测试箱体（200 cm × 200 cm × 80 cm）中。试验在24小时或被试死亡后终止（由红外视频系统监控）。Arduino单片机控制板可以采集30路飞行磨，和7个飞行参数：飞行比例、飞行距离、飞行时间、飞行速度、最快瞬时飞行速度、最长持续飞行时间和最远持续飞行距离。但主成分分析时，我们剔除飞行比例这一因素，单纯考虑在飞行磨上能够运动的个体。

1.3 主成分分析方法

主成分分析软件为SPSS For Windows（版本：19.0）。分析参数包括飞行距离、飞行时间、飞行速度、最快瞬时飞行速度、最长持续飞行时间和单远持续飞行距离6个参数指标。在变量视图下定义被试编号、被试性别及6个飞行参数指标，将“被试编号”和“被试性别”的度量类型设置为“名义型”，其他变量均设置为“度量型”。录入数据之后，点击分析—降维—因子分析，弹出因子分析主对话框。将“性别”导入“选择变量”，以便对雌虫、雄虫以及两性成虫分别进行分析；将6个飞行参数导入“变量”。

主对话框右侧共有描述、抽取、旋转、得分、选项共5个按钮。（1）点击“描述”按钮，勾选“原始解”和“KMO和Bartlett的球形度检验”；（2）“抽取”对话框选择默认的“主成分分析”；（3）在“旋转”对话框中，尝试采用“最大方差法”“最大四次方值法”“最大平衡值法”3种互斥性旋转方法，每种旋转方法均勾选“旋转解”；（4）点击“得分”按钮，勾选“保存”和“显示因子得分系数矩阵”，“方法”选择默认的“回归”；（5）点击“选项”按钮，在“系数显示格式”中，勾选“按大小排序”和“取消小系数（选择默认值即0.1）”。

在结果输出窗口中，主要参考Kaiser-Meyer-Olkin度量值和Bartlett球形度检验表、公因子方差表、解释的总方差表、旋转成分矩阵表和成分得分系数矩阵表。

2 结果与分析

2.1 金龟甲雌虫飞行参数的主成分分析

对金龟甲雌虫飞行参数进行主成分分析发现，取样足够度的Kaiser-Meyer-Olkin度量值为0.6092，Bartlett球形度检验值为861.6857，$P < 0.0001$，$df = 15$。说明这个试验记录的参数可以使用主成分分析。不同飞行参数在提取之后的信息保留量分别为：最长持续飞行时间（99.58%）＞飞行距离（99.06%）＞最远持续飞行距离（98.92%）＞飞行时间（97.18%）＞飞行速度（74.59%）＞最快瞬时飞行速度（73.52%）。可见，即使信息保留量最小的最快瞬时飞行速度，信息损失量也只有26.48%，进一步说明这些飞行参数可以并且有必要采用主成分分析进一步凝练。

不同坐标轴旋转方法得到的能解释原始变量的总方差如表1所示。从表1可以看出，3种旋转方法均认为提取两个主成分就足以解释原始变量信息的90.47%（＞70%），但3种旋转方法在主成分1和主成分2上的方差分量并不相同：最大方差法和最大平衡值法认为主成分1应当能够解释总方差的65.68%，而最大四次方值旋转法认为主成分1应当解释总方差的65.74%。

表1 采用3种旋转方法对金龟甲雌虫进行主成分分析得到的能解释的方差分量

成分	初始特征值			提取平方和载入			旋转平方和载入					
							最大四次方值法			最大方差法和最大平衡值法		
	合计	方差的%	累积%	合计	方差的%	累积%	合计	方差的%	累积%	合计	方差的%	累积%
1	3.95	65.88	65.88	3.95	65.88	65.88	3.94	65.74	65.74	3.94	65.68	65.68
2	1.48	24.59	90.47	1.48	24.59	90.47	1.48	24.74	90.47	1.49	24.79	90.47
3	0.53	8.86	99.34									
4	0.04	0.59	99.92									
5	0	0.06	99.99									
6	0	0.01	100									

金龟甲雌虫飞行参数主成分分析的旋转成分矩阵如表2所示。从表2可以看出，原始指标变量在3种旋转方法得到的主成分1和主成分2上的载荷非常相似。主成分1主要与最长持续飞行时间、最远持续飞行距离、飞行距离和飞行时间有关，最小相关系数（最大四次方值法，主成分1与飞行时间之间）也达到了0.9855。主成分2主要与两个速度类参数有关（飞行速度和最快瞬时飞行速度），相关系数为0.85 ~ 0.87。主成分1的生物学意义可以视为“飞行耐力”，主成分2的生物学意义可以称为“飞行爆发力”。

表2 金龟甲雌虫飞行参数主成分分析的旋转成分矩阵

原始飞行参数	最大四次方值法		最大方差法和最大平衡值法	
	主成分1	主成分2	主成分1	主成分2
最长持续飞行时间	0.9978		0.9979	
最远持续飞行距离	0.9939		0.9934	
飞行距离	0.9921		0.9912	
飞行时间	0.9855		0.9857	
飞行速度		0.8607		0.8614
最快瞬时飞行速度		0.8574		0.8574

金龟甲雌虫飞行参数主成分分析的因子得分系数矩阵如表3所示。从表3可以看出，按照最大四次方值法，主成分1与原始飞行参数之间的回归表达式为：主成分1 = 0.2505 × 飞行距离 + 0.2513×飞行时间 + 0.2542 × 最长持续飞行时间 + 0.2520 × 最远持续飞行距离；主成分2与原始飞行参数之间的回归方程为：主成分2 = 0.5802 × 飞行速度 + 0.5798 × 最快瞬时飞行速度。另外两种旋转方法，即最大方差法和最大平衡值法，得到的主成分1和主成分2的回归表达式是相同的，即：主成分1 = 0.2501 × 飞行距离 + 0.2518 × 飞行时间 + 0.2545 × 最长持续飞行时间 + 0.2520 × 最远持续飞行距离；主成分2 = 0.5802 × 飞行速度 + 0.5795 × 最快瞬时飞行速度。

表3 金龟甲雌虫飞行参数主成分分析的因子得分系数矩阵

原始飞行参数	最大四次方值法		最大方差法和最大平衡值法	
	主成分1	主成分2	主成分1	主成分2
飞行距离	0.2505		0.2501	
飞行时间	0.2513		0.2518	
飞行速度		0.5802		0.5802
最快瞬时飞行速度		0.5798		0.5795
最长持续飞行时间	0.2542		0.2545	
最远持续飞行距离	0.2520		0.2520	

2.2 金龟甲雄虫飞行参数的主成分分析

对金龟甲雄虫飞行参数进行主成分分析发现，取样足够度的Kaiser-Meyer-Olkin度量值为0.5970，Bartlett球形度检验的概率值为$P < 0.0001$，$df = 15$。说明这个雄虫飞行参数也可以进行主成分分析。不同飞行参数在提取之后的信息保留量分别为：飞行距离（93.80%）> 最长持续飞行时间（90.29%）> 飞行速度（88.13%）> 最远持续飞行距离（82.35%）> 飞行时间（70.14%）> 最快瞬时飞行速度（38.81%）。可见，雄虫飞行参数在提取主成分的过程中，最快瞬时飞行速度信息保留量和雌虫相比更少。

不同坐标轴旋转方法得到的能解释原始变量的总方差如表4所示。从表4可以看出，3种旋转方法均认为提取两个主成分就足以解释原始变量信息的77.25%

（＞ 70%），但3种旋转方法在主成分1和主成分2上的方差分量并不相同：最大方差法和最大平衡值法认为主成分1应当能够解释总方差的55.15%，而最大四次方值旋转法认为主成分1应当解释总方差的56.06%。

表4　采用3种旋转方法对金龟甲雄虫进行主成分分析得到的能解释的方差分量

成分	初始特征值			提取平方和载入			旋转平方和载入					
							最大四次方值法			最大方差法和最大平衡值法		
	合计	方差的%	累积%	合计	方差的%	累积%	合计	方差的%	累积%	合计	方差的%	累积%
1	3.39	56.46	56.46	3.39	56.46	56.46	3.36	56.06	56.06	3.31	55.15	55.15
2	1.25	20.79	77.25	1.25	20.79	77.25	1.27	21.2	77.25	1.33	22.1	77.25
3	0.92	15.34	92.59									
4	0.35	5.87	98.46									
5	0.08	1.31	99.76									
6	0.01	0.24	100									

金龟甲雄虫飞行参数主成分分析的旋转成分矩阵如表5所示。从表5可以看出，3种旋转方法得到的结果比较相似，其中雄虫的“最快瞬时飞行速度”这个原始飞行参数在主成分1和主成分2两个维度上的辨别度量很低，故不予考察。主成分1的生物学意义和雌虫相同，仍然代表着“飞行耐力”；主成分2与飞行时间呈负相关关系（–0.3061 ~ –0.2380），与飞行速度呈极显著的正相关关系（r ＞ 0.93），代表着存在一些飞行速度快但是一个晚上飞行次数较少或者总有效飞行时间较短的个体。

表5　金龟甲雄虫飞行参数主成分分析的旋转成分矩阵

原始飞行参数	最大四次方值法		最大方差法和最大平衡值法	
	主成分1	主成分2	主成分1	主成分2
飞行距离	0.9669		0.9585	0.1390
最长持续飞行时间	0.9451		0.9332	0.1790
最远单次飞行距离	0.8874	0.1899	0.8678	0.2655
飞行时间	0.7795	-0.3061	0.8030	-0.2380
飞行速度		0.9380	-0.1194	0.9312
最快瞬时飞行速度	0.3724	0.4994	0.3281	0.5295

金龟甲雄虫飞行参数主成分分析的因子得分系数矩阵如表6所示。从表6可以看出，按照最大四次方值法，主成分1与原始飞行参数之间的回归表达式为：主成分1 = 0.2879 × 飞行距离 + 0.2510 × 飞行时间 + 0.2792 ×最长持续飞行时间 + 0.2569 × 最远持续飞行距离；主成分2与原始飞行参数之间的回归方程为：主成分2 = 0.7486 × 飞行速度 – 0.2854 ×飞行时间 + 0.3775 × 最快瞬时飞行速度 + 0.1036 × 最远持续飞行距离。另外两种旋转方法，即最大方差法和最大平衡值法，得到的主成分1和主成分2的回归表达式是相同的，即：主成分1 = 0.2875 × 飞行距离 + 0.2746 × 飞行时间 + 0.2758 × 最长持续飞行时间 + 0.2470 × 最远持续飞行距离 – 0.1261 × 飞行速度；主成分2 = 0.7405 ×飞

行速度 - 0.2628 × 飞行时间 + 0.3834 × 最快瞬时飞行速度 + 0.1253 × 最远持续飞行距离。

表6　金龟甲雄虫飞行参数主成分分析的因子得分系数矩阵

原始飞行参数	最大四次方值法		最大方差法和最大平衡值法	
	主成分1	主成分2	主成分1	主成分2
飞行距离	0.2879		0.2875	
飞行时间	0.2510	-0.2854	0.2746	-0.2628
飞行速度		0.7486	-0.1261	0.7405
最快瞬时飞行速度		0.3775		0.3834
最长持续飞行时间	0.2792		0.2758	
最远持续飞行距离	0.2569	0.1036	0.2470	0.1253

2.3　金龟甲两性成虫飞行参数合并的主成分分析

对金龟甲两性成虫飞行参数进行主成分分析发现，取样足够度的Kaiser-Meyer-Olkin度量值为0.6050，Bartlett球形度检验的概率值P ＜ 0.0001，df = 15。不同飞行参数在提取之后的信息保留量分别为：飞行距离（95.43%）＞ 最长持续飞行时间（92.53%）＞ 最远持续飞行距离（84.55%）＞ 飞行速度（76.83%）＞ 飞行时间（60.56%）＞ 最快瞬时飞行速度（58.27%）。

不同坐标轴旋转方法得到的能解释原始变量的总方差如表7所示。从表7可以看出，3种旋转方法均认为提取两个主成分就足以解释原始变量信息的78.03%（＞ 70%），其中最大方差法和最大平衡值法各主成分累积方差解释率是一致的，均认为主成分1应当能够解释总方差的55.48%，而最大四次方值旋转法认为主成分1应当解释总方差的55.78%。

表7　采用3种旋转方法对金龟甲两性成虫进行主成分分析得到的能解释的方差分量

成分	初始特征值			提取平方和载入			旋转平方和载入					
							最大四次方值法			最大方差法/最大平衡值法		
	合计	方差的%	累积%	合计	方差的%	累积%	合计	方差的%	累积%	合计	方差的%	累积%
1	3.39	56.44	56.44	3.39	56.44	56.44	3.35	55.78	55.78	3.33	55.48	55.48
2	1.3	21.59	78.03	1.3	21.59	78.03	1.33	22.25	78.03	1.35	22.55	78.03
3	0.85	14.24	92.27									
4	0.39	6.44	98.71									
5	0.06	1.01	99.72									
6	0.02	0.28	100									

金龟甲两性成虫飞行参数主成分分析的旋转成分矩阵如表8所示。所谓旋转成分矩阵，事实上就是提取出的主成分与原始飞行参数之间的相关系数。根据统计学中相关系数的判断标准（0.95 ＜ |r| ＜ 1，显著相关；0.8 ≤ |r| ≤0.95，强相关；0.5 ≤ |r| ＜ 0.8，

中度相关；0.3 ≤ |r| < 0.5，弱相关；0 ≤ |r| < 0.3，不相关），我们在两性成虫飞行参数合并分析中，不予考察相关系数（主成分与原始指标之间）的绝对值在0.3以下的相互关系，以便得出关于飞行磨测试参数的普适性结论。从表8可以看出，最终的主成分意义分析结果是偏向于金龟甲雌虫的，即主成分1应当解释为“飞行耐力”，主成分2应当解释为“飞行爆发力”。

表8　金龟甲两性成虫雄虫飞行参数主成分分析的旋转成分矩阵

原始飞行参数	最大四次方值法		最大方差法和最大平衡值法	
	主成分1	主成分2	主成分1	主成分2
飞行距离	0.9706	0.1103	0.9671	0.1382
最长持续飞行时间	0.9601		0.9579	
最远持续飞行距离	0.9133	0.1067	0.9098	0.1329
飞行时间	0.7712	-0.1044	0.7739	
飞行速度		0.8739		0.8715
最快瞬时飞行速度	0.2228	0.7301	0.2017	0.7362

从表9的两性成虫因子得分系数矩阵可以看出，3种旋转方法得到的因子得分系数矩阵差别并不大。因此，我们以最大四次方值法作为依据，得到两个主成分的回归方程分别为：主成分1 = 0.2882 × 飞行距离 + 0.2415 × 飞行时间 + 0.2882 × 最长持续飞行时间 + 0.2710 × 最远持续飞行距离；主成分2 = 0.6712 × 飞行速度 + 0.5427 × 最快瞬时飞行速度 – 0.1297 × 飞行时间。

表9　金龟甲两性成虫飞行参数主成分分析的因子得分系数矩阵

原始指标变量	最大四次方值法		最大方差法和最大平衡值法	
	主成分1	主成分2	主成分1	主成分2
飞行距离	0.2882		0.2875	
飞行时间	0.2415	-0.1297	0.2451	-0.1227
飞行速度		0.6712		0.6687
最快瞬时飞行速度		0.5427		0.5430
最长持续飞行时间	0.2882		0.2886	
最远持续飞行距离	0.2710		0.2702	

3　结论与讨论

本研究分别用飞行磨技术测试了暗黑鳃金龟62头雌虫和59头雄虫的6个飞行参数，并利用设置不同坐标轴旋转方法的主成分分析对这些参数进行分析。结果发现，金龟甲的飞行参数可以凝练为两个主成分，主成分1代表着“飞行耐力”，其与原始飞行参数的回归表达式为主成分1 = 0.2882 × 飞行距离 + 0.2415 × 飞行时间 + 0.2882 × 最长持续飞行时间 + 0.2710 × 最远持续飞行距离；主成分2代表着“飞行爆发力”，与原始飞行参数之间的回归表达式为主成分2 = 0.6712 × 飞行速度 + 0.5427 × 最快瞬时飞行速度 – 0.1297 × 飞行时间。这些研究说明，飞行磨测量的不同行为学指标之间存在着很强的相关性，采用本试验的回归式将6个原始飞行参数指标简化为“飞行耐力”和“飞行爆发力”两个指标，有助于减少后继分析的运算量，例如不同昆虫种类飞行能力之间的横向比较，不同温度或湿度对昆虫飞行能力的影响等试验，均可以按照这种途径进行分析。当然，本研究仅仅采用暗黑鳃金龟作为案例，也发现了两性成虫之间的差异性，即金龟甲雌虫的飞行参数提取的主成分的生物学意义非常明确，而雄虫飞行参数中的“最快瞬时飞行速度”在两个主成分轴上的辨别度量很低。昆虫种类之间的差异，可能比同种昆虫两性成虫之间的差异更大。因此，未来需要针对不同的昆虫种类进行飞行磨参数比对，以便得出更加普适性的规律。在飞行磨技术研发中，将普适性的主成分回归表达计算模块结合到参数记录中，将会为昆虫飞行行为的度量提供更加丰富的信息。

参考文献

[1] 陈敏, 陈鹏, 叶辉. 桔小实蝇飞行活动节律及其飞行能力[J]. 环境昆虫学报, 2017, 39(4)：813-819.

[2] 崔建新, 董钧锋, 任向辉, 等. 日龄及性别对橘小实蝇实验种群飞行能力的影响[J]. 生态学报，2016, 36(5)：1292-1302.

[3] 崔建新, 房静, 侯金萍, 等. 昆虫吊飞飞行可视化技术及其应用[J].河南科技学院学报（自然科学版）, 2016, 44(04)：27-31.

[4] 郭江龙, 付晓伟, 赵新成, 等. 黄地老虎飞行能力研究[J]. 环境昆虫学报, 2016, 38(5)：888-895.

[5] 郭小芹, 刘明春, 魏育国. 基于主成分分析的玉米棉铃虫预测模型[J]. 西北农业学报, 2010, 19(08)：69-73.

[6] 韩宗礼, 谭晓玲, 陈巨莲. 环境温度变化对异色瓢虫的飞行与运动能力的影响[J]. 中国生物防治学报, 2017, 33(4)：433-441.

[7] 江幸福, 张蕾, 程云霞, 等. 粘虫蛾飞行过程中体温及呼吸强度变化[J].植物保护学报，2015，42(6)：1020-1024.

[8] 刘向东, 翟保平, 张孝羲. 蚜虫迁飞的研究进展[J]. 昆虫知识, 2004(04)：301-307.

[9] 刘晓博, 郑子金, 周丰, 等. 日龄、性别及线虫侵染对松树蜂飞行能力的影响[J]. 应用昆虫学报, 2017, 54(6)：933-939.

[10] 全银华. 昆虫迁飞的地磁定向与始发机制研究[D].南京农业大学,2013.

[11] 杨帆, 翟保平. 温度对稻纵卷叶螟再迁飞能力的影响[J]. 生态学报, 2016, 36(7)：1881-1889.

[12] 叶盛, 王俊. 水稻虫害信息快速检测方法实验研究—基于电子鼻系统[J]. 农机化研究, 2010, 32(06)：146-149+204.

[13] 袁瑞玲, 杨珊, 冯丹, 等. 温度、湿度、光照对桔小实蝇飞行能力的影响[J]. 环境昆虫学报, 2016, 38(5)：903-911.

[14] 郑作涛, 江幸福, 张蕾, 等. 二点委夜蛾飞行行为特征[J]. 应用昆虫学报, 2014, 51(3)：643-653.

[15] Hahn, N. G., M. C. Hwang, and G. C. Hamilton. Circuitry and coding used in a flight mill system

to study flight performance of Halyomorpha halys (*Hemiptera*：*Pentatomidae*)[J]. Fla. Entomol, 2017(100)：195-198.

[16] Schumacher, P., A. Weyeneth, D. C. Weber, et al. Long flights in Cydia pomonella L. (*Lepidoptera*：*Tortricidae*) measured by a flight mill：influence of sex, mated status and age[J]. Physiol. Entomol, 1997(22)：149-160.

[17] Sarvary, M. A., K. A. Bloem, S. Bloem, et al. Diel flight pattern and flight performance of Cactoblastis cactorum (*Lepidoptera*：*Pyralidae*) measured on a flight mill：influence of age, gender, mating status, and body size[J]. J. Econ. Entomol. 2008(101)：314-324.

[18] Zhang, Y., L. Wang, K. Wu, et al. Flight performance of the soybean aphid, Aphis glycines (*Hemiptera*：*Aphididae*) under different temperature and humidity regimens[J]. Environ. Entomol. 2008(37)：301-306.

暗黑鳃金龟轨迹球记录参数的主成分分析*

盛子耀**，游秀峰，张少华，高超男，杨晓杰，邢怀森，李为争，原国辉***

（河南农业大学植物保护学院，郑州 450002）

摘　要：轨迹球（位移补偿器）允许被试昆虫在相对较小的测试空间无障碍地自由爬行，是研究昆虫爬行运动的精密记录设备。但是不同作者对轨迹球记录参数的统计分析存在较大的偏颇，如何将复杂的记录参数凝练为相对容易解读的少数行为学主成分，是非常有科学价值的研究方向。本文采用LC-300型轨迹球分别记录了暗黑鳃金龟两性成虫的6个爬行参数，并对这些参数进行主成分分析。结果发现，提取两个主成分就可以解释原始数据77.44%的变异。主成分1的生物学意义是“爬行活泼度”；主成分2的生物学意义是“趋向因子”。两个主成分与原始记录参数之间的回归方程分别为：主成分1 = 0.34 ×爬行距离 + 0.30 × 有效爬行时间 + 0.23 × 平均爬行速度 – 0.31 × 轨迹直线度；主成分2 = 0.51 × 定向率 + 0.51 × 逆风位移 + 0.15 × 平均爬行速度。因此，暗黑鳃金龟的6个原始爬行参数简化为“爬行活泼度”和“趋向因子”两个指标就足够了。

关键词：暗黑鳃金龟；轨迹球；主成分分析法

Principle Component Analysis on Walking Parameters of Holotrichia parallela Beetles Obtained from Tracksphere Locomotion Compensator

Sheng Ziyao*, You Xiufeng, Zhang Shaohua, Gao Chaonan, Yang Xiaojie, Xing Huaisen, Li Weizheng, Yuan Guohui[1]**

（*College of Plant Protection, Henan Agricultural University, Zhengzhou, Henan 450002*）

Abstract: The also called locomotion compensator, is a powerful tool for investigating the

* 基金项目：粮食丰产增效科技创新重点专项（2018YFD0300706）；国家自然科学基金项目（31471772）；河南农业大学科技创新基金项目（KJCX2018A12）

** 第一作者：盛子耀，硕士研究生；E-mail: ziyaosheng@163.com

*** 通讯作者：原国辉，教授，主要从事昆虫化学生态学研究；E-mail: hnndygh@126.com

orientation response of beetles to different odor sources, because it allows them to walk freely without any barrier in an air stream. However, fairly strong bias present among different authors when they conducted statistical analyses on these recorded parameters. It is urgently needed to simplify the recorded parameters into a few principle components being relatively easy to explain. The author recorded six walking parameters of *Holotrichia parallela* male and female beetles using LC-300 typed servo-sphere, and conducted a serial of principle component analyses on these parameters. The results show that the extraction of two components could explain 77.44% total variance of original recorded parameters. The biological significances of the first component and the second component were "walking activity" and "orientation factor", respectively. The regression equation between the first component and original parameters is: component 1 = 0.34 × walking distance + 0.30 × effective walking time + 0.23 × average walking speed – 0.31 × track Straightness, and the component 2 = 0.51 × directional rate + 0.51 × headwind displacement + 0.15 × average walking speed. Therefore, the six original walking parameters of *Holotrichia parallela* beetles recorded by a locomotion compensator could be simplified as two components: "walking activity" and "orientation factor".

Key words: *Holotrichia parallela*; Track-sphere locomotion compensator; Principle component analysis

昆虫爬行活动的能量消耗小于飞行活动，因而短距离扩散以爬行为主，并成为昆虫近距离搜索食物和配偶的主要运动方式。昆虫爬行测试传统方法不能保证被试昆虫与气味源的间距恒定，且要求较大的测试空间。而轨迹球（又称位移补偿器locomotion compensator或伺服球servo-sphere）能较好解决这些问题，它由爬行轨迹球、气动支撑球、X驱动马达、Y驱动马达、图像采集设备、模数转换设备、Track-sphere软件、气路供给系统、基座和支架等部件组成。事实上，轨迹球是研究昆虫对不同气味源趋向反应的强有力的设备，因为这种设备使得昆虫能够在气流中无障碍地自由爬行，通过与昆虫爬行方向相反的轨迹球的转动，使被试昆虫始终保持在球顶的位置，爬行路径记录精确，记录参数类型丰富，而且很好地实现了以小见大的设计目标（Heisswolf et al.，2007）。不同学者对轨迹球直接记录参数或衍生参数的分析偏好不同，主要包括爬行距离、平均爬行速度、有效爬行时间、轨迹直线度、定向率、逆风位移（即矢量角余弦）、爬行位移、矢量角正弦值、逆风直线度等。目前轨迹球在昆虫行为学研究中的应用包括分析气味背景对海灰翅夜蛾*Spodoptera littoralis*剪翅雄蛾趋向性信息素反应的影响（Party et al.，2013）、海灰翅夜蛾触角灵敏度的经历依赖性调控（Guerrieri et al.，2012）、海灰翅夜蛾雄蛾跨感觉通道的经历依赖性敏感化现象（Minoli et al.，2012）、马铃薯甲虫*Leptinotarsa decemlineata*对虫害前后马铃薯叶片的趋向反应

（Bolter et al., 1997）、亚洲玉米螟*Ostrinia furnacalis*初孵幼虫对玉米或菠菜不同脉冲气流的反应（Piesik et al., 2009）、小蜡螟*Galleria mellonella*对超声波的趋向反应（Greenfield et al., 2002）、葡萄花翅小卷蛾*Lobesia botrana*幼虫对寄主植物和人工饲料的定向反应（Becher and Guerin, 2009）。然而，这些参数可能存在着严重的共线性，例如矢量角余弦和矢量角正弦，这些数据绘制在二维平面上分别相当于以爬行位移为斜边的直角三角形的两个直角边的长度。

主成分分析（Principle component analysis, PCA）能够在尽可能多地保留原始指标主要信息的前提下，对昆虫行为的不同指标进行凝练和整合，有助于简化后继分析。通过超维空间坐标轴的旋转（如varimax、quartimax、equalmax等旋转方法），可以很方便地阐释提取出的主成分的生物学意义。根据我们的观察，暗黑鳃金龟*Holotrichia parallela*成虫在栖息环境之间的远距离运动主要依赖飞行，找到靶标寄主或者求偶对象之后的短距离运动主要依赖爬行（Zhang et al., 2019）。本文采用轨迹球技术记录了暗黑鳃金龟*Holotrichia parallela*雌虫和雄虫的爬行参数，并采用SPSS 19.0中的主成分分析程序对这些参数进行简化。

1　材料与方法

1.1　供试昆虫

2018年6月~7月，在河南农业大学科教园区设置黑光灯诱捕器诱集暗黑鳃金龟成虫。用新鲜采摘的榆树叶片放在24℃、60% RH、16 L : 8 D的人工气候箱中饲养。在饲养容器的底部垫一层5 cm厚的灭菌土壤，用无菌蒸馏水喷雾拌匀，使其相对湿度保持在20%左右，作为产卵的环境。暗黑鳃金龟所产的卵需要经过8~10 d后才能孵化为一龄幼虫。购买花生并在湿热灭菌锅中煮熟，作为饲养幼虫的饲料。幼虫共3龄，经过9~10周后进入预蛹期。每天检查预蛹，及时从饲养群体中分离出来，放在20% RH的灭菌土壤中。羽化后，雌虫和雄虫隔离用榆树叶片饲养，每次从饲养群体中取出1头，记录性别后进行爬行轨迹记录。

1.2　供试装置

LC-300型昆虫爬行记录系统（轨迹球）购置于荷兰Syntech公司，配置黑白双球，直径均为30 cm，安装于河南农业大学工程楼1306实验室。所有测试在黄昏前后、26 ± 2℃、50 ± 10% RH、遮挡光照的环境中进行。气味源为盆栽花生，通过特氟龙管水平吹送到轨迹球上，使得气味出口恰好与球顶平齐，气流出口距离球顶12 cm，气流速度为600 mL/min。由于暗黑鳃金龟鞘翅颜色较深，故安装白球进行测试。将1头供试金龟甲置于球顶，适应约60 s后开始记录爬行路径，爬行轨迹上的每个位置储存为微分化的X坐标和Y坐标值。每次记录时间持续240 s。测试过程中从轨迹球上掉落或飞离轨迹球的个体剔除分析。

根据金龟甲的爬行特征，从TrackSphere 3.1保存的csv爬行路径文件中，每隔10 s抽取1个数据点。利用Excel 2007计算下述参数：

（1）定向率：在被气味源激活的个体中，每个个体共24个位置点，计算这些位置中与气味源平均夹角在–30°至+30°之间的数据点数所占的百分率；

（2）爬行距离：即被试昆虫爬行轨迹的总长度，用mm来表示；

（3）平均爬行速度：用爬行总距离除以有效爬行时间，所谓有效爬行时间指的是在总测试期的240 s内，扣除掉相继两个记录位置试虫没有发生位移的时间之和；

（4）逆风位移：在24个观察时间点中，首先计算每个时间点被试昆虫离开起点的位移值，然后计算爬行起点—记录位置的连线与爬行起点—气味源连线的夹角，再次将爬行位移乘以该夹角的余弦值，作为某时刻的定向指数。远离气味源的定向指数为负值，趋向气味源的定向指数为正值。最后求出每个个体的24个定向指数的代数和，作为试验指标；

（5）轨迹直线度：试虫在240 s时的位置离出发点的距离除以爬行总距离得到的商；

（6）有效爬行时间：指的是在记录的240 s内，被试金龟甲用于爬行的时间减去间歇式停顿的时间。所谓间歇式停顿，指的是相继两个记录点之间的距离低于1.5倍的体长。

1.3　主成分分析方法

调用SPSS 19.0的主成分分析程序对6个爬行参数（爬行距离、有效爬行时间、平均爬行速度、轨迹直线度、逆风位移、定向率）进行分析。我们按照雌虫、雄虫、雌雄混合分3次进行主成分分析，每次主成分分析分别调用“varimax（最大方差法）”“quartimax（最大四次方值法）”和“equalmax（最大平衡值法）”3种坐标轴旋转方法，从中择优。通过Kaiser-Meyer-Olkin检验判断数据进行主成分分析的适合性，通过查看旋转成分矩阵归纳主成分的生物学意义，通过因子得分系数矩阵获得各主成分与原始记录参数之间的回归方程。其中在旋转成分矩阵和因子得分系数矩阵中，均忽略相关系数或回归系数绝对值小于0.1的对应关系。

2　结果与分析

2.1　金龟甲雌虫爬行参数的主成分分析

对金龟甲雌虫爬行参数进行主成分分析发现，取样足够度的Kaiser-Meyer-Olkin度量值为0.4513，Bartlett球形度检验概率值＜0.0001，适合进行主成分分析。不同爬行参数在提取之后的信息保留量分别为：爬行距离（91.41%）＞定向率（86.27%）＞爬行时间（81.21%）＞逆风位移（80.29%）＞轨迹直线度（79.82%）＞爬行速度（55.67%）。表1显示主成分分析提取不同的公因子数目时，能够解释原始指标总变异的百分率、累计百分率和特征根情况。3种坐标轴旋转方法得到一致结果，提取两个主成分能够解释原始变量信息的79.11%。

表1　金龟甲雌虫爬行参数主成分分析方差解释分量

成分	初始特征值			提取平方和载入			旋转平方和载入①		
	合计	方差的%	累积%	合计	方差的%	累积%	合计	方差的%	累积%
1	2.92	48.71	48.71	2.92	48.71	48.71	2.92	48.59	48.59
2	1.82	30.40	79.11	1.82	30.40	79.11	1.83	30.52	79.11
3	0.74	12.40	91.51						
4	0.28	4.73	96.24						
5	0.20	3.32	99.56						
6	0.03	0.44	100.00						

①坐标轴旋转方法最大方差法、最大四次方值法和最大平衡值法结果一致，故仅显示1组数据。

最大方差法和最大平衡值法得到的金龟甲雌虫爬行参数的旋转成分矩阵的结果是一致的，而最大四次方值法得到的结果略有不同。但是三者提取的主成分的生物学意义阐释是完全一致的。第1主成分与爬行距离呈显著的正相关关系，与爬行时间呈显著正相关关系，与有效爬行时间呈强正相关关系，与平均爬行速度呈中等程度的正相关关系，相反，主成分1与轨迹直线度呈强负相关关系。第2主成分与定向率和逆风位移呈强正相关关系，与平均爬行速度呈较弱的正相关关系。可以将主成分1的生物学意义解释为“活泼度”，将主成分2的生物学意义解释为“趋向因子”（表2）。

表2　金龟甲雌虫爬行参数主成分分析的旋转成分矩阵

原始指标变量	最大四次方值法		最大方差法或最大平衡值法	
	主成分1	主成分2	主成分1	主成分2
爬行距离	0.96	-	0.96	-
轨迹直线度	-0.89	-	–0.89	-
有效爬行时间	0.87	–0.24	0.87	–0.24
平均爬行速度	0.67	0.33	0.67	0.33
定向率	-	0.93	-	0.93
逆风位移	-	0.90	-	0.90

金龟甲雌虫爬行参数主成分分析的因子得分系数矩阵如表3所示。从表3可以看出，3种坐标轴旋转方法得到的主成分回归表达方程完全一致，主成分1与原始爬行参数之间的回归表达式为：主成分1 = 0.33 × 爬行距离 + 0.29 × 有效爬行时间 + 0.24 × 平均爬行速度 – 0.31 × 轨迹直线度；主成分2与原始爬行参数之间的回归方程为：主成分2 = 0.51 × 定向率 + 0.49 × 逆风位移 + 0.19 × 平均爬行速度 – 0.11 × 有效爬行时间。

表3　金龟甲雌虫爬行参数主成分分析的因子得分系数矩阵

原始指标变量	因子得分系数	
	主成分1	主成分2
爬行距离	0.33	-
有效爬行时间	0.29	-0.11
平均爬行速度	0.24	0.19
轨迹直线度	-0.31	-
定向率	-	0.51
逆风位移	-	0.49

2.2　金龟甲雄虫爬行参数的主成分分析

对金龟甲雄虫爬行参数进行主成分分析发现，取样足够度的Kaiser-Meyer-Olkin度量值为0.3766，说明雄虫不同爬行参数指标之间的相关性或者共线性程度和雌虫参数相比低得多，其主成分的生物学意义解释可能比雌虫更为复杂。不同爬行参数在提取之后的信息保留量分别为：爬行速度（99.52%）＞有效爬行时间（93.84%）＞爬行距离（92.42%）＞逆风位移（90.58%）＞定向率（90.47%）＞轨迹直线度（79.38%）。雄虫爬行参数需要提前3个主成分，三者共可以解释原始总变异的91.03%。3种旋转方法在3个主成分上的方差分量各不相同。

表4　金龟甲雄虫爬行参数主成分分析的方差解释分量

成分	初始特征值			提取平方和载入			旋转平方和载入①		
	合计	方差的%	累积%	合计	方差的%	累积%	合计	方差的%	累积%
1	2.67	44.44	44.44	2.67	44.44	44.44	2.47 2.38 2.33	41.15 39.71 38.89	41.15 39.71 38.89
2	1.79	29.80	74.24	1.79	29.80	74.24	1.78 1.78 1.78	29.71 29.72 29.73	70.86 69.43 68.61
3	1.01	16.79	91.03	1.01	16.79	91.03	1.21 1.30 1.35	20.17 21.60 22.42	91.03 91.03 91.03
4	0.39	6.58	97.61						
5	0.13	2.15	99.76						
6	0.01	0.24	100.00						

注：①每组含3行，从上至下分别表示采用最大四次方值法、最大方差法和最大平衡值法所得结果。

金龟甲雄虫爬行参数主成分分析的旋转成分矩阵如表5所示。从表5可以看出，主成分1与有效爬行时间呈显著正相关关系，与爬行距离呈强正相关关系，与轨迹直线度呈强负相关关系；主成分2与逆风位移和定向率均呈强正相关关系，这一点和雌虫爬行参数的分析结果是一致的；主成分3与平均爬行速度呈显著的正相关关系，与爬行距离呈弱的正相关关系。主成分2的生物学意义是“趋向因子”。主成分1与主成分3可能代表着雄虫爬行对策存在着一定程度的分化，主成分1可以视为“漫游型”对策，即爬行间歇短暂，爬行轨迹弯曲；主成分3的生物学意义是爬行速度。

表5　金龟甲雄虫爬行参数主成分分析的旋转成分矩阵

原始指标变量	最大四次方值法			最大方差法			最大平衡值法		
	主成分1	主成分2	主成分3	主成分1	主成分2	主成分3	主成分1	主成分2	主成分3
有效爬行时间	0.96	—	–0.13	0.97	—	—	0.97	—	—
轨迹直线度	–0.89	—	—	–0.88	—	–0.14	–0.87	—	–0.17
爬行距离	0.84	—	0.47	0.80	—	0.53	0.78	—	0.57
逆风位移	—	0.95	—	—	0.95	—	—	0.95	—
定向率	–0.16	0.94	—	–0.15	0.94	—	–0.15	0.94	—
平均爬行速度	0.18	—	0.98	0.11	—	0.99	—	—	0.99

金龟甲雄虫爬行参数主成分分析的因子得分系数矩阵如表6所示。按照最大四次方值法，主成分1与原始爬行参数之间的回归表达式为：主成分1 = 0.28 × 爬行距离 + 0.45 × 爬行时间 – 0.11 × 平均爬行速度 – 0.38 × 轨迹直线度；主成分2与原始爬行参数之间的回归方程为：主成分2 = 0.53 × 定向率 + 0.54 × 逆风位移；主成分3与原始爬行参数之间的回归方程为：主成分3 = 0.86 ×平均爬行速度 + 0.27 ×爬行距离 + 0.11 ×轨迹直线度 – 0.31 ×有效爬行时间。按照最大方差法，主成分1与原始爬行参数之间的回归表达式为：主成分1 = 0.26 × 爬行距离 + 0.47 ×爬行时间 – 0.17 × 平均爬行速度 – 0.39 × 轨迹直线度；主成分2与原始爬行参数之间的回归方程为：主成分2 = 0.53 × 定向率 + 0.54 × 逆风位移；主成分3与原始爬行参数之间的回归方程为：主成分3 = 0.85 ×平均爬行速度 + 0.29 ×爬行距离 – 0.27 ×有效爬行时间。按照最大平衡值法，主成分1与原始爬行参数之间的回归表达式为：主成分1 = 0.25 × 爬行距离 + 0.49 × 爬行时间 – 0.20 × 平均爬行速度 – 0.39 × 轨迹直线度；主成分2与原始爬行参数之间的回归方程为：主成分2 = 0.53 × 定向率 + 0.54 × 逆风位移；主成分3与原始爬行参数之间的回归方程为：主成分3 = 0.84 × 平均爬行速度 + 0.30 × 爬行距离 – 0.25 × 有效爬行时间。

表6　金龟甲雄虫爬行参数主成分分析的因子得分系数矩阵

原始指标变量	最大四次方值法			最大方差法			最大平衡值法		
	主成分1	主成分2	主成分3	主成分1	主成分2	主成分3	主成分1	主成分2	主成分3
爬行距离	0.28	—	0.27	0.26	—	0.29	0.25	—	0.30
有效爬行时间	0.45	—	–0.31	0.47	—	–0.27	0.49	—	–0.25
平均爬行速度	–0.11	—	0.86	–0.17	—	0.85	–0.20	—	0.84
轨迹直线度	–0.38	—	0.11	–0.39	—	—	–0.39	—	—
定向率	—	0.53	—	—	0.53	—	—	0.53	—
逆风位移	—	0.54	—	—	0.54	—	—	0.54	—

2.3　金龟甲两性成虫爬行参数合并的主成分分析

对金龟甲两性成虫爬行参数进行主成分分析发现，取样足够度的Kaiser-Meyer-Olkin度量值为0.4338。不同爬行参数在提取之后的信息保留量分别为：爬行距离（91.29%）＞定向率（86.80%）＞逆风位移（84.13%）＞轨迹直线度（77.95%）＞爬行时间（77.82%）＞平均爬行速度（46.63%）。

不同坐标轴旋转方法得到的能解释原始变量的总方差如表7所示。从表7可以看出，3种旋转方法均认为提取两个主成分就足以解释原始变量信息的77.44%。3种旋转方法得到的各主成分累积方差解释百分率是一致的，均认为主成分1应当能够解释总方差的47.23%，主成分2能够解释总方差的30.21%。金龟甲两性成虫爬行参数主成分分析的旋转成分矩阵如表8所示。主成分1应当解释为“爬行活泼度”，主成分2应当解释为“趋向因子”。

表7　金龟甲雌雄成虫主成分分析方差解释分量

成分	初始特征值			提取平方和载入			旋转平方和载入①		
	合计	方差的%	累积%	合计	方差的%	累积%	合计	方差的%	累积%
1	2.84	47.41	47.41	2.84	47.41	47.41	2.83	47.23	47.23
2	1.80	30.03	77.44	1.80	30.03	77.44	1.81	30.21	77.44
3	0.82	13.74	91.18						
4	0.27	4.58	95.76						
5	0.23	3.83	99.59						
6	0.02	0.41	100.00						

①坐标轴旋转方法最大方差法、最大四次方值法和最大平衡值法结果一致，故仅显示1组数据。

表8　金龟甲两性成虫雄虫爬行参数主成分分析的旋转成分矩阵

原始指标变量	最大四次方值法		最大方差法和最大平衡值法	
	主成分1	主成分2	主成分1	主成分2
爬行距离	0.96	—	0.96	—
轨迹直线度	–0.88	—	–0.88	—
有效爬行时间	0.86	–0.20	0.86	–0.20
平均爬行速度	0.63	0.25	0.63	0.25
定向率	—	0.93	—	0.93
逆风位移	—	0.92	—	0.92

从表9的两性成虫因子得分系数矩阵可以看出，3种旋转方法得到的因子得分系数矩阵是一致的。两个主成分的回归方程分别为：主成分1 = 0.34 ×爬行距离 + 0.30 × 有效爬行时间 + 0.23 × 平均爬行速度 – 0.31 × 轨迹直线度；主成分2 = 0.51 × 定向率 + 0.51 × 逆风位移 + 0.15 × 平均爬行速度。

表9　金龟甲两性成虫爬行参数主成分分析的因子得分系数矩阵

原始指标变量	因子得分系数	
	主成分1	主成分2
爬行距离	0.34	—
有效爬行时间	0.30	—
平均爬行速度	0.23	0.15
轨迹直线度	–0.31	—
定向率	—	0.51
逆风位移	—	0.51

3　讨论

本研究利用轨迹球技术分别测试了暗黑鳃金龟两性成虫各50头的6个爬行参数，并利用不同坐标轴旋转方法的主成分分析进行统计分析。结果表明，金龟甲的爬行参数可以凝练为两个主成分，主成分1代表着爬行活泼度，其与原始爬行参数的回归表达式为：主成分1 = 0.34 ×爬行距离 + 0.30 × 有效爬行时间 + 0.23 × 平均爬行速度 – 0.31 × 轨迹直线度；主成分2代表着趋向因子，与原始爬行参数之间的回归表达式为：主成分2 = 0.51 × 定向率 + 0.51 × 逆风位移 + 0.15 × 平均爬行速度。这些研究与金龟甲趋向目标的行为学是一致的，衡量其趋向行为的强弱有两个标准：首先，试虫必须积极活泼地爬行，包括爬行速度快，爬行停顿次数少，爬行距离远；其次，爬行的方向和接近气味源的有效位移应当大，前者可以展示金龟甲究竟是偏好某种气味源还是厌恶某种气味源，喜欢停留在什么样的气味氛围中，后者展示金龟甲在测试时间内是否能够实现尽可能趋近气味源的靶标。

金龟甲两性成虫对花生气味的爬行反应参数存在着一定程度的分化，雌虫趋向强度可以严格按照本研究提取的公因子来描述，而雄虫则部分个体属于漫游型，轨迹弯弯曲曲，但是停顿次数较少，一直处于爬行状态，目标性不强；另一些个体则爬行快速。出现这种雌雄分化的原因，可能是花生释放的气味物质既可以作为雌虫的取食信号，也可以作为雌虫的产卵信号，而雄虫不涉及产卵活动，对花生气味源的偏好性不如雌虫强。

参考文献

[1] Becher P.G, Guerin P.M. Oriented responses of grapevine moth larvae Lobesia botrana to volatiles from host plants and an artificial diet on a locomotion compensator. [J]. J Ins Physiol. 55 (2009) 384-393.

[2] Bolter C.J, Dicke M, van Loon JJA, Visser J.H, Posthumus M.A. Attraction of colorado potato beetle to herbivore-damaged plant during herbivory and after its termination. [J]. J Chem Ecol. 1997, 23：1003-1023.

[3] Guerrieri F, Gemeno C, Monsempes C, Anton S, Jacquin-Joly E, Lucas P, Devaud JM. Experience-dependent modulation of antennal sensitivity and input to antennal lobes in male moths (Spodoptera littoralis) pre-exposed to sex pheromone. [J]. J Exp Biol. 215, 2334-2341, 2012.

[4] Greenfield M.D, Tourtellot Chad Tillberg M K. ,Bell W. J. ·Prins N. Acoustic orientation via sequential comparison in an ultrasonic moth. [M]. Naturwissenschaften （2002）89：376-380.

[5] Heisswolf, A., D. Gabler, E. O., and C. Müller. 2007. Olfactory versus contact cues in host plant recognition of a monophagous chrysomelid beetle. [J]. J. Ins. Behav. 20：247-266.

[6] Minoli S, Kauer I, Colson V, Party V, Renou M, et al. Brief exposure to sensory cues elicits stimulus-nonspecific general sensitization in an insect. [J]. PLoS ONE 7：e34141.

[7] Party V, Hanot C, Bu¨sser DS, Rochat D, Renou M. Changes in odor background affect the locomotory response to pheromone in moths. [J]. PLoS ONE 8：1-15, 2013, e25897

[8] Piesik D, Rochat D, van der Pers J, Marion-Poll F. Pulsed odors from maize or spinach elicit orientation in European corn borer neonate larvae. [J]. J Chem Ecol.35：1032-1042, 2009.

[9] Zhang H F, Teng X H, Luo Q W, Sheng Z Y, Guo X R , Wang G P , Li W Z , Yuan G H. Flight and Walking Performance of Dark Black Chafer Beetle Holotrichia parallela (Coleoptera：Scarabaeidae) in the Presence of Known Hosts and Attractive Nonhost Plants. [J]. Journal of Insect Science, (2019) 9(2)：14; 1-9.

不同施肥水平下种衣剂对小麦主要害虫发生程度的影响*

董少奇**，王鑫辉，袁星星，赵　曼，郭线茹***

（河南农业大学植物保护学院，郑州 450002）

摘　要：为明确基肥不同施肥水平是否影响种衣剂的防治效果，为科学施肥施药提供依据，本研究采用二因素试验方法研究了施肥和种子处理两个因素的不同水平对小麦蚜虫、麦叶螨和小麦籽粒重量的影响，结果表明，施肥和种子处理对麦蚜的发生无交互影响，31.9%戊唑·吡虫啉悬浮种衣剂和27%苯醚·咯·噻虫种子处理悬浮剂包衣种子能显著压低麦蚜的种群数量，基肥减施18.7%的氮肥与常规施肥相比对麦蚜无显著影响。施肥和种子处理对麦叶螨的发生有交互影响，供试的两种种衣剂均对麦叶螨有显著的抑制作用，而氮肥减施后有利于麦叶螨发生。从小麦季施肥看，基肥减施氮肥有利于小麦籽粒干物质积累，对小麦具有增产作用。

关键词：施肥；种衣剂；蚜虫；麦叶螨；小麦产量

Effects of Seed Coating Agents on the Occurrence of Main Wheat Pests under Different Fertilization Levels

Dong Shaoqi，Wang Xinhui，Yuan Xingxing，Zhao Man，Guo Xianru

（*College of Plant Protection, Henan Agricultural University, Zhengzhou* 450002, China）

Abstract: In order to clarify the effects of different levels of basal fertilizer on the control effect of seed coating agent and provide a basis for scientific application of fertilizer and pesticide, a two-factor experiment was conducted to study the effects of different levels of fertilization and seed treatment on aphids, leaf mites and wheat grain weight. The results showed that fertilization and seed treatment had

*　基金项目：国家重点研发计划项目（2017YFD0201700）

**　第一作者：董少奇，硕士研究生，主要从事昆虫生态学研究；E-mail：shaoqidong316@163.com

***　通讯作者：郭线茹，教授，主要从事农业害虫综合治理研究；E-mail：guoxianru@126.com

no interactive effect on the occurrence of wheat aphid, and 31.9 % tebuconazole · imidacloprid FSC and 27% difenoconazole · fludioxonil · thiamethoxam FS agent could significantly reduce the population of wheat aphid. The application of base fertilizer decreased 18.7% of nitrogen had no significant effect on wheat aphid. Fertilization and seed treatment had interactive effects on the occurrence of wheat leaf mites, and the two kinds of seed coating agents had significant inhibitory effects on wheat leaf mites, but the reduction of nitrogen fertilizer was beneficial to the occurrence of the mite. In wheat season, the reduced application of nitrogen fertilizer was conducive to the accumulation of dry matter in wheat grains, resulting in the increas of the wheat yield.

Key words: Fertilization; Seed coating agent; Aphid; Wheat leaf mite; Wheat yield

冬小麦是河南省重要的粮食作物，冬小麦的生产安全对我国粮食安全具有重要意义，但冬小麦在生长发育过程中会遭受很多病虫为害，严重影响其产量和品质（苏旺苍，2019）。蚜虫和叶螨是小麦生长发育过程中的常发性害虫（螨），其成虫和若虫均可危害，造成受害麦苗发育不良，发生严重时可造成麦苗枯死，严重影响小麦产量（刘一和徐永伟，2018）。

种衣剂是用于植物种子处理的、具有成膜特性的一类制剂，能使良种标准化，又具有植物保护作用等多种功能（王海堂，2017）。小麦播种时采用高效内吸性杀虫、杀菌剂进行种子包衣，具有省工、省药、增产等一药多效的优点，因此受到日益广泛的应用（杨华等，2001； 朱芳云，2017）。小麦生产中常用的种衣剂按其含有的有效活性成分多少可以分为单剂和复配制剂两类，如以杀虫剂吡虫啉和杀菌剂戊唑醇为活性成分的种衣剂，既可防治蚜虫又可防治纹枯病、散黑穗病、全蚀病等病害（苗昌见等，2016）。含有杀虫剂噻虫嗪和杀菌剂咯菌腈及苯醚甲环唑的种衣剂，可以有效地防止蚜虫、小麦根腐病和纹枯病的发生（姜莉莉等，2018；茹李军等，2016）。噻虫嗪与吡虫啉都属于新烟碱类杀虫剂，其杀虫机理是选择性地作用于昆虫中枢神经系统后突触烟碱型乙酰胆碱受体，使昆虫正常神经传导受阻，从而导致昆虫过度兴奋、死亡（姚香梅，2015）。与其他传统的杀虫剂如拟除虫菊酯等相比，新烟碱类杀虫剂具有内吸性强、持效期长、活性高、作用速度快、杀虫谱广和对高等动物毒性低等优点，因此成为防治刺吸类害虫的种衣剂的主要活性成分。

施肥水平与小麦产量和品质密切相关，氮磷钾等大量元素复合肥常作为基肥在小麦播种前整地时施用，其用量及氮磷钾各元素的配比可影响小麦生长发育和农艺性状（Umara Qadeer et al., 2019）。如合理施用氮肥能够改善小麦植株体内活性氧的代谢与合成，提高氧化酶的活性，增加细胞质膜的稳定性，加强小麦叶片细胞膜的保护功能，对小麦生长发育起促进作用（赵若含等，2020），提高冬小麦产量及子粒中微量元素的含量（黄玉芳等，2019）。施肥水平不仅影响小麦生长和产量，而且影响病虫害发生程度。如适量提高钾水平可能通过降低小麦组成型游离氨基酸的含量等机制抑制麦长管蚜种群密度（付延磊等，2017）；小麦增施氮肥能影响植物与昆虫的相互作用，但对盆栽不同小麦品种及不同蚜虫的影响程度有差异，有的增施氮肥能增加麦长管蚜（*Sitobion avenae*）和禾谷缢管蚜（*Rhopalosiphum padi*）的繁殖力和寿命，有的则表现为缩短了若虫至性成熟的时间（Aqueel and Leather，2010）。

播种后种子与土壤密切接触，施肥水平影响土壤理化性质（孙建等，2010），是否影响种衣剂对病虫害的防治效果、种衣剂与施肥水平对小麦产量是否具有互作关系，目前研究较少。因此，本试验研究了两种种衣剂及两种施肥配比对冬小麦主要害虫蚜虫和叶螨的影响，以期为科学施肥提供指导。

1 材料与方法

1.1 材料

供试小麦品种为百农207，由河南科技学院提供。供试种衣剂为27%苯醚·咯·噻虫种子处理悬浮剂，先正达（南通）作物保护有限公司产品，市售。31.9%戊唑.吡虫啉悬浮种衣剂，拜耳作物科学（中国）有限公司产品，市售。

1.2 试验设计

本研究采用二因素试验设计。第一个试验因素为种子处理，设3个水平；第二个试验因素为施肥因素，设2个水平。具体设计见表1。

表1 不同种衣剂处理

因素	水平	用量
种子处理	A1	27%苯醚·咯·噻虫种子处理悬浮剂 200 mL/100 kg种子
	A2	31.9%戊唑.吡虫啉悬浮种衣剂300 mL/100 kg种子
	A3	空白
施肥	B1	每667m^{2}纯养分：N 10 kg+ P_2O_5 9 kg+ K_2O 4 kg
	B2	每667m^{2}纯养分：N 12.3 kg+ P_2O_5 9 kg+ K_2O 4 kg

试验于2018年10月至2019年6月在河南省新乡县七里营镇八柳树村长河种业试验田进行，试验田土壤为壤质潮土，地势平坦，地面流水灌溉。试验共6个处理，4次重复。每个小区宽2.4 m，长30 m。小麦播种至收获期除小麦返青拔节期喷施一次唑草酮和双氟磺草胺除草外，其他时间不施用任何农药。管理水平与当地保持一致。

1.2.3 调查方法

当地主要叶螨为麦圆叶爪螨（*Pentfaleus major*），在其发生高峰期（2019年3月31日），每小区采用五点取样法，采用拍打法调查30cm行长叶螨成虫和若虫的数量。在麦蚜为害高峰期（2019年5月15日）调查主要蚜虫麦长管蚜和禾谷缢管蚜的发生程度。每小区采用五点取样法，每点连续调查20个茎，记录穗、茎秆及叶片的全部蚜虫数量（包含僵蚜数）。小麦收获前（2019年6月1日）调查理论产量。每小区5点取样，每点连续调查100个穗，记录每个穗上的籽粒数，按照该品种的千粒重41.7 g折算产量。

1.3 数据分析

所有数据统计分析均在SPSS（版本20.0）软件中进行，利用最小显著差异法（LSD）进行不同处理间的差异性比较（$P<0.05$）。

2 结果与分析

2.1 不同施肥水平下种衣剂处理对麦叶螨发生程度的影响

从二因素试验的方差分析结果（表2）可以看出，各处理区麦叶螨的发生程度存在显著差异（$F_{5,15}$=11.69），经进一步分析，种子处理（$F_{2,15}$=13.21）、施肥（$F_{1,15}$=16.19）及两者的互作（$F_{2,15}$=7.92）均显著影响麦叶螨的发生程度。

从种子处理结果看，31.9%戊唑·吡虫啉悬浮种衣剂处理能显著减少麦叶螨发生程度，而27%苯醚·咯·噻虫种子处理悬浮剂处理区与空白处理区麦叶螨的发生量之间没有显著差异（图1、图3）；从不同施肥处理的结果看，氮肥减施18.7%（即肥料减施9.1%）有利于麦叶螨的发生（图2、图3）。

表2 不同施肥水平及种子处理条件下麦叶螨发生程度的方差分析

变异来源	DF	SS	MS	F	$F_{0.05}$
区组间	3	1770.17	590.06	0.98	3.29
处理间	5	35228.83	7045.77	11.69*	2.9
种子处理	2	15921.58	7960.79	13.21*	3.68
施肥	1	9760.67	9760.67	16.19*	4.54
种衣剂×施肥	2	9546.58	4773.29	7.92*	3.68
误差	15	5434.83	362.32		
总变异	23	50505.83	2195.91		

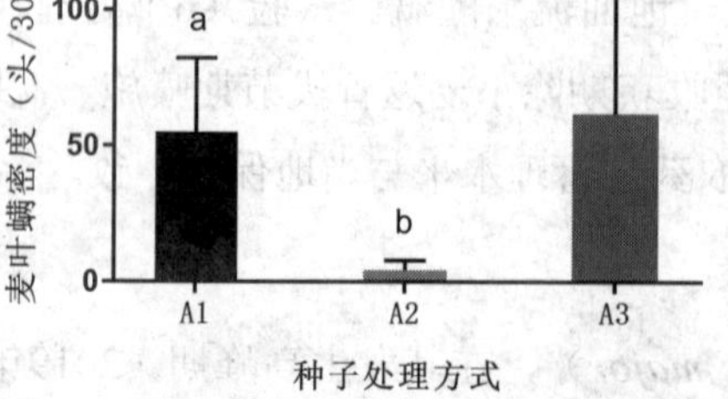

图1 种子处理对麦叶螨发生程度的影响

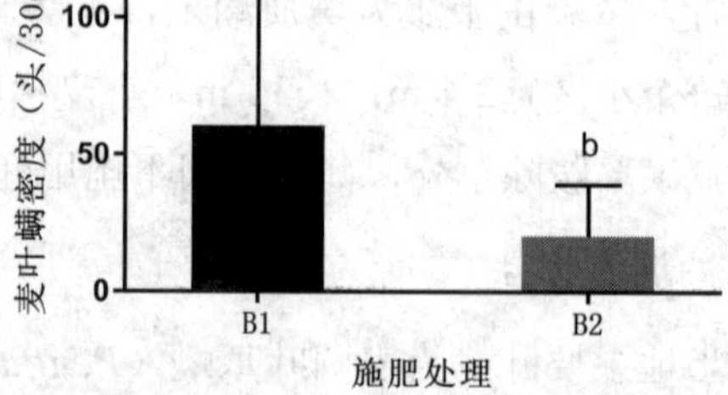

图2 施肥处理对麦叶螨发生程度的影响

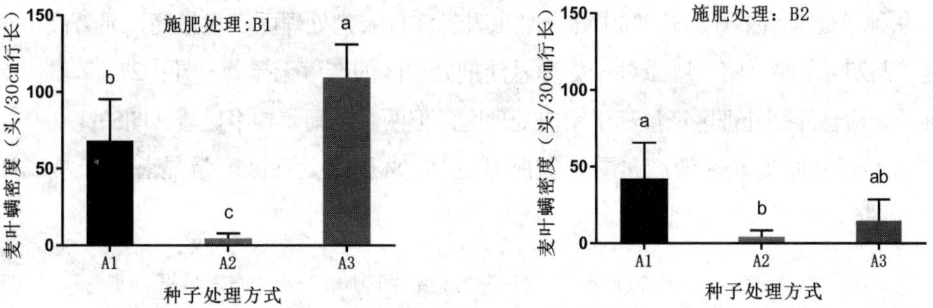

图3　不同施肥水平下种子处理对麦叶螨发生程度的影响

2.2　不同施肥水平下种衣剂处理对麦蚜发生程度的影响

从二因素试验的方差分析结果（表3）可以看出，种子处理显著影响麦蚜的发生程度（$F_{2,15} = 5.57$），而施肥水平（$F_{1,15} = 1.92$）及其与种子处理之间的互作（$F_{2,15} = 0.28$）则对麦蚜没有显著的影响。从种子处理结果看，两种种衣剂包衣种子均能显著减少麦蚜的发生数量，且两者之间没有显著差异（图4）。

表3　不同施肥水平及种子处理条件下麦蚜发生程度的方差分析

变异来源	DF	SS	MS	F	$F_{0.05}$
区组间	3	989.50	329.83	0.39	3.29
处理间	5	11579.50	2315.90	2.72	2.9
种子处理	2	9477.00	4738.50	5.57*	3.68
施肥	1	1633.50	1633.50	1.92	4.54
种衣剂×施肥	2	469.00	234.50	0.28	3.68
误差	15	12749.50	849.97		
总变异	23	25318.50	1100.80		

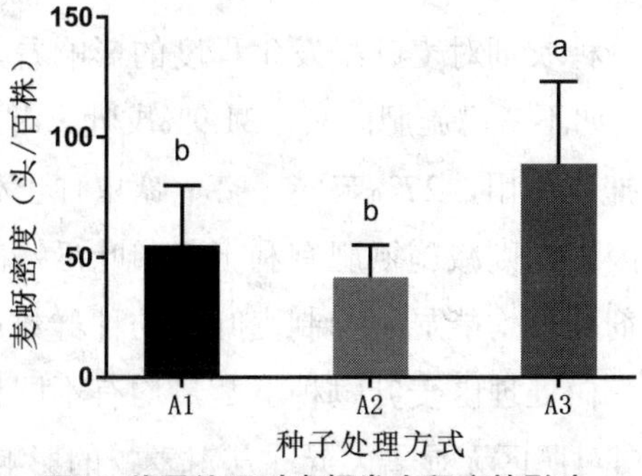

图4　种子处理对麦蚜发生程度的影响

2.3　不同施肥水平下种衣剂处理对小麦产量的影响

从二因素试验的方差分析结果（表4）可以看出，各处理间小麦产量显著差异（$F_{5,15} = 7.72$），经进一步分析，种子处理（$F_{2,15} = 11.80$）、施肥水平（$F_{1,15} = 11.25$）

均显著影响小麦产量，而种子处理和施肥水平对小麦产量的影响不存在互作关系。

从种子处理结果看，31.9%戊唑·吡虫啉悬浮种衣剂处理区产量最高，显著高于空白对照区，与27%苯醚·咯·噻虫种子处理悬浮剂处理区的产量无显著差异；27%苯醚·咯·噻虫种子处理悬浮剂处理区产量高于空白处理区，但两者之间差异不显著（图5）。

从不同施肥处理区的产量看，氮肥减施18.7%施肥处理区产量显著高于常规施肥处理区（图6）。

表4 不同施肥水平及种子处理条件下小麦产量的方差分析

变异来源	DF	SS	MS	F	$F_{0.05}$
区组间	3	7171.67	2390.56	3.97*	3.29
处理间	5	23265.14	4653.03	7.72*	2.9
种子处理	2	14224.27	7112.14	11.80*	3.68
施肥	1	6780.15	6780.15	11.25*	4.54
种衣剂×施肥	2	2260.72	1130.36	1.88	3.68
误差	15	47671.06	3178.07		
总变异	23	50505.83	2195.91		

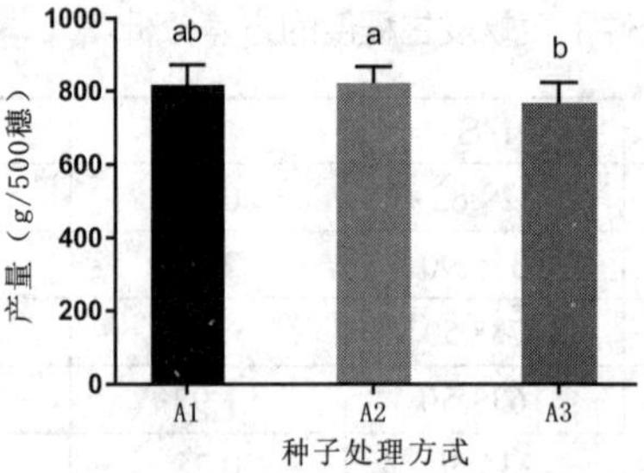

图5 种子处理对小麦产量的影响

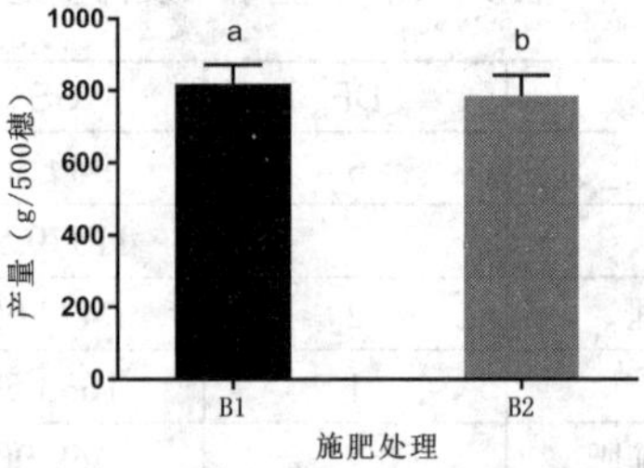

图6 施肥处理对小麦产量的影响

3 结果与讨论

通过不同施肥水平下种衣剂对麦叶螨发生程度的影响看，施肥和种子处理对麦叶螨的影响存在互作关系。如不考虑施肥因素，31.9%戊唑·吡虫啉悬浮种衣剂对麦圆叶爪螨的发生具有显著的抑制作用，27%苯醚·咯·噻虫种子处理悬浮剂的作用则不显著；如不考虑种子处理因素，则减施氮肥有利于麦圆叶爪螨的发生；在常规基肥复合肥施肥量下，两种种衣剂处理均能显著抑制麦叶螨的种群数量；减施氮肥条件下，无论是种衣剂处理区还是空白处理区麦叶螨种群数量均有不同程度下降，两种种衣剂处理区麦叶螨密度均与空白对照区无显著差异。从对麦蚜的影响看，31.9%戊唑·吡虫啉悬浮种衣剂和27%苯醚·咯·噻虫种子处理悬浮剂包衣小麦种子均对小麦穗蚜的发生有抑制作用，但常规施肥量和氮肥减施18.7%的施肥量与种子处理之间互作不显著，说明在该试验条件下，减施氮肥对蚜虫的发生程度无明显影响。施肥和种子处理均影响小麦籽粒重量，但两者之间不存在互作关系。如不考虑施肥因素，31.9%戊唑·吡虫啉悬浮种衣剂和27%苯醚·咯·噻虫种子处理悬浮剂处理种子均能增加小麦籽粒干物质积累，提高籽粒重量，其中以31.9%戊唑·吡虫啉悬浮种衣剂的作用最明显；如不考虑种子处理因素，则基肥减施氮肥不仅不会减产，反而有增产作用。

31.9%戊唑·吡虫啉悬浮种衣剂和27%苯醚·咯·噻虫种子处理悬浮剂主要用于防治麦蚜，本试验发现在减施氮肥条件下，其对麦叶螨也有较好的抑制作用，其抑制机理尚需进一步探明。本试验在小麦季减施18.7%的氮肥没有发现对小麦产量有不利影响，反而具有一定的增产效果。因此，生产中应做好小麦种子处理，并根据土壤肥力状况合理施肥，不能盲目施用氮肥。但持续减施氮肥会如何影响小麦产量和害虫发生程度，需要进一步研究。

参考文献

[1] 付延磊, 王祎, 王宜伦, 等. 2017. 适宜钾浓度降低小麦蚜虫密度的生理代谢机理[J]. 植物营养与肥料学报, 23(04)：1006-1013.

[2] 黄玉芳, 叶优良, 赵亚南, 等. 2019. 施氮量对豫北冬小麦产量及子粒主要矿质元素含量的影响[J]. 作物杂志, (5)：104-108.

[3] 姜莉莉，张中霄，王红艳，等. 2018. 防治小麦纹枯病和根腐病高效药剂的筛选及其与香菇多糖联用的防效评价[J]. 麦类作物学报, 38(1)：113-118.

[4] 刘一, 徐永伟. 2018. 河南省小麦病虫草害的发生特点和全生育期防治对策[J]. 河南农业, (1)：38-39

[5] 苗昌见, 彭立存, 胡媛媛, 等. 2017. 噻虫胺种子处理悬浮剂和吡虫啉种衣剂混配对小麦蚜虫的田间防治效果[J]. 华中昆虫研究, 13(00)：131-136.

[6] 茹李军, 郑雪松, 丑靖宇, 等. 2016. 45%烯肟菌胺·苯醚甲环唑·噻虫嗪悬浮种衣剂对小麦纹枯病和蚜虫的防治效果. 麦类作物学报, 36(2)：251-256.

[7] 苏旺苍, 郝红丹, 徐洪乐, 等. 2019. 31.9%吡虫啉·戊唑醇悬浮种衣剂对河南省主播小麦生长的影响[J]. 河南农业科学, 48(12)：89-97.

[8] 孙建, 刘苗, 李立军, 等. 2010. 不同施肥处理对土壤理化性质的影响[J]. 华北农学报, 25(4)：221-225.

[9] 王海堂. 2017. 小麦种衣剂组合对其生理指标的影响 [J]. 农业与技术, 37(11)：11-12.

[10] 杨华, 胡风灵, 张道昇, 等. 2001. 不同肥料在小麦种衣剂中的应用初探 [J]. 安徽技术师范学院学报, (03)：21-22.

[11] 姚香梅. 2015. 新烟碱类杀虫剂对靶标和非靶标昆虫乙酰胆碱受体毒理学特性研究 [D]. 中国农业科学院.

[12] 赵若含, 陈红卫, 欧行奇, 等. 2020. 不同氮素水平对冬小麦根叶氧化酶活性的影响[J]. 中国农学通报, 36(11)：1-7.

[13] 朱芳云. 2017. 小麦播前药剂拌种实用技术[J]. 河南农业, (25)：52.

[14] Aqueel MA, Leather SR. 2010. Effect of nitrogen fertilizer on the growth and survival of *Rhopalosiphum padi* (L.) and *Sitobion avenae* (F.) (Homoptera：Aphididae) on different wheat cultivars [J]. Crop Protection, 30(2)：216-221.

[15] Umara Qadeer, Mukhtar Ahmed, Fayyaz-ul -Hassan, *et al*. 2019. Impact of nitrogen addition on physiological, crop total nitrogen, efficiencies and agronomic traits of the wheat crop under rainfed conditions. Sustainability, 11(22), DOI：10.3390/su11226486.

高浓度性信息素环境对棉铃虫和烟青虫产卵的影响*

高超男[**]，李　栋，盛子耀，张少华，杨晓杰，李为争，原国辉[***]

（河南农业大学植物保护学院，郑州 450002）

摘　要：以2种近缘种昆虫棉铃虫和烟青虫作为研究对象，每种昆虫的成虫进一步划分为雌蛾和雄蛾两个亚组。在羽化后使4个亚组的成虫分别暴露在不同的性信息素氛围下，研究了与繁殖、寿命相关的生命参数。主成分分析结果发现，雌蛾时相类参数（产卵前期、产卵始盛期、产卵盛期、产卵盛末期、产卵持续期）提取两个主成分就能解释原始数据91.8785%的方差，这两个主成分的生物学意义分别是“晚育因子”和“抗早衰因子”。方差分析结果表明，两种实夜蛾之间的雌蛾寿命、晚育因子和抗早衰因子之间没有显著性差异，但雌蛾的总产卵量和雄蛾的寿命在两种实夜蛾之间是显著不同的。不同性信息素氛围不影响雌蛾的寿命、总产卵量和抗早衰因子，但对雄蛾寿命和雌蛾晚育因子有极显著影响。针对晚育因子，昆虫种类和性信息素氛围存在显著交互作用。进一步针对每种昆虫进行单因素方差分析，结果发现，两种实夜蛾雌蛾寿命均不受性信息素氛围的影响。烟青虫暴露于自身性信息素氛围之下总产卵量显著减少，但棉铃虫不受影响。烟青虫雄蛾无论处于何种性信息素氛围下，寿命均会缩短，但是棉铃虫不受任何影响。两种实夜蛾雌蛾各自暴露在自身性信息素氛围下，产卵均会显著推迟，不同的是棉铃虫暴露于烟青虫性信息素氛围之下时也会显著推迟产卵，而且其变化幅度比暴露于种内性信息素氛围时变幅更大。性信息素不会影响两种实夜蛾的抗早衰因子。

关键词：棉铃虫；烟青虫；性信息素；晚育因子；抗早衰因子

---

*　基金项目：粮食丰产增效科技创新重点专项（2018YFD0300706）；国家自然科学基金项目（31471772）；河南农业大学科技创新基金项目（KJCX2018A12）

**　第一作者：高超男，硕士研究生，E-mail: chaonangao@163.com

***　通讯作者：原国辉，主要从事昆虫化学生态学研究；E-mail: hnndygh@126.com

Effect of atmosphere with high-concentration sex pheromones on reproduction of *Helicoverpa armigera* and *H. assulta* moths

Gao Chaonan, Li Dong, Sheng Ziyao, Zhang Shaohua, Yang Xiaojie, Li Weizheng, Yuan Guohui*

（*College of Plant Protection*, *Henan Agricultural University*, *Zhengzhou* 450002）

Abstract: The authors used two sibling species, *Helicoverpa armigera* and *H. assulta*, as subjects, and the adults of each species were divided into two subsets: male moths and female moths. These subsets of moths were exposed into inter-specific sex pheromone lure, intra-specific sex pheromone lure, or control environments after emergence. Several parameters relating to survival and reproduction were recorded. The result of principle component analysis indicates that two principle components extracted from the temporal-typed parameters （pre-oviposition period, beginning of ovipositional peak, ovipositional peak, ending period of ovipositional peak, and ovipositional duration） could explain 91.8785% of total variance of original parameter, whose biological significances were "reproductive postponing factor" and "anti-senilism factor". Two-way analysis of variance indicates that there were no significant difference of female longevity, reproductive postponing factor, and anti-senilism factor, between species, but fecundity and male longevity differed significantly between species. Species and sex pheromone interacted significantly at reproductive postponing factor. Further one-way ANOVA at each species indicates that the female longevities of both species did not be affected by sex pheromone exposure. Exposure of *H. assulta* females into its own sex pheromone would decrease their fecundity, while *H. armigera* females did not change their fecundity when exposed to any sex pheromones, compared with control. Males of *H. assulta* moths shortened their lives when exposed in sex pheromone, regardless of inter- or intra-specific pheromone exposure, while the longevity of *H. armigera* males did not change significantly. The females would postpone their egg-laying activity when exposed to their own sex pheromones, and *H. armigera* females also postponed their egg-laying activity when exposed to the sex pheromone of *H. assulta*. Finally, the anti-senilism factor would not be affected by sex pheromone exposure within each species.

Key words: *Helicoverpa armigera*; *Helicoverpa assulta*; Sex pheromone; Reproductive postponing factor; Anti-senilism factor

性信息素迷向法是当前害虫绿色防控技术的重要组成部分，一般认为其主要原理是通过大面积散布性信息素气味，使得两性成虫不能高效地寻找配偶，从而达到遏制成虫在靶标作物田产卵的目的。然而，长期生活在高浓度性信息素氛围中的雌蛾，是否会改变自身的求偶或产卵行为？雄蛾在长期嗅闻性信息素但接触不到雌蛾物理实体的情况下，寿命或者感觉能力是否会发生变化？这些问题值得进一步探索，因为当前迷向法使用的性信息素量非常大，合成成本比较高，又属于消耗品，与化学农药相比尽管不污染环境，但是投入/产出比方面没有太大的优势。如果在迷向的环境中，也会发生除了干扰交配之外的其他亚致死效应，则有助于开发不同的应用技术，开发性信息素的其他应用技术。

一般认为，长期生活在如此高浓度的性信息素氛围下的雄蛾，嗅觉反应迟钝，就如同人类的嗅觉适应过程一样。另一些学者认为，性信息素会吸附在雄虫的体壁上，对于其他的雄虫个体而言它们雌雄难辨，造成复杂的“同性假交尾”现象。而最近几年大量的报道表明，如果短暂暴露在性信息素之下，例如5 min的时间，雄蛾对信息素的反应不是变得更加迟钝，而是变得更加灵敏。例如，Anderson et al.（2003）发现海灰翅夜蛾（*Spodoptera littoralis*）雄蛾短暂暴露于同种雌蛾性腺粗提物之下，随后对性信息素的逆风飞行行为和爬行活动（剪除翅膀在轨迹球上测试）都会增强。这种敏感化的持续期至少达到27 h。有趣的是，用害虫比较恐惧的食虫蝙蝠释放的超声波短暂刺激昆虫，也会造成其对性信息素反应的变化，仍然是变得更灵敏。例如，Anton et al.（2011）用蝙蝠超声波短暂处理海灰翅夜蛾的雄蛾，采用电生理记录的方法研究嗅觉受体神经元对性信息素的反应灵敏度，发现被恐吓的雄蛾反应异常灵敏。Minoli et al.（2012）发现性信息素暴露处理的海灰翅夜蛾对花香气味芳樟醇和呈味物质蔗糖的喙伸展反应也会增强。雌蛾长期暴露于高浓度性信息素氛围下，可能会凭借这种氛围节约性信息素的合成成本，也可能会估量周围的处女雌蛾竞争的强弱而加快合成自身的性信息素，后者增强召唤（calling）活动。雌蛾暴露于自身分泌的性信息素氛围下，其行为活性会变不正常，触角灵敏度也会受到性信息素自暴露的负面影响，进而对其交尾造成一定的影响。例如，暴露在自身性信息素环境下的梨小食心虫（*Grapholitha molesta*）和褐卷蛾（*Pandemis heparana*）雌虫的交配率下降，而苹果蠹蛾（*Cydia pomonella*）和蔷薇斜条卷叶蛾（*Chori stoneura rosaceana*）的雌蛾暴露在自身性信息素后触角产生适应，其交配率则不受自身性信息素预暴露的影响（Kuhns et al.，2012）。海灰翅夜蛾雌虫信息素暴露增加了雌蛾的召唤速度，并且这种效应可以持续至少2 d（Sadek et al.，2012）。在风洞中测试时，同种性信息素能使昆虫完成完整的行为反应链，而异种性信息素则只能激发逆风定向，而气味源降落、接触、抱对努力非常低（Ming et al.，2007）。许多研究者在性信息素迷向治理的背景下，研究了性信息素暴露诱发昆虫行为的变化，通常发现性信息素暴露处理造成昆虫对性信息素反应灵敏度的下降。Kuriwada et al.（2011）研究了性信息素预暴露对甘薯蚁象（*Cylas formicarium*）雄虫交配行为的影响，发现在高剂量的性信息素氛围下预暴露24 h的甘薯蚁象雄虫不引诱其他雄虫，其交配行为不受性信息素暴露的显著影响。

科学问题：雄蛾生活在高浓度性信息素氛围中，会因“假交尾”活动增强而缩短寿命吗？或者，它们长期接触不到交配雌蛾实体但是食物源供应非常充分的情况下，寿命会延长吗？雌蛾生活在高浓度信息素氛围之下，产卵期和产卵量会受到显著影响吗？如果有影响，暴露在同种的性信息素氛围中和暴露于姊妹种的性信息素氛围中受到的影响是否相同？

1 材料与方法

1.1 供试昆虫

4-5龄的棉铃虫和烟青虫幼虫采集于河南农业大学许昌校区烟草栽培与生理生化实验基地。用人工饲料（Ahn et al.，2011）饲养至成虫期，随后产生的世代进行成虫和幼虫测试。GS Ⅱ型人工气候箱（广东医疗器械厂）设置环境如下：8：00-20：00设置28 ± 2℃，20：00至次日8：00调整为26 ± 2℃，相对湿度是50 ± 10%。羽化后成虫用10%蔗糖溶液饲喂。

1.2 供试材料

性诱芯购买于中科院动物研究所。棉铃虫性诱芯活性成分为：285 μg的顺-11-十六碳烯醛和15 μg的顺-9-十六碳烯醛；烟青虫性诱芯活性成分为279 μg的顺-9-十六碳烯醛和21 μg的顺-11-十六碳烯醛。

1.3 生物测定方法

高浓度性信息素氛围创建于玻璃干燥器（高22 cm，盖高5 cm，口内径15 cm）中。干燥器底部中央放一个诱芯和浸渍10%蔗糖液脱脂棉的5 cm ID培养皿，然后释放一头1日龄的蛾，干燥器口上罩纱布，并用干燥器上盖扣合。试验设置种内信息素暴露处理、种间信息素暴露处理和对照组。每个组的被试分为4类：棉铃虫雄蛾，棉铃虫雌蛾，烟青虫雄蛾，烟青虫雌蛾。每类被试的每个处理组重复10次。需要注意的是，两性成虫的交配是强烈的生理活动，对产卵和寿命的影响是单纯的嗅觉刺激或者味觉刺激无法达到的。所以我们在测试的过程中只能是一头蛾一个独立的小空间进行暴露，这样的环境下雌蛾所产的均是不能孵化的非受精卵，但足以探讨高浓度性信息素暴露对产卵期和产卵量的影响。

1.4 数据分析

首先采用主成分分析探讨雌成虫产卵时相类参数（产卵前期、产卵始盛期、产卵盛期、产卵盛末期和产卵持续期）进一步凝练和整合的可能性。由于主成分分析需要概括雌蛾产卵的一般时相属性，故该步骤中不分昆虫种类和性信息素暴露氛围。SPSS 19.0主成分分析采用最大方差法因子旋转，并取消与特定主成分相关系数小于0.1的原始指标变量，获得关于主成分的合理生物学解释。方差分析的固定因素为性信息素氛围，因变量为产卵时相参数提取的主成分、雌蛾寿命、雄蛾寿命和终生产卵量。由于本研究设置了对照组，故针对方差分析显著的因素采用LSD法多重比较。显著性水平确定为$\alpha < 0.05$。

2 结果与分析

2.1 雌蛾产卵时相参数的主成分分析

主成分分析的Kaiser-Meyer-Olkin（KMO值）为0.6035，Bartlett球形度检验卡方值为304.8938，$P < 0.0001$，故主成分分析模型是显著的。主成分提取过程中，不同产卵时相类参数的信息保留量分别为：产卵前期（89.28%），产卵始盛期（85.88%），产卵盛期（94.23%），产卵盛末期（94.01%），产卵持续期（95.99%），均没有太大的信息损失。第一主成分能解释方差的60.8252%，第二主成分能解释方差的31.0534%，二者共解释了原始数据91.8785%的变异，说明提取两个主成分就足够了，具有良好的原始指标变量代表性。

表1显示了主成分分析的成分矩阵、旋转成分矩阵和成分得分系数矩阵。原始变量的生物学解释主要参考最大方差法的旋转成分矩阵，主成分与原始变量指标之间的数学表达式主要参考成分得分系数矩阵。主成分1与原始产卵参数之间的回归表达式为：主成分1 = 0.33 × 产卵前期 + 0.32 × 产卵始盛期 + 0.28 × 产卵盛期 + 0.22 × 产卵盛末期 – 0.04 × 总产卵持续期；主成分2与原始产卵参数之间的回归方程为：主成分2 = 0.12 × 产卵盛期 + 0.28 × 产卵盛末期 + 0.63 × 总产卵持续期 – 0.41 × 产卵前期 – 0.12 × 产卵始盛期。从表1的旋转成分矩阵可以看出，主成分1与产卵始盛期和产卵盛期的关系最为密切，相关系数分别达到了0.9258和0.9174，相关系数在0.8以上的原始指标变量还有产卵前期（r = 0.8127）和产卵盛末期（r = 0.8069）；主成分2与总产卵持续期的关系最密切（r = 0.9638），与盛末期和盛期也有中等程度的正相关性，但与产卵前期呈较大的负相关关系（r = –0.4820）。可见，主成分1反映的是产卵时间“点”类参数，主成分2反映的是产卵时间“段”类参数（即总产卵持续期），二者可分别称为“晚育因子”和“抗早衰因子”。之所以后者称为“抗早衰因子”，是因为其与原始变量相关系数的正负关系基本上是以产卵盛期为分界点的。

表1 产卵时相参数主成分分析的成分矩阵、旋转成分矩阵和成分得分系数矩阵

原始变量	成分矩阵		旋转成分矩阵		成分得分系数矩阵	
	主成分1	主成分2	主成分1	主成分2	主成分1	主成分2
产卵前期	0.6487	–0.6870	0.8127	–0.4820	0.3296	–0.4089
产卵始盛期	0.8785	–0.2949	0.9258	–0.0418	0.3233	–0.1235
盛期	0.9693	0.0526	0.9174	0.3173	0.2834	0.1196
盛末期	0.9237	0.2948	0.8069	0.5376	0.2226	0.2797
总产卵持续期	0.4344	0.8782	0.1760	0.9638	–0.0386	0.6323

2.2 不同性信息素环境对两种夜蛾晚育因子、抗早衰因子、产卵量和成虫寿命的影响

双因素方差分析结果表明，两种实夜蛾之间的雌蛾寿命、晚育因子和抗早衰因子之间没有显著性差异（雌蛾寿命：$F_{1,56}=0.11$，$P=0.7408$；晚育因子：$F_{1,56}=1.49$，$P=0.2279$；抗早衰因子：$F_{1,56}=0.27$，$P=0.6071$），但雌蛾的总产卵量和雄蛾的寿命在两种实夜蛾之间是显著不同的（总产卵量：$F_{1,56}=14.91$，$P=0.0003$；雄蛾寿命：$F_{1,56}=28.75$，$P<0.0001$）。

不同性信息素氛围不影响雌蛾的寿命（$F_{2,56}=0.43$，$P=0.6511$）、总产卵量（$F_{2,56}=1.89$，$P=0.1605$）和抗早衰因子（$F_{2,56}=0.18$，$P=0.8334$），但对雄蛾寿命（$F_{2,56}=7.87$，$P=0.0010$）和雌蛾的晚育因子（$F_{2,56}=7.82$，$P=0.0010$）有极显著的影响。昆虫种类和性信息素氛围的交互作用仅针对晚育因子而言是显著的（$F_{2,56}=20.10$，$P<0.0001$）。

由于被试和性信息素氛围在某些指标变量上呈现显著的交互作用，我们针对每种昆虫进行单因素方差分析，结果如表2所示。从表2可以看出，两种实夜蛾的雌蛾寿命均不受性信息素氛围的影响。烟青虫暴露于自身性信息素氛围之下总产卵量显著下降，但棉铃虫不受影响。烟青虫雄蛾无论处于何种性信息素氛围下，寿命均会缩短，但是棉铃虫不受任何影响。两种实夜蛾雌蛾各自暴露在自身性信息素氛围下，产卵均会显著推迟，不同的是棉铃虫暴露于烟青虫的性信息素氛围之下时也会显著推迟产卵，而且其变化幅度比暴露于种内性信息素氛围时变幅更大。性信息素不会影响两种实夜蛾的抗早衰因子，即终生的产卵高峰一旦过去，雌蛾就不再受性信息素氛围的影响。

表2　不同性信息素氛围对棉铃虫和烟青虫繁殖行为指标的影响

繁殖行为指标	性信息素氛围	烟青虫	棉铃虫
雌蛾寿命	CK	10.90 ± 1.00	10.40 ± 0.76
	种间性信息素	9.00 ± 0.58	10.92 ± 0.34
	种内性信息素	10.60 ± 1.10	9.80 ± 0.61
总产卵量	CK	306.70 ± 62.81	420.00 ± 30.65
	种间性信息素	211.00 ± 42.33	302.00 ± 71.11
	种内性信息素	114.10 ±31.78**	451.40 ± 76.66
雄蛾寿命	CK	13.10 ±0.86	8.70 ± 0.75
	种间性信息素	9.80 ±0.65**	6.83 ± 0.60
	种内性信息素	9.60 ±0.73**	7.70 ± 0.63
晚育因子	CK	–0.25 ± 0.18	–0.82 ± 0.23
	种间性信息素	–0.85 ± 0.21	1.02 ± 0.19 **
	种内性信息素	0.66 ± 0.35 *	0.04 ± 0.17**
抗早衰因子	CK	0.13 ± 0.44	0.06 ± 0.31
	种间性信息素	–0.20 ± 0.28	0.19 ± 0.22
	种内性信息素	–0.15 ± 0.38	–0.06 ± 0.29

3 结论与讨论

通过对棉铃虫和烟青虫性信息素氛围的影响研究，我们发现，两种实夜蛾的产卵时相类参数可以凝练为“晚育因子”和“抗早衰因子”2个主成分。雌蛾寿命不受性信息素氛围的影响，说明雌蛾并没有因为周围“竞争性配偶”的存在而多合成或者释放性信息素，也不会“狐假虎威”借助这些性信息素达到吸引配偶的目的。当然，本研究的空间相对比较狭小，雌蛾单纯凭借视觉足以判断这些“伪竞争者”的存在，未来需要在更大尺度的空间探讨这一现象。雌蛾寿命不受高浓度性信息素的影响，在生产上是有利的，因为棉铃虫和烟青虫的成虫阶段并不会直接为害农作物，相反，还能起到授粉的作用，大量生存的雌蛾能够促进农作物的授粉。

烟青虫长期暴露于自身性信息素氛围之下，雌蛾终生的产卵量会减少，雄蛾寿命也会缩短。这说明，雌蛾可能将性信息素氛围视为后代潜在竞争者的存在。毕竟，烟青虫低龄幼虫具有自残习性，在性信息素浓度较高的氛围中减少产卵量，可以减轻后代食物短缺或者自残的风险性。但是，棉铃虫雌蛾的反应主要表现为晚育，而不是减少产卵量，这也是回避后代之间自残与食物竞争的一种机制。性信息素不会影响两种实夜蛾的抗早衰因子，即终生的产卵高峰一旦过去，雌蛾就不再受性信息素氛围的影响。

参考文献

[1] Ahn S J, Badenes-Pe´rez F R, Heckel D G. 2011. A host-plant specialist, *Helicoverpa assulta*, is more tolerant to capsaicin from Capsicum annuum than other noctuid species, [J]. Insect Physiol., 57：1212-1219.

[2] Anderson P, Sadek M M, Hansson B S. 2003. Pre-exposure modulates attraction to sex pheromone in a moth, [J]. Chem Sens., 28(4)：285-291.

[3] Anton S, Evengaard K, Barrozo R B, Anderson P, Skals N. 2011. Brief predator sound exposure elicits behavioral and neuronal long-term sensitization in the olfactory system of an insect, [J]. PNAS., 108：3401-3405.

[4] Kuhns E H, Pelz-Stelinski K, Stelinski L L. 2012. Reduced mating success of female tortricid moths following intense pheromone auto-exposure varies with sophistication of mating system, [J]. J Chem Ecol., 38：168-175.

[5] Kuriwada T, Kumano N, Shiromoto K, Haraguchi D. 2011. Pre-exposure to sex pheromone did not affect mating behavior in the sweetpotato weevil Cylas formicarius, [J]. J Pest Sci., 84：93-97.

[6] Ming Q L, Yan Y H, Wang C Z. 2007. Mechanisms of premating isolation between Helicoverpa armigera (Hübner) and Helicoverpa assulta (Guenée) (Lepidoptera：Noctuidae), [J]. J Insect Physiol., 53(2)：170-178.

[7] Minoli S, Kauer I, Colson V, Party V, Renou M, *et al*. 2012. Brief exposure to sensory cues elicits stimulus-nonspecific general sensitization in an insect, [J]. PLoS ONE., 7：e34141.

[8] Sadek M M, von Wowern G, Löfstedt C, Rosén W Q, Anderson P. 2012. Modulation of the temporal pattern of calling behavior of female Spodoptera littoralis by exposure to sex pheromone, [J]. J Insect Physiol., 58：61-66.

化肥有机替代对夏玉米田节肢动物群落的影响初探*

王鑫辉**，董少奇，袁星星，谷晓行，刘方波，赵　曼，郭线茹***

（河南农业大学植物保护学院，郑州 450002）

摘　要：为明确化肥有机替代对夏玉米田主要节肢动物群落的影响，为有机肥的科学使用提供依据，本试验调查了鸡粪替代不同比例（20%、40%、60%、80%和100%）的化学氮肥处理条件下夏玉米苗期和喇叭口期植株上节肢动物和玉米收获前土壤大型节肢动物和软体动物的群落特征，同时调查了玉米收获前穗部主要害虫的种群数量，结果表明：化肥有机替代不影响植株上和土壤中大型节肢动物物种种类；苗期、喇叭口期和穗部植食性昆虫的优势度有随有机替代比例增加而增加的趋势；有机替代比例越低，替代区与化肥处理区苗期和喇叭口期节肢动物群落的相似性越大。

关键字：有机肥；化肥；夏玉米；节肢动物；群落特征

A Preliminary Study on the Effect of Organic Substitution of Chemical Fertilizer on the Main Arthropod Community in Summer Corn Field

Wang Xinhui，Dong Shaoqi，Yuan Xingxing，Gu Xiaohang，Liu Fangbo，Zhao Man，Guo Xianru

（*College of Plant Protection, Henan Agricultural University, Zhengzhou* 450002, China）

Abstract: In order to clarify the effects of organic fertilizer substitution on the main arthropod community in summer corn field, and to provide a basis for the scientific use of organic fertilizer, this experiment investigated the community characteristics of arthropods and molluscs at seedlings and trumpeting stage in summer maize treated with different fertilizers replaced by different ratios of chicken manure （20%, 40%, 60%, 80% and 100%）. At the same time, the population number of

*　基金项目：国家重点研发计划项目（2018YFD0200600）

**　第一作者：王鑫辉，硕士研究生，主要从事昆虫生态学研究；E-mail：wangxinhui02@163.com

***　通讯作者：郭线茹，教授，主要从事农业害虫综合治理研究；E-mail：guoxianru@126.com

main ear pests before harvest was investigated. The results showed that organic substitution of chemical fertilizer did not affect the species of large arthropods in plants and soil. The dominance of herbivorous insects at seedling stage, trumpeting stage and ears increased with the increasing of the proportion of organic substitution, and the lower the proportion of organic substitution, the greater the similarity of arthropod community between replacement area and chemical fertilizer treatment area at seedling stage and trumpeting stage.

Key words: Organic substitution; Chemical fertilizer; Summer corn; Arthropods; Community characteristics

黄淮海夏玉米生产中化肥农药施用过量和利用率低是实施国家“化肥农药零增长计划”所面临的重大挑战，也是制约该地区农业可持续发展的重要因子之一。化肥有机替代或部分有机替代是实现化肥减施目标和“化肥零增长”的目标的重要途径（陈喜靖等，2018；Jin et al.，2018），同时也具有改善农作物品质、增加土壤肥力、改良土壤结构和提高化肥利用率等多重作用（何浩等，2019；Bai et al.，2016），因此受到国内外的广泛关注。

施肥水平不仅影响农作物生长发育、土壤结构和土壤微生物，而且影响农作物有害生物发生程度（朱菲莹等，2019；许忠兵等，2018）。如玉米田有机肥与适量化肥配施能增加土壤中小型节肢动物群落稳定性，但过量配施化肥对土壤动物数量及种类则有抑制作用，不利于土壤动物群落结构稳定（孔云等，2020）；与单施化肥相比，稻田施用复合微生物菌肥不经明显提高稻田土壤肥力，而且能降低水稻害虫功能团的个体数量，提高捕食性天敌昆虫的丰富度及其生态控害效能（阳菲等，2020）。由于生物群落特征是能反映一定地理区域内物种的丰富度及其多样性随环境的变化而变化的程度，因此常用来评价农林业生产活动和栽培条件变化后的生态效应（曾庆朝等，2020；蒋玉根等，2020；何浩等，2019；于晓东等，2006；郑世群等，2016）。夏玉米是黄淮海地区最主要的秋粮作物之一，该区域养殖业发达，本试验研究了鸡粪来源的有机肥不同比例替代化肥后对夏玉米节肢动物群落的影响及主要穗期害虫的影响，为科学评价以畜禽粪便来源的有机肥在夏玉米化肥有机替代中的作用及其科学施用提供依据。

1　材料与方法

1.1　试验地点

试验地点在河南农业大学许昌校区试验田，位于河南省许昌市建安区，属温带季风气候。土壤类型属于粘壤褐土。

1.2 供试材料

供试玉米品种为郑单958，购自河南秋乐种业科技股份有限公司。

有机肥料为鹤壁市人元生物技术发展有限公司产品，市购。总养分（$N+P_2O_5+K_2O$）≥5%，有机质≥45%，水分≤30%。

尿素（总N≥46%）为河南晋开化工投资控股集团有限责任公司产品，颗粒过磷酸钙（水溶性磷占全磷≥60%）为湖北丰乐生态肥业有限公司产品，

种衣剂为600g/L吡虫啉悬浮种衣剂，拜耳作物科学（中国）有限公司产品，市购。播种前2 d按400 ml/100 kg种子进行拌种。

1.3 试验设计

各处理施肥量按照磷、钾肥用量保持一致，氮使用量从常规用量14kg/667m^{2}依次递减20%，直至完全不施化学氮肥而全部施用有机肥，相应地，有机肥用量从全部施用有机肥（600kg/667m^2）依次递减20%直至完全不施有机肥而全部施用化肥。共6个处理。各处理化肥和有机肥用量见表1。田间管理按当地管理水平，地面喷灌，玉米苗后化学除草，其他时期不施用任何农药。

表1 各处理组化肥和有机肥用量及配比

处理编号	有机肥替代N肥（%）	养分投入量（kg/667m^2）			化肥和有机肥使用量（kg/667m^2）			
		N	P_2O_5	K_2O	尿素（N 46%）	过磷酸钙（P_2O_5 17%）	氧化钾（K_2O 53%）	有机肥
1	100	0	5	5	0	29.4	9.6	600
2	80	2.8	5	5	6.08	29.4	9.6	480
3	60	5.6	5	5	12.16	29.4	9.6	360
4	40	8.4	5	5	18.24	29.4	9.6	240
5	20	11.2	5	5	24.32	29.4	9.6	120
6	0	14	5	5	30.4	29.4	9.6	0

各处理按顺序排列法。2019年6月8日播种，每个处理播种12行，行长85m，行距60 cm，株距25 cm。相邻处理区之间4行不调查作为保护行，试验地四周种植12行保护行。各处理区除施肥量不同外，其余田间管理按常规进行，籽粒成熟时采收取样。

1.4 调查方法

1.4.1 土壤大型动物的调查

调查时间：玉米收获前一个星期。

调查方法：五点取样法，每点水平面积100 cm×100 cm，深度20 cm～30 cm，挖土调查土壤大型节肢动物和软体动物的种类及其数量。

1.4.2 地面及植株冠层节肢动物的调查

调查时间：玉米出苗后10 ~ 15 d第一次调查，玉米喇叭口期第二次调查，玉米收获期第三次调查，每个重复选取固定的百株，调查百株害虫数量。

调查方法：采用五点取样法，每点固定20株，即每小区调查100株，每个处理共调查400株。调查定点定株上及植株周围地面上的节肢动物种类（全部虫态）及其数量。

1.4 数据分析

根据调查数据，计算不同处理区的下列指标：

物种优势度（P_i）：$P_i=N_i/N$，N_i为第i个物种在群落中的个体数，N为群落总个体数。

群落丰富度（S）：以群落中所有物种的个体数（N）表示。即S=N。

群落优势度（C）：$C=\Sigma P_i^2$

物种多样性（H'）：以Shannon-wiener指数表示：$H'=-\Sigma P_i \ln(P_i)$

群落均匀度（J）：$J=H'/\ln S$

Whittaker 相似性指数（S_2）：$S_2=1-0.5(\Sigma|ai-bi|)$，ai为第i个物种的个体数在群落A中的比例，bi为第i个物种的个体数在群落B中的比例（吴宪等，2019；秦胜楠等，2018）。穗部害虫种群数量分析使用SPSS软件完成。

2 结果与分析

2.1 不同处理区夏玉米植株节肢动物物种调查

从玉米苗期、喇叭口期和灌浆期调查的玉米植株上的节肢动物种类看（表2），化肥有机替代不同比例处理区的节肢动物物种数完全一致，说明有机替代不影响节肢动物种类。

表2 化肥有机替代不同比例处理区玉米植株节肢动物物种组成

物种	在各处理区的分布					
	处理1	处理2	处理3	处理4	处理5	处理6
玉米螟*Ostrinia furnacalis*	+	+	+	+	+	+
棉铃虫*Helicoverpa armigera*	+	+	+	+	+	+
桃蛀螟*Dichocrocis punctiferalis*	+	+	+	+	+	+
草地贪夜蛾*Spodoptera frugiperda*	+	+	+	+	+	+
东方黏虫*Mythimna separata*	+	+	+	+	+	+
玉米蚜*Rhopalosiphum maidis*	+	+	+	+	+	+
锤胁跷蝽*Yemma signata*	+	+	+	+	+	+
斑须蝽*Dolycoris baccarum*	+	+	+	+	+	+
条赤须盲蝽*Trigonotylus ruficornis*	+	+	+	+	+	+
异色瓢虫*Harmonia axyridis*	+	+	+	+	+	+
龟纹瓢虫*Propylaea japonica*	+	+	+	+	+	+
七星瓢虫*Coccinella septempunctata*	+	+	+	+	+	+

续表

物种	在各处理区的分布					
	处理1	处理2	处理3	处理4	处理5	处理6
蚁类Formicidae	+	+	+	+	+	+
蜜蜂Apidae	+	+	+	+	+	+
灰飞虱*Laodelphax striatellus*	+	+	+	+	+	+
大草蛉*Chrysopa pallens*	+	+	+	+	+	+
蜘蛛Araneida	+	+	+	+	+	+

注：“+”代表发现，“-”代表未发现。

2.2 化肥有机替代对夏玉米苗期和喇叭口期节肢动物群落的影响

从表3中各处理主要害虫和天敌种群的相对丰盛度可以看出，化肥有机替代100%处理区（处理1）灰飞虱数量较多，有机替代80%处理区（处理2）黏虫为优势种群；天敌类群则是化肥有机替代比例较低的处理中发生量较多，如蜘蛛和瓢虫发生较多的都出现在有机替代40%处理区（处理3）。从表5中也可以看出有机替代100%处理区玉米螟和黏虫的优势度最大，天敌类群则在化肥有机替代比例低的处理区优势度较大。

表3　夏玉米苗期（7月2日）不同处理区节肢动物相对丰盛度（Pi）

处理	黏虫	灰飞虱	瓢虫	蜘蛛
1	0.08	0.63	0.13	0.16
2	0.14	0.36	0.26	0.23
3	0.00	0.54	0.08	0.38
4	0.03	0.25	0.27	0.46
5	0.07	0.46	0.24	0.22
6	0.07	0.41	0.36	0.16

从不同处理区的群落结构看，夏玉米苗期，化肥有机替代100%处理区（处理1）群落丰富度和群落优势度最高，有机替代80%处理区（处理2）物种多样性和群落均匀度最高（表4）。在喇叭口期，化肥有机替代不同比例处理区的群落优势度、物种多样性、均匀度等指标相似（表6）。从表4和表6可以看出，玉米苗期到玉米喇叭口期，群落丰富度变化不明显，群落优势度下降，物种多样性和落均匀度提高。从两个时期化肥有机替代不同比例处理区（处理1~处理5）与化肥处理区（处理6）的相似性来看，基本表现为有机肥替代比例越低，与化肥处理区（处理6）相似度越高，以100%替代比例（处理1）的相似性指数最小，这说明化肥有机替代能影响夏玉米田植株节肢动物群落组成和结构。

表4　夏玉米苗期（7月2日）不同处理区节肢动物群落特征

处理区	群落丰富度（S）（头/百株）	群落优势度（C）	物种多样性（H'）	群落均匀度（J）	相似性指数（S_2）
1	43.50±19.98a	0.45	1.05	0.20	0.65
2	20.75±1.93ab	0.44	1.34	0.30	0.86
3	18±1.73b	0.34	0.91	0.21	0.66
4	23±3.14ab	0.33	1.17	0.26	0.70
5	16.75±1.93b	0.33	1.23	0.29	0.88
6	21.75±1.80ab	0.33	1.21	0.27	—

注：相似性指数指有机替代处理区与化肥处理区节肢动物群落的相似性指数。

表5　夏玉米喇叭口期（7月23日）不同处理区节肢动物相对丰盛度（Pi）

处理	黏虫	飞虱	玉米螟	锤胁跷蝽	蜘蛛	龟纹瓢虫	异色瓢虫
1	0.12	0.21	0.28	0.13	0.1	0.1	0.06
2	0.05	0.25	0.2	0.21	0.1	0.09	0.09
3	0.03	0.19	0.19	0.19	0.13	0.13	0.14
4	0.05	0.15	0.26	0.1	0.18	0.14	0.13
5	0.03	0.25	0.06	0.18	0.19	0.14	0.15
6	0.01	0.26	0.05	0.18	0.23	0.13	0.14

表6　夏玉米喇叭口期（7月23日）不同处理区节肢动物群落特征

处理	群落丰富度（S）（头/百株）	群落优势度（C）	物种多样性（H'）	群落均匀度（J）	相似性指数（S_2）
1	19.50±3.57b	0.18	1.84	0.42	0.66
2	24.00±1.22ab	0.18	1.83	0.40	0.78
3	23.50±2.33ab	0.16	1.86	0.41	0.82
4	20.00±0.71ab	0.17	1.85	0.42	0.75
5	19.75±0.63b	0.18	1.80	0.41	0.96
6	26.00±0.91a	0.19	1.74	0.38	—

2.3　化肥有机替代对夏玉米穗部害虫的影响

从为害玉米雌穗的5种主要害虫种群数量看（图1），这些害虫的种群数量有随化肥有机替代比例提高而增加的趋势。如100%替代区和80%替代区的棉铃虫发生量显著高于其他处理区，玉米螟发生量以100%替代区最大，桃蛀螟发生量以100%、80%和60%替代区发生量最大，黏虫在抽穗前取食玉米叶片，抽穗后在雌穗顶部取食花丝和幼嫩籽粒，玉米将近收获时仍有部分幼虫没有化蛹。草地贪夜蛾是我国2019年刚刚入侵我国的物种，虽然种群数量不多，但仍表现为80%和100%替代区的种群数量大。

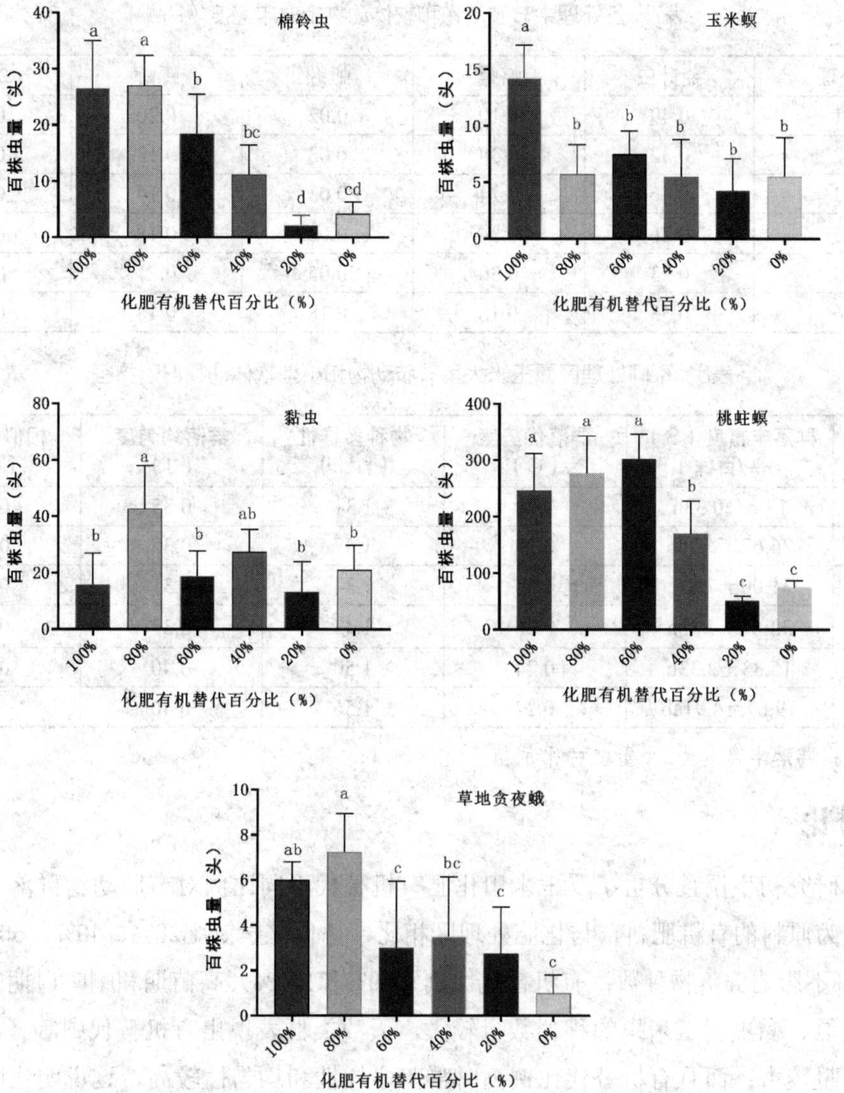

图1 化肥有机替代不同比例处理区玉米收获前主要穗部害虫的种群密度

2.4 化肥有机替代对土壤大型软体动物和节肢动物的影响

玉米收获前，挖土调查土壤主要大型节肢动物和软体动物类群在化肥有机替代不同比例处理区的种群数量，从调查结果看出，各处理区大型节肢动物均以金针虫、蛴螬、蟋蟀和蜈蚣为主，以金针虫和蛴螬的优势度较高。其中金针虫在化肥有机替代100%处理区（处理1）优势度最高，蛴螬则以化肥有机替代80%处理区（处理2）优势度最高，蟋蟀和蜈蚣优势度在各处理区相近（表7）。随化肥有机替代比例增大，物种多样性和群落均匀度有减小趋势（表8），化肥有机替代不同比例处理区与化肥处理区的相似性指数均大于0.77，以有机替代60%处理区（处理3）的相似性指数最高，说明不同有机肥替代比例对土壤大型节肢动物和软体动物的影响较小。

表7　各处理中节肢动物和软体动物相对丰盛度（Pi）

处理	金针虫	蛴螬	蚯蚓	蟋蟀	蜈蚣
1	0.49	0.10	0.02	0.20	0.20
2	0.32	0.38	0.03	0.13	0.13
3	0.46	0.24	0.03	0.14	0.14
4	0.26	0.34	0.02	0.18	0.18
5	0.23	0.30	0.05	0.21	0.21
6	0.33	0.18	0.18	0.18	0.14

表8　不同处理区夏玉米大型节肢动物和小型软体动物群落特征

处理	群落丰富度（S）（头/百株）	群落优势度（C）	物种多样性（H'）	群落均匀度（J）	相似性指数（S_2）
1	14.67±0.33b	0.32	1.31	0.35	0.77
2	26.67±5.70ab	0.29	1.37	0.33	0.79
3	31.00±7.51a	0.30	1.34	0.31	0.81
4	33.67±2.85a	0.26	1.43	0.32	0.78
5	15.33±2.33b	0.24	1.50	0.40	0.77
6	19.67±4.91ab	0.22	1.56	0.40	—

注：群落丰富度为3个重复的平均值。

3　讨论

本研究初步调查分析了夏玉米田化肥有机替代不同比例对节肢动物群落的影响，以鸡粪为原料的有机肥料，与化肥处理区相比，替代化学氮肥20%、40%、60%、80%和100%不影响群落物种数；有机替代比例（80%和100%）高苗期和喇叭口期的主要害虫灰飞虱、黏虫和玉米螟的种群数量较大，天敌类群表现出有机替代中等（40%）时种群数量较大；而且有机替代比例高时群落多样性和均匀性较高，这说明化肥有机替代改善了玉米田生长环境，丰富了生物多样性。综合考察不同比例处理区与化肥处理区群落的相似性，表明有机替代比例越低，与化肥处理区的相似性越高。

从化肥有机替代对夏玉米穗部主要害虫的影响看，棉铃虫、玉米螟、桃蛀螟、粘虫和草地贪夜蛾种群数量随化肥有机替代比例升高而增加，可能是因为有机替代通过影响土壤肥力而影响了夏玉米籽粒中营养物质或次生代谢物质的含量，使其更适合这些害虫取食，具体原因尚待继续研究。

从对土壤动物的影响看，化肥有机替代不影响土壤主要大型节肢动物的种类，但随替代比例增加物种多样性和群落均匀性有下降趋势。

有机肥施用不仅影响农田节肢动物群落（孔云等，2020；阳菲等，2020），而且一定量的化肥和有机肥配施还能增加土壤功能微生物的多样性（路花等，2019）。本研究观察了化肥有机替代对一个生产季节内夏玉米田节肢动物群落的影响，有些影响表现明显，但有的影响不明显。由于施肥对节肢动物的影响是通过土壤肥力、土壤结构的变化或植物营养的变化而实现的，因此鸡粪来源的有机肥施用后对农田节肢动物群落尤其是主要害虫和天敌群落的影响以及对玉米生长和产量的影响，需要进一步调查、研究。

参考文献

[1] 陈喜靖, 喻曼, 王强, 等. 2018. 浙江省稻田系统秸秆还田问题及对策 [J]. 浙江农业学报, 30(10)：1765-1774.

[2] 何浩, 张宇彤, 危常州, 等. 2019. 不同有机替代减肥方式对玉米生长及土壤肥力的影响 [J]. 水土保持学报, 33(05)：281-287.

[3] 蒋玉根, 邵赛男, 蒋沈悦, 张奇春, 徐君, 周成云, 羊国芳, 张立群, 夏晓燕. 2020. 施肥对连作大棚蔬菜产量、土壤养分和微生物种群的影响 [J]. 浙江农业科学, 61(05)：927-931.

[4] 孔云, 张婷, 李刚, 等. 2020. 不同施肥方式下玉米田土壤中小型节肢动物的群落特征及稳定性 [J]. 玉米科学, 28(02)：156-162.

[5] 路花, 张美俊, 冯美臣, 等. 2019. 氮肥减半配施有机肥对燕麦田土壤微生物群落功能多样性的影响 [J]. 生态学杂志, 38(12)：3660-3666.

[6] 秦胜楠, 管晓志, 鞠倩, 等. 2018. 山东莱西花生产区昆虫群落基本结构及多样性研究 [J]. 应用昆虫学报, 55(02)：294-303.

[7] 吴宪, 张婷, 孔云, 等. 2019. 修伟明.配施有机物料对华北小麦-玉米轮作体系土壤节肢动物的影响 [J]. 生态学杂志, 38(12)：3689-3696.

[8] 许忠兵, 李孝良, 胡立涛, 等. 2018. 化肥有机替代对皖北地区夏玉米生长及产量构成的影响 [J]. 安徽科技学院学报, 32(03)：27-31.

[9] 阳菲, 杨荷, 赵文华, 等. 2020. 有机肥对稻田节肢动物群落的影响及其Top-down效应 [J]. 应用昆虫学报, 57(01)：153-165.

[10] 于晓东, 罗天宏, 周红章. 2006. 林业活动和森林片断化对甲虫多样性的影响及保护对策 [J]. 昆虫学报, (01)：126-136.

[11] 曾庆朝, 石程仁, 秦胜楠, 等. 2020. 青岛花生田昆虫群落多样性及主要害虫与天敌发生动态分析 [J]. 中国油料作物学报, 42(03)：493-498.

[12] 郑世群, 刘金福, 冯雪萍, 等. 2016. 戴云山不同类型植物群落的物种多样性与稳定性研究 [J]. 西北林学院学报, 31(06)：50-57+64.

[13] 朱菲莹, 张屹, 肖姬玲, 等. 2019. 生物有机肥对土壤微生物群落结构变化及西瓜枯萎病的调控 [J]. 微生物学报, 59(12)：2323-2333.

[14] Bai Z, Ma L, Jin S, *et al*. 2016. Nitrogen, phosphorus, and potassium flows through the manure management chain in China [J]. Environmental Science Technology, 50(24)：13409-13418.

[15] Jin S, Zhou F. 2018. Zero growth of chemical fertilizer and pesticide use：China's objectives, progress and challenges [J]. Journal of Resources and Ecology, 9(1)：50-58.

黏虫与劳氏黏虫幼虫的田间快速鉴别*

郑运祥**，王高平***

（河南农业大学植物保护学院，郑州 450002）

摘　要：黏虫*Mythimna separata*和劳氏黏虫*Leucania loreyi*是两种幼虫形态特征比较相似的常见玉米害虫，夏玉米生长期发生的劳氏黏虫极易被误认为是黏虫。通过田间调查、室内饲养和显微观察，立足生物学和幼虫形态特征比较，总结提出了黏虫和劳氏黏虫幼虫的田间快速鉴别方法。

关键词：黏虫；劳氏黏虫；田间鉴别

黏虫*Mythimna separata*（Walker）又称东方黏虫，属鳞翅目、夜蛾科，幼虫体长约38mm，头部淡黄褐色，沿蜕裂线有“八”字形黑纹，两侧有褐色网状纹；体色变化很大，由淡绿色到浓黑色，背面有5条彩色纵带，故又名五彩虫（南京农学院,1984）。黏虫是一种长距离迁飞型害虫，幼虫取食叶片，主要危害玉米、小麦、谷子、水稻等禾谷类作物（江幸福等，2014），具有群聚性、迁飞性、杂食性、暴食性，除新疆外都有报道发生，是全国性的重要农业害虫（张海龙，2019）。劳氏黏虫*Leucania loreyi*（Duponchel）曾经被认定为次要害虫，但从1999年首次爆发以来，对玉米、高粱等秋季作物造成的危害日益严重，已经成为玉米上的主要害虫之一（胡久义等，2007），黏虫和劳氏黏虫幼虫在形态上比较相似（陆近仁等，1963），在田间可混合发生、不易区分，给调查工作带来困难（Li，2010）。传统上主要是通过成虫特征来区分这两种害虫（陈永林，1963），关于幼虫区别：朱弘复等（1963）专著记载黏虫气门筛黑色、劳氏黏虫气门筛黄色，两种黏虫上颚臼突形状不同；南京农学院（1984）在教材中载明黏虫头部沿蜕裂线有“八”字形黑纹、气门黑色而有光泽，而劳氏黏虫沿

* 基金项目：国家科技重点专项“粮食丰产增效科技创新”（2017YFD0301104）

** 第一作者：郑运祥，男，硕士研究生；E-mail：zhengyunxiang1210@163.com

*** 通讯作者：王高平，副教授，主要从事昆虫生态学研究，E-mail：wanggaoping@henau.edu.cn

蜕裂线无“八”字形黑纹、气门黄褐色；Li（2010）则报道这两种黏虫幼虫头部均有“八”字形纹，总结了两种幼虫的特征。根据以往文献，幼虫鉴别主要依靠气门显微特征，也有用头部网状花纹特征来鉴别；在田间调查中，肉眼可见的“八”字纹特征能否以及如何用作于这两种害虫的鉴别？尽管幼虫体色变化很大，但玉米田最常见的黏虫群居型幼虫与劳氏黏虫幼虫在体色、斑纹方面有哪些差别？如何将夏玉米田两种黏虫在为害严重时期等生物学方面的差异作为辅助手段而应用于田间的快速鉴别？调查夏玉米苗期、灌浆期两种黏虫发生量，室内饲养和显微观察两种黏虫幼虫形态，总结实用的田间快速鉴别方法，是提高害虫监测与防治水平的基础。

1 调查研究方法

1.1 田间调查与室内观测方法

2019年8月下旬夏玉米灌浆期在郑州郊区、2020年6月上旬夏玉米苗期在河南农大许昌校区玉米田调查两种黏虫发生数量。采集幼虫带回实验室、在24±2℃条件下饲养至成虫羽化以确定种类，收集劳氏黏虫卵粒、用玉米叶饲养幼虫，饲养密度与群居型黏虫（中高密度饲养、体色深）相同，观测黏虫与劳氏黏虫5龄幼虫形态特征。

1.2 资料总结方法

阅读专著和期刊中黏虫和劳氏黏虫文献，讨论两种黏虫生物学特性、发生与气象因素关系，比较两种幼虫的形态、为害高峰期。

根据实验室观测和文献资料总结，提出黏虫与劳氏黏虫幼虫的田间快速鉴别方法。

2 结果与分析

2.1 黏虫与劳氏黏虫幼虫形态

实验室观察得到了5龄黏虫与劳氏黏虫幼虫形态特征（表1）。肉眼可见：5龄黏虫与劳氏黏虫幼虫大小相近，沿头部蜕裂线均有“八”字形纹，但两者“八”字形纹的颜色与长度、头壳网纹清晰度均不同（图1C、图1D），两者在胸腹部背中线颜色（图1A、图1B）、气门上线颜色与清晰度方面也存在差异（图1E、图1F）。借助显微观察，能够从唇基中央条斑清晰度、气门组成（围气门片和气门筛）颜色等方面区别两种幼虫。

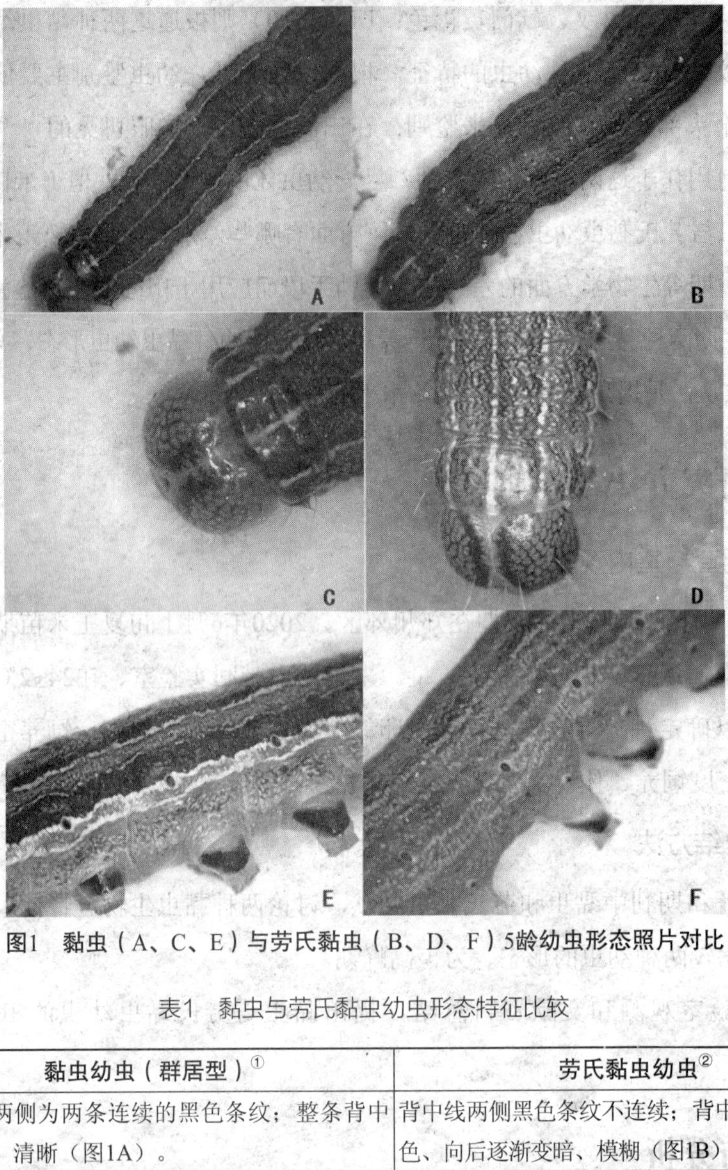

图1　黏虫（A、C、E）与劳氏黏虫（B、D、F）5龄幼虫形态照片对比

表1　黏虫与劳氏黏虫幼虫形态特征比较

部位	黏虫幼虫（群居型）①	劳氏黏虫幼虫②
体背	背中线两侧为两条连续的黑色条纹；整条背中线白色、清晰（图1A）。	背中线两侧黑色条纹不连续；背中线前胸部分白色、向后逐渐变暗、模糊（图1B）。
头部	头部具有黄褐色不规则模糊网纹；沿蜕裂线的“八”字形纹黑褐色、色浅且不伸达头壳后缘；唇基中央的条斑不明显（图1C）。	头部具有深褐色不规则清晰网纹；沿蜕裂线的“八”字形纹黑色、色深且延伸到达头壳后缘；唇基中央的条斑小而清楚（图1D）。
体侧	气门上线色深，亚背线和气门下线色浅，3线边界清晰；围气门片与气门筛均黑色（图1E）。	气门上线、亚背线和气门下线颜色浅且边界模糊；围气门片黑色、气门筛黄色（图1F）。

①饲养密度高则幼虫体色变深；②饲养密度高但幼虫体色变化小。

2.2　黏虫与劳氏黏虫田间动态

2019年8月下旬在郑州郊区玉米田共采集300多头4~6龄幼虫，经饲养至成虫，确认其中294头为劳氏黏虫，6头为东方黏虫。2020年6月上旬在河南农大许昌校区玉米田边缘采集到20多头幼虫，经饲养至成虫，确认全部为劳氏黏虫。

黏虫在我国东部的越冬北限在北纬33°~34°，在黄河以北地区春季出现的黏虫成虫基本上全部都是从南方迁飞所致（赵志英，2017），中原地区第一代黏虫幼虫为害小麦、盛期在5月上旬前后，第二代黏虫幼虫为害夏玉米、盛期在6月下旬前后，第三代为害夏玉米、盛期在8上旬前后、发生量很小。

劳氏黏虫在漯河市1年发生3~4代，越冬代成虫于4月中旬至5月上中旬开始发生，主要发生在春玉米田，5月下旬至6月上旬为幼虫为害盛期；二代幼虫主要在7月上、中旬为害夏玉米；三代幼虫为害夏玉米的盛期在8月中、下旬；距离麦田越近，春玉米田劳氏黏虫发生越重（郭松景等，2003），推测该虫在麦田越冬。我们观察到冬后返青期麦田有劳氏黏虫老熟幼虫存在。

黏虫是一种比较喜好潮湿而怕高温和干旱的害虫，一般降雨有利于黏虫发生（张海龙，2019）。劳氏黏虫爆发年份特征为高温，降水量较少，相对湿度低（胡久义等，2007）。郑州市2019年7月最高气温39℃，白天平均气温34℃，晚上平均气温25℃，降雨5天，比过去月平均气温高2℃；8月最高气温35℃，白天平均气温31.4℃，晚上平均气温23℃，降雨8天，比过去月平均气温高1.2℃，有利于劳氏黏虫的发生，这与我们2019年的调查结果相符。劳氏黏虫多为本地虫源，推测在春季温度回升快的年份，其为害期会略有提前。

2.3 黏虫与劳氏黏虫田间快速鉴别

中原地区夏玉米6月上、中旬出苗，黏虫幼虫发生量小、处于1~2龄期、为害轻微，而劳氏黏虫6月上旬会有5~6龄幼虫、为害状更明显。6月下旬：黏虫处于高龄幼虫期、为害显著，劳氏黏虫处于蛹期或二代低龄幼虫期，为害轻微。7月中旬后黏虫少见为害；劳氏黏虫数量增长、但玉米生物量骤增而受害不明显。8月中、下旬为第三代劳氏黏虫的主要为害期，往往是为害夏玉米最重的时期。

根据两种害虫为害时期差异，先做出初步判断，再观察幼虫头部“八”字形纹长短、网状花纹清晰度、背中线及两侧黑纹特点、气门上线颜色及边界清晰度，可以快速辨别黏虫与劳氏黏虫。必要时可以显微观察气门特征、做更准确的判断。

3 小结

黏虫和劳氏黏虫幼虫在形态上不易区分，低龄幼虫肉眼无法鉴别。本文通过图片、文字报告了两种害虫5龄幼虫的鉴别。以生物学特征为辅助，提出了夏玉米田两种黏虫快速鉴别方法：黏虫4~6龄幼虫6月下旬（主害代）和8月上旬前后出现，头部两侧网状纹模糊、黄褐色，“八”字纹不伸达头壳后缘，群居型幼虫颜色深、纵条纹显著；劳氏黏虫4~6龄幼虫6月上旬前后、7月中旬前后、8月中下旬（主害代）出现，头部两侧网状纹清晰、深褐色，“八”字纹伸达头壳后缘，幼虫颜色浅、纵条纹模糊。

劳氏黏虫在河南省分布范围广，可连续在玉米田繁殖，逐渐成为玉米主要害虫。黏虫为专性迁飞害虫，每代成虫会远距离外迁、随下沉气流降落于区域蜜源植物丰富的作物田，在某些年份会在夏玉米田突然爆发。要以黏虫和劳氏黏虫的生物学特征为辅、形态特征为主完成田间快速鉴别，做好预报预测，开展科学防控。

参考文献

[1] 陈永林.1963. 几种黏虫的鉴别[J].昆虫学报, (1)：10-20.

[2] 郭松景,李世民,马林平,卓喜牛. 2003. 劳氏粘虫的生物学特性及危害规律研究[J]. 河南农业科学, (9)：37-39.

[3] 胡久义,樊春艳,蒋兴华,李世民. 2007. 暴发性害虫玉米劳氏黏虫发生规律和综合防治[J]. 河南农业, (9)：13.

[4] 江幸福,张蕾,程云霞,罗礼智. 2014. 我国黏虫研究现状及发展趋势[J]. 应用昆虫学报, 51(4)：881-889.

[5] 陆近仁,金瑞华. 1963. 区别黏虫近缘种幼虫可用的特征[J]. 植物保护, (1)：16-18.

[6] 南京农学院.农业昆虫鉴定[M]. 上海：上海科学技术出版社,1984.

[7] 张海龙. 2019. 玉米黏虫防治技术要点[J]. 农业与技术, 39(11)：105-106.

[8] 赵志英. 2017. 黏虫越冬迁飞与危害的调查及监测技术探究[J]. 农业开发与装备, (4)：49.

[9] 朱弘复、方承莱、王林瑶 1963中国经济昆虫志-第七册-夜蛾科(三)[M]. 北京：科学出版社

[10] Li JH. 2010. Occurrence law of Armyworm in China and its identification and prevention[J]. Plant Diseases and Pests, 1(3)：31-36.

室内不同蜜源饲料种类对棉铃虫产卵的影响*

杨晓杰**，李　姝，李为争，盛子耀，高超男，张少华，原国辉***

（河南农业大学植物保护学院，郑州 450002）

摘　要：比较了5种人工蜜源对棉铃虫繁殖的影响。主成分分析发现，雌蛾繁殖参数可以提取为“产卵延迟因子”和“产卵延续因子”两个主成分。产卵延迟因子取决于产卵始盛期、盛期和盛末期，数学表达方程为：$y_1 = 0.31 \times$ 产卵前期 $+ 0.29 \times$ 产卵始盛期 $+ 0.25 \times$ 产卵盛期 $+ 0.19 \times$ 产卵盛末期 $- 0.23 \times$ 终生产卵量；产卵延续因子与产卵持续期和终生产卵量关系最密切，回归表达式是：$y_2 = -0.25 \times$ 产卵前期 $- 0.12 \times$ 产卵始盛期 $+ 0.12 \times$ 产卵盛末期 $+ 0.42 \times$ 产卵持续期 $+ 0.57 \times$ 终生产卵量 $+ 0.21 \times$ 雌蛾寿命。不同蜜源类型对棉铃虫产卵延迟因子才有显著影响，其中5%浓度的人工蜜源对产卵有显著加速作用，且很可能是蜂蜜中存在着刺激棉铃虫产卵期提前的未知化学物质。雌蛾终生繁殖量以饲喂5%蔗糖溶液的最多。雄蛾寿命则以10%蔗糖溶液饲喂的最长，5%黑糖蜜饲喂的个体寿命最短，暗示着两性成虫需要的蜜源浓度存在着分化。

关键词：棉铃虫；人工蜜源；黑糖蜜；产卵延迟因子；产卵延续因子；寿命

Effect of different nectar mimics on reproduction of *Helicoverpa armigera* moths

Yang Xiaojie, Li Shu, Li Weizheng, Sheng Ziyao, Gao Chaonan, Zhang Shaohua, Yuan Guohui*

(*Plant Protection College, Henan Agricultural University, Zhengzhou 450002*)

Abstract: The author compared the effect of five artificial nectars on reproduction of *Helicoverpa armigera* adults. Principle component analysis indicates that female reproductive parameters could be

---

* 基金项目：粮食丰产增效科技创新重点专项（2018YFD0300706）；国家自然科学基金项目（31471772）；河南农业大学科技创新基金项目（KJCX2018A12）

** 第一作者：杨晓杰，硕士研究生；E-mail: xiaojieyang923@163.com

*** 通讯作者：原国辉，教授，主要从事昆虫化学生态学研究；E-mail: hnndygh@126.com

extracted as two principle components: ovipositional delay factor and ovipositional maintaining factor. The former is depended on beginning period of ovipositional peak, ovipositional peak, and ending period of ovipositional peak, and the regression equation could be expressed as follow: $y_1 = 0.31 \times$ pre-ovipositional period + 0.29 × beginning period of ovipositional peak + 0.25 × ovipositional peak + 0.19 × ending period of ovipositional peak - 0.23 × fecundity. Ovipositional maintaining factor is most related to ovipositional duration and fecundity, whose regression equation could be expressed as follow: $y_2 = -0.25 \times$ pre-ovipositional period - 0.12 × beginning period of ovipositional peak + 0.12 × ending period of ovipositional peak + 0.42 × ovipositional duration + 0.57 × fecundity + 0.21 × female longevity. Only ovipositional delay factor was significantly affected by different artificial nectar mimics. Among them, three artificial nectars with 5% concentration could significantly accelerate oviposition, and unknown compounds contained in honey may be responsible for this effect. 5% sucrose resulted in maximal ovipositional maintaining factor. However, males lived longer when fed with 10 % sucrose solution, while males fed with 5% molasse exhibited the shortest longevity, suggesting that *H. armigera* exhibited sexual differentiation in nectar needed.

Key words: *Helicoverpa armigera*; Artificial nectar; Molasse; Ovipositional delay factor; Ovipositional maintaining factor; Longevity

自然界中许多昆虫在成虫羽化后有补充营养的习性，一般以植物花、叶等部分分泌的蜜汁，茎、果实破损后流出的汁液，花粉以及蚜虫、介壳虫等排泄的蜜露等作为昆虫补充营养的营养源（钦俊德等，1964）。通过补充营养可以延长昆虫的寿命（林长春等，2003；阎浚杰等，1994），促进生殖系统特别是卵巢的发育（秦旦仁和蒋富荣，1994），从而增加产卵量，进而便于种群的增殖和繁衍（潘永振等，2000）。棉铃虫*Helicoverpa armigra* Hubner也不例外，其成虫期也具有补充营养的习性。成虫取食的碳水化合物可以转变成糖原，成为卵黄的组成部分（Dennis et al.，1983；Miler，1987）；糖原也可储存在脂肪体中，通过水解而被利用（Murphy et al.，1983）；同时还可为成虫提供代谢能量，从而不消耗供卵发生所需的能源（Leahy & Andow，1994）。成虫食物中的微量维生素和矿物质甚至能影响某些鳞翅目昆虫的总卵量，而且取食糖类营养能够增加昆虫寿命，进而有利于昆虫种群的增殖和繁衍（Lederhouse，1990）。

成虫期取食不同食物和补充不同蜜源类型的营养是影响棉铃虫繁殖和寿命的重要因素（吴孔明和郭予元，1996；侯茂林和盛承发，2000）。棉铃虫雌蛾羽化时，卵细胞处于未成熟阶段，羽化后必须取食花蜜或蜜露，才能使卵细胞成熟，进而使产卵量增加，提高繁殖成功率（Zalucki et al.，1986）。研究表明，棉铃虫成虫取食对雌蛾寿命和产卵量有显著影响，成虫期补充营养可以延长雌蛾寿命、提高产卵量，且补充营养对产卵量的影响比对其寿命的影响更大（侯茂林和盛承发，2000）。Topper通过研究发现，和幼虫期在高粱上饲养的个体相比，花生上发育的棉铃虫两性成虫单纯取食水时寿命显著较短，羽化时脂肪体较轻，当供给糖溶液时，寿命显著延长，成虫补充营养可以补偿幼虫期取食花生造成的营养不良（Topper，1987）。侯茂林和盛承发研究发现，饥饿的棉铃虫雌蛾寿命和产卵量比取食清水时要低，认为补充营养促进成虫寿命和产卵量进一步提高的原因可能有两个方面：一是储存营养物的充分利用，二是取食的糖直接或转化为脂肪后间接用于卵细胞（侯茂林和盛承发，2000）。Rajapakse & Walter为了探究棉铃虫取食花蜜的生理学需要，用蔗糖替换花蜜，做了一系列室内试验发现，如果雌虫在产卵前期剥夺糖类供应，随后卵的成熟和产出会减少33%；如果只喂清水，雌虫实际繁殖力会下降40%~50%；如果整个成虫期剥夺食物，雌虫实际繁殖力下降85%（Rajapakse & Walter，2007）。由此可见，成虫营养对昆虫整体营养很重要，雌虫产卵前获得的营养直接关系实际繁殖力，卵的成熟和随后产出在一定程度上均取决于成虫补充营养，产卵速度直接与雌虫暴露于糖食物的量成比例。孟祥玲等发现，棉铃虫幼虫营养好，则死亡率低、生长快、蛹较重、其成虫繁殖力也高；成虫期补充营养不同，其产卵量有显著差异，喂以棉花花粉加10%蜂蜜水产卵最高，仅喂10%~30%蔗糖水产卵量也高，但蔗糖浓度太高会降低产卵量（孟祥玲等，1962）。不同蜜源类型的食物对棉铃虫寿命及繁殖力有不同影响，食物所含糖浓度的高低也会对棉铃虫寿命及繁殖力的影响造成差异。有研究表明，食物糖浓度与棉铃虫脂类营养存在交互作用，棉铃虫幼虫在蔗糖浓度低于10%饲料上发育不受影响，但蛹脂储备下降，导致雌虫寿命缩短，使成虫繁殖力下降；幼虫用蔗糖含量大于28%的高糖饲料饲养，其幼虫发育期延长，进而使繁殖力明显下降（Awmack & Leather，2002）。

总之，昆虫在成虫期补充营养，可以促进其性成熟、延长成虫寿命和提高其繁殖力（王建红等，2015）。为了阐明不同蜜源类型和浓度的补充营养对棉铃虫成虫产卵和寿命的影响，本实验用5%蔗糖溶液、10%蔗糖溶液、5%蜂蜜溶液、5%黑糖蜜溶液和清水对棉铃虫成虫进行饲喂，逐日观察产卵量并记录雌雄虫寿命，进一步探究棉铃虫成虫取食不同蜜源饲料种类，摄取不同糖浓度补充营养对其产卵及寿命的影响。

1　材料与方法

1.1　供试昆虫

成虫采集于河南农业大学科教园区的烟草田里，下一世代从出孵幼虫开始饲养。在实验室里，幼虫主要分别放在玻璃管中并用人工饲料饲养，人工饲料参考Ahn et al.（2011），温度控制在26 ± 2℃，相对湿度保持在60%~70%，光周期为16L：8D，每天开灯时间和关灯时间分别为早上7：00和晚上23：00。取羽化当天的成虫配对放在1000 ml一次性口杯中，底部放置下述处理的模拟蜜源类型，作为成虫饲料。

1.2 供试材料

蔗糖购买于天津Kermel公司，蜂蜜购买于河南卓宇蜂业有限公司，麦芽糖和红糖购买于郑州市二七区锦堂食品原料商行。

1.3 试验设计

棉铃虫成虫的蜜源模拟物分为下述5个处理组：（1）清水对照；（2）5%蔗糖溶液；（3）10%蔗糖溶液；（4）5%蜂蜜溶液；（5）5%黑糖蜜溶液。黑糖蜜溶液配方：80g红糖、40g麦芽糖、10g蜂蜜、90g水。棉铃虫羽化后取一对雌雄成虫配对，放入一次性透明大口杯中，底部放置浸渍不同蜜源饲料的脱脂棉球，并将脱脂棉球放在矿泉水瓶盖内，口杯罩上纱布，放在与饲养幼虫的环境条件相同的人工气候箱中。逐日观察产卵量，每日更换纱布和人工蜜源饲料，并记录雌成虫和雄成虫的寿命，直到一对成虫都死亡为止。

1.4 统计方法

试验完成后，通过逐日产卵量数据，计算下述产卵时相参数：

（1）产卵前期，指的是从羽化到发现纱布上有卵存在的时间；

（2）产卵始盛期：当累计产卵量达到终生产卵量16%时的时间；

（3）产卵盛期：从羽化到累计产卵量达到终生产卵量50%的时间；

（4）产卵盛末期：从羽化到累计产卵量达到终生产卵量84%需要的时间；

（5）产卵持续期：从开始产卵到终止产卵之间的时间跨度。

由于累计产卵量与终生产卵量的比值是连续分布的函数，我们四舍五入取最接近的日龄整数作为上述产卵时相的参数值。最后，记录终生产卵量以及两性成虫的寿命。

上述产卵行为参数之间可能存在着很强的相关性，例如寿命长的产卵量大，或者产卵持续期较长的产卵量大，将上述参数单独进行统计时可能存在严重的缺陷。因此，我们首先采用SPSS 19.0的主成分分析步骤，因子旋转方法分别采用最大方差法、最大四次方值法和最大平衡值法，对雌蛾的繁殖行为参数提取主成分，获得关于主成分的合理生物学解释，并重新命名这些主成分。主成分分析时，取消与特定主成分相关系数小于0.1的原始指标变量。用重新命名的主成分以及雄蛾寿命作为试验指标，进行单因素方差分析，固定因子为饲料类型。方差分析显著的因素，采用Duncan氏多重比较。显著性水平确定为$\alpha < 0.05$。

2 结果与分析

2.1 雌蛾繁殖参数的主成分分析

主成分分析表明，无论何种因子旋转方法，得到的Kaiser-Meyer-Olkin（KMO）和Bartlett球形度检验结果均是相同的：KMO = 0.7261，Bartlett球形度检验卡方值为

788.9756，$P < 0.0001$。由于所得KMO值大于0.7，说明雌成虫原始记录的繁殖行为指标之间确实存在着相关性或者共线性，应当并且适合进行主成分分析。

3种因子旋转方法得到的公因子方差表也是完全相同的。公因子提取过程中的信息保留量顺序为产卵盛期（0.9631）＞产卵盛末期（0.9610）＞产卵始盛期（0.9471）＞产卵持续期（0.9151）＞终生产卵量（0.7468）＞产卵前期（0.7216）＞雌蛾寿命（0.5500）。信息损失最大的雌蛾寿命，也能保留55%的原始信息量。

3种因子旋转方法的主成分分析能够解释的方差表如表1所示。从表1可以看出，不同主成分分析方法得出的结论是一致的，即提取两个主成分就能解释总方差的82.92%（能解释的方差达到总方差的70%以上，视为提取的主成分有效）。只是在第一维度和第二维度上的方差分配结果不尽相同。最大四次方值因子旋转法的结果是，第一维度的主成分解释总方差的61.69%，第二维度的主成分解释总方差的21.24%；最大方差法和最大平衡值法的结果是，第一维度的主成分解释总方差的54.12%，第二维度的主成分解释总方差的28.81%。

采用不同因子旋转方法的主成分分析旋转成分矩阵表如表2所示。从表中可以看出，最大方差法和最大平衡值法的旋转成分矩阵相同，二者与最大四次方旋转法的旋转矩阵略有不同。3种因子旋转方法的共性规律是：主成分1与产卵时相参数出现的时间点，呈紧密的正相关关系，尤其是逐日产卵量正态曲线拟合的3个拐点处的变量（产卵始盛期、产卵盛期和产卵盛末期），可以凝练为“产卵延迟因子”；主成分2与总产卵持续期和终生产卵量呈紧密的正相关关系，可以凝练为“产卵延续因子”。两个主成分均与寿命呈中等程度的正相关关系。

根据表3的因子得分系数矩阵，按照最大四次方因子旋转法的“产卵延迟因子”和“产卵延续因子”可以用下述表达式表示：

$y_1 = 0.23 \times$ 产卵前期 $+ 0.25 \times$ 产卵始盛期 $+ 0.24 \times$ 产卵盛期 $+ 0.21 \times$ 产卵盛末期 $+ 0.12 \times$ 雌蛾寿命；

$y_2 = -0.33 \times$ 产卵前期 $- 0.19 \times$ 产卵始盛期 $+ 0.40 \times$ 产卵持续期 $+ 0.61 \times$ 终生产卵 $+ 0.18 \times$ 雌蛾寿命；

按照最大方差旋转法或者最大平衡值法的“产卵延迟因子”和“产卵延续因子”可以用下述表达式表示：

$y_1 = 0.31 \times$ 产卵前期 $+ 0.29 \times$ 产卵始盛期 $+ 0.25 \times$ 产卵盛期 $+ 0.19 \times$ 产卵盛末期 $- 0.23 \times$ 终生产卵量；

$y_2 = -0.25 \times$ 产卵前期 $- 0.12 \times$ 产卵始盛期 $+ 0.12 \times$ 产卵盛末期 $+ 0.42 \times$ 产卵持续期 $+ 0.57 \times$ 终生产卵量 $+ 0.21 \times$ 雌蛾寿命。

表1　采用不同因子旋转方法的主成分分析解释的总方差

成分	初始特征值			提取平方和载入			旋转平方和载入								
							最大四次方值法			最大方差法			最大平衡值法		
	合计	方差%	累积%	合计	方差%	累积%	合计	方差%	累积%	合计	方差%	累积%	合计	方差%	累积%
1	4.47	63.80	63.80	4.47	63.80	63.80	4.32	61.69	61.69	3.79	54.12	54.12	3.79	54.12	54.12
2	1.34	19.13	82.92	1.34	19.13	82.92	1.49	21.24	82.92	2.02	28.81	82.92	2.02	28.81	82.92
3	0.68	9.67	92.59												
4	0.39	5.62	98.21												
5	0.09	1.35	99.56												
6	0.02	0.25	99.81												
7	0.01	0.19	100.00												

表2　采用不同因子旋转方法的主成分分析的旋转成分矩阵

原始指标变量	最大四次方值旋转法		最大方差旋转法和最大平衡值旋转法	
	主成分1	主成分2	主成分1	主成分2
产卵前期	0.7800	-0.3364	0.8409	-0.1203
产卵始盛期	0.9662	-0.1167	0.9630	0.1406
产卵盛期	0.9807		0.9373	0.2910
产卵盛末期	0.9519	0.2343	0.8573	0.4755
总产卵持续期	0.6871	0.6656	0.4887	0.8224
终生产卵量	0.1080	0.8574	-0.1204	0.8557
雌蛾寿命	0.6514	0.3544	0.5358	0.5127

表3 采用不同因子旋转方法的主成分分析的成分得分系数矩阵

原始指标变量	最大四次方值旋转法		最大方差旋转法和最大平衡值旋转法	
	主成分1	主成分2	主成分1	主成分2
产卵前期	0.2313	−0.3295	0.3095	−0.2574
产卵始盛期	0.2532	−0.1914	0.2945	−0.1184
产卵盛期	0.2399	—	0.2534	—
产卵盛末期	0.2107	—	0.1866	0.1166
总产卵持续期	—	0.4044	—	0.4157
终生产卵量	—	0.6072	−0.2250	0.5681
雌蛾寿命	0.1226	0.1837	—	0.2094

2.2 不同蜜源饲养棉铃虫产卵延迟、延续因子与成虫寿命

单因素方差分析结果表明，不同蜜源类型饲喂棉铃虫对棉铃虫的产卵延续因子和雄成虫的寿命均没有显著的影响（产卵延续因子：$F_{4,76} = 0.80$，$P = 0.5262$；雄成虫寿命：$F_{4,76} = 1.30$，$P = 0.2793$），但不同蜜源类型饲喂棉铃虫对棉铃虫的产卵延迟因子却有极显著的影响（$F_{4,76} = 7.29$，$P = 0.0001$）。

Duncan氏多重比较结果表明，对照清水饲喂的棉铃虫雌蛾产卵延迟因子的数值最大，但与10%蔗糖溶液饲喂的雌蛾产卵延迟因子没有显著性差异。二者均显著大于其他3种供试人工蜜源。有趣的是，后3种人工蜜源的浓度均为5%。在3种5%浓度的人工蜜源中，5%黑糖蜜溶液饲喂的棉铃虫雌蛾产卵延迟因子的数值最小，其次为5%蜂蜜溶液饲喂的棉铃虫雌蛾产卵因子，5%蔗糖溶液饲喂的棉铃虫雌蛾产卵延迟因子数值最大，但这3个处理之间均无显著性差异。

表4 不同人工蜜源饲养棉铃虫产卵延迟、延续因子与雄虫寿命比较

清水对照	0.80 ± 0.36 a	−0.43 ± 0.28 a	10.67 ± 0.97 ab
5%蔗糖溶液	−0.08 ± 0.18 b	0.18 ± 0.19 a	10.79 ± 1.56 ab
10%蔗糖溶液	0.68 ± 0.27 a	−0.05 ± 0.16 a	13.33 ± 1.74 a
5%蜂蜜溶液	−0.48 ± 0.07 b	0.01 ± 0.36 a	11.21 ± 1.56 ab
5%黑糖蜜溶液	−0.63 ± 0.13 b	0.03 ± 0.25 a	7.50 ± 1.53 b

由不同蜜源类型处理得到的产卵延续因子结果表明，5%蔗糖溶液饲喂的棉铃虫雌蛾产卵延续因子数值最大，对照清水饲喂的棉铃虫雌蛾产卵延续因子的数值最小，但这5种不同处理比较之间均无显著性差异。

从不同蜜源类型对棉铃虫雄虫寿命的影响结果中可以看出，雄蛾寿命以10%蔗糖溶液饲喂的最长，5%黑糖蜜溶液饲喂的最短，这两个处理之间有显著差异，但这里的Duncan多重比较结果与前述的方差分析结果是矛盾的，应当以方差分析的结果作为参

考更为科学，因为至今全球统计学家提出了10多种多重比较方法，尚未形成统一的认识，带有较大的主观性。

3 结论与讨论

本文采用5种室内人工蜜源饲喂棉铃虫虫对，记录了大量的繁殖行为参数。主成分分析结果表明，雌蛾的这些繁殖参数存在着较大的共线性。要比较不同蜜源对产卵的影响，凝练为“产卵延迟因子”和“产卵延续因子”两个参数即可。雄蛾寿命不能与雌蛾的相关参数整合在一起进行主成分分析，因为主成分的指标值必须是描述同一事物的不同变量，很显然这里雄蛾和雌蛾是性别不同的两个事物。雄蛾尽管不会产卵，与繁殖力没有直接的关系，但雄蛾的存活时间较长，可以与雌蛾多次交配，使雌蛾获得更多用于受精卵发育的精子，从而增大产卵量。产卵延迟因子主要取决于雌成虫的产卵始盛期、产卵盛期和产卵盛末期，这3个时间点出现的日龄越大，产卵延迟因子的量就越大。由于最大方差因子旋转法和最大平衡值法的大部分检验结果是相同的，我们可以按照下述表达式来计算产卵延迟因子：$y_1 = 0.31 \times$ 产卵前期 $+ 0.29 \times$ 产卵始盛期 $+ 0.25 \times$ 产卵盛期 $+ 0.19 \times$ 产卵盛末期 $- 0.23 \times$ 终生产卵量；产卵延续因子的表达式是：$y_2 = -0.25 \times$ 产卵前期 $- 0.12 \times$ 产卵始盛期 $+ 0.12 \times$ 产卵盛末期 $+ 0.42 \times$ 产卵持续期 $+ 0.57 \times$ 终生产卵量 $+ 0.21 \times$ 雌蛾寿命。

从5种人工蜜源饲料对棉铃虫繁殖参数的影响结果发现，不同蜜源类型对棉铃虫的产卵延迟因子才有显著的影响，产卵延续因子和雄成虫寿命则不会受到显著的影响。其中，清水饲喂的棉铃虫雌蛾产卵延迟因子的数值最大。采用清水饲喂的棉铃虫雌蛾产卵活动明显延迟，最高浓度蔗糖溶液也会造成同样的结果。但3个浓度为5%的人工蜜源却都对产卵有显著的催熟作用，其中5%黑糖蜜溶液和5%蜂蜜溶液对雌虫产卵的催熟作用有极大显著性。雌虫产卵延续因子以5%蔗糖溶液最高，对照清水饲喂的最小，但5种不同处理之间均无显著性差异，表明不同蜜源饲料类型对产卵延续因子影响不显著。饲喂5%黑糖蜜的棉铃虫雌蛾产卵开始最早，其次是饲喂5%蜂蜜的雌蛾。但从终生繁殖的后代量来看，却是饲喂5%蔗糖溶液的雌蛾优势最大。雄蛾寿命则以10%蔗糖溶液饲喂的最长，5%黑糖蜜饲喂的个体寿命最短，对照清水、5%蔗糖溶液、5%蜂蜜溶液饲喂的雄虫寿命无明显差异。暗示着棉铃虫两性成虫需要的蜜源浓度存在着分化，这种分化在自然界是否会发生，比如雄蛾更喜欢在花蜜浓度较高的植物花器上取食，有待进一步研究。

总之，在蜂蜜中，可能存在着刺激棉铃虫产卵期提前的化学物质，能够加速棉铃虫雌虫卵巢的成熟，进而增大产卵量。蜂蜜一种常见的蜜源饲料，含有丰富的营养成分，主要包括碳水化合物、矿物质、蛋白质、维生素、多酚物质等（Alvarez-Suarez et al.，2009）。虽然Lederhouse（1990）发现成虫食物中的微量维生素和矿物质会影响某些鳞翅目昆虫的总卵量，但作为成虫食物的蜂蜜中哪些成分会影响棉铃虫产卵及雌虫卵巢成熟还尚不清楚，有待进行深层次的研究。另外，有关棉铃虫的研究报道中多以10%蜂蜜溶液（Jallow et al.，2008；Liu et al.，2012），或15%蜂蜜溶液饲喂棉铃虫，而本实验采用的是5%蜂蜜溶液（Cunningham et al.，1998）饲喂。如果提高蜂蜜浓度饲喂棉铃虫成虫时，是否对棉铃虫雌虫产卵量有增加作用，是否更能刺激棉铃虫产卵期提前以及更快促进雌虫卵巢的成熟，这些问题还有待进一步探索。

此外，5%蔗糖溶液饲喂的雌蛾产卵跨越的时间尺度更大，终生产卵量也最多，暗示着蜂蜜和黑糖蜜对于产卵活动的维持方面没有优势。未来需要进一步研究不同人工蜜源饲喂的棉铃虫所产的卵的孵化率以及卵尺寸变量，才能最终弄清楚添加蜂蜜成分的人工饲料对于棉铃虫的总体繁殖收益。

参考文献

[1] 侯茂林，盛承发. 2000. 成虫取食对棉铃虫雌蛾繁殖的影响 [J]. 生态学报，20（4）：601-605.

[2] 林长春，陆高，周成枚，等. 2003. 补充营养材料对松褐天牛成虫存活期的影响 [J]. 林业科学研究. 16（1）：69-74.

[3] 孟祥玲，张广学，任世珍. 1962. 棉铃虫的生物学进一步研究 [J]. 昆虫学报. 11（1）：71-82.

[4] 潘永振，陈宗麒，缪森. 2000. 补充营养对小菜蛾寿命及繁殖力的影响 [J]. 云南林业科技. （4）：12-18，25

[5] 钦俊德，魏定义，王宗舜. 1964. 粘虫营养的研究：成虫对于糖类的取食和利用 [J]. 昆虫学报. 13（6）：775-784.

[6] 秦旦仁，蒋富荣. 1994. 桑天牛卵巢发育与补充营养关系的研究 [J]. 南京林业大学学报. 18（3）：46-50.

[7] 王建红，仇兰芬，车少臣，等. 2015. 蜜粉源植物对天敌昆虫的作用及其在生物防治中的应用 [J]. 应用昆虫学报，52（2）：289-299.

[8] 吴孔明，郭予元. 1996. 食物质量对棉铃虫繁殖力的影响 [J]. 昆虫知识，33（4）：203-205.

[9] 阎浚杰，黄大庄，王志刚，等. 1994. 桑天牛补充营养与寿命的相关分析 [J]. 蚕业科学. 20（2）：126-127.

[10] Ahn SJ, Badenes-Perez FR, Heckel DG. 2011. A host-plant specialist, *Helicoverpa assulta*, is more tolerant tocapsaicin from Capsicum annuum than other noctuid species. [J]. Journal of Insect Physiology, 57(9)：1212-1219.

[11] Alvarez-Suarez JM, Tulipani S, Romandini S, *et al*. 2009. Contribution of honey in nutrition and human health：a review. [J]. Mediterranean Journal of Nutrition and Metabolism, 3(1)：15-23.

[12] Awmack CS, Leather SR. 2002. Host plant quality and fecundity in herbivorous insects. [J]. Annual Review of Entomology, 47：817-844.

[13] Cunningham JP, West SA, Wright DJ. 1998. Learning in the nectar foraging behaviour of *Helicoverpa armigera.* [J]. Ecological Entomology, 23(4)：363-369.

[14] Dennis DM, Alan EL, Paul RE. 1983. The role of adult feeding in egg production and population dynamics of the checkerspot butterfly *Euphydryas editha.* [J]. Oecologia. (56)：2-3.

[15] Jallow MFA, Dugassa-Gobena D, Vidal S. 2008. Influence of an endophytic fungus on host plant selection by a polyphagous moth via volatile spectrum changes. [J]. Arthropod-Plant Interactions, 2(1)：53-62.

[16] Leahy TC, Andow DA. 1994. Egg weight, fecundity, and longevity are increased by adult feeling in *Ostrinia nubilalis* (Lepidoptera：Pyralidae). [J]. Annals of the Entomological Society of America, 87(3)：342-349.

[17] Lederhouse RC, Ayres MP, Scriber JM. 1990. Adult nutrition affects male virility in *Papilio glanucus* L. [J]. Functional Ecology. (4)：743-751.

[18] Liu ZD, Scheirs J, Heckel DG. 2012. Trade-offs of host use between generalist and specialist Helicoverpa sibling species：adult oviposition and larval performance. [J]. Oecologia, 168：459-469.

[19] Miller WE. 1987. *Spruce budworm* (Lepidoptera：Tortricidae)：role of adult imbibing in reproduction. [J]. Environmental Entomology. (16)：1291-1295.

[20] Murphy DD, Launer AE and Ehrlich PR. 1983. Role of adult feeding in egg production and population dynamics of the checkerspot butterfly *Euphydryas editha.* [J]. Oecologia. 56：257-263.

[21] Rajapakse CNK, Walter GH. 2007. Polyphagy and primary host plants：oviposition preference versus larval performance in the lepidopteran pest *Helicoverpa armigera.* [J]. Arthropod Plant Interactions. 1(1)：17-26.

[22] Topper CP. 1987. Nocturnal behaviour of adults of *Heliothis armigera* (Hübner) (Lepidoptera：Noctuidae) in the Sudan Gezira and pest control implications. [J]. Bulletin of entomological research. 77(3)：541-554.

[23] Zalucki MP, Daglish G, Firempong S, *et al.* 1986. The biology and ecology of *Heliothis armigera* (Hubner) and *H. punctigera* Wallengren (Lepidoptera：Noctuidae) in Australia：What do we know? [J]. Australian Journal Zoology. (34)：779-814.

湖北省美国白蛾高毒力球孢白僵菌菌株的筛选*

张子一[1**]，蔡三山[1]，闵水发[2***]，张文颖[2]

（1.湖北省林业科学研究院，武汉 430075；2.湖北生态工程职业技术学院，武汉 430200；）

摘　要：美国白蛾是一种具有严重危害的世界性检疫害虫，自2016年在湖北省首次发现后一直都省内重点防治对象。球孢白僵菌是美国白蛾的一种具有潜力的生防因子。本试验通过菌株培养和生物测定的方式筛选往年收集的11个白僵菌株，评估其产孢能力和对美国白蛾幼虫的毒力并选择出适合白僵菌防治的菌株。结果表明，HB01和HB06两个菌株具有较高的产孢能力，被HB01和HB06处理后的美国白蛾幼虫7天矫正死亡率分别达到81.7%和98.0%，是两个具有较高应用潜力的菌株。需要进一步研究验证其在防治中的有效性。

关键词：美国白蛾；球孢白僵菌；毒力。

Evaluation of the *Beauveria bassiana* isolates as agents for control of *Hyphantria cunea* in Hubei province

Zhang Zhiyi[1**]，Cai Sanshan[1]，Min shuifa[2] Zhang wenyin[2]

（1.*Hubei Academy of Forestry,Whuhan* 430075, China；2. *Hubei Ecology Polytechnic college.,Whuhan* 430200, China;）

Abstract: *Hyphantria cunea* is a severe globally Quarantine pests. It became the priority target of the pest control since 2016,when it was first discovered in Hubei province. *Beauveria bassiana* is widely considered to be a promising bio-control agent of the Lepidoptera pests. In this study, The sporulation ability of 11 Beauveria bassiana isolates collected from Hubei and there virulence to *H. cunea* were examined, The isolate with high spore yield and high virulence would be chosen as the bio-control

---

*　基金项目：湖北省林业科技支撑重点项目“美国白蛾生物防治技术研究”（[2017]LYKJ05）

**　第一作者：张子一，助理研究员，主要研究方向为森林昆虫防治，E-mail: 656067169@qq.com

***　通讯作者：闵水发，正高级高工，主要研究方向为森林昆虫防治，E-mail: 2498849660@qq.com

agent. The result showed that HB01 and HB06 have relatively high sporulation, and cause the corrected mortality rates of 81.7% and 98.0% respectively at 7 days post inoculation. The further experiments were needed to verify its validity under field condition.

Key words: *Hyphantria cunea*; *Beauveria bassiana*; Virulence

1 概述

美国白蛾属鳞翅目灯蛾科白蛾属昆虫，是一种世界性检疫害虫（张生芳，1984）。主要危害桃树（*Amygdalus persica* L.）、杏树（*Armeniaca vulgaris* Lam.）等果树以及杨树（*Populus tomentosa* Carr）、悬铃木（*Platanus acerifolia*）等行道树，对农作物林木等经济作物也造成了严重的威胁，被列入我国首批外来入侵物种（陈仲梅等，1980）。原产于北美洲，现广泛分布在美洲欧洲及亚洲多个国家（张俊杰等，2013）。中国在1979年于丹东市首次发现美国白蛾（季荣等，2003），此后美国白蛾不断向中国南方发展。2016年7月下旬湖北省在全境安排了34个监测点，同年8月在安陆县首次发现并确认美国白蛾幼虫和成虫，2017年国家林业局2号公告中正式确定湖北省为美国白蛾疫区。如图1所示，湖北省经过4年的重点防治，美国白蛾仍然定殖并发展，在此后的每年均有新疫区公布，截至2020年湖北省已经有11个县/区被确认为美国白蛾疫区，防治形势依然严峻。

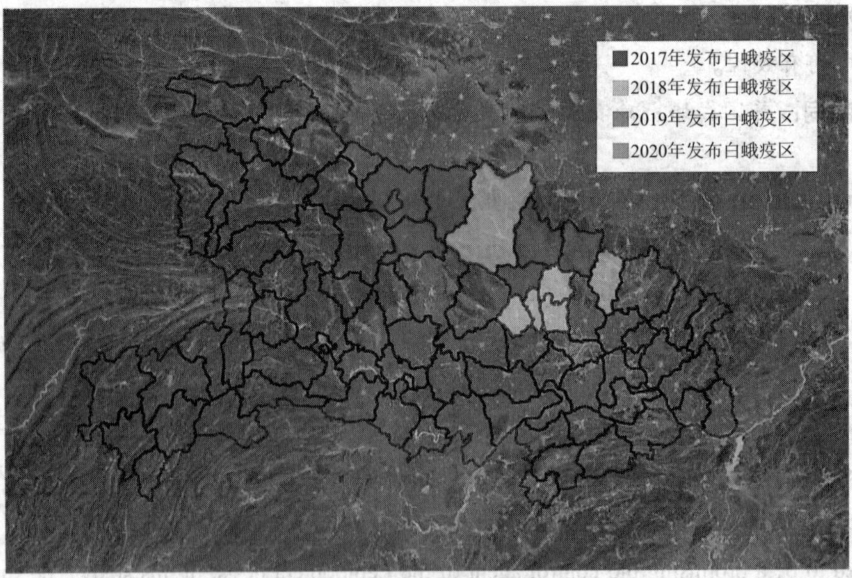

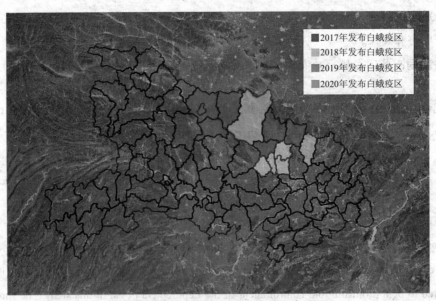

图1 湖北省美国白蛾疫区发展示意图

白僵菌是一种子囊菌类的虫生真菌，运用于害虫防治的种类主要是球孢白僵菌（*Beauveria bassiana*）和布氏白僵菌（*B. brogniartii*），是真菌杀菌剂中最受关注的种类之一（李增智，2015）。白僵菌在自然界分布范围很广，从海拔几米至2000多米的高山均发现过白僵菌的存在。仅仅球孢白僵菌就有记录可以侵入9目、34科、200多种昆虫、螨类（李增智，1986），是自然界中调整昆虫种群数量的重要生物因子。湖北省在20世纪50年代就开始利用白僵菌防治松毛虫等森林害虫，并在当阳建立了白僵菌生产企业，并在基础应用领域都有很好的研究基础（江厚利等，2012）。根据研究（闵水发等，2018），在鄂北孝感市美国白蛾的第一代幼虫和卵出现在5月中旬到6月上旬，期间湖北白天气温稳定在20℃以上且林间湿度较大，很适合白僵菌作为生物农药的应用。本试验目的是测试在湖北各地收集的球孢白僵菌菌株，筛选出产孢能力强、对美国白蛾毒力大，适合在湖北使用的防治美国白蛾的生防菌株。

2 材料与方法

2.1 菌株

球孢白僵菌的菌株是本实验室在各地收集的有代表性的球孢白僵菌菌株（如表1），经过分离纯化的菌株保存在湖北林业科学研究院实验室菌种库中。

表1 球孢白僵菌菌株保存记录表

菌株编号	菌株分离寄主	菌株提供单位
DY01	松毛虫	当阳市白僵菌厂
DY02	蛴螬	当阳市白僵菌厂
DY02w	松毛虫	当阳市白僵菌厂
DY02R	松毛虫	当阳市白僵菌厂
HB01	杨小舟蛾	湖北省林科院森防所
HB02	螳螂	湖北省林科院森防所
HB03	尺蠖	湖北省林科院森防所
FJ01	松褐天牛	福建农林大学森林昆虫室
HB04	扣甲	湖北省林科院森防所
HB05	银杏大蚕蛾	湖北省林科院森防所
HB06	麻皮蝽	湖北省林科院森防所

2.2 虫源

供试的美国白蛾采集自湖北省孝感市大悟县大新镇。从网幕中收集的美国白蛾2~3龄幼虫在人工气候箱中（温度 25℃，湿度 80%，光暗比 12：12 光照）进行饲养，每天提供经过表面消毒的桑树叶。当美国白蛾幼虫达到3龄后供生物测定使用。

2.3 孢子培养与孢子量测定

将经过活化的菌种接入PDA液体培养基的三角瓶内，温度25℃在摇床上振荡培养72 h。将供试菌株培养液接种于覆盖一层无菌玻璃纸的固体PDA培养基中，培养皿直径9 cm，接种完成后用保鲜膜密封。将接过种的培养皿置于（25±1）℃的无菌培养箱中培养 5 d，待产孢培养基表面长满菌丝时揭去保鲜膜，再培养 4~6 d 使菌丝大量产孢，然后人工收获培养基表面的孢子粉。将每个菌种的获得的孢子粉干燥后，测量其重量。用血球计数板法，测定每克孢子粉包含孢子数量。比较各菌株的产孢率，其中：

$$产孢率=\frac{单个培养皿产孢质量\times 单位质量孢子数}{培养皿面积}$$

2.4 毒力菌株的筛选及测试

将孢子产量高的两个菌株孢子粉稀释成$1\times10^{4}\cdot ml^{-1}$、$1\times10^{5}\cdot ml^{-1}$、$1\times10^{6}\cdot ml^{-1}$、$1\times10^{7}\cdot ml^{-1}$、$1\times10^{8}\cdot ml^{-1}$五个浓度，并以含0. 05%吐温－80的无菌水处理做对照，用喷雾塔对3龄美国白蛾幼虫进行定量喷雾，每个处理包含 4 个重复，每重复50头供试幼虫，每个处理喷雾 3 ml。喷雾接种后的虫体被转移至透明塑料盒中置于自然光照下饲喂灭菌桑树叶片，每日更换叶片并记录幼虫死亡，共调查记录7天。用以下公式计算校正死亡率：

$$死亡率（\%）=\frac{药前活虫数-药后活虫数}{药前活虫数}\times 100$$

$$校正死亡率（\%）=\frac{PT-CK}{100-CK}\times 100$$

式中：PT—白僵菌处理死亡率　CK—空白对照死亡率

3 结果与分析

3.1 菌株产孢能力

如图2所示，产孢率最高的两个菌株为HB01和HB06，高于其他菌株分别达到了$11.93\times10^{7}/cm^{2}$和$6.87\times10^{7}/cm^{2}$，其中产孢率最高的HB01是最低的菌株HB03的291倍，不同菌株间的差异巨大。

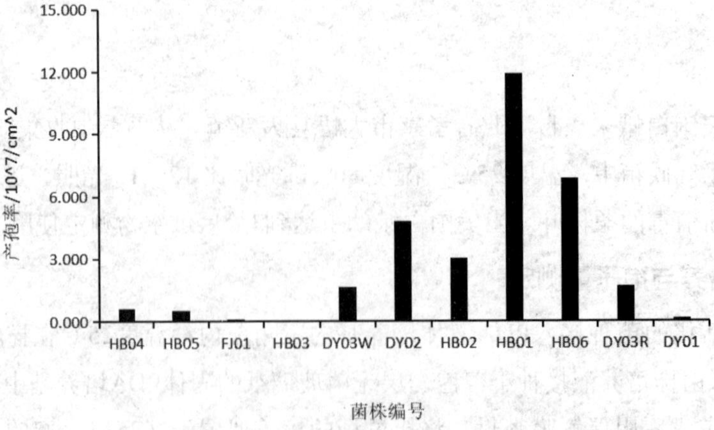

图2 各种菌株的产孢率分布图

3.2 菌株致病力

如图2所示，白僵菌浓度的提高会显著提高美国白蛾的矫正死亡率，在孢子浓度达到$1\times10^{8}\cdot ml^{-1}$时，两个菌株的矫正死亡率均达到最高。受试的两个菌株均对美国白蛾都表现出较强的毒力，其中HB06最高浓度处理的7天矫正死亡率达到了98.04%，HB01处理的7天矫正死亡率为88.70%，HB06要显著高于HB01（t = 3.6612, df = 5.7986, p-value = 0.01122）。

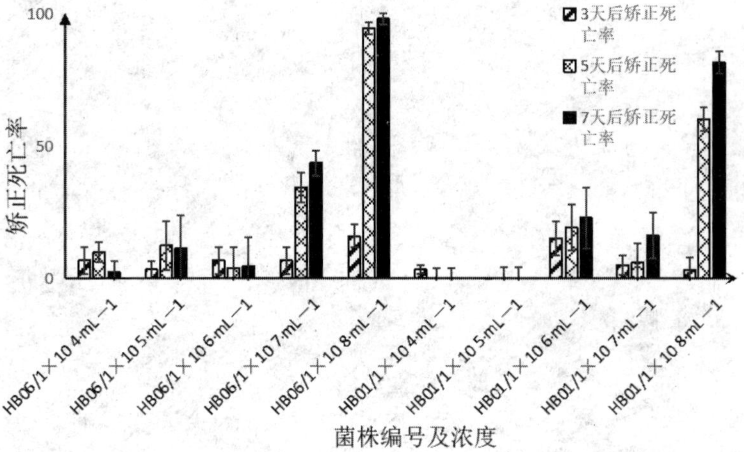

图3　不同浓度梯度下菌株HB06、HB01对美国白蛾的毒力

4　小结

试验结果表明现有菌株中，存在非常有潜力的美国白蛾生防菌株。其中HB06在孢子浓度达到$1\times10^{8}\cdot ml^{-1}$条件下能在5天让美国白蛾幼虫矫正死亡率达到94.56%，7天达到了98.04%。这一结果不仅超过同类型的白僵菌菌株（苏筱雨等，2016）甚至超过了部分化学农药（李会平等，2015）。两个菌株均已开始工厂化生产，下一步要通过小区试验和大田试验进一步验证白僵菌在林间防治美国白蛾的有效性，摸索出适合湖北的防治方法。

参考文献

[1] 陈仲梅, 张生芳, 李玉璠,等. 美国白蛾——一种新传进我国的危险性害虫[J]. 植物保护, 1980, 6(3)：37-38.

[2] 季荣, 谢宝瑜, 李欣海,等. 外来入侵种—美国白蛾的研究进展[J]. 应用昆虫学报, 2003, 40(1)：13-18.

[3] 江厚利,查玉平,陈京元, 等.湖北省白僵菌研究与应用进展[J].湖北林业科技,2012,(1)：36-38.

[4] 李会平, 黄秋娴, 王婧,等. 应用白僵菌防治美国白蛾的潜力[J]. 林业科学, 2015, 51(009)：65-70.

[5] 李增智. 球孢白僵菌的昆虫寄主名录[C]. 中国虫生真菌研究与应用(第一卷). 1986.

[6] 李增智. 我国利用真菌防治害虫的历史、进展及现状[J]. 中国生物防治学报, 2015, 31(5)：699-711.

[7] 闵水发,曾文豪,陈益娴,等.美国白蛾在湖北孝感市的生物学特性与防治措施[J].湖北林业科技,2018,(5)：30-33.

[8] 苏筱雨, 王婧, 任晓婧,等. 美国白蛾高毒力白僵菌菌株的紫外线诱变选育[J]. 林业科学, 2016(7)：165-169.
[9] 张俊杰, 董琴, 赵涵博,等. 中国大陆美国白蛾的侵入分布、危害与防治概述[J]. 吉林林业科技, 2013(03)：27-30.
[10] 张生芳.美国白蛾[M].北京：农业部植物检疫实验所,1981.

孝感美国白蛾的防治历与防控措施*

闵水发[1**]，张文颖[2]，曾文豪[2]，朱艾红[2]，闵　浩[2]，易家喜[1]

（1. 湖北生态工程职业技术学院，武汉 430200；2. 神农架林业有害生物天敌繁育场，十堰市 442499）

摘　要：针对美国白蛾在湖北孝感市的生物学特性，作者开展了一系列生物防治试验。根据试验结果，提出了防控技术措施，并制定了湖北孝感市美国白蛾防治历。

关键词：美国白蛾；防控；防治历。

Control Course and Measures of *Hyphantria cunea* in Xiaogan, Hubei Province

Min Shui-fa[1]，Zhang Wen-ying[1]，Zeng wen-hao[1]，Zhu ai-hong[1]，Min hao[1]，Yi jia-xi[2]

（1.Hubei Ecology Polytechnic College, Wuhan 430200; 2.Shennongjia Forest pest Natural enemy Breeding Farm， Shiyan 442499）

Abstract: According to the biological characteristics of *Hyphantria cunea* in Xiaogan, Hubei Province, the authors carried out a series of biological control experiments. Based on the test results, the control measures were put forward, and the control calendar of Hyphantria Cunea in Xiaogan City of Hubei Province was established.

Keywords: *Hyphantria cunea*; control; control calendar.

为了有效防控美国白蛾*Hyphantria cunea* （Drury）的为害，笔者于2017年4月至2020年6月，观察其在湖北省孝感市的生物学特性（闵水发，曾文豪等, 2018），并在

* 基金项目：湖北省林业科技支撑重点项目“美国白蛾生物防治技术研究”（[2017]LYKJ05）

** 闵水发，男，汉族，湖北天门人，硕士，教授级高级工程师，主要从事林业有害生物防治研究和教学工作，E−mail:2498849660@qq.com。

此基础上开展了一系列生物防治试验，提出了防控技术措施,制定了美国白蛾防治历，供生产上参考。

1 孝感市美国白蛾发生与防治历

按时间顺序和美国白蛾发育阶段，作者采用已成熟的美国白蛾防治方法，制定了美国白蛾防治历，见表1。

2 美国白蛾防控措施

2.1 生物防治

2.1.1 应用微生物防治美国白蛾

在美国白蛾第一代、第二代2~4龄幼虫期，应用苏云金杆菌Bt8000IU/mg悬浮剂稀释2000~3000倍，5~7 d后防效较好，校正死亡率为83.13%~87.95%；0.25%阿维菌素+Bt 32 000 IU/mg悬浮剂稀释2000~3000倍，5~7 d后防效较好，校正死亡率为92.77%~96.39%（闵水发，朱艾红等, 2019）。

在美国白蛾第一代、第二代2~4龄幼虫期，应用球孢白僵菌1800亿孢 / g可湿性粉剂1500~2500倍液进行叶片喷雾防治，防效在90%以上。

在美国白蛾第一代、第二代3~4龄幼虫期，应用核型多角体病毒（HcNPV）防治美国白蛾幼虫，药剂处理浓度分别为3×10^6 PIM/ml、5×10^6 PIM/ml、3×10^7 PIM/ml、5×10^7 PIM/ml、1×10^8 PIM/ml。试验结果表明：施药后3 d幼虫开始死亡，10 d死亡率达到50%，13 d死亡达到高峰，15 d后各处理累积死亡率均高于91%，防治效果显著。

2.1.2 应用仿生药剂防治

在美国白蛾第一代、第二代2~4龄幼虫期，应用苦参碱、虫酰肼、印楝素等仿生药剂进行防治。其中应用0.3%苦参碱水剂4000倍液，药后第5 d美国白蛾幼虫平均校正死亡率为98.86%；20%虫酰肼悬浮剂2000倍液，药后第5 d平均校正死亡率为94.32%；5‰印楝素乳油4000倍液，药后第5 d平均校正死亡率为97.73%。3种仿生药剂校正死亡率均在94%以上，防治效果好。若采取交替用药，则可避免产生抗药性，能有效降低美国白蛾造成的危害。

2.1.3 利用天敌防治

利用白蛾周氏啮小蜂防治美国白蛾，在老熟幼虫和化蛹初期，分别放蜂1次，放蜂量为美国白蛾幼虫数量的5倍，连续放蜂防治两代美国白蛾，就可将其种群数量有效控制，天敌的总寄生率达到92.67%（杨忠岐，王小艺等，2005）。

在孝感，放蜂最佳虫期为美国白蛾老熟幼虫期和化蛹初期（第1代化蛹初期6月15日左右，第2代化蛹初期7月25日左右），按1头白蛾幼虫释放3~5头周氏啮小蜂的比例

表1 湖北省孝感市美国白蛾防治历

虫期	世代数				防治部位	防治方法
	越冬代	第一代	第二代	第三代		
成虫期	4月中旬至5月上旬	6月下旬至7月中旬	8月上旬至8月下旬		树干、墙壁、草地、电线杆等	1.清晨和傍晚组织人工捕杀成虫。 2.设置黑光灯诱杀成虫。 3.信息素诱杀。
卵期		4月下旬至5月上旬	6月下旬至7月中旬	8月中旬至8月下旬	树冠中上部外围树叶背面，第二、三代部位较高。	组织人工摘除卵块。
网幕初见期至4龄幼虫期		5月上旬至6月中旬	7月上旬至8月上旬	8月中旬至9月下旬	树冠中下部，第二代部位较高。	1.人工摘除网幕。 2.喷洒HcNPV、Bt、白僵菌等生物制剂防治。 3.喷洒仿生药剂防治
5~7龄幼虫分散期		6月上旬至6月下旬	7月下旬至8月上旬	9月下旬至10月中旬	树冠外围	树干绑草把诱杀下树的老熟幼虫和蛹。
蛹期		6月中旬至6月下旬	7月下旬—8月中旬	9月下旬至翌年4月上旬	树洞、树皮缝、枯枝落叶、树周围砖石、瓦块下	1.释放周氏啮小蜂。 2.组织人工挖蛹。

进行放蜂，连续释放3年。

2.1.4 应用信息素防治

利用美国白蛾性信息素，在轻度发生区成虫期（6月下旬至7月中旬为第 1 代成虫发生期，8月上旬至8月下旬为第2代成虫发生期）诱杀雄性成虫,导致雌雄比例严重失调，减少雌雄间的交配机率，使下一代虫口密度大幅度下降。春季世代诱捕器设置高度以树冠下层枝条（2.0~2.5 m）处，在夏季世代以树冠中上层（5~6m）处设置为宜。每100 m设1个诱捕器，诱集半径为50 m（李修柱，2015）。

2.2 人工防治

卵期防治：在卵期人工摘除带卵的叶片，集中销毁、深埋处理。

幼虫期防治：根据美国白蛾4龄幼虫前吐丝结网并聚集在网幕中取食的特性，采取人工剪除网幕并就地销毁。在2~3龄幼虫网幕盛期，发现网幕后，用高枝剪刀剪下处理（白鹏华，刘宝生等，2017）。

蛹期防治：根据美国白蛾老熟幼虫下树化蛹的习性，用麦秸、谷草等在树干1.0~1.5m高处围成下紧上松的草把，诱集老熟幼虫在其中化蛹，并集中销毁。晚秋、初春季节，在树洞、树皮缝、枯枝落叶、树周围砖石、瓦块下，挖越冬蛹并集中消灭。

成虫期防治：越冬代成虫发生较整齐，飞翔力弱，清晨和傍晚多栖息在建筑物的墙壁、树干、草地上，可进行人工捕杀。

2.3 物理防治

利用美国白蛾成虫的趋光性、以黑光灯进行成虫诱杀，以减少成虫交尾和产卵。在成虫期，于距地面2~3m高处悬挂杀虫灯，每天从19:00到次日6:00开灯诱杀美国白蛾成虫（罗立平，王小艺等，2018）。

参考文献

[1] 白鹏华, 刘宝生等. 我国美国白蛾生物防治研究进展. [J]. 中国果树, 2017(6)：65-69.

[2] 李修柱. 美国白蛾的发生规律及防治措施. [J]. 现代农业科技, 2015, 19：154-155.

[3] 闵水发, 曾文豪等. 美国白蛾在湖北孝感市的生物学特性与防治措施. [J]. 湖北林业科技，2018, 47(5)：30-33.

[4] 闵水发, 朱艾红等. 2种苏云金杆菌剂型防治美国白蛾效果分析. [J]. 湖北林业科技, 2019, 48(6)：27-30.

[5] 罗立平，王小艺等. 美国白蛾防控技术研究进展. [J]．环境昆虫学报, 2018, 40(4)：721-735.

[6] 杨忠岐, 王小艺等. 白蛾周氏啮小蜂可持续控制美国白蛾的研究. [J]. 林业科学, 2005, 41(5)：72-80.

襄阳亚洲玉米螟春播期发生与监测*

胡 飞[1]，李新彦[1]，马现斌[1]，郭 莉[1]，李有明[1]，李雄才[2]，唐 清[1]

（1. 襄阳市农业科学院，襄阳 441057；2. 襄阳市农业技术推广中心，襄阳 441057）

摘 要：以襄阳地区主推品种郑单958为供试品种，连续两年通过性诱剂监测，明确了襄阳市亚洲玉米螟在春播玉米上的发生规律，并探讨适宜本地区的亚洲玉米螟绿色防控技术。结果表明从5月上旬即可监测诱集到雄成虫，5月中下旬至6月初为盛发期，5月20日前后密度达到最大。不同年份间雄成虫种群数量差异较大，而动态趋势一致且仅有1个峰值。建议以选育、筛选和推广种植抗性品种为基础，大力推广苏云金杆菌和赤眼蜂等绿色防控技术。

关键词：亚洲玉米螟；发生规律；春玉米；绿色防控

Occurrence Monitoring and Green Control of *Ostrinia furnacalis* on Spring-sowing Maize in Xiangyang

Hu Fei[1**], Li Xinyan[1], Ma Xianbin[1], Guo Li[1], Li Youming, Li[1] Xiongcai[2],Tang Qing[1***]

（1. Xiangyang Academy of Agicultural Sciences, Xiangyang 441057, China; 2. Xiangyang Extension Center of Agricultural Techniques, Xiangyang 441057, China）

Abstract: By using sexual inducer monitoring in the test variety of Zhengdan 958 which is the main material in Xiangyang through two consecutive years, this paper clarified the occurrence regularity of *Ostrinia furnacalis* on spring-sowing maize, and discussed the suitable green control technology in Xiangyang. The results showed that the adult male *Ostrinia furnacalis* could be monitored from early May, the full incidence period is in the middle May and early June and the density reached the maximum around May 20. The number of male adult *Ostrinia furnacalis* population varied greatly in different years, and there is only one peak. It is suggested that green control technologies on *Bacillus*

* 通讯作者：唐清

thuringiensis and *Trichogramma ostriniae* should be vigorously promoted on the basis of breeding, screening and popularizing resistant varieties.

Key words: *Ostrinia furnacalis*; Occurrence; Spring-sowing maize; Green Control

玉米是湖北省最重要的粮食作物之一，也是饲料和经济作物。常年种植面积稳定在73.3万hm^{2}左右，传统的玉米产区集中在鄂西南、鄂西北和鄂北岗地。襄阳市地处鄂西北，既是东西部结合区，又处于南北过渡地带，境内光照充沛，年平均气温15℃，无霜期220~240 d，年降水量760~960 mm，优越的自然条件，特别适宜玉米的生长发育。襄阳市玉米播种面积20万hm^{2}左右，占全省约1/4。其中，夏玉米占80%左右，春玉米20%左右。主要实行的是夏收小麦后连作种植夏玉米，是典型的麦玉连作夏玉米区。春播在4月上旬，夏播集中在5月下旬至6月上中旬。亚洲玉米螟*Ostrinia furnacalis*，属鳞翅目，螟蛾科，秆野螟属，为兼性滞育昆虫。该虫是襄阳地区常发性害虫，若在春玉米上繁殖未及时防控，则虫源基数大，严重威胁大面积夏播玉米生产。本研究通过性诱剂监测，明确亚洲玉米螟在襄阳市春播玉米上的发生规律，为当地玉米螟的测报和绿色防控提供理论和实践依据。

1　材料与方法

1.1　玉米种植与田间管理

襄阳地区玉米品种主要为郑单958，2018年播种期为4月10日；出苗期4月20日，成熟期8月3日；2019年播种期为4月2日；出苗期4月15日，成熟期8月1日。基肥为鄂中复合肥（N-P-K：15-15-15）600 kg/hm^2，随雨水追施尿素75 kg/hm^2，三叶期以后喷施化学除草剂（52% 烟嘧・莠去津可湿性粉剂；15% 硝磺草酮悬浮剂）。整个生育期未用杀虫剂。

1.2　亚洲玉米螟监测与统计方法

1.2.1　监测方法

于2018、2019年4月至7月，在襄阳市农业科学院高新区团山镇试验基地（东经112°8′，北纬32°5′，海拔70 m）开展亚洲玉米螟监测研究。监测采用成虫诱捕方法，监测仪器为昆虫信息素新型蛾类诱捕器，与亚洲玉米螟诱芯配套使用。仪器均从北京中捷四方生物科技股份有限公司采购。

诱捕器监测点选在春播玉米地，安装时确保诱捕器距离地面高度1.5~1.8 m（胡代花等，2015），诱捕器间相距25 m左右。共设5个诱捕器，呈棋盘式设在玉米地相应位置。此后，每7 d收集统计虫体，诱芯则每月更换一次，诱芯安装时戴手套防止污染。

另外，备用诱芯则密封冷藏保存。

1.2.2　数据采集

计数诱捕器成虫数量，计算其平均值。在玉米心叶期（或称喇叭口期、打包期，即最后三片叶展开前的那个时间段，此时仍不见雄穗），每隔7 d调查（整株查看）一次为害排孔，连续调查两次，计算受害株率。采用五点取样法，每个点用20株做计数单位。同样地，8月上旬邻近收获时，进行百株活虫数调查，全株剖开（包括玉米穗轴）计数幼虫、蛹数量。

2　结果与分析

2.1　亚洲玉米螟雄成虫发生规律

自5月上旬即可监测诱集到成虫，两年监测结果均发现亚洲玉米螟雄成虫在5月中下旬至6月初盛发，5月20日前后密度达到最大。整个春玉米生长季节成虫数量仅一个高峰期。且2018年亚洲玉米螟雄成虫量较2019年多（图1）。

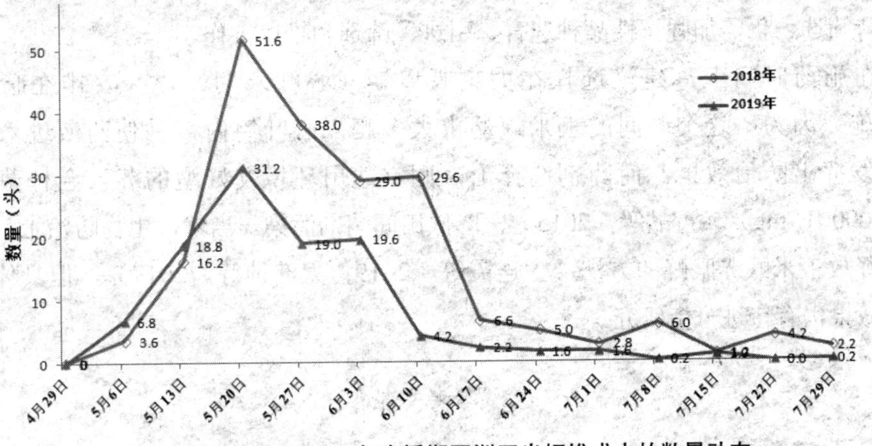

图1　襄阳市2018、2019年春播期亚洲玉米螟雄成虫的数量动态

2.2　春玉米被害株率及活虫数量

2018年春玉米被害株率、幼虫和蛹数量远高于2019年同期水平，即2018年亚洲玉米螟发生较2019年更严重。在未防治亚洲玉米螟的情况下，2018年被害株率在大喇叭口期高达29%。

表1　春玉米被害株率及活虫数量

年份	被害株率（%）		百株活虫数量（头）		
	小喇叭口期	大喇叭口期	低龄幼虫	高龄幼虫	蛹
2018	12	29	6	8	15
2019	5	9	3	3	2

注：喇叭口期调查被害株率，收获期调查百株活虫数量

3　结论与讨论

本研究结果显示春播玉米期亚洲玉米螟出现1个明显的成虫高峰期，而2018年亚洲玉米螟雄成虫种群小于2019年，但在种群动态消长变化上表现一致。相应地，2019年喇叭口期植株被害情况较2018年更重，收获期高龄和低领幼虫、蛹及成虫数量也更多。

在河北第一代亚洲玉米螟幼虫钻蛀危害玉米茎秆造成的危害最为严重，二代幼虫的蛀食为害只影响籽粒的完整和饱满度及品质，远不及一代幼虫为害造成的产量损失严重（余金咏，2010）。而在春夏播皆有的襄阳地区二代和三代亚洲玉米螟可以在面积更广的夏玉米上发生危害，造成巨大损失。因此，应重视本地区春播玉米亚洲玉米螟防治工作，降低夏玉米虫源。

亚洲玉米螟的绿色防控主要包括以抗虫品种为基础，抓准适宜防治时机采取苏云金杆菌、玉米螟赤眼蜂等生物防治措施。事实上，不同玉米品种的抗螟性差异大，尽管高抗品种较少，但部分中抗品种（尹萍，2019；董继广等，2019）的种植也能产生良好的经济效益，并增强绿色特征与安全性。然而，适合襄阳本地的抗螟虫玉米品种仍有待筛选，仍需加强抗性品种选育、引进、筛选和推广工作。

在施药时间上，建议选择在大喇叭口期（心叶末期），并安排在晴天的傍晚实施。因为，这个时间的玉米螟幼虫大多爬入心叶筒内，易使药液进入心叶筒内，发挥出防治效果。而药剂选择上，则宜选用环境友好型的苏云金杆菌颗粒剂（16 000 IU/mg）（董喆等，2015），降低田间药剂污染。当然，生物防治上，当地可尝试释放玉米螟赤眼蜂的方法（王连霞等，2019；太红坤等，2017），但具体防治时期与效果仍有待进一步研究。

参考文献

[1] 董喆，郑伟，边丽梅，等．2015．赤峰地区玉米穗期害虫发生为害特点与防治措施[J]．中国植保导刊，2015，35（2）：33-37.

[2] 董继广，姜军侠，白伟，等．2019．陕西杨凌国家区试玉米品种病虫害抗性调查[J]．安徽农业科学，47（16）：174-178，237.

[3] 胡代花，杨晓伟，韩鼎，等．2015．不同性诱剂对亚洲玉米螟的引诱效果及田间应用初探[J]．农药学学报，17（1）：101-105.

[4] 太红坤，白树雄，韩永连，等．2017．玉米螟赤眼蜂防治云南亚洲玉米螟的田间效果[J]．中国生物防治学报，33（3）：313-318.

[5] 王连霞，李敦松，罗宝君，等．2019．释放不同种类赤眼蜂对亚洲玉米螟的防治效果比较[J]．应用昆虫学报，56（2）：214-219.

[6] 尹萍．2019．不同玉米品种的抗虫性鉴定及其节肢动物群落特征分析[D]．山东：山东农业大学.

[7] 余金咏，于泉林，周印富，等．2010．亚洲玉米螟的种群动态及危害[J]．河北科技师范学院学报，24（3）：75-80.

湖南省蜻蜓目昆虫新纪录*

黄雅能[1**]，向　颖[1]，黄兴龙[1]，杨鑫智[1]，杨　洁[1]，杨文菊[1]，
田晓霞[2]，田永祥[3]，张佑祥[1***]

（1. 吉首大学生物资源与环境科学学院，吉首 416000；.湖南保靖酉水国家湿地公园管理局，保靖 416500；3.湖南小溪国家级自然保护区管理局，永顺 416700）

摘　要：2019年4~10月对湖南省湘西苗族土家族自治洲地区的蜻蜓目昆虫进行了初步调查，并对历年所采集的蜻蜓标本进行了整理，鉴定和统计到湘西地区蜻蜓目昆虫60种，其中13种为湖南省新记录种，分别为：联纹小叶春蜓*Gomphidia confluens*、铃木裂唇蜓*Chlorogomphus suzukii*、线痣灰蜻*Orthetrum lineostigma*、黄斑赤蜻*Sympetrum flaveolum*、秋赤蜻*Sympetrum frequens*、黄翅绿色蟌*Mnais tenuis*、条斑尾溪蟌*Bayadera bidentata*、华丽溪蟌*Euphaea superba*、黄肩华综蟌*Sinolestes editus*、叶足扇蟌*Platycnemis phyllopoda*、天蓝安蟌*Amphiallagma parvum*、柠檬黄蟌*Ceriagrion indochinense*和赤黄蟌*C. nipponicum*。

关键词：蜻蜓目；新纪录；湘西；湖南

New Record of Dragonfly Insects in Hunan Province

Huang Yanneng[1**], Xiang Ying[1**], Huang Xinglong[1], Yang Xinzhi[1], Yang Jie[1], Yang Wenju[1], Tian Xiaoxia[2], Tian Yongxiang[3], Zhang Youxiang[1***]

（1. College of Biology and Environmental Sciences, Jishou University, Jishou 416000 China; Baojing Youshui National Wetland Park Administration, Baojing 416500 China; 2.Xiaoxi National Nature Reserve Administration, Yongshun 416700 China）

Abstract: A preliminary investigation was conducted on dragonflies in Xiangxi Miao Tujia Autonomous Prefecture of Hunan Province from April to October 2019. A total of 60 species of

* 基金项目：湖南省大学生创新创业训练计划（S20190531040）；吉首大学本科生科研项目（Jdx19063）

** 第一作者：黄雅能，本科生，主要从事昆虫生态学研究；E-mail：hyn170171@qq.com。共同第一作者：向颖，硕士研究生，主要从事昆虫生态学研究；E-mail：1669647818@qq.com

*** 通信作者：张佑祥（1966—），男，吉首大学生物资源与环境科学学院副教授，主要从事动物系统学研究；E-mail：zhangyouxia126@126.com dragonflies were recorded, of which 13 species were newly recorded in Hunan Province. They are *Gomphidia confluens*, *Chlorogomphus suzukii*, *Orthetrum lineostigma*, *Sympetrum flaveolum*, *Sympetrum frequens*, *Mnais tenuis*, *Bayadera bidentata*, *Euphaea superba*, *Sinolestes editus*, *Platycnemis phyllopoda*, *Amphiallagma parvum*, *Ceriagrion indochinense* and *C. nipponicum*.

Key word：Dragonflies；New record；XiangXi；Hunan

蜻蜓目（Odonata）隶属于节肢动物门（Arthropoda）昆虫纲（Insecta），是一类以农林害虫为食的不完全变态昆虫（稚虫水生，成虫陆生），在陆生和水生生态系统中均发挥重要生态作用（李秋剑等，2015；李迎运等，2015）。全世界已知蜻蜓种类9000余种，中国蜻蜓种类880多种（张浩淼，2019）。现今，国外对蜻蜓目昆虫研究主要集中在多样性及环境因子关系（Azrina et al., 2006; Perron et al., 2020）、环境监测及其效果评估（Jourdan et al., 2019; Brasil et al., 2020）及其环状病毒多样性（Dayaram et al., 2013）等方面，而国内研究更多仍在资源本底调查和多样性分析（杨国辉等，2018；刘彩琴等，2020）等方面，许多省份或地区的蜻蜓资源本底记录缺乏或亟待更新。湖南省蜻蜓目昆虫资源调查资料较少（彭建文，1992；黄复生，1993；柳傲等，2018），而关于武陵山脉腹地的湖南湘西土家族苗族自治州（简称“湘西”）的蜻蜓本底未见专题报道。为摸清湘西地区蜻蜓目昆虫多样性现状，笔者于2019年4~10月间对湘西地区7个县区的蜻蜓目昆虫开展了调查及标本采集工作，同时整理与鉴定了吉首大学生物资源与环境科学学院昆虫标本室历年野外实习所收集的蜻蜓标本，以期为今后开展蜻蜓目昆虫研究及其保护、合理利用提供基础数据。本次将在调查过程中发现的湖南省新纪录种进行报道。

1　研究区域与方法

1.1　调查区域

湘西土家族苗族自治州（109°10′~110°22.5′E，27°44.5′~29°38′N）位于湖南省西部偏北、酉水中游和武陵山脉中部，属亚热带季风湿润气候，年均气温15.1~16.9℃，年降水量为1300~1500 mm，其水资源十分丰富，拥有有酉水、沅水、澧水、武水等众多大型河流，年平均径流量达132×10^8 m^3。该地区丰富的水资源与适宜的气候条件为蜻蜓目昆虫的繁育提供了优越的环境条件。

1.2　调查与鉴定方法

采用网捕法对湘西地区自然保护区、湿地公园等生态环境良好的地区（湖南高望界国家级自然保护区、吉首市德夯湘西地质公园、花垣古苗河国家湿地公园、湖南小溪国家级自然保护区、保靖酉水国家湿地公园、凤凰县七良桥镇、泸溪县铺市镇）进行了蜻蜓目昆虫标本的采集，每个地点采集标本1~2次。在调查过程中，尽可能捕捉活体标本，将蜻蜓标本带回实验室后使用冷冻的方法处死，然后展翅、风干，针插标本放入标本盒及标本柜中永久保存。

蜻蜓标本的鉴定主要依据《中国南昆山蜻蜓》（崔晓东，吴宏道，陈红锋，2014）、《中国蜻蜓大图鉴》（张浩淼，2019）、《蜻蜓之地—海南蜻蜓图鉴》（韦庚武，张浩淼，2015）、《惠州蜻蜓》（吴宏道，2012）和《中国习见蜻蜓》（随敬之，孙洪国，1986）对标本进行鉴定。对于部分蜻蜓疑难种，则请求国内蜻蜓分类专家给予指导或物种鉴定。依据上述蜻蜓专著和相关文献（王治国，2017；彭建文，1992；黄复生，1993；柳傲等，2018），确定湖南省蜻蜓目昆虫的新纪录种。

2 结果与分析

2019年4~10月对湘西地区的蜻蜓目昆虫进行标本采集，同时整理了吉首大学生物科学专业学生野外实习历年所积累的蜻蜓标本，共计标本500余号，隶属于2亚目，14科，37属，60种，其中13种为湖南省新纪录种。现将湘西地区蜻蜓新纪录种的主要特征及分布情况描述如下。

2.1 春蜓科（Gomphidae）

2.1.1 联纹小叶春蜓（*Gomphidia confluens*）

雄性面部大面积黄色，侧单眼后方具1对锥形凸起，后头黑色，后头缘稍微隆起；胸部黑褐色，背条纹与领条纹相连，具甚细小的肩前条纹和肩前上点，合胸侧面大面积黄色，后胸侧缝线黑色；腹部黑色，各节具大小和形状不同的黄斑。雌性与雄性相似，但更粗壮（图1–a）。

采集地：古丈高望界；标本数：2号；海拔：928~1125 m；采集时间：2018-07-03，2019-06-26。本种还见于黑龙江、吉林、辽宁、北京、河北、安徽、江苏、湖北、浙江、福建、广东；朝鲜半岛、俄罗斯远东、越南等地。

2 裂唇蜓科 Chlorogomphidae

2.1 铃木裂唇蜓 *Chlorogomphus suzukii*

雄性面部黑色，后唇基和上颚黄色；胸部具甚阔的肩前条纹和肩条纹，合胸侧面具1条甚阔的黄色条纹；腹部黑色，第1~7节具黄色条纹，雌性与雄性相似更粗壮。此处将侗族裂唇蜓作为本种的异名（图1–b）。

采集地：古丈高望界、凤凰七良桥；标本数：2号；海拔：928~1125 m；采集时间：2019-06-27、2019-07-15。本种还见于：山东、河南、贵州、四川、浙江、福建、台湾、贵州、湖北等地。

3　蜻科 Libellulidae

3.1　黄斑赤蜻 *Sympetrum flaveolum*

雄性面部红色；胸部红褐色，前翅前缘从基方至翅结处具琥珀色斑。后翅基方具1个甚大琥珀色斑；腹部红色具黑色条纹。雌性土黄色，腹部具黑色条纹（图1–c）。

采集地：古丈高望界；标本数：1号；海拔：928~1125 m；采集时间：2019-06-26。本种还见于黑龙江、吉林、内蒙古等地。

3.2　秋赤蜻 *Sympetrum frequens*

雄性面部黄色；胸部黄褐色，侧面具黑色细条纹，翅透明；腹部红色。雌性多型，腹部橙红色或土黄色，侧缘具较小的褐色斑（图1–d）。

采集地：吉首绿道，花垣紫霞湖；标本数：1号；海拔：180~183 m；采集时间：2019-05-10，2019-06-16。本种还见于黑龙江、吉林、辽宁。

3.3　线痣灰蜻 *Orthetrum lineostigma*

雄性复眼蓝绿色，面部蓝白色；完全成熟后胸部和腹部覆盖蓝色粉霜，翅透明，翅端具褐色斑。雌性大面积黄褐色具丰富的黑色条纹；翅稍染褐色,翅端具褐斑；腹部第8节侧面具不发达的片状突起（图1–e）。

采集地：保靖县酉水湿地公园、保靖古苗河；标本数：5号；海拔：194~217 m；采集时间：2019-07-27，2019-07-29。本种还见于吉林、辽宁、北京、河北、河南、山西、陕西、山东、江苏等地。

4　色蟌科 Calopterygidae

4.1　黄翅绿色蟌 *Mnais tenuis Oguma*

雄性多型，透翅型胸部和腹部青铜色具金属光泽，后胸后侧板黄色，翅透明，腹部第8~10节覆盖白色粉霜；橙翅型胸部覆盖白色粉霜，后胸后侧板黄色区域无粉霜，腹部第1~3节、第8~10节覆盖白色粉霜。雌性身体铜褐色，翅稍染褐色（图1–f）。

采集地：永顺小溪；标本数：1号；海拔：150~249 m；采集时间：2019-08-08。本种还见于浙江、江西、福建、广东、台湾等地。

5　溪蟌科 Euphaeidae

5.1　条斑尾溪蟌 *Bayadera strigata*

雄性面部黑色，上唇和面部侧面淡蓝色；胸部黑色具发达的黄色条纹，翅透明；

腹部黑色，第1~7节具细小的黄色斑纹，雌性黑色具橙黄色斑纹（图1–g）。

采集地：永顺小溪；标本数：25号；海拔：237~247 m；采集时间：2007-07-02，2019-08-09。

本种还见于云南。

5.2 华丽溪蟌 *Euphaea superba*

雄性面部黑色，上唇具黄斑；胸部黑色具红褐色条纹，翅深褐色，翅脉红褐色；腹部第1~6节红褐色，第7~10节黑色。雌性黑褐色具黄色条纹，翅稍染褐色。本种与褐翅溪蟌相似，但翅脉红褐色，胸部具更发达的红褐色条纹，这些条纹并不随年纪增长而褪去（图1–h）。

采集地：古丈高望界；标本数：1号；海拔150~249 m；采集时间：2019-08-08。本种还见于贵州、广西等地。

6 综蟌科 Synlestidae

6.1 黄肩华综蟌 *Sinolestes editus*

雄性复眼蓝色；面部和胸部墨绿色具金属光泽，胸部具肩前条纹，合胸侧面具2条宽阔的黄色条纹，翅透明或具黑褐色带；腹部黑褐色捎带金属光泽，第1~8节侧面具淡黄色斑，第9~10节覆盖白色粉霜。雌性和雄性相似，翅透明（图1–i）。

采集地：古丈高望界；标本数：5号；海拔：928~1125 m；采集时间：2019-06-26。本种还见于四川、贵州、湖北、安徽、浙江、福建、广西、广东、海南、台湾等地。

7 扇蟌科Platycnemididae

7.1 叶足扇蟌 *Platycnemis phyllopoda*

雄性面部黑色，上唇和唇基为淡蓝色；胸部黑色具淡黄色的肩条纹和肩前条纹，侧面具2条黄色条纹，中足和后足的胫节叶片状；腹部黑色具白色条纹，肛附器白色。雌性黑色具黄色条纹，足的胫节末膨大（图1–j）。

采集地：吉首峒河游园，古丈高望界，永顺小溪；标本数：3号；海拔：176~183 m；采集时间：2019-05-22，2019-06-26，2019-08-09。本种还见于黑龙江、辽宁、北京、云南、山东、天津、重庆、湖北、江苏、江西、浙江等地。

8 蟌科Coenagrionidae

8.1 天蓝安蟌 *Amphiallagma parvum*

雄性大面积天蓝色，头部、胸部背面和腹部背面具黑色斑纹。雌性大面积蓝白色具黑色条纹（图1–k）。

采集地：永顺小溪，花垣紫霞湖；标本数：2号；海拔：126~225 m；采集时间：2019-08-26，2019-06-16。本种还见于广东。

8.2 柠檬黄蟌 *Ceriagrion indochinense*

雄性复眼绿色,面部黄色；胸部黄绿色；腹部黄色。雌性头部和胸部黄绿色；腹部黄褐色（图1–l）。

采集地：花垣古苗河；标本数：2号；海拔：391~404 m；采集时间：2019-08-03。本种还见于云南。

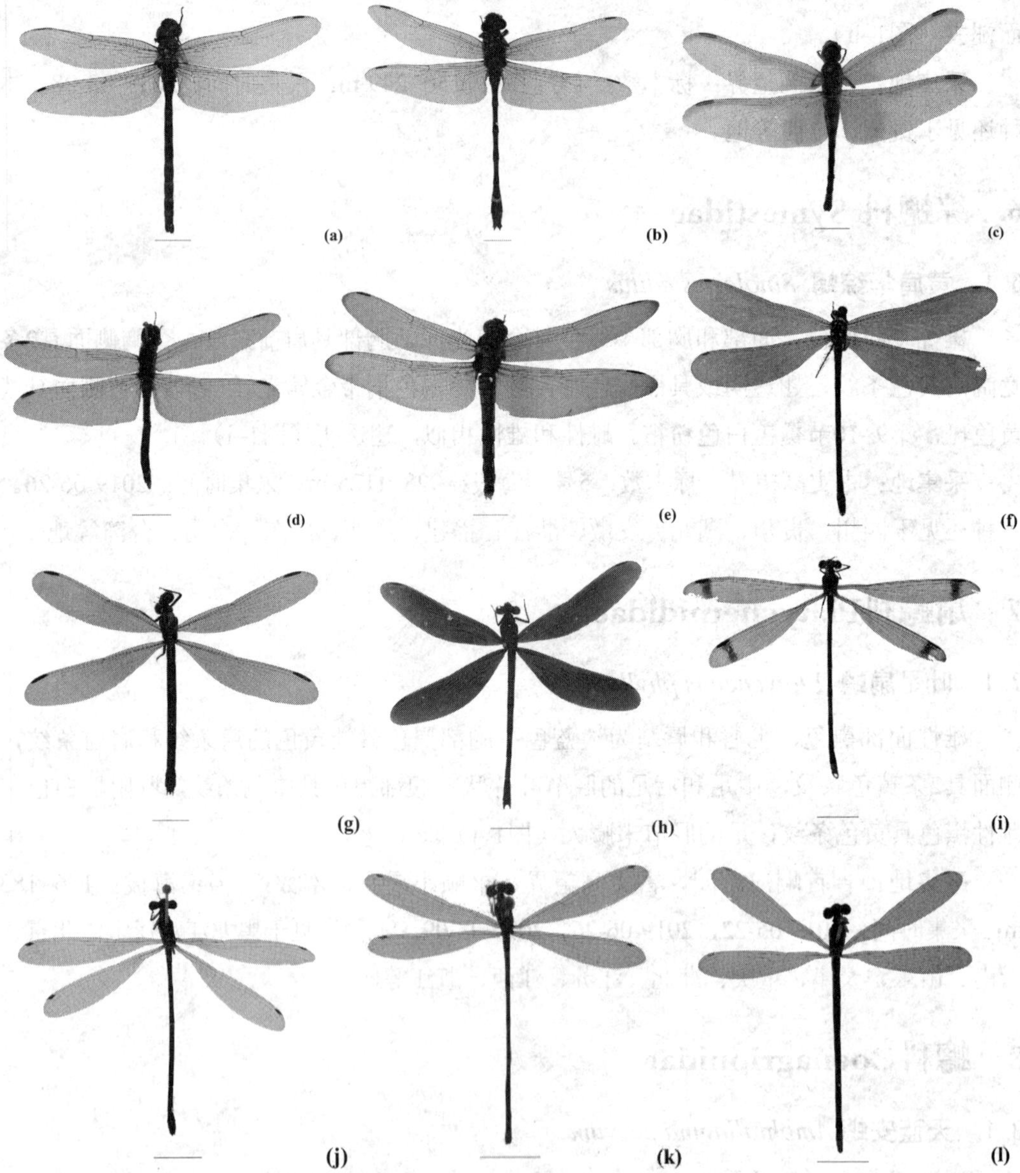

图1　湖南省蜻蜓目昆虫新纪录种

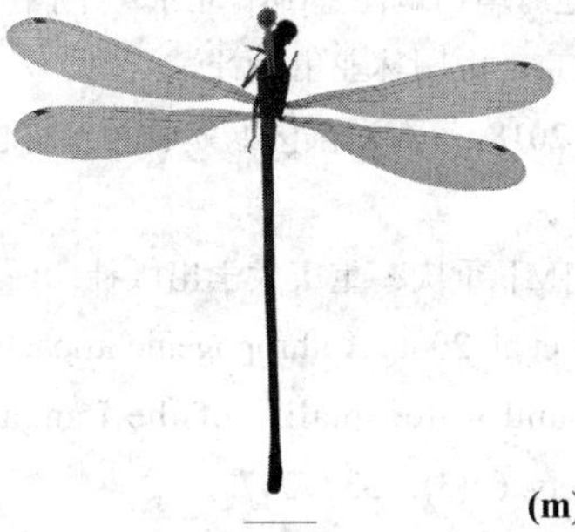

(m)

续图1 湖南省蜻蜓目昆虫新纪录种

a.联纹小叶春蜓*Gomphidia confluens* b.铃木裂唇蜓*Chlorogomphus suzukii* c.黄斑赤蜻*Sympetrum flaveolum* d.线痣灰蜻 *Orthetrum lineostigma* e.秋赤蜻*Sympetrum frequens* f.黄翅绿色蟌*Mnais tenuis* g.条斑尾溪蟌*Bayadera bidentata* h.华丽溪蟌*Euphaea superba* i.黄肩华综蟌*Sinolestes editus* j.叶足扇蟌*Platycnemis phyllopoda* k.天蓝安蟌*Amphiallagma parvum* l.柠檬黄蟌*Ceriagrion indochinense* m.赤黄蟌*Ceriagrion nipponicum*

8.3 赤黄蟌 *Ceriagrion nipponicum*

雄性头部和胸部红褐色；腹部红色。雌性头部和胸部绿色；腹部褐色（图1–m）。

采集地：花垣古苗河；标本数：1号；海拔：391~404 m；采集时间：2019-08-03。本种还见于北京、四川、贵州、湖北、江苏、浙江、福建、广东等地。

致谢：中国科学院昆明动物研究所张浩淼博士、蜻蜓爱好者宋睿斌老师帮助鉴定部分标本，在此一并表示由衷的感谢！

参考文献

[1] 崔晓东，吴宏道，陈红锋. 2014.中国南昆山蜻蜓 [M]. 北京：中国林业出版社.

[2] 李迎运，张大治. 2015. 宁夏灵武白芨滩国家级自然保护区蜻蜓目昆虫多样性及区系 [J]. 环境昆虫学报, 37(03)：492-497.

[3] 李秋剑，黄海涛，李志锐，等. 2015. 澳门蜻蜓目昆虫的多样性和区系研究 [J]. 广东农业科学, 42(24)：157–161.

[4] 柳傲，张诗晟，杨中侠. 2018. 湖南农业大学校园昆虫的多样性调查 [J]. 贵州农业科学46(07)：53–58.

[5] 刘彩琴，张艳艳，刘欣. 2020. 广东象头山国家级自然保护区蜻蜓目昆虫区系地理研究 [J]. 林业与环境科学, 36(03)：92–99.

[6] 黄复生. 1993. 西南武陵山地区昆虫 [M]. 北京：科学出版社.

[7] 彭建文，刘友樵. 1992. 湖南昆虫森林图鉴 [M]. 湖南：湖南科学技术出版社.

[8] 王冰清，陈加蓓，陈功锡. 2020.湘西地区亚麻酸资源植物调查与筛选[J]. 广西植物, 40(05)：628–640.

[9] 王治国. 2017. 中国蜻蜓分类名录(蜻蜓目) [J]. 河南科学 35(01)：48–77.

[10] 韦庚武，张浩淼. 2015. 蜻蟌之地海南蜻蜓图鉴[M]. 北京：中国林业出版社.
[11] 吴宏道. 2012. 惠州蜻蜓 [M]. 北京：中国林业出版社.
[12] 杨国辉，徐吉山，杨盛春，等. 2018. 洱海湖滨区蜻蜓物种多样性与环境影响因子关系初探 [J].湖泊科学, 30(4)：1075–1082.
[13] 张浩淼. 2019. 中国蜻蜓大图鉴 [M]. 重庆：重庆大学出版社.
[14] Azrina M Z, Yap C K, Rahim I A, et al. 2006. Anthropogenic impacts on the distribution and biodiversity of benthic macroinvertebrates and water quality of the Langat River, Peninsular Malaysia [J]. Ecotoxicolory Environmental Safety, 64(3)：337–347.
[15] Brasil L S, Luiza-Andrade A, Calvão L B, et al. 2020. Aquatic insects and their environmental predictors：a scientometric study focused on environmental monitoring in lotic environmental [J]. Environmental Monitoring Assessment, 192(3)：194–204.
[16] Dayaram A, Potter K A, Moline A B, R et al. 2013. High global diversity of cycloviruses amongst dragonflies [J]. Journal of General Virology, 94：1827–1840.
[17] Jourdan J, Plath M, Tonkin J D, et al. 2019. Reintroduction of freshwater macroinvertebrates：challenges and opportunities [J]. Biology Reviews Cambridge Philosophical Society, 94(2)：368–387.
[18] Perron M A C, Pick F R. 2020. Water quality effects on dragonfly and damselfly nymph communities：A comparison of urban and natural ponds [J]. Environmental Pollution, 263：1–13.

几种不同化学药剂对棉叶蝉的防治效果评价*

龙楚云，李建明，黄至畅，成淑芬，欧晓明**

（1.湖南化工研究院 国家农药创制工程技术研究中心；
2.湖南加法检测有限公司，长沙，410014）

摘　要：随着转Bt基因抗虫棉的大面积种植，棉花上的主要优势害虫由棉铃虫、红铃虫等鳞翅目害虫转为棉蚜、棉叶蝉等，并呈加重趋势，因此棉叶蝉的防治是如今棉田生产的主要任务。为了找到一种或几种高效的防治棉叶蝉的化学药剂，本文选用了几种常用的化学农药进行了防治棉叶蝉的田间药效筛选试验。结果表明：20%呋虫胺可溶粒剂药后第7 d高剂量处理对棉叶蝉防治效果最好，虫口减退率达到94.02%，校正防效为95.55%；150 g/L茚虫威乳油高剂量处理防治棉叶蝉虫口减退率最高达到84.10%，校正防效是87.91%，但是持效期有所下降；效果不太理想的是0.5%甲维盐微乳剂，虫口减退率最高只有76.48%，校正防效是82.11%，持效期较短。这几种试剂对棉花叶片和蕾铃安全，棉花植株生长发育正常，无明显药害现象，属于安全的杀虫剂。

关键词：棉花；棉叶蝉；杀虫药剂；防治效果

Field Efficacy of Several Insecticides against Cotton Leafhopper *Empoasca biguttula*

Long Chuyun*，Li Jianming，Huang Zhichang，Cheng Shufen，Ou Xiaoming**

（1. *National Engineering Research Center for Agrochemicals*; 2. *Hunan J & F Test Co.LTD Hunan Chemical Research Institude*，*Changsha* 410014，*China*）

Abstract: With the large-scale planting of the Bt-transgenic insect-resistant cotton, the main dominant pests on cotton crops is *Aphis gossypii Glover* and *Empoasca biguttula*, not the lepidopterous pests such as *Helicoverpa armigera*（Hübner） and *Pectinophora gossypiella*（Saunders） any more, and showing an aggravating trend. Therefore, at present , IMP of *Empoasca biguttula* has become the

*　第一作者：龙楚云，硕士研究生，主要从事农药生物测定研究；E-mail：dacychuchu@sina.com

**　通信作者：欧晓明，博士，教授，主要从事农药残留化学、环境毒理学等研究；E-mail：xmouhn@163.com

main task of cotton fields. In order to find one or more effective chemical agents for controlling the cotton leafhopper *Empoasca biguttula*, five commonly used local chemical pesticides were selected against the cotton leafhoppers in this paper. The results showed that, at the 7th day after application, 20% dinotefuran SL with high dose treatment had the best control effect on *Empoasca biguttula*, andits decrease rate of the insect population reached 94.02%, and the corrected control efficacy was 95.55%. The decline rate of 150g/L indoxacarb EC with high dose treatment can reach 84.10%, the corrected control effect was 87.91%, but the duration has decreased. The less ideal effect was 0.5% emamectin benzoate ME, with the highest decrease rate of 76.48% and correction effect of 82.11%, which has a short duration. All these insecticides are safe for cotton leaves and bud bell, and the growth and development of cotton plants are normal.

Key words: Cotton; *Empoasca biguttula*; Insecticides; Control efficacy

随着转Bt基因抗虫棉的广泛种植，棉花上的主要优势害虫由棉铃虫［*Helicoverpa armigera*（Hübner）］、红铃虫［*Pectinophora gossypiella* （Saunders）］等鳞翅目害虫转为棉蚜（*Aphis gossypii* Glover）、棉叶蝉［*Empoasca biguttula*（Ishida）］、烟粉虱［*Bemisia tabaci*（Gennadius）］等刺吸式害虫，并呈加重趋势。尤以烟粉虱和棉叶蝉因其具有分布广泛、世代重叠、发生数量大、繁殖能力强等特点已成为危害棉区棉花生产的重要影响因素和主要防治对象（陆宴辉，2012；吴洁等, 2019；Wu K M，et al..2002，2008）。

棉叶蝉以成、若虫形态在棉花叶片背面刺吸植物汁液造成危害。该害虫国内外均有分布，国内以长江流域及其以南地区发生密度较高，棉花生长后期几乎每片叶上都有。由于全球气候变暖等原因，棉叶蝉已在黄河流域普遍发生（黎鸿慧等，2006）。因此，在棉铃虫危害减少的情况下，控制棉叶蝉的为害已成为目前亟待解决的一个重要问题。本试验选用了几种防治半翅目害虫常用的化学农药进行了防治棉叶蝉的田间药效试验，以期通过筛选找到一种或几种防治棉叶蝉的高效化学药剂，为棉花生产中防治棉叶蝉提供参考。

1 材料与方法

1.1 供试药剂

20%呋虫胺（dinotefuran）可溶粒剂（购自日本三井化学AGRO株式会社），150 g/L茚虫威（indoxacarb）乳油（购自美国富美实公司），0.5%甲氨基阿维菌素苯甲酸盐（emamectin benzoate）微乳剂（购自海利尔药业集团股份有限公司，以下简称甲维盐），25%丁醚脲（diafenthiuron）悬浮剂（购自山东省邹平县绿大药业有限公司），43.7%甲维盐·丁醚脲悬浮剂（1.4%甲维盐+42.3%丁醚脲，购自东莞市瑞德丰生物科技有限公司）。

1.2 试验方法

试验方法参照GB/T17980.56-2004《田间药效试验准则》并稍改进。试验地设在历年棉叶蝉发生和为害较为严重的湖南省长沙县春华镇龙王庙村的棉田。2019年09月03日试验田棉叶蝉盛发期进行施药处理。试验以一垄两行棉花设为一个小区，小区面积30平方米，每个药剂处理设4次重复，各试验药剂使用剂量见表1，各处理药液和清水分别用YQ-16型背负式电动喷雾器（深邦园艺公司生产）进行均匀喷施，每亩施药量为60 kg，每小区按五点取样法进行调查，每点调查2株，共调查10株，每株调查上部5片棉叶，共调查50片叶，计数虫量。施药前先调查1次虫口基数，施药后1、3和7 d各调查1次残余活虫数，计算害虫虫口减退率和防效。

表1 供试药剂试验设计

药剂名称	有效成分用量（g/hm^2）
20%呋虫胺可溶粒剂	90、120
150g/L茚虫威乳油	45、50
0.5%甲维盐微乳剂	11.25、13
25%丁醚脲悬浮剂	600、675
43.7%甲维盐·丁醚脲悬浮剂	196.65、262.2

1.3 数据处理

试验数据的统计学分析采用DPSv7.05软件进行，用Duncan氏新复极差法比较各处理间防效的差异程度。

$$\text{虫口减退率（\%）}=\frac{\text{处理前活虫数}-\text{处理后活虫数}}{\text{处理前活虫数}}\times 100$$

$$\text{校正防效（\%）}=\left(1-\frac{\text{空白对照区药前活虫数}\times\text{处理区药后活虫数}}{\text{空白对照区药后活虫数}\times\text{处理区药前活虫数}}\right)\times 100$$

2 结果与分析

本试验选用的5种药剂对棉叶蝉具有不同的防治效果，结果见表2。由表2可知，施药后的第1、3、7 d，20%呋虫胺可溶粒剂、25%丁醚脲悬浮剂和43.7%甲维盐·丁醚脲悬浮剂各处理的虫口减退率呈持续增加趋势，说明这3种药剂在本次试验中防治棉叶蝉的持效性优于150 g/L茚虫威乳油和0.5%甲氨基阿维菌素苯甲酸盐微乳剂。

表2　不同化学药剂防治棉叶蝉的田间药效比较

药剂	有效成分用量（g/hm^2）	虫口基数（头）	药后1d		药后3d		药后7d	
			活虫数（头）	减退率（%）	活虫数（头）	减退率（%）	活虫数（头）	减退率（%）
20%呋虫胺可溶粒剂	90	167.75	52.75	68.58	25.25	85.15	17.75	89.62
	120	157.5	40	74.7	15.25	90.38	9.5	94.02
150 g/L茚虫威乳油	45	162.75	56.5	65.27	31.25	80.88	37	77.27
	50	183.5	53.25	70.98	29.25	84.1	34.75	81.1
0.5%甲维盐微乳剂	11.25	195	71.5	63.16	46.5	76.25	60.5	69.03
	13	191.5	66	65.53	45	76.48	52	72.81
25%丁醚脲悬浮剂	600	184.5	77	58.19	48	74.06	37	79.95
	675	178.5	54.5	69.83	37.75	79.18	22.75	87.29
43.7%甲维盐·丁醚脲悬浮剂	196.65	209.25	81	61.29	53.75	74.39	48	77.11
	262.2	184	64.25	65.02	35.75	80.6	31.25	83.04
空白对照	—	168.5	190	-12.84	221.5	-31.79	226.5	-34.84

施药后第1 d，150 g/L茚虫威乳油和0.5%甲氨基阿维菌素苯甲酸盐微乳剂各处理的虫口减退率在63.16%以上，表现出较高的杀虫效果。这两个药剂在用药后第3 d达到整个试验防治棉叶蝉的最高防治效果，但药后第7 d虫口减退率有所降低，说明这两个药剂防治棉叶蝉的持效期稍短。

在整个试验观察期间，以20%呋虫胺可溶粒剂各处理的杀虫效果最好，在90 g/hm^2和120 g/hm^2处理下，药后第1 d，其虫口减退率达68.58%和74.70%，药后第7 d的防效达到了峰值，虫口减退率达到了89.62%和94.02%，表现出较高的速效性和持效性。

由表3可以看出，20%呋虫胺可溶粒剂120 g/hm^2处理在药后第1 d、3 d和7 d的防效调查中都表现出最高的防虫效果，校正防效分别为77.56%、92.68%和95.55%，均极显著优于其他药剂不同浓度处理的防效，持效期在7 d以上。其次是25%丁醚脲悬浮剂，其675 g/hm^2处理在药后第7 d的校正防效达到了90.55%。

复配制剂43.7%甲维盐·丁醚脲悬浮剂高剂量处理的防效其药后第1 d与0.5%甲维盐微乳剂两个剂量处理的防效无显著差异，药后第3 d极显著以及药后第7 d显著优于0.5%甲维盐微乳剂11.25、13 g/hm^2两个处理和25%丁醚脲悬浮剂600 g/hm^2处理的防效，表现出较好的速效性和持效性。

150 g/L茚虫威乳油和0.5%甲氨基阿维菌素苯甲酸盐微乳剂这两个单剂对棉叶蝉表现出较高的速效性，药后第1 d的校正防效在67.33%以上，显著优于25%丁醚脲悬浮剂600 g/hm^2处理的防效，但持效期较短，药后第7 d的防效只有76.96%~85.94%，稍逊于其他3个药剂高剂量处理的防效。

表3　不同化学药剂防治棉叶蝉的田间药效校正值

药剂	有效成分用量（g/hm²）	药后1 d 校正防效/%		药后3 d 校正防效/%		药后7 d 校正防效/%	
20%呋虫胺可溶粒剂	90	72.13	bc	88.7	b	92.28	b
	120	77.56	a	92.68	a	95.55	a
150g/L 茚虫威乳油	45	69.2	cd	85.45	c	83.09	f
	50	74.26	ab	87.91	b	85.94	de
0.5%甲维盐微乳剂	11.25	67.33	d	81.94	e	76.96	h
	13	69.43	cd	82.11	de	79.77	g
25%丁醚脲悬浮剂	600	62.92	e	80.27	e	85.08	e
	675	73.25	b	84.16	cd	90.55	c
43.7%甲维盐·丁醚脲悬浮剂	196.65	65.67	de	80.52	e	82.97	f
	262.2	68.98	cd	85.24	c	87.38	d

注：用Duncan新复极差法测验，不同小写字母代表$P<0.05$水平上差异显著。

3　结论

转Bt基因棉花在我国的大力推广有效降低了原来的目标性害虫棉铃虫的危害，但对非靶标害虫尤其是叶蝉、粉虱等半翅目昆虫几乎没有杀虫效果（马骏等，2003），因此棉叶蝉是目前我国棉区的主要防治害虫，其防治方法以农业防治和化学防治相辅相成。本文通过5种不同化学药剂对棉田棉叶蝉的田间小区防治效果筛选试验初步确证，20%呋虫胺可溶粒剂防治棉叶蝉效果最为突出，速效快，持效期长，能有效控制棉田棉叶蝉的种群数量，降低危害。25%丁醚脲悬浮剂的防治效果次之，且持效期长。复配制剂43.7%甲维盐·丁醚脲悬浮剂在本试验中防治棉叶蝉的表现也不错，且明显降低了丁醚脲的用量。150 g/L茚虫威乳油和0.5%甲氨基阿维菌素苯甲酸盐微乳剂这两个单剂可能因为有效成分的长期使用，使得害虫出现一定耐药性，效果不突出。

总的来说，硫脲类杀虫杀螨剂丁醚脲虽具有触杀、胃毒和良好的渗透作用，持效期也长，但对蜜蜂高毒，要慎重选择。甲维盐虽低毒、低残留，速效较好，但持效性较差，田间已出现一定耐药性，不能较好控制棉叶蝉危害。所以选择以上两个有效成分的复配制剂用于棉田叶蝉的防治显得就很有必要了。本试验结果也说明了43.7%甲维盐·丁醚脲悬浮剂对棉叶蝉的速效性和持效性都较好，但要注意剂量的选择。而烟碱类杀虫剂呋虫胺因其具有触杀、胃毒和根部内吸性强、速效高、持效期长等特点，且对刺吸口器害虫表现出优异防效，对蜜蜂安全，不影响蜜蜂采蜜，是防治棉田棉叶蝉危害的较佳选择（排除成本因素）。

参考文献

[1] 陆宴辉. 2012. *Bt*棉花害虫综合治理研究前沿[J]. 应用昆虫学报, 49 (4)：809-819.

[2] 吴洁, 操宇琳, 杨兆光, 等. 2019. 江西棉田主要刺吸式害虫飞防效果评价[J]. 中国棉花, 46 (10)：14-16.

[3] 黎鸿慧, 崔淑芳, 李俊兰, 等. 2006.黄河流域棉叶蝉的发生与防治[J]. 中国棉花, 33 (11)：31.

[4] 马骏, 高必达, 万方浩, 等. 2003. 转Bt基因棉花的生态学风险及其控制对策[J]. 应用生态学报, 14 (3)：433-446.

[5] Wu K M, Li W D, Feng H Q, et al.. 2002. Seasonal abundance ofthe mirids, *Lygus lucorum* and *Adelphocoris* spp.(Hemiptera：Miridae) on *Bt* cotton in northern China [J]. Crop Protection, 21 (10)：997-1002.

[6] Wu K M, Lu Y H, Feng H Q, et al.. 2008. Suppression of cottonbollworm in multiple crops in China in areas with Bt toxin-containing cotton [J]. Science, 321 (5896)：1676-1678.

研究摘要

茶蚜*Aphis*（*Toxoptera*）*aurantii*龄期形态鉴定*

张方梅**，朱鑫隆，洪 枫，潘鹏亮，尹 健***

（信阳农林学院农学院，信阳 464000）

摘 要：为准确、快速鉴定识别茶蚜*Aphis*（*Toxoptera*）*aurantii*各虫龄，利用OlympusSZX16体视显微镜分别对有翅型和无翅型各龄期若蚜和成蚜个体的体长、体宽、头壳宽、触角长度、腹管长度、尾片长度和后足胫节长度等7项指标进行形态测量，每个龄期观察20头。结果表明，无翅型和有翅型茶蚜的7个指标在各龄若蚜和成蚜间均存在差异。其中不同龄期无翅型茶蚜尾片长度、后足胫节长度和有翅型茶蚜后足胫节长度重叠百分比较小或无重叠，说明无翅型茶蚜尾片长度、后足胫节长度和有翅型茶蚜后足胫节长度作为鉴别茶蚜虫龄的主要特征；茶蚜各龄期若蚜和成蚜的触角、胸部和尾片的外部形态特征在不同虫龄间也存在明显差异。1和2龄若蚜触角均为5节，3龄、4龄若蚜和成蚜触角均为6节，且3、4龄有翅型若蚜胸部膨大程度与无翅型若蚜明显不同；除成蚜尾片为棒状之外，1-4龄若蚜尾片均为锥状。这一结果表明触角节数、胸部的发达程度和尾片形状均可以作为鉴别茶蚜不同龄期识别的辅助特征。综上，以无翅型茶蚜尾片长度和后足胫节长度及有翅型后足胫节长度作为鉴别茶蚜虫龄的主要特征，配合触角节数、胸部的发达程度和尾片的形状等辅助形态特征，可以做到准确快速的鉴别不同翅型不同龄期的茶蚜。

关键词：茶蚜；龄期；形态特征；翅型

---

* 基金项目：信阳农林学院重点学科培育学科建设项目（ZDXK201701）；豫南大别山区昆虫资源研究与利用（校级科技创新团队）；河南省高等学校重点科研项目（19A210021）

** 第一作者：张方梅，副教授，主要从事昆虫生理与分子生物学研究，E-mail：zhangfm@xyafu.edu.cn

*** 通信作者：尹健，教授，主要从事昆虫行为学和有害生物综合治理研究，E-mail：yinjian80@xyafu.edu.cn

几何形态测量学在齿爪鳃金龟属成虫分类鉴定中的应用研究*

潘鹏亮**，张方梅，洪　枫，徐运飞，熊建伟，尹　健***

（信阳农林学院农学院，信阳 464000）

摘　要： 金龟子是林果类植物的重要害虫之一，其幼虫蛴螬是重要的地下害虫。据报道，全世界金龟总科昆虫约31000种，我国已知约3000种，在如此众多的金龟子中，还有一些为近缘种，外部形态结构极其相似，这不但给传统昆虫分类学家带来困扰，也为农业从业人员科学有效地防控此类害虫带来一定困难。几何形态测量学和计算机图像处理技术的发展为解决此类问题提供了有效途径。本研究选取齿爪鳃金龟属*Holotrichia*三种金龟子（东北大黑鳃金龟*H. diomphalia*、华北大黑鳃金龟*H. oblita*和棕狭肋鳃金龟*H. titanis*）共116头标本作为研究对象，利用爱普生平板扫描仪（Epson Perfection Photo v 370）对其头部背腹面、体躯背面、后翅、足等进行图像获取；利用标记点获取软件TPSDig对特征点坐标进行获取，并计算出各部位两个标记点间的欧氏距离，以此进行种间和性别间差异比较和判别分析。结果表明，头部复眼相关参数种间差异达极显著水平，头部背面和腹面特征用于种间交叉验证判别的正确率分别为97.0%和95.0%。体躯背面特征用于种间交叉验证判别的正确率分别为88.1%和87.9%。后翅翅脉17个特征参数在种间的交叉验证判别正确率分别为95.5%和98.3%。足部特征在种间的差异达也到了极显著水平，使用前足、中足和后足分别进行交叉验证判别的正确率均超过了90%。然而，在性别间，每种金龟子均可找到具有显著差异的翅脉交叉点间距参数，但代表体躯背面特征的前胸背板、中胸小盾片、鞘翅等的长宽距离只在东北大黑鳃金龟雌雄间差异显著，足部特征只有在华北大黑鳃金龟雌雄间差异显著。这说明本研究获取的这些参数可以用于区别齿爪鳃金龟属三种金龟子，但只有翅

* 基金项目：河南省高等学校重点科研项目（19A210021）；豫南大别山区昆虫资源研究与利用（校级科技创新团队）

** 第一作者：潘鹏亮，博士，主要从事昆虫几何形态学和害虫绿色防控技术研究；E-mail: panpl@xyafu.edu.cn

*** 通信作者：尹健，教授，主要从事昆虫行为学和有害生物综合治理研究；E-mail: yinjian80@xyafu.edu.cn

脉特征可以区分每种金龟子性别。因此，本研究认为，利用几何形态测量学技术可以较好地实现同属不同种金龟子的区分，但对性二型不明显的种，除翅脉特征外，其他外部形态特征利用价值有限。

关键词：几何形态学；金龟子；翅脉；鞘翅；标记点

信阳茶区茶树蜡蝉主要种类及发生规律初报*

金银利**，李　平，耿书宝，洪　枫，乔　利，张方梅，潘鹏亮，尹　健***

（河南省豫南农作物有害生物绿色防控院士工作站，信阳农林学院 农学院，

河南 信阳 464000）

摘　要：在信阳茶区，蜡蝉科和广翅蜡蝉科害虫已经上升为为害茶树枝梢的重要害虫，其若虫和成虫均可刺吸取食茶树上部枝条及嫩梢的汁液，若虫常群集在叶片和嫩枝梢上为害，轻则引起枝梢和叶片营养不良，叶片褪绿发黄或蜷缩畸形，重则导致枝叶枯死，成虫在茶树嫩枝梢组织中产卵越冬，产卵部位以上枝条易折断枯死，甚至整枝枯死，严重影响茶树生长。为了摸清信阳茶区茶树蜡蝉主要种类及其发生规律，本研究采用黄板监测和扫网法调查了南湾湖沿线的8个茶园，并对采集到的蜡蝉进行形态鉴定、体长和翅展测量。结果表明，信阳茶区主要有柿广翅蜡蝉（*Ricania sublimbata* Jacobi）、八点广翅蜡蝉（*Ricania speculum* Walker）、透明疏广蜡蝉（*Euricania clara* Kato）、圆纹广翅蜡蝉（*Pochazia guttifera* Walker）、碧蛾蜡蝉（*Geisha distinctissima* Walker）和褐缘蛾蜡蝉（又称青蛾蜡蝉）（*Salurnis marginellus* Guerin）等。柿广翅蜡蝉是为害茶树的优势种群，其产卵刻痕对茶树枝梢为害严重，在信阳茶区一年发生2代，其他5种蜡蝉在信阳茶区一年发生1代。柿广翅蜡蝉若虫始见于4月上旬，第一代成虫发生期在6月上旬到7月下旬，第二代成虫发生期在9月中旬到11月上旬。调查发现，茶园蜡蝉种类及其发生数量与茶园的类型及茶园周围种植或间作寄主林木种类密切相关，如管理相对粗放的马鞍山茶叶试验基地（茶园修剪不整齐，杂草丛生，而且，临近蚕桑试验站，种植有大量桑树，茶园地头还有构树、樟树和花椒树等寄主林木）和董家河陈湾村茶园内（在水土保持工程附近，周围种植观赏寄主林木较多，茶园行间间作有桂花树），蜡蝉种类丰富，发生量较大，尤其是柿广翅蜡蝉成虫产卵对茶树为

---

*　基金项目：河南省高等学校重点科研项目（19A210021）；豫南大别山区昆虫资源研究与利用（校级科技创新团队）

**　第一作者：金银利，主要从事农业虫害防治研究

***　通信作者：尹健，教授，主要从事昆虫行为学和有害生物综合治理研究；E-mail: yinjian80@xyafu.edu.cn

害严重，而且，在董家河陈湾村茶园行间间作种植的桂花树上可见大量八点广翅蜡蝉成虫聚集为害，但其他6个茶园的蜡蝉种类和发生量相对较少。本研究揭示了信阳茶区茶树蜡蝉的主要种类及其发生规律，对茶园蜡蝉的形态识别和绿色防控策略的制定具有重要的指导意义。

关键词：茶树；蜡蝉；种类；发生；信阳

光周期对茶蚜*Aphis* (*Toxoptera*) *aurantii* Fonscolombe 成蚜生长发育的影响*

洪　枫**，胡　静，张方梅，潘鹏亮，尹　健***

（信阳农林学院，农学院，河南 信阳 464000；河南省豫南农作物有害生物绿色防控院士工作站，河南 信阳 464000）

摘　要： 茶蚜是一种常见茶园害虫，分布广泛，在非洲、大洋洲、东亚、南亚、南美洲以及中美洲均有报道。与此同时，茶蚜还能取食为害柑橘、咖啡、可可和芒果等80科至少190属的寄主植物种类，具有相当的经济重要性。而茶蚜的生长发育和环境条件之间的关系密切，其种群消长规律除了受到温度的影响，四季轮转所产生的光周期变换也有一定作用。为阐明光周期对茶蚜发生发展的影响，在相同的适宜温湿度（T=25℃±1℃，RH=70℃±5%）条件下利用生命表技术对3种不同光周期（L:D=14 h:10 h，12 h:12 h，10 h:14 h）环境中茶蚜的成蚜寿命和繁殖力进行了分析，每一种光周期处理50头。繁殖力通过成蚜繁殖量和繁殖期两个指标判断。结果表明，3种光周期条件下茶蚜的成蚜寿命均在10.46-13.99 d之间，繁殖期也在8.75-13.17 d之间，两个指标在不同处理条件下均无显著差异；但10 h短光照条件下茶蚜成蚜的繁殖量仅为8.80头左右，明显低于14 h长光照条件下的17.62头和12 h中光照条件下的18.86头。此外，光周期对茶蚜成蚜的繁殖前期和繁殖率也有影响，14 h长光照条件下的繁殖前期仅为0.33 d左右，成蚜繁殖率达到100%，12 h中光照和10 h短光照条件下茶蚜成蚜的繁殖前期为0.96 d和2.34 d左右，两种处理中成蚜也仅有80%和88%产下若蚜。据此推断，长日照条件下茶蚜的繁殖力较强，而随着日照时间的缩短，茶蚜种群的发展受到显著抑制。本研究揭示了光周期变化对茶蚜成蚜繁殖力的作用，加强了对其田间种群消长规律的认识，同时在茶蚜绿色防控策略的指定方面也具有一定的借鉴意义。

关键词： 茶蚜；光周期；生长发育

---

*　基金项目：信阳农林学院重点学科培育学科建设项目（ZDXK201701）；豫南大别山区昆虫资源研究与利用（校级科技创新团队）；河南省高等学校重点科研项目（19A210021）

**　第一作者：洪枫，助教，主要从事昆虫生态和行为学学研究，E-mail：hngfng@xyafu.edu.cn

***　通信作者：尹健，教授，主要从事茶园害虫的防治研究，E-mail：yinjian80@xyafu.edu.cn

蜕皮激素在桃小食心虫滞育过程的关键调控作用*

闫作炳**，崔光秀，周　洲***

（河南科技大学林学院，洛阳 471000）

摘　要： 桃小食心虫（Carposina sasakii Matsumura）属鳞翅目果蛀蛾科，是我国为害面积最大、最普遍的一类果树食心害虫。蜕皮激素（20-hydroxyecdysone，20-E）是昆虫生长发育过程中最重要的激素之一，在许多昆虫滞育的调节过程中发挥关键作用。滞育性是桃小食心虫重要的生命参数之一，20-E在桃小食心虫滞育调控过程中的作用有待研究。首先利用酶联免疫吸附法（ELISA）测定桃小食心虫各个发育阶段虫体的20-E滴度，全面了解其各阶段20-E动态变化过程；通过点滴法施加蜕皮激素类昆虫生长调节剂——甲氧虫酰肼，提高其体内蜕皮激素滴度，明确对其滞育产生的影响。试验结果表明，15L：9D长光照周期下和12L：12D短光照周期下桃小食心虫分别进行非滞育和滞育发育，这两种发育方向的幼虫同时期期20-E滴度并没有差异；滴度变化模式相同，均是随着龄期增长逐渐降低，并都在脱果时达到最低。但是，长光照非滞育脱果老熟幼虫的20-E滴度（0.473 ng/g）显著高于短光照滞育脱果老熟幼虫（0.254 ng/g）；非滞育老熟幼虫随后进入蛹期，虫体20-E的滴度显著升高，在蛹期保持较高水平（0.652-1.217 ng/g）；短光照老熟幼虫20-E滴度在进入滞育最初4天缓慢上升，第4天达到第一个峰值0.656 ng/g，随后缓慢下降，第6天达到第一个低值0.38 ng/g，第7天时滴度再次上升达到第二个峰值0.79 ng/g，在随后120天稳定的滞育期内缓慢下降至0.447 ng/g，20-E的滴度维持在较低水平；仅在120天后进入滞育解除期后，20-E的滴度逐渐升高，第160天时达到1.221 ng/g。通过施加1 μl浓度梯度的甲氧虫酰肼（0 μg/μl、0.5 μg/μl、1 μg/μl、2 μg/μl、5 μg/μl、7.5 μg/μl、10 μg/μl和15 μg/μl），发现5 μg/μl的甲氧虫酰肼就能够改变近半数短光照滞育幼虫的滞育发育状态，试虫结长茧率分别为：0、

* 基金项目：国家自然科学基金资助项目（31600519，31870638）

** 第一作者：巩晨阳，硕士研究生，主要从事农业昆虫与害虫防治研究；E-mail: 827742771@qq.com

*** 通信作者：周洲，教授，主要从事昆虫滞育研究；E-mail: zhouzhouhaust@163.com

25%、30%、35%、42%、50%、47%和50%；经甲氧虫酰肼作用后部分试虫依然结圆茧，但圆茧小且畸形，幼虫普遍多次反复结茧，浓度10 μg/μl和15 μg/μl的试虫出现死亡现象。综上，20-E在桃小的滞育过程中维持低丰度是必要条件，施加甲氧虫酰肼对试虫内分泌造成了干扰，可以改变其滞育发育进程，出现结长茧、体重减少和生活力下降。本研究为化学调控桃小食心虫滞育以及新型防治技术的开发提供基础。

关键词：桃小食心虫；蜕皮激素；滞育；甲氧虫酰肼

二点委夜蛾触角和喙管感器超微形态研究*

胡桂林[1**]，张传敏[1]，王中全[2]，路纪琪[1***]

（1 郑州大学生命科学学院生物多样性与生态学研究所，郑州 450001；2 郑州大学基础医学院寄生虫病研究所，郑州 450001）

摘　要：二点委夜蛾Athetis lepigone（Möschler）属于鳞翅目Lepidoptera夜蛾科Noctuidae，是欧亚地区重要的多食性农业害虫。该物种幼虫可取食多种农作物（如小麦、玉米等）的叶片或果实，常常给农业生产造成重大的经济损失。在本研究中，我们利用扫描电镜技术调查了二点委夜蛾的触角、喙管以及他们的感器类型，以便更好地理解昆虫的感觉器官与取食行为之间的关系。研究结果表明，二点委夜蛾的雌雄触角均为丝状，由柄节、梗节和47–51鞭节组成。触角上共有8种感器类型，Böhm's氏鬃毛、鳞形感器、毛型感器、刺型感器、锥形感器、腔锥形感器、栓锥形感器和耳型感器。在这8种感器中，只有毛型感器和锥形感器表现出显著的性二型现象。二点委夜蛾的喙管由两根极度延长的下颚叶链锁形成，中间为食管。喙管背部的链锁结构通过两外颚叶的柳叶板相互交叉重叠形成，而腹部链锁结构则通过两外颚叶的两列齿状钩互锁结合。下颚叶的1区（Zone 1）外表面覆盖许多三角形的微毛（microtrichia），2区（Zone 2）外表面含有丰富的不规则的肿凸块（microbumps）。食管内表面由光滑的半环形脊（semicircular ridges）紧密排列形成，食管的半径基本保持不变，直到喙管顶端才逐渐变窄。二点委夜蛾的喙管共有3种感器类型：刺型感器、锥形感器和栓锥形感器。此外，我们还简要讨论了这些感觉器官与取食行为之间的关系。

关键词：触角；喙管；扫描电镜；感器；夜蛾

* 基金项目：中国博士后基金面上项目（2019M662540），郑州大学优秀博士科研启动基金（32211520）

** 第一作者：胡桂林，讲师，主要从事鳞翅目昆虫分类学与系统学研究；Email: huguilin@zzu.edu.cn

*** 通信作者：路纪琪，教授，主要从事生物多样性与生态学研究，Email: lujq@zzu.edu.cn

Cry 1Ac蛋白对棉铃虫齿唇姬蜂发育及生殖基因的影响*

杨赛赛**，田良恒，李　欣，白素芬***

（河南农业大学植物保护学院，郑州，450002）

摘　要： 转*Bt*基因抗虫棉花、玉米、烟草、水稻等转基因作物的应用，对抵御虫害、提高作物产量及改善品质效果明显，产生了显著的经济效益和生态效益。然而，转*Bt*基因抗虫作物的大面积种植需要考虑其安全性，对自然环境中非靶标天敌昆虫如寄生蜂是否有不良影响，是评价转基因作物生态安全的重要环节。棉铃虫齿唇姬蜂*Campoletis chlorideae* Uchida是世界重大经济害虫棉铃虫*Helicoverpa armigera* (Hübner)的优势种寄生蜂。有研究表明，转*Bt*基因抗虫作物对靶标害虫的主要寄生蜂产生负面影响，表现出非亲和效应。结合本课题组从田间采样发现棉铃虫齿唇姬蜂卵巢发育异常的现象，本文以Bt（苏云金芽孢杆菌，*Bacillus thuringiensis*）Cry 1Ac毒蛋白作为外源毒物，探明其对该蜂生长发育及生殖关键基因卵黄原蛋白*Vg* (Vitellogenin, Vg) 基因和卵黄原蛋白受体*VgR* (Vitellogenin Receptor, VgR) 基因转录表达水平的影响。首先，经Cry 1Ac毒蛋白饲喂的棉铃虫2龄幼虫体重与对照相比显著降低，说明毒蛋白抑制了棉铃虫的生长。被寄生后的棉铃虫幼虫取食了Cry 1Ac处理的饲料后，对体内的棉铃虫齿唇姬蜂的生长发育产生了显著抑制作用，结茧率下降，羽化率显著降低，仅50.2%，蜂体明显变小，与对照相比达到了显著水平（$p<0.05$）。因棉铃虫齿唇姬蜂具有补充营养的习性，用混合了Cry 1Ac蛋白的10%蜂蜜水饲喂该蜂，成蜂寿命显著缩短，且具有剂量效应。进一步，运用实时荧光定量PCR方法，对棉铃虫齿唇姬蜂生殖发育的关键基因卵黄原蛋白*Vg*基因和卵黄原蛋白受体*VgR*基因的转录水平进行检测。研究结果显示，从经Cry 1Ac蛋白处理的被寄生棉铃虫育出的雌、雄蜂*Vg*和*VgR*的mRNA表达量

---

* 基金项目：河南省自然科学基金项目（编号：182300410089）

** 第一作者：杨赛赛，硕士，研究方向为昆虫生理生化与分子生物学.

*** 通讯作者：白素芬，教授，博士，主要从事昆虫生理生化与害虫生物防治研究；Email: sfbai68@henau.edu.cn

均显著下降。以上结果表明，Cry 1Ac蛋白对棉铃虫齿唇姬蜂的个体发育过程，特别是生殖发育产生了抑制作用，表现出明显的不亲和性，这也预示着田间环境中的某些毒物可能对棉铃虫齿唇姬蜂的卵巢发育产生了毒害作用。

关键词：Cry 1Ac蛋白；棉铃虫齿唇姬蜂；生殖发育；*Vg*；*VgR*

寄主对棉铃虫齿唇姬蜂繁育质量的影响*

田良恒**，王　于，李　欣，白素芬***

（河南农业大学植物保护学院，郑州 450002）

摘　要：棉铃虫齿唇姬蜂*Campoletis chlorideae* Uchida寄主范围广，控害能力强，具备优良寄生蜂的特征，极具开发利用价值。然而，因其最适寄主棉铃虫*Helicoverpa armigera* (Hübner)的自残习性，极大制约了棉铃虫齿唇姬蜂人工繁育的效率和商品化进程。为建立该蜂人工繁育技术体系，开发天敌产品，选择适合的繁蜂寄主是关键。本研究分别选取棉铃虫和东方黏虫*Mythimna separata* (Walker) 作为繁育棉铃虫齿唇姬蜂的寄主，以所育蜂体的后足胫节长度和雌蜂卵巢管数量（蜂体大小—卵巢管数量与雌蜂生殖力呈正相关性）作为评价繁蜂质量的指示性状，并以结茧率作为繁蜂效率的标准。在室内25±2℃，相对湿度60%~80%条件下，比较这两种夜蛾科昆虫作为繁蜂寄主的优劣，探讨东方黏虫作为繁育棉铃虫齿唇姬蜂的寄主适合度。首先，选取平均体重为2.98 mg的2龄末棉铃虫作为繁蜂寄主，连代饲养6代以上，逐代测量蜂体的后足胫节长度、统计雌蜂卵巢管数量及结茧率。结果表明，从第1代到第6代，各代蜂的后足胫节长度、卵巢管数量的均值和数值区间极值，都在逐渐增加，与田间采集的母代蜂相比，室内寄主营养状态良好，繁蜂质量有所提高，但缺点是3龄后需要单头饲养，繁蜂成本增加，不适合选作最适繁蜂寄主。为此，选取平均体重为2.54 mg的2龄末东方黏虫作为待选寄主，优点是黏虫自残率低，可实现人工规模化饲养。结果显示，第1代以黏虫为寄主育出的齿唇姬蜂，无论是后足胫节长度1.37±0.07(1.23~1.49) mm，还是卵巢管数量26.00±4.14(16~30)根，都极显著低于母代，即从寄主棉铃虫育出蜂的后足胫节长度1.45±0.09(1.32~1.60) mm和卵巢管数量33.27±4.02(29~45)根；同时，也显

*　基金项目：河南省自然科学基金项目（编号：182300410089）

**　第一作者：田良恒，硕士研究生，研究方向为害虫生物防治；E-mail:tianliangheng@163.com

***　通信作者：白素芬，教授，博士，主要从事昆虫生理生化与害虫生物防治研究；E-mail:sfbai68@henau.edu.cn

著低于同期从棉铃虫中育出蜂的后足胫节长度1.56±0.09(1.40~1.66) mm和卵巢管数量33.67±6.65(28~48)根。但是，繁育两代后，从黏虫育出的蜂体大小、卵巢管数量，以及结茧率等各项指标均有提高，虽仍低于同期从棉铃虫中育出蜂，但差异不明显。经调整饲养密度，3~4龄黏虫可以群体饲养，且随着繁育代数的增加，子代蜂比母代获得了更强的寄主调控和适应能力，发育更好，说明东方黏虫具有作为替代棉铃虫而成为繁育棉铃虫齿唇姬蜂寄主的适合性。

关键词：棉铃虫齿唇姬蜂；棉铃虫；东方黏虫；后足胫节；卵巢管

田猎姬蜂*Agrothereutes minousubae*与寄主的发育同步及生殖特性*

王　于**，田良恒，王贺红，白素芬***

（河南农业大学植物保护学院，郑州 450002）

摘　要：大叶黄杨斑蛾*Prgeria sinica* Moore是园林主要害虫，日本学者发现黄杨斑蛾田猎姬蜂*Agrothereutes minousubae* Nakanishi是其预蛹期或蛹期的专性外寄生蜂，控害能力极强。在我国仅见对该蜂形态特征的记述（分布：杭州）。迄今，国内外有关该蜂生殖特性的研究尚属空白。为此，本文在发现黄杨斑蛾田猎姬蜂为河南新纪录种的基础上，进一步对其年生活史，与寄主发育的同步性，以及生殖特性进行研究。从2019—2020年，在郑州市开展以大叶黄杨为寄主植物，调查田猎姬蜂与寄主大叶黄杨斑蛾的发生规律，探明二者滞育特点及发育同步性；在室内观察姬蜂的产卵寄生习性；并通过解剖雌蜂生殖系统，明确卵子发生特点以及产卵器构造，了解其相关生殖特性。结果表明，田猎姬蜂在4月上旬~下旬，即寄主老熟幼虫期至蛹期出现，雄蜂先羽化，2~3 d后雌蜂出现；寄生时，雌蜂将卵产于寄主蛹体表面，幼虫孵化后取食寄主；6月下旬，末龄幼虫在蛹皮旁吐丝结一银白色薄茧，以老熟幼虫进入滞育，进行越夏越冬；次年4月上旬羽化，一年发生一代。而寄主亦一年一代，以蛹滞育越夏，10~11月羽化，产卵越冬。由此可见，该蜂与寄主的滞育期重叠，生活史相对应，发育同步性极强。该蜂具有性二型现象，雄蜂触角15~20节处有角下瘤。雌蜂具1对卵巢，每侧卵巢管4~5根，侧输卵管及中输卵管很短；每根卵巢管基部至少含一粒卵黄蛋白丰富的成熟卵母细胞；相差镜下，卵母细胞与滋养细胞相间排列，属多滋式；初产卵细长呈梭形，长约1.57 mm±0.07 mm，宽0.35 mm±0.02 mm；毒液器官由一个毒囊和两条毒腺组成，毒囊体积大而透明呈椭圆状，两条毒腺连接于毒囊顶端，末端封闭游离；产卵管鞘粗壮，长约2.50 mm；产卵器细长形似针头，约3.71 mm，其腹瓣亚端有7条纵

* 基金项目：河南省自然科学基金项目（编号：182300410089）

** 第一作者：王于，制药工程专业；E-mail: 540852309@qq.com

*** 通讯作者：白素芬，教授，研究方向为昆虫生理生化与害虫生物防治；E-mail: sfbai68@henau.edu.cn

脊。该蜂产卵机制与寄主特征密切相关，产卵器发达用以刺破寄主的致密茧壳，这是二者协同进化的结果。

关键词：黄杨斑蛾田猎姬蜂；河南新纪录种；大叶黄杨斑蛾；发育同步；生殖特性

草地贪夜蛾触角叶内纤维球的解剖结构*

臧中旭**，王亚楠，赵新成，谢桂英***

（河南农业大学植物保护学院，郑州 450002）

摘　要：草地贪夜蛾*Spodoptera frugiperda*是世界上重要的农业害虫，近年已侵入我国。夜蛾类昆虫主要依靠嗅觉系统寻找寄主植物和配偶。触角叶是昆虫的初级嗅觉中枢，接收并初步整合触角感受的信息，再将信息输送至脑内高级中枢蕈形体和侧角。触角叶由外围的神经纤维球和内部核心组成。纤维球是嗅觉信息处理的基本功能单位，其数量的多少与昆虫感受气味的种类密切相关。弄清昆虫触角叶的解剖结构是探索昆虫嗅觉编码机制的前提。本项研究中，我们采用顺行染色、免疫组织化学染色和共聚焦激光扫描显微镜技术获得草地贪夜蛾触角叶的扫描图像，利用图形分析软件构建触角叶神经纤维球的三维模型。结果表明草地贪夜蛾触角叶内有约70个纤维球，且具有雌雄二型性，即在雄虫触角叶内具有3个扩大型纤维球组成的复合体，专门处理性信息素信息；另外在触角叶的腹侧有一个专门接收下唇须感受信息的纤维球，专门处理CO_2信息。研究结果为研究单个纤维球的功能及揭示草地贪夜蛾的嗅觉机制奠定了神经形态学基础。

关键词：草地贪夜蛾；触角叶；嗅觉

* 基金项目：河南省高校科技创新人才支持计划（19HASTIT011）

** 第一作者：臧中旭，硕士研究生，研究方向为植物资源利用与植物保护；E-mail: 1257069160@qq.com

*** 通讯作者：谢桂英，副教授，主要从事农业昆虫与害虫防治研究；E-mail: xieguiying2002@163.com

棉铃虫幼虫味觉中枢神经元对刺激物质的反应模式*

孙龙龙**，刘晓岚，张佳佳，王亚楠，郜晓妍，谢桂英，赵新成***，汤清波***

（河南农业大学植物保护学院，郑州 450002）

摘　要：棉铃虫*Helicoverpa armigera*是一种重要的农业害虫，幼虫主要依靠口器外颚叶上的两对栓锥感器来探测植物是否适合取食，感知的味觉信息输送进入中枢神经系统内的咽下神经节（subesophageal ganglion, SOG）进行加工整合。棉铃虫幼虫SOG由三个融合的节段性神经原节（上颚神经原节maxillary neuromere、下颚神经原节mandibular neuromere和下唇神经原节labial neuromere）组成。实验室前期研究表明，以蔗糖为代表的"激食素"能够显著促进幼虫的取食，以黑芥子苷为代表的"抑制剂"能够显著抑制幼虫的取食。本研究中我们以棉铃虫幼虫为研究对象，运用细胞内记录与染色技术（Intracellular recording and staining）、免疫组织化学（Immunochemistry）以及激光共聚焦扫描法（Laser confocal scanning microscope）来获取棉铃虫幼虫SOG内部神经元的形态学数据和电生理数据，分析不同种类神经元对刺激物质的反应模式。迄今为止，我们共记录到SOG内神经元200个，成功染色标记了95个神经元，其中9个神经元对刺激物质蔗糖或黑芥子苷有显著的电生理反应。根据目前获得的神经元反应特征，可以把SOG内味觉神经元分为五大类，（1）对蔗糖、黑芥子苷均呈兴奋反应的神经元；（2）对蔗糖呈兴奋反应的神经元；（3）对黑芥子苷呈兴奋反应的神经元；（4）对蔗糖呈抑制反应的神经元；（5）对黑芥子苷呈抑制反应的神经元。我们的结果初步表明对蔗糖、黑芥子苷敏感的味觉神经元在SOG内反应模式和投射位置存在差异。这些结果为日后深入研究昆虫的味觉编码机制提供了依据。

关键词：棉铃虫；味觉神经元；幼虫；刺激物质；投射

---

*　基金项目：国家自然科学基金（31672367），河南省科技攻关项目（202102110072）

**　作者简介：孙龙龙，男，硕士研究生，研究方向为昆虫生理生化，E−mail: sunlonglong0313@163.com

***　通信作者：汤清波，E−mail: qingbotang@126.com；赵新成，E−mail:xincheng@ henau .edu .cn

棉铃虫发育过程中滞育激素受体基因的组织表达谱分析*

巩晨阳**，崔光秀，周　洲***

（河南科技大学林学院，洛阳 471000）

摘　要：滞育激素（diapause hormone，DH）是昆虫咽下神经节中分离得到的一种神经肽，属于FXPRLamide神经肽家族。棉铃虫（*Helicoverpa armigera*）以蛹的形式滞育，研究表明棉铃虫滞育激素（HaDH）的作用不是诱导滞育发生，而是在蛹滞育解除过程中发挥作用，*HaDH*会引起棉铃虫蜕皮激素合成加速；同时还发现外源DH引起棉铃虫幼虫发育延迟。*HaDH*在调控棉铃虫蛹期蜕皮激素合成之外，在幼虫生长发育过程中的调控作用有待进一步认识。DH活性发挥的前提是与滞育激素受体(diapause hormone receptor, DHR）结合，对棉铃虫发育过程中*HaDHR*组织表达谱的研究有助于揭示DH的调控功能。采用qPCR技术检测棉铃虫*HaDHR*基因在不同发育阶段(卵、1~5龄幼虫、蛹和成虫)、幼虫不同组织（体壁、脂肪体、血淋巴、脑、中肠）、蛹不同组织（脑、精巢和卵巢、血淋巴、脂肪体、消化道、翅膀、前胸背板）、成虫不同组织(头、生殖器、血淋巴、脂肪体、消化道、精巢和卵巢)中的相对表达量。研究发现*HaDHR*在棉铃虫从卵至成虫整个生命周期都有表达，总体来看幼虫期表达水平较低，蛹期较高，成虫期最高。幼虫期*HaDHR*主要在体壁、头部、脂肪体和血淋巴中表达；蜕皮刚完成的5龄幼虫中，新形成的体壁中*HaDHR*表达量尤其高，随着体壁逐渐成熟，表达量逐渐降低至仅有新体壁中表达量的1/36；在脂肪体中，刚蜕完皮时表达量较高，随着进一步的发育表达量逐渐降低至原表达量的1/4；在头部，初期表达量低，中后期表达量高，表达量增加7倍；在血淋巴中，初期和后期表达量较高，中期表达量较低。蛹期前5天*HaDHR*几乎不表达，第6天开始迅速上调表达，主要表达部位集中在翅膀、前胸背板、脂肪体。羽化进入成虫期后，*HaDHR*表达量维持在高水平，随着时间延长

*　基金项目：国家自然科学基金资助项目（31600519，31870638）

**　作者简介：巩晨阳，硕士研究生，主要从事农业昆虫与害虫防治研究；E-mail: 827742771@qq.com

***　通信作者：周洲，教授，主要从事昆虫滞育研究；E-mail: zhouzhouhaust@163.com

表达量逐渐升高，在羽化后第5天达到峰值，精巢、消化道、头部的表达量要显著高于其他组织，表达量是成虫其他组织表达量的3~6倍。本研究首次全面地分析了*HaDHR*在棉铃虫整个发育周期中的表达变化模式，明确了不同时期*HaDHR*表达的主要部位，其在相关组织快速形成的过程中大量表达，与新器官的形成和性器官的成熟存在密切关系，本结果为揭示*HaDHR*在发育过程中的作用打下了坚实基础。

关键词：棉铃虫；滞育激素；滞育激素受体；组织表达

瓜类褪绿黄化病毒对黄瓜叶片营养及次生防御物质含量的影响*

张泽龙**，何海芳，张蓓蓓，闫明辉，李静静，闫凤鸣***

（河南农业大学植物保护学院，郑州 450002）

摘　要：近年来，瓜类褪绿黄化病毒（Cucurbit chlorotic yellows virus, CCYV）在亚洲多个国家造成了巨大的经济损失，由烟粉虱（*Bemisia tabaci*）以半持久的方式特异性传播。为了深入揭示半持久性病毒介导的介体昆虫和寄主植物之间的互作关系，本实验研究了CCYV对于黄瓜叶片次生防御物质和营养水平的影响，以期有助于阐释烟粉虱传播CCYV的机制，同时进一步理解植物病毒如何通过改变植物特性从而影响介体昆虫的取食行为和种群发展。本研究分别采用水合茚三酮法、蒽酮法、福林试剂显色等化学反应比色法测定了黄瓜植株在感毒5天和15天后，单宁、总酚等防御物质和游离氨基酸和可溶性糖等营养物质含量的影响。结果表明，病毒侵染显著降低了黄瓜叶片的总酚、单宁的含量，感毒植物中的可溶性糖和游离氨基酸含量显著低于健康植物。研究结果说明，病毒侵染显著降低了黄瓜叶片营养物质、防御物质的含量；防御性次生物质的含量降低可能促进介体昆虫在感毒植物上取食，而营养水平的降低可能是驱动介体昆虫转移寄主将病毒传播到其他植株的因素之一。这说明半持久性传播的CCYV存在间接调控介体的取食和寄主选择行为的可能。本实验为我们深入研究病毒调控介体昆虫生命活动的机制指明了方向，也为区别非持久、半持久和持久性传播病毒的对介体昆虫影响的差异提供了理论参考。

关键词：瓜类褪绿黄化病毒；次生防御物质；植物营养；黄瓜

---

* 基金项目：国家自然科学基金（31871973）

** 第一作者：张泽龙，硕士研究生；E-mail: zelongz0820@163.com

*** 通讯作者：闫凤鸣；E-mail:fmyan@henau.edu.cn

温度对豌豆蚜蜜露分泌量和分泌节律的影响*

张蓓蓓**，何海芳，张泽龙，闫明辉，闫凤鸣，李静静***

（河南农业大学植物保护学院，郑州 450002）

摘要：豌豆蚜（*Acyrthosiphon pisum*），属半翅目（Hemiptera）胸喙亚目（Sternorrhyncha）蚜科（Aphididae），又称豆蚜、豆无网长管蚜，在我国各地均有发生，是我国农业生态系统中的重要害虫。豌豆蚜除了可以通过吸食植株韧皮部的汁液对寄主植物造成直接危害外，其分泌的蜜露还会影响受害植株的光合作用和呼吸作用，从而造成间接危害。蜜露的分泌与蚜虫的取食量及对寄主的喜好程度密切相关，因此蚜虫蜜露的质和量可以反映植物的抗性水平。为研究豌豆蚜的为害规律，制定合适的防治策略，本研究对不同温度下豌豆蚜若虫蜜露的分泌节律以及豌豆蚜成、若虫蜜露分泌量的变化进行了研究。结果表明：在18~30℃范围内豌豆蚜成、若虫均能进行正常取食并分泌蜜露，但是随着温度的升高，豌豆蚜成、若虫蜜露分泌量逐渐降低，低龄若蚜在不同温度下的蜜露分泌量的差异相对较小，高龄若蚜及成虫的蜜露分泌量则会极显著增加，并且豌豆蚜成虫分泌的蜜露量较4龄时的有所下降。4龄若虫蜜露的分泌频次随着温度的升高也在逐渐减少，在18℃时蜜露分泌滴数最多，在30℃时蜜露分泌滴数最少。且在18℃和24℃条件下，12 h内不同时段蜜露滴数的变化情况较为显著，均出现两次分泌高峰，集中在13:00~14:00和19:00；而在30℃条件下，分泌滴数随着时间的推移没有显著变化，各时段分泌的蜜露滴数均较少，且分泌高峰出现的时间与18℃和24℃条件下的差异较大。虫龄还显著影响着蜜露分泌量，高龄蚜虫及成虫体型较大，分泌的蜜露量多于低龄蚜虫，说明取食量较大，因而对植物的损害大。故田间防治豌豆蚜的时期应选择在4龄以前，当田间温度较高时，可以适当放宽其防治指标。

关键词：豌豆蚜；蜜露；分泌量；温度；节律

---

* 基金项目：国家自然科学基金（31471776）

** 第一作者：张蓓蓓；E-mail:15225154669@163.com

*** 通讯作者：李静静；E-mail:lijingjing_319@163.com

黄色花蝽对赤拟谷盗幼虫的捕食功能反应研究*

吴宗霖[1**]，卢少华[1]，鲁玉杰[1,2***]

(1.河南工业大学粮油食品学院，郑州 450001；2.江苏科技大学粮食学院，镇江 212003)

摘 要：黄色花蝽*Xylocoris flavipes* (Reuter)属半翅目(Hemiptera)花蝽科(Anthocoridae)，是一种重要的储藏物害虫天敌昆虫，可捕食多种储藏物害虫的幼虫和卵，如赤拟谷盗、锈赤扁谷盗、锯谷盗、嗜虫书虱、印度谷螟等。黄色花蝽具有捕食量大、捕食率高、捕食性广等特点，具有良好的害虫防控潜能。为探究其对仓储害虫的捕食能力，本文研究了黄色花蝽对不同龄期赤拟谷盗幼虫的捕食能力。选择黄色花蝽成虫和若虫（3龄、4龄、5龄）对赤拟谷盗3龄幼虫进行捕食功能反应测定，发现黄色花蝽对赤拟谷盗的捕食量顺序依次为黄色花蝽成虫（8.4头）>5龄若虫（8.2头）>4龄若虫（6.0头）>3龄若虫（3.8头）；各龄期的黄色花蝽捕食功能反应均符合HollingⅡ圆盘方程，其攻击率分别为黄色花蝽成虫（0.5286）、5龄若虫（0.3704）、4龄若虫（0.2427）、3龄若虫（0.4385），处理猎物的时间分别为成虫（0.0070 d）、5龄若虫（0.0999 d）、4龄若虫（0.1807 d）、3龄若虫（0.0768 d）。以上研究发现，黄色花蝽成虫对赤拟谷盗3龄幼虫的捕食效果最好，进而又测定了黄色花蝽成虫对赤拟谷盗1龄、3龄、5龄幼虫的捕食功能反应，发现黄色花蝽成虫对赤拟谷盗的捕食量顺序依次赤拟谷盗1龄幼虫（16.8头）>3龄幼虫（7.8头)>5龄幼虫（5.0头）。黄色花蝽对不同龄期的赤拟谷盗幼虫的捕食功能反应都符合HollingⅡ圆盘方程，其攻击率分别为1龄幼虫（2.2153）、3龄幼虫（0.9403）、5龄幼虫（0.0697），处理猎物的时间分别为1龄幼虫（0.0139 d）、3龄幼虫（0.0120 d）、5龄幼虫（0.0918 d）；由此可知，与高龄赤拟谷盗幼虫相比，黄色花蝽更偏爱捕食低龄幼虫。

---

* 基金项目：国家十三五重点研发项目（2016YFD0401004—3—1）

** 第一作者：吴宗霖，硕士研究生，主要从事农业昆虫与害虫防治研究；E-mail：wzl19960710@163.com

*** 通信作者：鲁玉杰，教授，主要从事储粮害虫的化学生态和分子生态学的研究；E-mail：luyujie1971@163.com

研究结果表明，黄色花蝽对低龄害虫的生物防治效果更好，研究黄色花蝽对赤拟谷盗幼虫的捕食功能反应为制定合理的储粮害虫生物防治策略具有一定的指导意义。

关键词：黄色花蝽；若虫；赤拟谷盗幼虫；捕食功能反应；生物防治

*Helicoverpa*两近缘种昆虫对果糖、葡萄糖及氨基酸的味觉电生理反应*

张佳佳**，侯文华，孙龙龙，刘　龙，汤清波***

（河南农业大学植物保护学院，郑州 450002）

摘　要：植食性昆虫的化学感受系统在寄主寻找、取食选择、交配和产卵等过程起着重要的作用，其中味觉在寄主识别和评估潜在寄主等过程中起着关键作用。昆虫幼虫的味觉感受器一般是单孔的栓锥状，其中鳞翅目幼虫口器外颚叶上的两对中栓锥感器（medial sensillumstylonocica）和侧栓锥感器（lateral sensillumstylonocica）是味觉识别寄主的重要感受器。棉铃虫*Helicoverpaarmigera*（Hübner）及其近缘种昆虫烟青虫*Helicoverpaassulta*（Guenée）系鳞翅目夜蛾科（Lepidoptera：Noctuidae）昆虫。棉铃虫为多食性昆虫，能够取食60多个科200多种植物，包括棉花、烟草、番茄等；而烟青虫是寡食性昆虫，主要取食烟草、辣椒等少数茄科植物。前期研究我们发现这两种昆虫对3种初级化学物质果糖、葡萄糖及脯氨酸的取食选择行为存在显著差异，本研究我们利用单感受器记录法（single sensillum recording）测定了两种昆虫幼虫对这三种物质的味觉电生理反应，以探讨其取食选择行为的味觉基础。结果显示：

（1）多食性棉铃虫与寡食性烟青虫的幼虫中栓锥感器均存在对果糖、葡萄糖和脯氨酸的感受神经元，并且对果糖、葡萄糖和脯氨酸的电生理反应均呈顺浓度梯度反应。

（2）两种昆虫幼虫的侧栓锥感器对这三种刺激物质均无明显的电生理反应。

（3）果糖、葡萄糖和脯氨酸诱导棉铃虫中栓锥的反应均强于诱导烟青虫的反应。

这些结果表明棉铃虫和烟青虫幼虫对果糖、葡萄糖和脯氨酸的味觉感受和前期发现取食行为趋势是一致的，说明这些昆虫的取食选择行为是建立在味觉感受基础之上，且下颚中栓锥感器发挥着重要的识别作用。

关键词：*Helicoverpa*；取食选择；味觉感受；中栓椎感器；电生理

* 基金项目：国家自然科学基金（31672367）；河南省科技攻关项目（202102110072）

** 第一作者：张佳佳，女，硕士研究生，研究方向为昆虫生理生化；E-mail：jiajiazhang0125@163.com

*** 通信作者：汤清波；E-mail：qbtang@henau.edu.cn

外寄生蜂黄杨斑蛾田猎姬蜂的个体发育特征*

王　于**，白素芬***

（河南农业大学植物保护学院,郑州，河南，450002）

摘　要：在室温（24±1）℃,RH 60%~70%，光周期14L:10D的培养条件下，研究了大叶黄杨长毛斑蛾*Prgeria sinica*（Moore）的重要蛹期外寄生蜂—黄杨斑蛾田猎姬蜂*Agrothereutes minousubae*（Nakanishi）的个体发育过程。黄杨斑蛾田猎姬蜂产卵于寄主蛹体表，卵细长梭形。初产卵乳白色，12 h后渐变为微淡黄色，24 h后呈乳黄色，48 h后卵壳内黄色团块状胚胎发育完成，上下轻微震动，产卵约50 h，幼虫从卵较宽端破壳而出，胚胎发育历经48~50 h。伴随取食，幼虫经历3次蜕皮，有4个虫龄。初孵化的1龄幼虫，头部具有骨化程度不强的头壳，除头节外，体分13节，其中胸部3节，腹部10节。头明显宽于胸和腹，腹部末端细长，体壁薄而透明，消化道呈淡黄色。初孵幼虫体表无脂肪粒，取食4 h后腹部靠下位置有脂肪体分布，孵化24 h后消化道已变成棕红色，脂肪体增多。2龄幼虫头窄于腹部，中部肥大，两端细而钝圆。消化道颜色明显，红褐色。体节第5节向下脂肪体密布，体壁透明，有腺体分布。3龄幼虫体肥硕，体壁较2龄厚，取食量增大，皮下脂肪体变大。末龄幼虫体粗短，两端钝圆，头缩于前胸内，体壁变厚呈乳白色，分节十分明显，消化道发黑，吐丝结茧后体壁变为微淡黄色。幼虫期9~10 d。预蛹细长状，乳白色，复眼无色，腹部脂肪体密集。约3 d后化蛹，蛹为离蛹。蛹乳白色，复眼红棕色，雌性的产卵器弯曲粘连在腹背部上方，雄性外生殖器于腹部末端突出，雌、雄蜂分化明显。在蛹的发育过程中，复眼逐渐由红色变至黑色，头胸部先变黑，随后，腹部变黑，触角由无色透明状变为浅褐色至黑色。当蛹完成色素的沉积和转化，翅开始发育、形成并羽化，破茧而出。预蛹和蛹期共计12~15 d。雌蜂从产卵到成虫羽化完成一个世代共历经23~27 d，雄蜂先于雌蜂2~3 d羽

---

*　基金项目：河南省自然科学基金项目（编号：182300410089）

**　第一作者：王于，制药工程专业；E-mail: 540852309@qq.com

***　通讯作者：白素芬，教授，研究方向为昆虫生理生化与害虫生物防治；E-mail: sfbai68@henau.edu.cn

化。黄杨斑蛾田猎姬蜂生长发育所需营养完全由寄主蛹提供，一头寄主茧里只能出一头蜂，一般来说，蛹体越大，羽化出的蜂也相对较大，通常雌蜂的体型较雄蜂大。

关键词： 黄杨斑蛾田猎姬蜂；外寄生蜂；个体发育；形态特征；发育历期

我国日本蜡蚧寄生蜂种类研究概况*

王贺红**，贺晓辉，王于，田良恒，尹新明，白素芬***

（河南农业大学植物保护学院,郑州，河南 450002）

摘　要： 经对我国记载的日本蜡蚧*Ceroplastes japonicus* Green寄生蜂种类进行整理和订正，确定4科、12属、共计40种。其中36种为初寄生蜂，包括跳小蜂科Encyrtidae 22种：红蜡蚧扁角跳小蜂*Anicetus beneficus* Ishii et Yasumatsu、蜡蚧扁角跳小蜂*A. ceroplastis* Ishii、红帽蜡蚧扁角跳小蜂*A. ohgushii* Tachikawa、阿里嘎扁角跳小蜂*A. aligarhensis* Hayat, Alam et Agarwal、寡毛扁角跳小蜂*A. rarisetus* Xu et He、浙江扁角跳小蜂*A. zhejiangensis* Xu et Li、霍氏扁角跳小蜂*A. howardi* Hayat, Alam et Agarwal、单条扁角跳小蜂*A. aligarhesis* Hayat、狭顶扁角跳小蜂*A.angustus* Hayat, Alam et Agarwal、双带阿德跳小蜂*Adelencyrtus bifasciatus*（Ishii）、郑州纹翅跳小蜂*Cerapteroceroides* zhengzhouensis Shi、安阳花翅跳小蜂*Microterys anyangensis* Xu、柯氏花翅跳小蜂*M. clauseni* Compere、红黄花翅跳小蜂*M. rufofulvus* Ishii、美丽花翅跳小蜂*M. speciosus* Ishii、聂特花翅跳小蜂*M. nietneri*（Motschulsky）、拟聂特花翅跳小蜂*M. pseudonietneri* Xu、软蚧花翅跳小蜂*M. flavus*（Howard）、软蚧阔柄跳小蜂*Metaphycus tamakataigara* Tachikawa、锤角阔柄跳小蜂*M. claviger*（Timberlake）、一种阔柄跳小蜂*M. aff.* Pulvinariae、黑角刷盾跳小蜂*Cheiloneurus axillaris* Hayat, Alam et Agarwal；蚜小蜂科*Aphelinidae* 9种：斑翅食蚧蚜小蜂*Coccophagus ceroplastae*（Howard）、夏威夷食蚧蚜小蜂*C. hawaiiensis* Timberlake、日本食蚧蚜小蜂*C. japonicus* Compere、赖食蚧蚜小蜂*C. lycimnia*（Walker）、黑色食蚧蚜小蜂*C. yoshidae* Nakayama、成都食蚧蚜小蜂*C. chengtuensis* Sugonjaev et Peng、闽粤食蚧蚜小蜂

---

* 基金项目：国家农业研究体系--苹果园绿色防控项目（编号：CARS-27）

** 第一作者：王贺红，植物保护专业；E-mail:1580325347@qq.com

*** 通信作者：白素芬，教授，博士，主要从事昆虫生理生化与害虫生物防治研究；E-mail: sfbai68@henau.edu.cn

C. silvestrii Compere、赛黄盾食蚧蚜小蜂*C. ishii* Compere、蜡蚧斑翅蚜小蜂*Aneristus ceroplastae* How；姬小蜂科Eulophidae 3种：蜡蚧啮小蜂*Tetrastichus ceroplasteae*（Girault）、蜡蚧褐腰啮小蜂*T. murakamii* Sugonjaev、一种啮小蜂*Tetrastichus* sp.；金小蜂科*Pteromalidae* 2种：盔蚧短腹金小蜂*Anysis saissetiae*（Ashmead）、日本龟蜡蚧长盾金小蜂*Anysis sp.*。4种为日本蜡蚧重寄生蜂：长缘刷盾跳小蜂*Cheiloneurus claviger* Thomson、盾蚧皂马跳小蜂*Zaomma lambinus*（Walker）、豹纹花翅蚜小蜂*Marietta picta* Ander、瘦柄花翅蚜小蜂*M. carnesi*（Howard）。对11种寄生蜂进行了订正研究。记述了各种寄生蜂的分布。

关键词：日本蜡蚧；寄生蜂；种类；中国；订正

大猿叶虫滞育准备期与产卵前期的转录因子分析*

田 忠，郭 霜，朱 莉，刘 文，王小平**

（华中农业大学植物科学技术学院，武汉 430070）

摘　要：滞育是昆虫借以度过不良环境、维持种群延续的一种生存对策。昆虫感受到不利光周期、温度、食料等季节性环境变化后，会程序性启动一系列生理生化反应来积累大量营养物质以用于其在逆境中生存消耗。随着滞育研究的不断深入，科学家已经在淡色库蚊*Culex pipiens*、始红蝽*Pyrrhocoris apterus*以及黑腹果蝇*Drosophila melanogaster*等昆虫中，逐步构建出由昆虫胰岛素信号和保幼激素（Juvenile hormone，JH）信号为核心的生殖滞育准备调控分子网络构架。然而，昆虫胰岛素样肽（Insulin-like peptide，ILP）和JH生成如何被程序性的抑制、以及胰岛素和JH信号如何开启滞育关联信号转导过程等仍是亟待解决的科学问题。为此，本研究利用一种兼性滞育的十字花科蔬菜害虫——大猿叶虫*Colaphellus bowringi* Baly为材料，开展生殖滞育诱导和准备过程中胰岛素与JH的调控研究。大猿叶虫在25℃条件下，分别在LD 16: 8和LD 12: 12光周期下饲养获得注定滞育和注定非滞育个体，雌成虫羽化后前4天分别为滞育准备期和产卵期。通过分析前期建立的大猿叶虫转录组数据库（Tan et al., 2015），获得832个被注释为具备转录因子活性结构的Unigenes，主要为zf-C2H2（24.3%）、zf-H2C2_2（18.1%）、THAP（6.6%）以及bHLH（5.8%）等基因家族。基于转录组基因表达谱数据，筛选获得在注定非滞育雌成虫羽化后2天和4天显著高表达的转录因子Unigenes分别为23个和39个。通过GO富集分析发现，这些转录因子Unigenes主要分布于Developmental、Reproductive、Cellular and organismal和Response to stimulus等生物过程，暗示了其在注定非滞育雌成虫产卵前期可能响应环境信号完成生殖发育中的信号转导过程。与此同时，推测这些转录因子在滞育准备期的低表达可能是诱导大猿叶虫进入生殖滞育的关键。另外，通过分析发现，昆虫同源的胰岛素活化转录因

*　基金项目：国家自然科学基金面上项目（31972268）

**　通讯作者：xpwang@mail.hzau.edu.cn

子*Macrophage activating factor A*以及JH信号下游转录因子*Krüppel homolog 1*和*Broad-complex core protein*均在注定非滞育雌成虫中显著高表达，这进一步暗示了胰岛素和JH信号促进了大猿叶虫的生殖发育而抑制滞育准备。同时，研究发现，组蛋白SUMO化基因*E3 SUMO-protein ligase PIAS1*、组蛋白乙酰化基因*Cyclic AMP response element-binding protein A*以及转录激活因子*Myc*、*E2F*等也在注定非滞育雌成虫中显著高表达。这些结果表明，光周期诱导下的大猿叶虫生殖或滞育的发生，可能是由组蛋白表观修饰以及多个转录因子共同作用下，启动或终止一系列基因转录事件，激活或抑制胰岛素和JH信号，从而完成产卵前期或滞育准备期必要的器官发育与营养储备。本研究为进一步揭示昆虫生殖滞育准备调控的内分泌调控路径，明确昆虫滞育发生的内源调节机制提供了线索。

关键词：大猿叶虫；滞育准备；胰岛素；保幼激素；转录因子；表观修饰

三酰基甘油脂肪酶在大猿叶虫生殖可塑中的功能*

武晴雯，刘　文**，王小平

（华中农业大学植物科学技术学院，武汉 430070）

摘　要：多种昆虫可响应光周期等季节性环境变化，从而决定进入生殖或者滞育，这是一种生殖可塑性。在生殖个体产卵前期，昆虫主要积累大量的碳水化合物和蛋白质用于生殖器官的发育；在滞育准备期，昆虫则储存大量的脂质用于滞育维持及滞育后的正常发育。然而，昆虫体内的脂质代谢是如何影响其生殖可塑，即生殖和滞育的转变，目前还不清楚。因此，本研究以十字花科蔬菜害虫大猿叶虫*Colaphellus bowringi* Baly为材料，通过RNAi、施加外源保幼激素JH或蜕皮激素20E，分析脂质代谢相关的三酰基甘油脂肪酶基因（*triacylglycerol lipase, TGL*）在其生殖可塑中的功能及其分子调控机制。在大猿叶虫转录组数据库中获得13个*TGL*基因，克隆得到cDNA序列全长。进化树结果表明，大猿叶虫*TGL*基因与其他昆虫*TGL*和*lipase*基因高度相似，且均有脂肪酶保守基序GXSXG，暗示*TGL*基因在大猿叶虫中具有类似的甘油三酯水解酶功能。干扰注定非滞育成虫*TGL1*后，卵巢发育受到抑制，卵黄原蛋白基因*Vg1*和*Vg2*表达水平下降；甘油三酯TG和总脂含量显著上升，脂质合成相关基因表达上调。干扰*TGL2*后，TG和总脂含量显著上升，脂质合成相关基因表达上调，但卵巢发育无显著变化。干扰*TGL5*和*TGL12*后，对卵巢发育和脂质积累均没有影响。在注定滞育个体中点滴外源JH及干扰注定非滞育个体中JH受体*Met*、受体互作蛋白*SRC*和JH信号早期转录因子*Kr-h1*的实验结果表明，*TGL1*和*TGL2*受到JH信号途径调控。在注定滞育个体中注射20E及干扰注定非滞育个体中20E受体*EcR*，结果表明20E也可以诱导*TGL1*和*TGL2*的转录。以上结果表明，*TGL*基因对卵巢发育和脂质积累有重要的调控作用，JH和20E可以通过调节*TGL*表达进而决定大猿叶虫的生殖可塑。本研究不仅揭示了*TGL*在大猿叶虫生殖可塑中的功能，而且为进一步探究脂肪储存与动员在昆虫生殖可塑中的功能提供了线索。

关键词：大猿叶虫；三酰基甘油脂肪酶；保幼激素；蜕皮激素；甘油三酯

---

*　基金项目：国家自然科学基金面上项目（31872292）

**　通讯作者：liuwen@mail.hzau.edu.cn

食料中Cd对黑水虻生长特性和生理的影响*

张 杰，李 逵，朱 芬**

（湖北省利用昆虫转化有机废弃物国际科技合作基地，华中农业大学，武汉 430070）

摘 要： 黑水虻*Hermetia illucens*幼虫具腐生性，可以转化分解畜禽粪便。幼虫因体内蛋白和脂肪含量高，可用于畜禽及水产养殖，因而利用黑水虻处理畜禽粪便生产昆虫蛋白的相关研究日益增多。畜禽粪便中重金属污染一直备受关注，但黑水虻可在一定Cd浓度下存活。本研究探讨了Cd对黑水虻生物学的影响，为利用黑水虻处理畜禽粪便的应用提供基础资料。研究发现：不同浓度Cd（0 mg/kg - 800 mg/kg）处理对黑水虻幼虫、预蛹和蛹的存活没有显著影响，但浓度达到100 mg/kg以上时对幼虫的体型和历期、蛹重及成虫产卵量有显著影响，且影响程度随Cd浓度的升高而增大。子代继续用Cd处理时幼虫的体型和历期、蛹重也受到显著影响，但受到的影响程度小于亲代。在一定浓度下黑水虻能富集Cd，富集量与Cd浓度相关，700 mg/kg时，生物累积因子（BAFs）<1，其他处理组BAFs>1。综上所述，本研究表明黑水虻能耐受一定浓度的Cd，这种耐受力可以传递至子代，使子代受到的影响程度减轻。研究结果明确了Cd对黑水虻生物学参数的影响。

关键词： 昆虫；重金属；中肠pH；脂肪体；生物累积因子

* 基金项目：国家自然科学基金面上项目（31872306）

** 通讯作者：朱芬；E-mail：zhufen@mail.hzau.edu.cn

CO_2浓度升高通过食物链对草间钻头蛛的影响*

李盈盈**，李　维，赵　耀***，彭　宇

（湖北大学生命科学学院，武汉 430062）

摘　要：大气CO_2浓度升高及伴随而来的全球变暖对人类社会和生态环境的影响日益受到关注。CO_2浓度升高可通过食物链层叠效应改变生态系统的多级营养关系。目前，CO_2浓度升高通过食物链对第三营养级的蜘蛛会产生何种影响，尚不清楚。草间钻头蛛 *Hylyphantes graminicola*，原名草间小黑蛛，属皿蛛科微蛛亚科种类，对多种害虫的卵、低龄幼虫和成虫具有很强的捕食能力，是棉田生态系统中重要的捕食性天敌。本研究以高浓度CO_2（800 ppm）为处理组，以当前大气CO_2浓度（400 ppm）为对照组，研究了高浓度CO_2通过食物链对草间钻头蛛体内营养物质、生长发育及其捕食量的影响。结果表明，CO_2浓度升高条件下，草间钻头蛛体内的蛋白质含量为88.04 g/L，氨基酸含量为205.52 μmol/ml，游离脂肪酸含量为65.97 mmol/L，葡萄糖含量为50.46 mmol/L；与对照组相比，四种营养物质的含量均无显著变化。CO_2浓度升高条件下，幼蛛5龄的发育历期显著延长，但幼蛛其它龄期及幼蛛总的发育历期无显著变化。CO_2浓度升高后，成蛛的体重显著增加，成蛛的体长无显著变化。CO_2浓度升高后，成蛛连续4天的总捕食量增加，但差异不显著。本研究从食物链角度研究CO_2浓度升高对捕食性天敌草间钻头蛛的影响，有助于预测未来高浓度CO_2环境下蜘蛛的种群发生动态，并为充分利用捕食性天敌控制棉花害虫提供理论依据和实践指导。

关键词：CO_2浓度升高；食物链；草间钻头蛛；营养物质；生长发育；捕食量

---

*　基金项目：　湖北省自然科学基金项目（2018CFB153），武汉市科技局应用基础前沿项目（2019020701011464）

**　作者简介：李盈盈，硕士研究生，主要从事害虫生物防治研究；E-mail: 2281858847@qq.com

***　通信作者：赵耀，讲师，主要从事害虫生物防治研究；E-mail: zhaoyao@hubu.edu.cn

豫东地区栾树主要害虫为害特征与综合防治*

刘俊美[1]，牛平平[2]，周国友[2]，蔡富贵[2]，周　扬[2]，李登奎[2]，王伟芳[1]

（1.河南省鄢陵县农业技术推广中心　许昌 461200；

2.河南省鄢陵县植保植检站　许昌 461200）

摘　要：栾树春可观叶、夏可观花、秋可观果，具较高观赏价值，为豫东地区常用的行道树、庭荫树、园景树等绿化树种。当地，栾树主要害虫为栾多态毛蚜、六星黑点豹蠹蛾、吹绵蚧等，本文简述其为害特征与防治方法。栾多态毛蚜以卵在植物芽缝、树皮裂缝等处越冬，翌年春季孵化，4月上中旬出现无翅雌蚜，4月下旬大量发生有翅蚜并迁飞扩散，10月有翅蚜迁回寄主产生性蚜，交尾后产卵越冬。该蚜虫刺吸为害栾树嫩芽、嫩梢、嫩叶，幼树、蘖枝受害重，造成叶片发黄卷缩、生长停滞、诱发煤污病，导致新梢停止萌发、枝梢弯曲、树势衰弱至死亡。当地物理防治上：3月中旬可用黄色胶带树干、枝条缠绕粘杀，降低第1代蚜虫虫口数；早春剪枝去除虫枝；10月下旬剪枝去除带虫果枝、部分顶枝并清理枯枝，并用高压水枪冲洗树干枝条，同时，树干缠绕草绳诱集性蚜产卵并集中销毁；生物防治上需保护瓢虫、草蛉等天敌，将异色瓢虫卵卡（卵卡数：蚜虫数＝1：300）悬挂于有虫株或有虫区；化学防治上，早春树干、枝条喷施石硫合剂或30倍20号石油乳剂杀死越冬卵；后续则喷施氧化乐果1500倍液、蚜虱净2000倍液、10%啶虫脒5000~10000倍液、10%吡虫啉2000倍液或土蚜松乳油2000倍液，危害重时可隔7~10 d再喷药一次；10月喷施菊酯类药剂杀死迁回栾树的有翅蚜。另外，幼树受害可在4月下旬根部埋施15%涕灭威颗粒剂（药量据树干胸径1~2 g/cm确定），施后覆土浇水等。六星黑点豹蠹蛾当地每年1代，以老熟幼虫在枝干越冬，翌年4月上旬取食、5月中旬化蛹、6月上旬羽化，至7月上旬仍可见成虫。6月下旬至10月为幼虫钻蛀为害时期，初孵幼虫多在幼枝叶芽上方蛀孔，经由叶柄基部、叶片主脉后部等蛀入枝条内，为害处可见圆形排粪孔、排出颗粒状木屑，受害枝叶枯黄、萎蔫，枝梢枯死或断折。物理防治上，冬季可修剪清除虫枝、枯枝，降低越冬虫源；5~6月可用黑光灯诱杀成虫；化学防治上，产卵后期、孵化初期可用敌杀死2000倍液、见

*　通信作者：牛平平

虫杀1000倍液或吡虫啉2000倍液喷施枝干，杀灭初孵幼虫；另外，也可在根部埋施杀虫剂。吹绵蚧当地每年2~3代，有世代重叠，多以若虫或无卵雌虫越冬。第1代卵3月上旬出现、5月下旬进入若虫盛孵期，而成虫7月中旬最盛；第2代卵7月上旬至8月中旬出现，8~9月为若虫盛期，10月中旬成虫发生。若虫、成虫群集树叶刺吸汁液，严重时叶片发黄、枝梢枯萎，诱发煤污病，导致树势衰弱、易落叶。物理防治上，11月至翌年3月刮下越冬雌虫、深埋，并修剪去除虫枝；生物防治上，保护或引放大红瓢虫、澳洲瓢虫、红缘瓢等捕食性天敌；化学防治上，若虫孵化盛期喷施1000~1500倍的20%菊杀乳油，或40%氧化乐1500倍液等；另外，喷施40%氧化乐果1500倍液（加入洗衣粉1000倍液）杀死成虫，严重时每隔7~10 d喷施1次，连续2~3次。

关键词：栾树；主要害虫；栾多态毛蚜；六星黑点豹蠹蛾；吹绵蚧；防治

五峰县五倍子害虫粉筒胸叶甲的生物学特性与防治*

查玉平[1]**，陶　丽[2]，张子一[1]，张品德[3]，袁慎学[4]，蔡三山[1]

（1.湖北省林业科学研究院，武汉 430075；2.湖北大学，武汉 430062；3.五峰赤诚生物科技股份有限公司，五峰 443400；4. 竹山县林业局，竹山 442200）

摘　要：五倍子富含单宁，以其为原料生产的单宁酸、没食子酸在医药、食品、冶金、电子、化工等领域广泛应用。在湖北武陵、秦巴山区，五倍子成为当地特色产业，但伴随人工种植面积增加，盐肤木纯林病虫害问题日趋严重，威胁五倍子产业发展。近两年，食叶害虫粉筒胸叶甲*Lypesthes ater*（Motshulsky）在湖北五峰县五倍子林中发生严重，使盐肤木叶片大量损失、影响正常生长，进而导致五倍子减产。本次描述当地的粉筒胸叶甲生物学特性，并针对其发生特点提出防治措施。调查结果，粉筒胸叶甲在湖北当地每年发生1代，越冬成虫于次年3月出蛰活动，5月下旬至6月中旬交尾产卵，6月底可见幼虫取食，7月底至8月初开始化蛹，8月中下旬后进入成虫第二次飞行活动期，在盐肤木叶片上取食补充营养，直至9月中下旬，成虫躲入枯枝落叶、石块等处滞育、越冬。在生活习性上，粉筒胸叶甲成虫具假死性、但受惊后也可短距离飞行；成虫、幼虫均具好群集取食，低龄幼虫仅食叶肉，虫龄增长后则可将叶片吃成缺刻状。观察到晴天的上午和傍晚成虫活跃，常做出叶片爬行、取食、交尾行为，中午则栖息于叶背。

与其他经济林病虫害防治不同，五倍子林区病虫害防治应保护倍蚜，需贯彻“保护倍蚜，预防为主，精准防治，绿色环保”原则，防治以营林措施为主。包括：（1）营林措施：秋冬季，清除倍林内的杂草、枯枝落叶，焚烧或深埋，破坏粉筒胸叶甲越冬场所；（2）人工防治：在成虫发生盛期，人工捕捉成虫；在卵期、幼虫群集期采用人工摘除有卵（虫）叶片方法灭杀卵、幼虫；（3）生物防治：6月、8月份喷洒Bt剂；而在秋冬季则可在倍林中喷施白僵菌杀死越冬成虫、降低来年虫源；（4）化学防治：6月、8月份喷施阿维菌素、灭幼脲III号等仿生药剂防治。

关键词：五倍子；粉筒胸叶甲；生物学特性；防治

* 基金项目：“十三五”国家重点研发计划项目课题（2018YFD0600403）

** 第一作者：查玉平，副研究员，主要研究方向为森林昆虫研究与利用，E-mail: zhayuping@163.com

番茄潜叶蛾性信息素的研究概况*

梁永轩[1,2**]，周　琼[1]，张桂芬[2]，刘万学[2***]

（湖南师范大学生命科学学院，长沙 410081；2. 中国农业科学院植物保护研究所，北京 100193）

摘　要：番茄潜叶蛾 *Tuta absoluta* (Meyrick) 是一种主要危害茄科作物的世界检疫性害虫，原产于南美洲，随后以极快的传播速度扩散至亚欧非三大洲。至2017年，已入侵全球约90个国家，包括十大番茄种植国中的7个国家（印度、土耳其、埃及、意大利、伊朗、西班牙和巴西），危害番茄的面积占全球番茄种植面积一半以上，严重发生时可导致入侵地区番茄作物几近绝收。我国是全球番茄产量最大的国家，而目前，该害虫已入侵我国的新疆、云南地区，严重影响当地农业产业的安全，并对我国其他的番茄和马铃薯产区构成巨大潜在威胁。它的寄主范围广泛，为害包括茄科在内的9个科有近40种植物。该虫对环境适应力强，一年发生10 ~ 12代；幼虫潜入寄主植物组织取食叶肉，由于这种隐蔽的生活习性，传统的化学防治方法难以起到理想的效果，且会带来一系列的环境和食品安全问题。昆虫性信息素由于具有专一性强、高效、不伤害其他生物、无毒、无污染等特点，符合绿色生态农业的道路。国际上，有关番茄潜叶蛾性信息素的成分检测、人工合成、生物活性测定、应用等已有较为系统深入的研究。番茄潜叶蛾的性信息素由两种成分组成，包括主要成分(3E, 8Z, 11Z)-十四碳三烯乙酸酯［(3E, 8Z, 11Z) -3, 8, 11-tetradeca- trienyl acetate］，及次要成分(3E, 8Z)-十四碳烯醇乙酸酯［(3E, 8Z) -3, 8-tetradeca-dienyl acetate］，可通过立体定向法（Stereospecific procedures）人工合成。而触角电位技术（Electroantennogram, EAG）、风洞试验（Wind-tunnel）的一些研究结果显示，性信息素单一的主要成分或是主要与次要成分

*　基金项目：国家重点研发计划（2016YFC1201200；2017YFC1200600）

**　作者简介：梁永轩，硕士研究生，主要从事外来入侵昆虫的防控研究；E-mail: aaliangyongxuan@163.com

***　通讯作者：刘万学，研究员，主要从事农业重大外来生物入侵机理及生物生态控制的基础研究和应用技术研究；E-mail: liuwanxue@263.net

的混合物均对其雄虫有很强的引诱作用。目前国际上已广泛利用性信息素田间监测和大量诱捕番茄潜叶蛾，当剂量足够高时，还能达到迷向干扰的目的，显著减少作物损失。

关键词：番茄潜叶蛾；性信息素；监测；大量诱捕；迷向

柑橘大实蝇气味受体的克隆、表达及其功能分析*

崔中翌[1**]，刘一鹏[1,2]，王桂荣[2]，周 琼[1***]

（湖南师范大学生命科学学院，长沙 410081；2. 中国农业科学院植物保护研究所植物病虫害生物学国家重点实验室，北京 100193）

摘 要：昆虫的嗅觉在其生命过程中起重要作用，如取食、交配、选择产卵场所等。气味受体OR（Odorant receptor）是昆虫识别环境气味的一种关键蛋白，研究OR的功能有助于理解昆虫嗅觉的识别机制。柑橘大实蝇*Bactrocera minax*是危害柑橘属植物的重要害虫，给我国柑橘产业造成严重损失，对其成虫的行为调控是有效控制柑橘大实蝇为害的重要措施。我们通过转录组测序鉴定并筛选出了柑橘大实蝇的59个OR基因。半定量RT-PCR结果显示有部分BminORs基因在羽化15 d的雌雄虫触角高表达，将BminORs基因与BminOrco基因在爪蟾卵母细胞表面异源共表达，并采用双电极电压钳系统对选取的4个基因（*BminOR3*，*BminOR12*，*BminOR16*，*BminOR24*）进行了功能分析，结果表明，BminOR3/BminOrco对1-辛烯-3-醇有很强的电位反应；BminOR12/BminOrco结合谱较广，对所测试的44钟气味物质中的8种物质（包括苯甲醇，左旋香芹酮，1-辛醇，丙酸丁酯，丙烯酸丁酯，乙酸叶醇酯(Z)-3-，苯甲醛，水杨酸甲酯）有电位反应；BminOR14/BminOrco对十一醇有轻微的反应；BminOR24/BminOrco对芳樟醇有很强的反应，对甲基丁香酚反应轻微。上述结果提示BminOR3、BminOR12、BminOR16、BminOR24可能在柑橘大实蝇寻找寄主植物和产卵场所中起着重要作用。柑橘大实蝇OR基因的鉴定以及功能分析，为进一步研究柑橘大实蝇嗅觉的编码机制奠定了基础，也为柑橘大实蝇的防控提供了新的思路。

关键词：柑橘大实蝇；气味受体；基因表达；功能分析

* 基金项目：国家自然科学基因项目（31672094）

** 作者简介：崔中翌，硕士研究生，研究方向为昆虫行为与化学生态学；E-mail：ilikedec@qq.com

*** 通信作者：周琼，教授，主要从事昆虫行为与化学生态学研究；E-mail：zhoujoan@hunnu.edu.cn

巨疖蝙蛾幼虫的生活习性及其内部结构观察*

李　幸**，李　纲，陈　珊，周　琼***

（湖南师范大学生命科学学院 长沙 410081）

摘　要：巨疖蝙蛾*Endoclita davidi*隶属于鳞翅目蝙蝠蛾科（*Hepialidae*），最早记载于朱弘复等（1985）发表的《蛀干蝙蝠蛾》中，幼虫主要蛀食马鞭草科Verbenaceae的大青*Clerodendrum cyttophyllum* Turcz等植物的茎和根。其幼虫被雪峰虫草菌*Ophiocordyceps xuefengensis*寄生感病后形成名贵中药材雪峰虫草。我们采用野外调查采集结合室内观察和解剖等方法，对巨疖蝙蛾幼虫的生活习性及其内部结构进行了观察和分析。野外调查结果表明，巨疖蝙蛾幼虫随大青植物的自然分布而呈聚集分布，其蛀食大青茎并用口器将咬下的木屑送出，连同粪便粘于隧道口的丝网上，在茎上的洞口形成粘满木屑的囊状的粪屑包。低龄幼虫体色呈灰褐色至黄褐色，高龄幼虫随着蛀入木质部取食和蜕皮次数的增加，体色逐渐变浅变白。幼虫在大青的茎和根内的分布随季节周期性波动，6月至8月份在茎内比例占44.1%~47.2%，与其在根内的数量接近，从9月份至翌年5月份，幼虫在茎内比例占10.7%~28.9%。幼虫有自相残杀的习性，每条隧道只有一条幼虫存活。内部解剖发现，巨疖蝙蛾幼虫内部结构主要包括消化系统、气管系统、排泄器官、神经系统、丝腺和脂肪体等。幼虫的消化系统发达，是一条由口到肛门贯穿体腔的粗直管道；马氏管是淡黄色弯曲的细长管状结构，着生于中肠和后肠的交界处，每侧3条；神经中枢包括脑、咽下神经节、3个胸部神经节和8个腹神经节；丝腺是一对半透明、弯曲的管状器官，位于消化管的腹面两侧；巨疖蝙蛾幼虫体腔内充满厚厚的乳白色颗粒状的脂肪体，包裹着消化管道和内部器官。探明其幼虫的生活习性以及各器官系统的分布和位置关系，可以为巨疖蝙蛾的规模化人工饲养以及雪峰虫草的人工培育奠定基础。

关键词：巨疖蝙蛾；幼虫；生活习性；内部结构

---

* 基金项目：国家自然科学基金项目（31672094）；湖南省科技厅科技重大专项（2014FJ1007）

** 作者简介：李幸，硕士研究生，研究方向为昆虫行为与化学生态学；E-mail: Lxing10039590@163.com

*** 通信作者：周琼，教授，主要从事昆虫行为与化学生态学研究；E-mail: zhoujoan@ hunnu.edu.cn

线粒体基因组在嗜尸性丽蝇中的应用研究*

尚艳杰**，张祥彦，李　奕，郭亚东***

（中南大学基础医学院法医系，长沙 410013）

摘　要：法医昆虫学（forensic entomology）是一门特色鲜明的新型交叉性学科，它利用昆虫学的理论和方法，研究和解决法律实践中与昆虫相关的问题。主要任务是利用嗜尸性昆虫进行死亡时间（Postmortem Interval, PMI）推断。其中双翅目（Diptera）丽蝇科（Calliphoridae）是尸体腐败进展中最早到达的嗜尸性昆虫之一，在实践工作及科学研究中被广泛关注。昆虫的线粒体基因组(mitogenome)是一个典型的圆形，双链DNA，长度在14~20 kb的分子单元,通常具有一套典型的基因组成: 13 protein-coding genes (PCGs), 22 transfer RNA (tRNA) genes, 2 ribosomal RNA (rRNA) genes, 和 1 non-coding region (putative control region)。它们表现出母系遗传、PCGs序列保守性、相对缺乏广泛重组、突变率低、进化速度快于核基因组等特点，作为一个独立于核基因组的遗传分子单元，在过去的几年里，线粒体基因已经被广泛应用于种类鉴定，分子发育分析，种群遗传学，系统发生学，比较基因组学，进化生物学等方面。因此，为了更加深入了解线粒体基因组在嗜尸性丽蝇种类鉴定、系统发育分析和推断分化时间等方面的应用，在本项研究中，我们对7种丽蝇*Lucilia papuensis*, *Polleniopsis mongolica*, *Triceratopyga calliphoroides*, *Calliphora.sinenses*, *Calliphora uralensis*, *Pollenia pediculata*, *Calliphora nigribarbis* (Diptera: Calliphoridae) 的线粒体基因组进行了首次测序、注释和分析，同时联合Genbank数据库中已有的24个丽蝇物种的线粒体基因组数据，以线粒体基因组（13PCGs+2 rRNAs）作为分子标记，首先探究了线粒体基因组在31个丽蝇物种中的种类鉴别效力，然后采用最大似然法maximum likelihood (ML) 和贝叶斯法Bayesian inference (BI) 构建系统发育树，对这些丽蝇的系统发育关系进行了分析，最后利用贝

---

* 基金项目：国家自然科学基金项目（81772026）

** 作者简介：尚艳杰，博士研究生，主要从事法医病理与法医昆虫学研究；E-mail: shangyj@csu.edu.cn

*** 通信作者：郭亚东，副教授，博士生导师，主要从事法医病理与法医昆虫学研究；E-mail: gdy82@126.com

叶斯法通过PAML 4.9中的MCMCTREE程序进行分化时间推断。结果表明：（1）利用线粒体基因组作为分子标记可以将大部分丽蝇物种区分开，是一种较好的用于丽蝇物种鉴定的分子标记物；（2）系统发育分析表明，31个丽蝇按照不同属种分别聚类，共4个亚科，其中 “Polleniinae + (Chrysomyinae + (Luciliinae + Calliphorinae))”4个亚科的发育关系被构建和强烈支持 (BPs = 95–100, PPs = 1.00)；（3）分化时间推断结果表明，本研究中的这些丽影物种的共同祖先可追溯至44.44 Mya (95% HPD: 34.45–58.20 Mya)，Polleniinae首次从丽蝇总科中分化为一个亚科是在35.77 Mya (95% HPD:25.86–49.11 Mya)，Chrysomyinae亚科和Luciliinae + Calliphorinae亚科之间在渐新世早期25.14 Mya (95% HPD: 21.30–30.89 Mya)分化出来。因此，线粒体基因组在嗜尸性丽蝇种类鉴定、系统发育分析和推断分化时间等方面具有重要意义。

关键词：嗜尸性丽蝇；线粒体基因组；种类鉴定；系统发育；分化时间

蝴蝶食性选择受植物进化关系驱使：以珍稀金斑喙凤蝶幼虫为例*

姜梦娜**，邹　武[1]，张江涛[1,2]，陈伏生[1,2]，曾菊平[1,2]***

（1. 鄱阳湖流域森林生态系统保护与修复国家林业和草原局重点实验室，江西农业大学 林学院，南昌330045；2. 江西九连山森林生态系统定位观测研究站，龙南 341700）

摘　要：食性选择是昆虫适应进化研究基础内容之一，权衡假说认为昆虫提高对某种植物取食适应性是以降低对其他植物的适应性为代价，从昆虫所选择取食的植物种类及其进化关系上，能反馈这种代价信息，但证据不足。本次以珍稀金斑喙凤蝶 *Teinopalpus aureus* 为例，测试其幼虫对木兰科植物（内群）与非木兰科植物（外群）两组植物的取食选择行为。用已知木兰科寄主植物乐昌含笑为对照，将其以一对一形式与其他内群或外群植物配对，比较内群配对与外群配对间幼虫取食量（取食叶面积）、选择指数差异。结果发现内群植物间取食量、选择指数均无差异，而外群植物间均差异显著。基于多个基因比对后构建的测试植物的系统进化树，发现遗传距离与选择指数间存在明显的指数函数关系，即伴随遗传距离增加，选择指数迅速降到最低。研究结果说明植物的遗传进化关系对金斑喙凤蝶幼虫取食选择具有驱动作用，可能进一步驱使该蝴蝶选择木兰科内群植物为寄主来源，尤其与已知寄主亲缘关系更近的种类。而与此同时，作为代价，进一步降低了外群植物的选择几率与适应性，驱使蝴蝶向着专性化方向进化。而研究结果也为金斑喙凤蝶等珍稀蝴蝶保护提供了重要启示，如在蝴蝶生境保护行动中，不仅应将已知寄主植物作为关键资源严格保护，而且也应适当拓宽保护对象范围，将其他与已知寄主亲缘关系近的内群植物（如同科植物）纳入进来，维持自然进化需要。

关键词：木兰科；食性选择；蝴蝶；选择指数；遗传距离

---

*　基金项目：国家自然科学基金（31760640）；生物多样性调查与评估项目协作课题（中国环科院2019-环保工作-061-W-021）

**　第一作者：姜梦娜，在读硕士研究生，从事珍稀昆虫保护研究

***　通讯作者：曾菊平，副教授，博士，从事昆虫保护与林业害虫防控研究；E-mail: zengjupingjxau@163.com

蝶类属级多样性与生物地理研究*

赵诗悦[1**]，刘美杏[1]，邹　武[1]，戈　峰[2]，张江涛[1]，曾菊平[1,3***]

（1. 鄱阳湖流域森林生态系统保护与修复国家林业和草原局重点实验室，江西农业大学 林学院，南昌 330045；2. 中国科学院动物研究所，北京 100101；3. 江西九连山森林生态系统定位观测研究站，江西 龙南 341700）

摘　要：生物地理区划可为生物多样性保护、规划提供基础框架与思路。当前有关昆虫大类群（科以上）的生物地理区划鲜有研究，本次以分类、分布信息清楚的蝴蝶类群为材料，在属级水平研究其生物地理，一方面为蝴蝶多样性保护提供思路、框架，另一方面也试图检测当前常用的据大动物（哺乳类、鸟类等）分布提出的动物地理区划方案对蝴蝶类群的适用性。共采集到世界蝴蝶17科1515属（1464属有分布记录），其中，弄蝶科、灰蝶科多样性最高，蛱蝶科次之，而绢蝶科、珍蝶科、袖蝶科、喙蝶科、大弄蝶科多样性低，尤其缰蝶科、闪蝶科为单属。区系分析表明常用动物地理区划方案适用于蝴蝶类群，通过区系覆盖、特有属、共有属与相似性比较等分析，获知新热带区多样性显著高于其他区，其次为东洋区，而澳洲区最少；埃塞俄比亚区与新热带区特有属比重显著高于其他区，其次为东洋区，而新北区最低。而共有属与相似性分析结果显示，东洋区-澳洲区与新热带区-新北区各自聚成一支，古北区与东洋区-澳洲区关系更近，而埃塞俄比亚区则相对地独立于两支之间。多样性分布模式一方面可能受地质历史驱使，结合板块构造学说与大陆漂移学说可以获得较好解释；而另一方面也可能受各地气候模式驱使。前者影响蝴蝶原始类群（如缰蝶科）及其在其基础上的演化类群（如闪蝶科）的分布格局；后者则主要影响新近演化的年轻类群（如凤蝶科、灰蝶科等）。因此，蝴蝶多样性保护不仅要关注多样性高的区域（新热带区、东洋区），也应关注那些多样性低但物种构成特殊的区域（如澳洲区、埃塞俄比亚区）。

关键词：蝴蝶；属；生物地理；特有属；生物多样性保护

---

* 基金项目：国家自然科学基金（31760640）；江西农业大学国家林草局重点实验室开放基金项目（PYHKF-2020-03）

** 第一作者：赵诗悦，林学专业本科生；主要从事蝴蝶多样性研究；812363410@qq.com

*** 通讯作者：曾菊平，副教授，主要从事昆虫保护与林业害虫防治研究；E-mail：zengjupingjxau@163.com

安顺市辣椒上大造桥虫发生与危害初探*

杜星星[1**]，王雅倩[1]，王明鉴[2]，张文武[2]，杨　华[2***]，王　星[1***]

（1. 湖南农业大学植物保护学院，长沙 410128；
2. 湖南乌云界国家级自然保护区管理局，桃源 415700）

摘　要：大造桥虫*Ascotis selenaria* Schiffermuller et Denis属鳞翅目Lepidoptera尺蛾科Geometridae，又名尺蠖、步曲、棉大造桥虫等，是一种间歇性、爆发性、局部为害严重的世界性害虫，广泛分布于亚洲、欧洲和非洲。在国内主要分布于东北、华北、华东、华中和西南等地区。大造桥虫食性复杂，主要寄主为辣椒、茄子以及十字花科、豆科等经济作物，也可危害多种果树。主要以幼虫取食植物叶片，严重时取食整片叶，只留下枝干，极大影响了植物的光合作用，降低了作物及果树的经济价值和观赏价值。为此，本文以采于贵州省安顺市西秀区七眼桥镇山岚村试验田大造桥虫幼虫为供试虫源，将幼虫置于培养皿（直径10 cm）饲养，每天更换新鲜辣椒叶片，记录（拍照）各虫态的发育、形态（如体型、颜色、体表特征等）、行为习性与辣椒叶片受害症状，可为当地辣椒大造桥虫危害与防治提供参考依据。

（1）形态特征：该虫幼虫（图1-A~B）躯体柔软，呈椭圆形，胸足3对，腹足2对。低龄幼虫黄白色，有白色横纹，第二腹节背面有两个不规则黑斑。高龄幼虫黑棕色，覆有体毛，头尾部居多；体表有多条棕色纵纹和黑斑；两对腹足距离缩短，气门线较低龄更明显。其蛹（图1-C）纺锤形，体长为14 mm左右。初为浅褐色，逐渐变为深褐色，有光泽。头顶有疣状突起，尾端尖，臀棘2根；成虫（图1-D）体长15~20 mm，翅展38~45 mm，体为浅灰褐色。翅面横线和斑纹均为暗褐色，前翅亚基线和外横线锯齿状，其间为灰黄色。雌触角丝状，雄羽状，淡黄色。

（2）行为习性：初孵幼虫受到惊吓时，会吐丝下垂，随风飘荡到其他植物上继续

* 基金项目：湖南农业大学与湖南乌云界国家级自然保护区管理局合作研究项目

** 第一作者：杜星星，硕士研究生，主要从事生物多样性相关研究；E-mail：1262999378@qq.com

*** 通信作者：杨华，中级，主要从事自然保护相关工作；E-mail：2818615590@qq.com；王星，教授，主要从事生物多样性保护相关工作；E-mail：wangxing@hunau.edu.cn

取食。幼虫曲弓爬行，爬行时弯腰如拱桥；静止时靠2对腹足固定身体，斜向伸直如一个干枯的小树枝（图1-E）。1~3龄幼虫常昼夜取食，4~5龄夜晚活动取食。高龄幼虫有拟态和假死性，可用来躲避敌害。幼虫老熟后白天吐丝下垂或直接掉在地面，入松土化蛹。化蛹后不食不动，不存在排便行为。触碰尾部会转圈晃动，多个蛹距离近时会出现连锁反应一起晃动尾部。成虫多在傍晚羽化，羽化后1~3天开始交尾，交尾后1~2天开始产卵，产卵多在夜间，产于叶背、叶柄、树缝等处。

（3）受害症状：大造桥虫幼虫咀嚼式口器，取食叶片，沿叶脉、叶缘将叶片咬成孔洞、缺刻，甚至将叶片吃光（仅剩主叶脉，如图1-F）。初孵幼虫会先集中在顶部嫩叶处，将顶部嫩叶咬成圆形网状或小孔洞。3龄幼虫开始分散取食，将叶片啃食成缺刻状。4~5龄幼虫取食量剧增，取食整片叶片，仅剩主叶脉，6龄幼虫取食量最大。被为害的辣椒叶片呈弧形，里圈为小锯齿状形状。幼虫先沿叶片的最周边开始进行取食，咬成圆弧状，后沿叶片向下进行取食，在叶片的周围形成一个个弧状，最后弧形直至相通，只剩叶脉。危害严重时穿插在叶肉间的大叶脉也被取食。

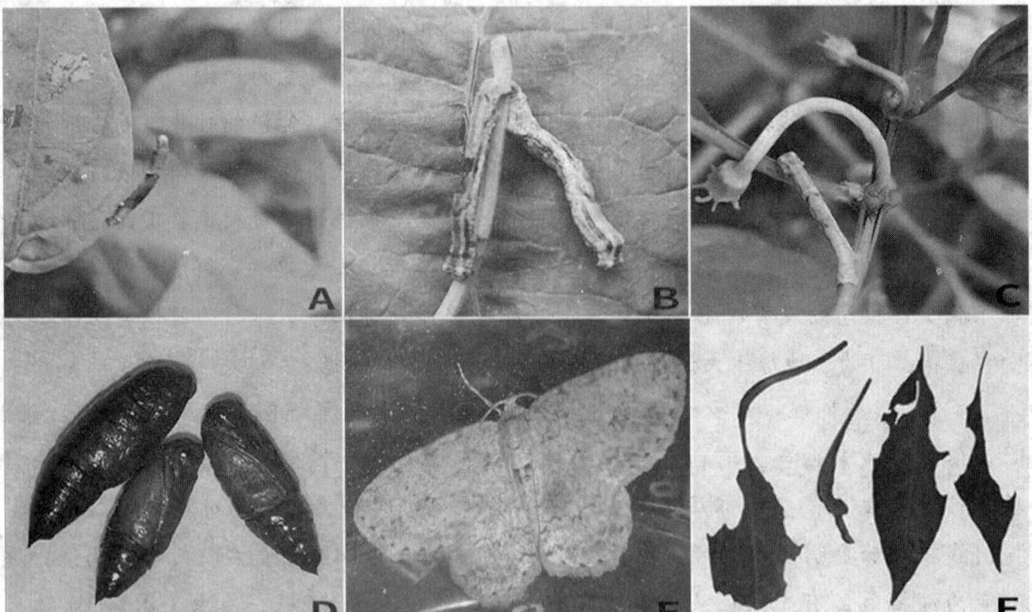

图1　大造桥虫各虫态及其为害状

注：A 低龄幼虫；B-C 高龄幼虫；D 蛹；E 成虫；F 辣椒叶片为害状

近年来随着当地辣椒栽培面积的不断扩大，辣椒的虫害也日渐严重。大造桥虫主要取食辣椒叶片，特点是食量大，爆发性强，是辣椒虫害中比较严重的害虫之一。不仔细观察或防治不及时，会在短时间内将植株叶片吃光，后借助抽丝下垂转移到其他植株为害，给辣椒的栽培造成极大困扰。本次实验观察到大造桥虫幼虫期虫体颜色较浅，存在吐丝和排便行为。取食辣椒叶片，严重时整片叶尽食。爬行过程中，虫体依靠后半部分的两对腹足抓附在固定物上，曲弓前行。受到侵扰时，幼虫会出现“假死”行为；侵扰解除后，幼虫恢复活动。进入化蛹时期，不食不动，当触动尾部时，左右晃动。随着进入化蛹的时间越长，外壳颜色会逐渐加深，尾部体节数逐渐明显，可清楚观察到大造桥虫的头部、两翅的位置及尾部的结构。

观察造桥虫形态特征、行为特性等，充分了解其危害辣椒的症状，以对症下药、科学防治。针对不同时期的虫态采取不同的方法，如人工防治、灯光诱杀、化学防治等，对其达到高效的防治，提前控制预防害虫大发生，提高辣椒品质及产量，降低农民的经济损失。

关键词：大造桥虫；外部形态；行为习性；辣椒；受害症状